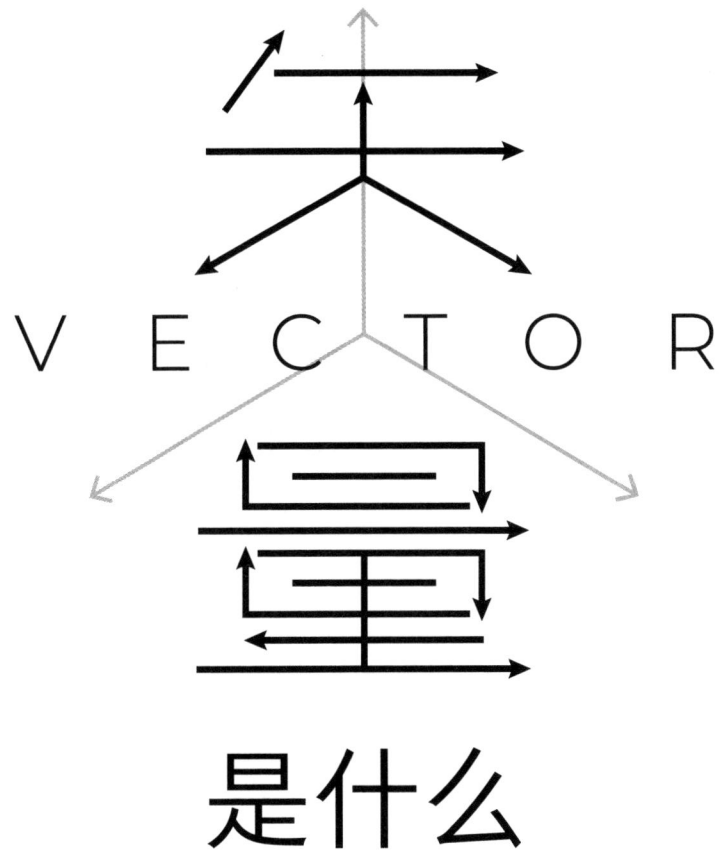

VECTOR

是什么

Robyn Arianrhod
A Surprising Story of Space, Time, and
Mathematical Transformation

[澳] 罗宾·阿里安霍德 ——— 著
[英] 李永学 ——— 译　张旭成 ——— 审校

中信出版集团 | 北京

图书在版编目（CIP）数据

矢量是什么 /（澳）罗宾·阿里安霍德著；（英）李永学译. 北京：中信出版社，2025.7. —ISBN 978-7-5217-7629-4

I. O183.1-49

中国国家版本馆CIP数据核字第2025G108N4号

Vector: A Surprising Story of Space, Time, and Mathematical Transformation by Robyn Arianrhod
© 2024 by Robyn Arianrhod.
All rights reserved.
Licensed by The University of Chicago Press, Chicago, Illinois, U.S.A.,
arranged through CA-LINK International LLC(www.ca-link.cn)
Simplified Chinese translation copyright © 2025 by CITIC Press Corporation
ALL RIGHTS RESERVED
本书仅限中国大陆地区发行销售

矢量是什么

著者： ［澳］罗宾·阿里安霍德
译者： ［英］李永学
出版发行：中信出版集团股份有限公司
（北京市朝阳区东三环北路27号嘉铭中心 邮编 100020）
承印者：三河市中晟雅豪印务有限公司

开本：787mm×1092mm 1/16 印张：22.5 字数：400千字
版次：2025年7月第1版 印次：2025年7月第1次印刷
京权图字：01-2024-5500 书号：ISBN 978-7-5217-7629-4
定价：79.00元

版权所有·侵权必究
如有印刷、装订问题，本公司负责调换。
服务热线：400-600-8099
投稿邮箱：author@citicpub.com

致摩根（Morgan）————————————
请接受我全部的爱和衷心的感谢。

目 录

序言 —— III

第1章 · 代数的强势崛起 —— 001

第2章 · 微积分的诞生 —— 016

第3章 · 有关矢量的想法 —— 037

第4章 · 理解空间和存储 —— 061

第5章 · 一个出人意料的新玩家和漫长的接纳 —— 089

第6章 · 泰特和麦克斯韦：电磁矢量场观念的孕育 —— 103

第7章 · 从四元数到矢量的缓慢征程 —— 129

第8章 · 矢量分析终于到来，以及关于四元数的"战争" —— 149

第9章 · 从空间到时空：矢量的新转折 —— 167

第10章 · 弯曲空间与不变距离：走向张量 —— 193

第 11 章 · 张量的发明及其重要性 —————————— 214

第 12 章 · 大结局：张量与广义相对论 —————————— 244

第 13 章 · 后面发生了什么 —————————— 271

跋 —————————— 285

时间线 —————————— 291

致谢 —————————— 299

注释 —————————— 303

―― 序言 ――

    我们对于世界的理解时而会发生惊人的突破。例如，我们对于自己处于太阳系中心位置的信念曾遭到颠覆，还有那场相对论革命，它既改变了我们对于时间与空间的看法，也改变了我们对于自己在宇宙中位置的看法。无线电波的横空出世令无线技术应运而生，让我们的日常生活发生了神奇的转变。量子革命带来了如同魔术般的新型微技术，就像一场超自然的剧变，粉碎了我们对于"现实"的概念。当然，还有当前持续改变我们之间沟通方式的数字革命，尤其是如今已经变得如此复杂的人工智能。新的科技与文化时代在这些突破后接踵而至，有关它们的著述颇丰。然而，人们不知道的是，数学领域也在同步发生着巨大的革命。本书讲述了一些鲜为人知的革命：它们幕后的迷人思想，以及令其成为可能的人物的故事。

    我将要在这里讲述的故事，关系着我们人类如何记录与理解周围复杂数据的演变。我将探讨那些充满戏剧性的数学转变，"矢量"和"张量"等非凡的概念应运而生，而它们是现代科学及许多技术的基础，是帮助我们如同神灵般揭开宇宙奥秘的语言。

    矢量和张量等概念之所以拥有如此惊人的威力，原因之一是，它们能让我们以一种新的更透明的方式处理空间维度，这又让我们发现了自然的新法则，以及这些法则的新科技应用。每当你想要利用空间内的某个位置，你便需要处理这些维度，无论是转动机器人的一条手臂，还是设计一座桥梁或一台风力涡轮机，计算一台电机或发电机中电磁力的作用，预言某个电磁波、水波甚至引力波的路径，绘制卫星的轨迹，校准如GPS（全球定位系统）等导航系统，或者是分析空间或时空内的任何事。

随着故事的展开，我们将更详细地看到矢量和张量的实质性威力，但我不仅会使用物理维度的语言，也会使用信息维度的语言。你或许阅读过有关大数据和信息革命的相关内容，但是，正如化学中的元素周期表既是组织工具也是理论工具，让数据得以在科技界应用和清晰明了的恰恰是矢量和张量，只不过，它们在我们故事中的数学应用更为广泛。

然而，矢量和张量本身却十分简单，至少表面上如此。因为一开始，你确实可以将其视为一种简洁地表达信息的方式。比如，你可能还记得你曾经在学校里学到的矢量，它们可以为速度或力等物理量编码大小和方向信息。所以，你可以用一个指向某方向的箭头表示它，而箭头的长度则给出了大小。张量则又增加了一层信息，所以它们更像多维数组而非箭头。但数学家后来发现了这些箭头和数组相互结合的规则，并意识到他们发现了一种全新的语言，可用于思考全新的思想。这是一个相当奇妙的想法。

简单说明一下我的意思就是，数学家曾在几千年间只研究数字。虽然实数体系的演变可谓相当了不起，但这些数字只表达了一件事：数量，即重量、身高、钱数、苹果个数等。反之，矢量和张量则同时为多件事编码。因此，它们是表示大量数据的绝佳方式。而且，这些额外的信息意味着，当遇到一个工业或信息技术问题或者一个物理模型时，矢量和张量可以提供一幅远比单个数字更为丰富的画面。

身为19世纪的苏格兰地主，性格温和但古怪的詹姆斯·克拉克·麦克斯韦是第一位认识到矢量语言力量的杰出物理学家。我们稍后将正式与他见面，他的电磁理论是第一个现代场论，破解了困扰人们已久的有关光的本质的谜题，并预言了无线电波的存在。麦克斯韦最初的理论直观上具有"矢量性"，但当他了解到矢量是一种自带数学规则的"东西"时,他便意识到它们是能够更简洁、更优雅地表达他的发现的正确工具。

认真看待他的理论的人起初并不多:这么说吧,正如我们看到的那样,对主流物理学家而言,他以"矢量场"表达自然界电磁场的突破性应用实在太"数学"了,也太"不物理"了。而且,想象一下我们就会知道,即使是麦克斯韦,想让人们认可他对矢量的杰出应用也已经如此困难,那它的创造者该是怀着怎样的激情与自信啊。

爱尔兰数学家威廉·罗文·汉密尔顿是这个故事中的重要人物之一。他率先创造了"矢量"一词并提出了相关数学理论,而且他立刻意识到自己创造的这些东西如此新颖,甚至打破了几千年来数学家视为金科玉律的规则。他在提及这种新语言的可能应用时欣喜若狂,比麦克斯韦发表其精彩理论还要早上 6 年。他在给同事的信中高兴地写道:"还有什么能比这种情况更简单或更令人满意的吗?你有没有感觉到我们走上了正确的道路,而且将来会被铭记?只是不知道何时会到来……"[1] 在这里,汉密尔顿谈论的不仅是矢量,还有他发明的四元数——一种包含矢量的四维"数字"。正如我们将会看到的那样,四元数可以发挥矢量的所有作用,并且在为某些航天器导航和图像处理任务编程时效率更高,而这不过是它的众多现代应用中的区区两例。

然而,可怜的汉密尔顿从未收获足够的谢意:他于 1865 年去世,就在麦克斯韦发表其电磁理论的几个月后,却来不及看到麦克斯韦将其完全改写成矢量语言。[2]

至于张量的作用,直至麦克斯韦去世都未能被发明,但我敢打赌,如果麦克斯韦能见到张量,他必定会认识到它们的力量。爱因斯坦在麦克斯韦去世的同一年出生,这具有特别的象征意义——不仅因为爱因斯坦的理论深受麦克斯韦理论的启发,而且因为爱因斯坦对张量所做的事与麦克斯韦对矢量所做的事如出一辙。爱因斯坦是第一位展示张量实际威力的重要物理学家,他利用张量创造出弯曲时空和现代宇宙科学,预言引力波和引力透镜的存在,并准确量化了引力对时间的影响,而这一点现在被用于GPS，令其导航功能精准无误。

实验物理学家用了 1/4 个世纪的时间，才在实验室内验证了麦克斯韦对无线电波的预言；他们又用了整整一个世纪的时间，才探测到爱因斯坦预言的引力波。这说明，这些基于矢量和张量的理论是何等超前。数学语言总是有能力做出这种惊世骇俗的预言。用数学描述物理现实的做法相当于创造了一个放大镜，透过数学规律可以揭示长期以来隐藏的物理性质。在本书中，我们将看到具体的例子，但我想在此补充一点：量子理论也充分利用了矢量和张量的力量，而且它的预言迄今还没有任何一项被证否。

矢量和张量是存储和使用信息的方式，因此，它们的应用范畴自然远超物理学这个单一领域。正如我早些时候指出的那样，从工程和遗传学到搜索引擎和人工智能，还有更多其他领域，都需要处理大量数据，矢量与张量在其中发挥着无可取代的作用，而且这些领域的数目还在增加。

这些数学思想的威力如此惊人、影响如此深远，以至于我将它们的发现视为革命。将张量视为矢量的推广是有帮助的，但那是事后经验：历经 300 年，人们才走完这条演化之路，它从最初的矢量语言演化成为包含矢量和张量的严谨而复杂的语言。人们花费了几个世纪，才理解了矢量概念的第一个初期启示。如果从现存最古老的数学记录算起，这一时期实际上跨越了数千年，因为矢量和张量的历史与数据符号表示的历史紧密联系在一起，而那些古老的资料显示，找到表达信息的方法是数学叙事的核心。

好吧，我将从一切的起点出发做简要回顾，以此作为故事的开端。当然，无论在这里，还是随着故事在后续章节的展开，我对这段漫长历史的叙述都不可避免会挂一漏万，因为它必然含有我个人的主观选择。我的目标之一不过是说明复杂数学思想的发展需要多长时间，同时需要多少跨文化的合作。矢量和张量分析走向现代应用之路漫长而曲折，而我想讲述的故事是一趟思想之旅；这些思想通常令人惊讶，但有时也很平凡，从始至终都有多个岔口。

不过，如果你读到本书中的任何地方，无心追究细节，只想阅读故事，那也悉听尊便。

回到起点

大约 5 000 年前，为了记录信息，居住在今天伊拉克周围地区的人们开始在泥板制成的圆盘或薄片上刻下楔形符号。这些被称为楔形文字的奇异符号非常神奇，因为它们具有记录及控制货物和土地等有形物品交换的经济管理能力。但此后又过了上千年，在手指、鹅卵石及最终的算盘与表格等计算工具的帮助下，人们才建立了抽象的数字系统和算术规则。

楔形文字的发明者居住在底格里斯河和幼发拉底河之间的肥沃平原上。1 000 年后，希腊人称这里为美索不达米亚（意为"两河之间"）。它拥有许多相互联系的文化，因此，"美索不达米亚"这个术语仍被用来描述在这一农业和知识丰富地区发展起来的古代数学与其他文化创新。当然，这里并不是从简单计数向复杂数字系统发展的唯一地点。但是，我们对美索不达米亚数学的了解远多于对其他早期数学的了解，其原因在于有众多非凡的泥板文献留存至今。

至于一些更复杂的涉及早期数字和数学的泥板（包含乘法表），可以追溯到将近 4 000 年前。这些东西的历史如此悠久，十分令人惊讶。当然，你需要掌握加法和乘法运算技巧，才能执行基本的经济任务。历史学家已经对这些早期任务的性质有所洞察，因为它们也被记录在那些泥板上。值得注意的是，一些最古老的文献列出了有关正方形或矩形地块的边长及面积表格，这种表格式布局后来演变为数学矩阵，简单的信息列表将演变成矢量。稍后，我们会在所有这些数学演变中选取更多的内容进一步讨论。它们将告诉我们，从简单的会计列表发展到能建模如此复杂的事物，比如电磁波或支撑量子计算机的量子比特，数学家做过何种努力。与此同时，这些古老的表格对于计算潜在的粮食收成、种子需求、耕种土地所需的劳动力数量及要支付的工资和税收至关重要。任何大型社会都需要利用这种工具，去生产与分配食物及其他必需品。[3]

在这些早期的先进社会中，为了经济运行而对土地大小所做的估计不需要非常精确。测量员可以用木桩和绳子标示田地，然后测量它们的边长，但他们无须操心地块是否为标准的矩形，因为所有土地都归国家所有。然而，事情从公元前1900年左右开始有了变化，那时普通人也可以拥有土地，这意味着测量需要更准确，土地纠纷也即将翻开它们漫长的历史篇章。（相比之下，许多原住民一直沿用旧的测量方式，直到殖民化打破了原有的平衡。）于是，在最早的乘法表帮助会计们计算近似正方形和矩形面积的几百年后，美索不达米亚的测量员弄清楚了如何绘制完美的90°角；这表明，他们可能领先毕达哥拉斯上千年发现了"毕达哥拉斯定理"（勾股定理）。

学生们几乎都背诵过这一古老的法则：直角三角形斜边的平方等于它的两个直角边的平方和。毕达哥拉斯生活在公元前6世纪，但楔形泥板可以追溯到大约3 700年前，其中最著名的是普林顿322号和Si. 427号泥板，它们上面无可置疑的证据表明这一法则远早于它对应的希腊公式出现的时间。普林顿322号泥板（图0-1）虽然已经破损，但留存的碎片列出了与直角三角形的斜边与直角边相关的15组数字，其中选用的数字及表格的列标题表明，它可能是一个六十进制的"毕达哥拉斯三元组"列表，也就是可供测量员选择的一套整数三元组。比如，(3, 4, 5)就是一个毕达哥拉斯三元组，因为 $3^2 + 4^2 = 5^2$。Si. 427号泥板支持这种解释，因为它表示的是一个私人土地划分计划，将土地规划为矩形和三角形地块，每个地块都拥有完全符合毕达哥拉斯定理的角度和边长。[4]

1 000年后，讲希腊语的古代数学家对测量各种角度都产生了兴趣，而不只是90°角，因为他们不仅想测量地球，还想测量恒星。与数学一样,天文学也是最古老的科学之一。毕竟,广阔而闪烁的夜空令人着迷。由于无法测量他们与星星之间的距离,这些古希腊天文学家发现他们可以通过测量角度来确定星星的位置,由此衍生出两个重要成果。其中一个是三角学。这并不是说更早的文化不存在某种形式的角度表和"三角"计算,因为历史学家仍在研究与诠释楔形文字的相关文献。早在1 850多年前,克劳狄斯·托勒密便在他非凡的希腊数学天文学汇编作品《天文学大成》(*Almagest*)中,记录下了现存最古老的三角函数表。(如果你忘记了三角学的基本思想,那你可以提前翻看第3章的图3-4。)另一成果是希腊人发展了用坐标表示空间位置的想法,这是一项与即将出现的矢量想法关联甚大的杰出创新。

图0-1 普林顿322号泥板。这块引人注目的泥板在哥伦比亚大学的G. A.普林顿馆藏品中被标记为322号。不幸的是,这块泥板也反映了殖民掠夺的历史,因为它是普林顿于1922年从一个考古学家兼古董商那里购买的(摄影师未知,维基共享资源,公有版权)

随后的几个段落会进一步讨论这一点,但在此之前我必须承认,我们的故事也与其他古代数学文化相关。比如,讲希腊语的托勒密生活在罗马人统治下的埃及亚历山大城。这提醒我们，帝国的兴衰往往会带来残酷的动荡，而数学史中涉及的"希腊数学"，其实是指讲希腊语的数学家所做的工作，不论其种族、族裔或居住地。同样，它也提醒我们，亚历山大城著名的女数学家希帕蒂亚曾在3个世纪后写下一篇有关《天文学大成》的评论。当强调现代数学的多元文化历史时，我们不应忽视的一点是，"Almagest"在阿拉伯语中意为"最伟大的"，它长期以来被用来指代托勒密的汇编作品，以区别于当时的其他作品。这本"最伟大的"书之所以能留存至今，很大程度上应归功于它的中世纪阿拉伯语译者与注释者，自那时起它也一直以阿拉伯语的书名为世人所知。

与美索不达米亚人一样，大约在5 000年前，古埃及人开始以象形文字符号表示数字，他们也对土地测量感兴趣。当然，希腊人不是最先测量天空的人，美索不达米亚人、埃及人和其他许多古代民族早在希腊人之前就绘制出月球和恒星的运行轨迹，以便制定日历、安抚神灵，以及指引他们穿越陆地和海洋。他们也注意到了一些重要的巧合，比如，每年尼罗河开始泛滥时，明亮的天狼星都会在黎明之前升起。

埃及和美索不达米亚的天文记录似乎都与算术相关，而与三角学无关：它们记录了天体事件发生的间隔天数，而没有提到恒星和行星在不同时间的角度位置。但这些记录非常准确，后来讲希腊语的天文学家都愿意使用它们。这个时代的大多数文明都没有留下有关天文观测的书面记录，但有一些以故事的形式流传至今，比如托雷斯海峡岛民的拜达姆（或贝扎姆）天鲨传统。这条"鲨鱼"正是被希腊人称为"大熊"的星座，也就是北斗七星，该星座在夜空中的位置告诉人们何时该种庄稼，以及何时该远离大海，因为鲨鱼此刻正在繁殖。此外，还有巨石阵、新格兰奇墓室和其他与古代天象对应的仪式建筑（比如澳大利亚瓦塔隆地区的乌迪尤昂石圈，它可能比中东和欧洲的同类建筑还要早上数千年）。中国人、印度人、玛雅人、印加人和其他许多民族也发展了令人惊叹的天文学知识。2017年，国际天文学联合会为感谢这些古代文明的贡献，将新的恒星命名系统中的86个恒星用它们的名字命名。[5]

我们还将在随后两章中看到古人对数学的贡献。但现在，我要讨论坐标及其与矢量的关系。我不得不再次提及托勒密，因为他留下的复杂记录中不仅包括数学天文学的内容，还有用坐标表示空间位置的内容。但无论是托勒密的天文学成就还是他的坐标，我都不会让他独占所有荣誉，因为伟大的想法总是需要漫长的酝酿过程，以及许多人的贡献。托勒密非常擅长给予他的前辈应有的认可，这对他们来说当然是好事，因为他们的大部分著作后来都惨遭霉菌、蛀虫、意外和战争的破坏。然而，也正是因为《天文学大成》的成功，大量之前的作品被淘汰。[6]亚历山大城的欧几里得是一个引人注目的例外，因为他的名著《几何原本》被完整保存至今。欧几里得在公元前 300 年左右编写了这本书，大约比托勒密的《天文学大成》早 450 年问世，它所提供的几何规则今天仍适用于"欧几里得"（平坦）几何空间。

根据现存的记录，是托勒密引入了我们今天在地球上用于定位地点的纬度和经度概念。他在《地理学》一书中列出了数千个地理位置。《天文学大成》的星表中罗列了 1 000 多颗恒星，通过类似于纬度和经度的天文学坐标对它们进行定位。所有坐标都用角度表示，托勒密描述了如何使用日影棒和类似量角器的刻度盘来测量太阳的角度；而对于其他恒星，他使用了浑仪（球体的骨架由可移动的交错圆环构成：中间是一个小地球；圆环代表诸如太阳的年轨道和日轨道，及地球的地平线和子午线，它们都与观察者所在位置的纬度和经度有关，此外，还有一个带有刻度的圆环，以及一个可从孔中对准恒星的圆环）。

又过了 1 200 年，我们才对今天数学课上讲到的坐标有了些许头绪，这主要归功于 14 世纪法国数学家尼古拉·奥雷斯姆的工作（尽管与欧几里得差不多同一时代的帕加马的阿波罗尼奥斯也曾发现这一概念）。3 个世纪后，另一位法国人勒内·笛卡儿又更进一步。此后，追随他的数学家牢固地建立了我们熟悉的 x-y 笛卡儿坐标系，其两个坐标轴在"原点"处相交。现在，我们已逐步靠近矢量的概念。

我将在这篇序言的余下部分展示现代矢量的真容，并介绍它们能做些什么。我在前几页概述了矢量漫长的多元文化史前历史，我想在此重申它们的重要性，因为本书的大部分内容将讲述现代欧洲人如何发明了微积分、矢量和张量。今天的数学是一项真正的全球性事业，但在19世纪，当大部分故事发生之时，英国（当时包括爱尔兰）堪称科学大国。它有历史悠久的大学，以及越来越多的机械学院和专注成人教育的工人学院。（职业女性在1874年终于拥有了自己的学院，稍后我们将会读到在第一所大学女子学院学习的女性事迹。）它还有一个完善的银行体系，能够促进企业技术投资；有一个不断扩张的铁路网络，促进了通信及市场的发展；有丰富的原材料，即煤炭、水和钢铁，以及从殖民地掠夺的资源。这些因素为18世纪和19世纪的工业革命奠定了基础，在这场革命中，科学和技术携手前行，相互促进。当然，不仅仅在英国，欧洲大陆也有类似的科学机构和科学家群体，在我们的故事中，法国、意大利和德国都举足轻重。正如我们已经看到并且会在后续两章中继续看到的那样，现代科学界从其古代和中世纪的多元文化前辈那里获益良多。

快速预览：新的维度和新的世界

你可能仍然记得在学校学过的知识，如图0-2所示，你可以通过画一个箭头来表示从原点 O 到坐标系中某一点 P 的方向。这是矢量的一个例子或模型，即一个"位置"矢量，以其相对于 O 的方向和距离表示 P 的位置。但是，为多于一个事物编码是相当复杂的，因为单个数字无法完成这个任务，本书讲述的故事将指引我们去了解这一切的前因后果。正如我们将会看到的那样，将大小与方向融于一个符号的矢量概念，经历了漫长的时间才出现。

所以，以下几页只是一个快速预览，带你重温你可能学过却没有意识到其开创性意义的两个基本概念。稍后我们将更详细地了解它们，但

序 言　XIII

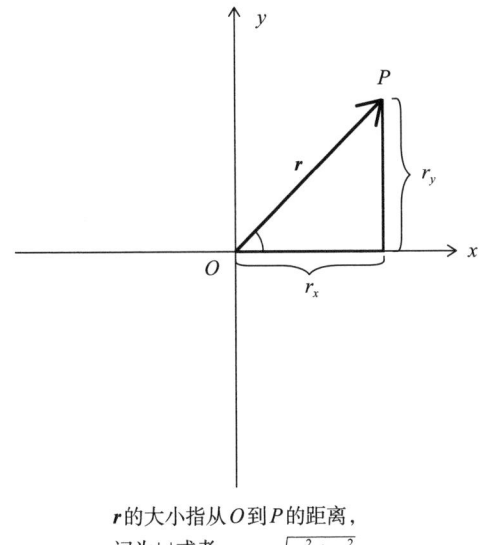

r 的大小指从 O 到 P 的距离，
记为 $|r|$ 或者 r，$r = \sqrt{r_x^2 + r_y^2}$

图 0–2　表示点 P 位置的矢量 r，具有 r_x 和 r_y 两个分量。r 的大小即箭头的长度，代表从 O 到 P 的距离，用 $|r|$ 或 r 表示，可以通过毕达哥拉斯定理计算得出

我之所以在此提及，是要为我们在这趟旅程中需要了解的一些术语和概念打下基础，也想让你一窥矢量在今天为什么如此重要。作为矢量的多维表亲，张量将在故事的后半部分出场，因为它建立在关于矢量的概念和符号之上，而通往矢量的旅程出人意料地纷繁复杂。但是，在探索的过程中，我们也在构建支撑张量的想法。

第一个概念是符号。数学符号可能有时看起来很神秘，所以我写作本书的目的之一，就是与你一起观察一些概念上的突破，它们促使人们不得不为新思想发明新符号。正如我们将在下一章中看到的那样，即使我们熟悉的 x 和 y 也是经过很长时间才出现的。我们在接下来的几章中不会说到现代矢量符号的出现，这表明这些符号的演变经历了漫长的时间。现在，我只想铺设几条将这个故事与你可能知道的内容连接起来的桥梁。比如，位置矢量通常用 r、$\vec{r}$ 或 $\hat{r}$ 表示。即使不熟悉矢量，你可能也记得，教科书里有类似的将符号与普通字母和数字混用的情况。这是因为黑体、字母顶部加上"帽子"或箭头，或字母下面加上波浪线，都是今天用于表示矢量的常见方式，以区别于代表数字且没有方向的量的普通字母。在这种情况下，没有黑体或帽子或其他标记的 r 只表示距离的大小，而不涉及方向，这样的量被称为标量，与矢量相对。表示速度的 v 是一个例子，它包括方向和速率，而 v 表示速率，即速度的大小。

第二个关键概念是矢量有"分量"。在书页的二维空间内，比如在绘图纸上，你能看到两个独立的空间方向，通常以 x 轴和 y 轴表示；这样你的点就有两个坐标，两点之间的箭头也就有两个分量。换言之，分量是箭头投影到每个坐标轴上得到的值，见图 0-2。

同样，在三维空间内有三个独立方向和三个分量。在时空中有四个坐标轴，包括三个空间轴和一个时间轴，矢量则有四个分量。所以，你的位置矢量测量的不仅是旅行的距离，还有花费的时间。这可能比简单地测量三个空间分量并从你的手表上读取时间分量要麻烦一点儿，因为如果你与你想要测量的对象之间存在相对运动，时间和空间坐标就会以相互交织的方式发生变化。而当你处于一个引力场时，情况则会更加复杂，因为这是广义相对论而不是狭义相对论的范畴。我稍后会更多地谈及相对论，但在此只指出一点，即时空内的矢量有四个分量。

这里的箭头极具争议性，或者说，它与其分量之间的微妙区别是有争议的。人们只要理解了其中的精妙之处，就不仅能创造出现代大学水平的矢量，也能为张量的问世铺平道路。我们将会看到，发生这种混淆的部分原因在于，你也可以简单地通过列出它们的分量来表示矢量，这比画一个箭头更简单也更经济，尤其是当你想要跳出三维空间时。比如，假设你以每小时 35 英里[①]的速度向北行驶（沿着一条平坦的二维街道：数学家喜欢通过简化假设来探索新想法！），而你选择南北方向作为 y 轴。从几何上看，你的速度矢量将在图 0-2 中沿着 y 轴指向上方，长度为 35 个单位。但你也可以用 $v = (0, 35)$ 来表示该速度，这意味着你

---

① 1 英里 ≈ 1.6 千米。——编者注

沿 y 轴以每小时 35 英里的速度运动，沿 x 轴以每小时 0 英里的速度运动。所以，标量 35 给出了你的速度（以英里/小时为单位），矢量 (0, 35) 显示你向北行驶。[用一个矢量符号标记(0, 35)，比如 $\boldsymbol{v}$ = (0, 35)，可以将其与笛卡儿坐标系中的单个点区分开来，由此你可以看到符号的重要性。]你可以像这样表示任何速度，无论方向如何。比如，如果你以每小时 35 英里的速度向东北方向行驶，那么你的矢量分量为($35/\sqrt{2}$, $35/\sqrt{2}$)，如我在本段尾注 7 中所示。[7]

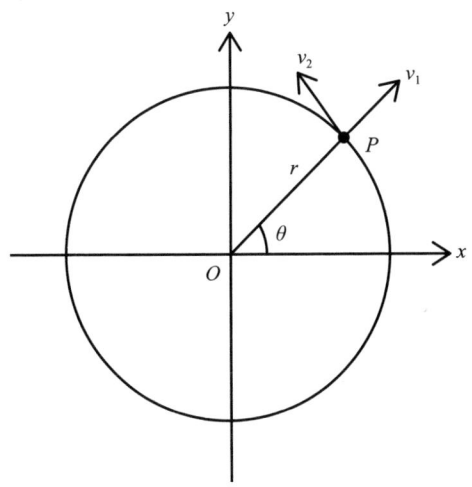

图 0–3　一个半径为 r 的圆上的点 P 的极坐标；θ 按逆时针方向测量。如图所示，速度分量是在 r 方向和 θ 增大的方向上测量的

　　让我们暂时忘记从数字到符号代数的漫长演变道路，提出一种更一般的说法：我们可以用 (v_x, v_y, v_z) 来表示三维空间中的速度分量，表示你沿 x 方向以每小时 v_x 英里的速度行驶，沿 y 方向以每小时 v_y 英里的速度行驶，沿 z 方向以每小时 v_z 英里的速度行驶。甚至可以再一般地说，三维空间内的速度分量可以表示为 (v_1, v_2, v_3)，因为笛卡儿的 x、y、z 坐标系不是唯一的。比如，由图 0–3 可见，二维极坐标 (r, θ) 对于在圆周上定位某个点很有用；矢量 (v_1, v_2) 意味着，你以每小时 v_1 英里的速度沿 r 方向行驶，以每小时 v_2 英里的速度沿 θ 方向行驶。要在球面上定位一个

点，你可以使用球坐标(r, θ, φ)，其中φ是矢量和z轴之间的夹角。但细节在这里没那么重要，真正有趣的是这个符号背后的故事，当然还有它的应用。

比如，在四维时空中，爱因斯坦将他的坐标记为(x_1, x_2, x_3, x_4)，其中前三个是通常的空间坐标，而第四个是时间坐标。所以，四维速度矢量（或"四维速度"[8]）在这个坐标系中的分量被标记为(v_1, v_2, v_3, v_4)。

我们可以通过类比想象任何数量的维度。这正是将向量的信息表示为一串分量的优美之处：既然你可以写下(v_1, v_2, v_3, v_4)，那你为什么不能将你想要的任何（有限的！）维度写成$(v_1, v_2, v_3, v_4, v_5, \cdots)$？这就是弦理论学家认为我们的宇宙可能不止4个维度，而是有10个、11个甚至26个维度时所做的事。弦理论有很多种，你可以认为，额外的维度使空间得以容纳微小弦的多种振动方式，每种振动方式都代表一种不同的基本粒子或力。

数学"矢量空间"中的维度可以代表比普通空间和时间更奇特的含义，弦理论就是其中一例。在量子力学中有另外一个例子，即电子的磁取向或"自旋方向"可以是"上"或"下"，也可以是二者的"叠加"，就像电子无法决定它想要向上还是向下自旋一样。这类似于一个在x方向有一个分量，在y方向也有一个分量的二维速度矢量。所以，对于电子自旋，你可以将两个自旋方向（"上"和"下"）定义为你的坐标轴。

同样，在计算中，你利用两个二进制数字（"比特"）0和1编码信息，它们可以用物理上的开闭电路来表示。在量子计算中，比特对应于量子比特。在物理上，量子0和1可用于表示电子自旋的两个基本态，其中0表示自旋向上，1表示自旋向下，所以量子比特在数学上也可以表示成二维矢量。

矢量在现代商业和技术应用方面也大有可为。比如，轴或"维度"可以代表网站问卷或政治调查中的不同问题，或者影响房价或其他社会经济数据的不同因素，或者图像处理中像素的位置和颜色。顺便说一下，如果你熟悉图像处理，你就会知道在一些计算应用中，"矢量"这个词的含义与我刚才概述的通常数学意义略有不同。图像处理中的"矢量文件"使用方程生成图形，而不是存储像素等信息的矢量。这些"矢量文件"产生的图形确实将点与点"搭载"，而"载体"正是"矢量"原本的含义。将数学矢量视为箭头，你可以看到它们也"搭载"着从箭头的尾部到顶端的线。无论是在物理学、商业领域还是在计算中，我们更多地使用的矢量类型是箭头，或者说是箭头的分量串。

但是，让威廉·罗文·汉密尔顿大为振奋的，并非只是我们可以用任何个数的分量来表示各种物理、数字和经济系统或场景。自人类能够计数与书写以来，存储和表示数据就很重要，但计算也同样重要，而矢量和张量能够集数据表示与计算功能于一身。这就是它的魔力所在：尽管将矢量写成分量串的方法简单又实用，但让汉密尔顿兴奋不已的是，当你将矢量视为一个整体而不只是它的各个分量时，矢量算术的规则将使矢量的威力远超单独的数字。

比如，麦克斯韦预言了电磁波的存在，麦克斯韦方程如果以整体的矢量形式书写，就会相对容易推导出电磁波方程。另一个例子是，从数学上定义亚原子粒子（如电子）的自旋时，磁场矢量和矢量积也发挥了作用，从而使自旋能在现实世界中得到应用，比如在磁共振成像（MRI）中，它被用于"观察"患者的体内情况，进而诊断病情。

汉密尔顿做梦也不会想到会有这种事情发生。而事实上，他的矢量算术一经问世，便引起了其他数学家的兴趣，尤其是那些热衷于探索数学规则和语法逻辑能延伸至何种境地的人。有时他们推得太远，以至于跌入了一种新的现实，就如同爱丽丝穿过镜子掉进兔子洞一样。

打破规则

爱丽丝的创造者刘易斯·卡罗尔的真实身份是牛津大学数学家查尔斯·道奇森。但这并不是说道奇森也是在这种情况下做出创新推动并跌入新现实的。甚至有人推测,《爱丽丝梦游仙境》中疯帽匠的茶会之所以如此荒诞不经,恰恰是因为这是对汉密尔顿那打破规则的矢量的讽刺。但从表面上看,我们很难判断道奇森究竟是喜欢矢量还是认为它们荒诞不经。[9]汉密尔顿发现,矢量算术中乘法的运算方式不止一种,这不禁引起一片哗然。更重要的是,如同我们将要看到的那样,矢量乘法并不总是遵循建立已久的数值乘法规则。

汉密尔顿有关矢量乘法的看似荒谬的发现,以及紧随其后矢量和张量的所有突破性发展与应用,都需要使用代数符号。我用的是"矢量算术",但一般的说法应该是"矢量代数"。简言之,算术处理的是数字,而代数处理的是代表数字或可量化的量(如温度或速度)的字母。这种符号化更易于数学家进行推广。比如,交换律这类普通的算术规则可以用符号表示为 $a + b = b + a$ 和 $a \times b = b \times a$,这样你能够看到这种模式适用于所有数字,而不必像最早期的数学家那样一一举例。在制定矢量的代数规则时,汉密尔顿尽量遵循这些基本的算术规则,当意识到自己必须扩展乘法运算规则时,他和其他人一样感到震惊。

但是,符号代数思维的形成历经了漫长的岁月,远远晚于埃及人、美索不达米亚人、古希腊人、古代中国人、中世纪的阿拉伯人和印度人,以及17世纪之前的其他数学文化。即使在19世纪,许多数学家仍然不信任纯粹抽象的符号代数,因为它似乎与日常经验严重脱节。所以,为了给汉密尔顿、麦克斯韦和其他矢量先驱即将面临的挑战做好背景铺垫,我在第1章将讲述人们第一次用字母表达和计算的故事,以及这种看似简单的做法如何让数学家更富创造性地思考。

在此之前,我们将先跟随汉密尔顿的脚步,重温他在那一刻越界的疯狂念头,即古老的数学规则竟然是可以打破的。

第 1 章

代数的强势崛起

每年 10 月 16 日,热爱数学的都柏林人都会聚在一起,从邓辛克天文台出发,穿过原野,走到皇家运河。有许多条路都可以横跨运河,但他们只去其中一个地方:布鲁姆桥。他们会重演数学史上最著名的漫步之一,以此庆祝"汉密尔顿日",纪念爱尔兰最伟大的数学家威廉·罗文·汉密尔顿。1843 年 10 月 16 日,爱尔兰皇家天文学家汉密尔顿就是经由这条路线前往主持爱尔兰皇家科学院会议的。

那一天,汉密尔顿的妻子海伦陪他一起漫步。尽管环境优美,他也富有浪漫情调,但这绝非传统意义上的漫步,因为他心有所想。多年来,他一直在与一个看似无法解决的问题做斗争:在三维空间内,如何用代数方法表示某些几何操作,比如旋转。当然,汉密尔顿并没有预见到现代高科技,但这种旋转正是操控机器人、逼真的计算机图像和航天器所需要的。他只是单纯地想解决这一数学问题,专注于发明数学方法,而其解决方案最终将使上述应用成为可能。就在他走上布鲁姆桥时,灵感突然降临:三维旋转需要用四维数学表达。[1]

这一洞见相当新颖,但事情不止于此。为了令四维数学可行,汉密尔顿必须改变乘法的基本规则。但这样一来,交换律 $a \times b = b \times a$ 可能就不成立了,尽管它在普通数字相乘时显然成立。或许你还记得自己当年如何与矢量乘法的"右手定则"角力,我们也将在第 4 章中对其进行专门讨论，因为它给出了一种简洁的方法，证明矢量乘法是不交换的。然而，中学和大学课程讲授的矢量分析只是事后总结。在1843年，打破交换律显得非常大胆，甚至有些专横：在何种宇宙当中，人们会认为2×3不等于3×2是合理的？或许只能在刘易斯·卡罗尔的奇境中，疯帽匠在那里告诉爱丽丝："说你的意思"和"你说的意思"有所不同，因为"你或许可以同理宣称，'我看见我吃的'等同于'我吃我看见的'"。[2] 但在数学家徜徉了数千年之久的直观精神世界中，这当然不合理。灵感迸发的汉密尔顿十分兴奋，他拿出了小刀，立即在石桥上刻下了他的神奇公式。

在汉密尔顿日，当代漫步者的目的地正是汉密尔顿刻下这一神奇数学公式的地方。原始的刻痕早已在风雨侵蚀下荡然无存，但我们从汉密尔顿的信件中知晓其曾经存在。半个世纪前，人们用一块牌子标记他灵感降临的地点；他后来回忆说，那就像电路闭合时产生的闪耀火花一样。2019年，一座纪念性艺术品因这一比喻而诞生，它矗立在布鲁姆桥的人行道上，用电灯照亮了这一著名的公式：

$$i^2 = j^2 = k^2 = ijk = -1$$

多么希望汉密尔顿能看到这一切啊！[3]

你或许已经意识到，汉密尔顿公式中的i、j、k是虚数，因为任何实数的平方都不可能是负数。（计算实数的平方时，总是两个符号相同的数字相乘，所以平方总是正数。如果平方是负数，比如$i^2 = -1$，则i肯定不是实数，而是虚数。）

稍后我将介绍汉密尔顿方程的意义，但我现在要强调的是，世界各地的朝圣者为何接踵到访布鲁姆桥。这一看似简单的方程包含了一种新四维结构的关键因素，开创了一种对于今天的许多领域不可或缺的全新数学语言，汉密尔顿将他的四维创造命名为"四元数"。它由两部分组成：一个是一维实数，他称之为标量；一个是有大小和方向的三维量（三分量），他称之为矢量。如果你熟悉现代矢量，那么出于实用的目的，你可以用同样的方式考虑汉密尔顿的矢量。(稍后我们将看到它们之间在概念上的细微差别。)

在这次传奇漫步的 20 年后,詹姆斯·克拉克·麦克斯韦创建了他的电磁场理论。更复杂的四元数需要等待近 150 年,才能实现我之前提到的现实应用,比如机器人、计算机生成图像(CGI)、分子动力学、手机屏幕的旋转、航天器的控制等。月球漫步者尼尔·阿姆斯特朗深知如今四元数在飞机和航天器导航中的作用。作为一位航空工程师兼宇航员,他在其生命即将结束时到访都柏林,向汉密尔顿表达了自己的敬意。[4]

我们将更深入地了解汉密尔顿如何做出了成功的探索,也将知道我们可以用四元数与矢量做些什么,但在此之前我想告诉你他是如何想到虚数和高维数学的。我在序言中跳过了从三维到四维或更高维的过程,但这种思维的转变远非直截了当。这是因为,几千年来,基本上只有算术和几何两种数学。算术是计数具体的量的,比如金钱、重量和距离等;几何也可以直观感知,通过点、线、面、图形等将几何对象画在二维纸上或表示在三维空间中。如果我们想从物理上建模我们凭借日常经验即可轻松想象的事物,三维空间就是我们的极限。

那么,汉密尔顿的四维数学是什么呢?这样的数学该如何处理?它如何表达像在普通空间内旋转的物体这样具体的事物?这是一个很长的故事,因为数学家经过漫长的岁月才学会了抽象思考,让他们的想象力从有形的事物中解放出来。要做到这一点,他们必须先学会符号化思考,从具体的算术和几何过渡到抽象的代数符号世界。即使你曾经在学习代数时举步维艰,也无须介怀:这段漫长的历史足以说明,以前的数学家同样如此。

学会符号化思考

自有记录(近 4 000 年前)以来,代数就一直是数学的一部分,但不总是以我们今天所学的符号形式出现。实际上，它在大部分时间里都完全呈现为文字和数字形式，而在公元前300年，欧几里得的《几何原本》中也包含几何图形，用于证明像毕达哥拉斯定理这样的结果，以及表示等同于今天 $(a+b)^2$ 形式的平方式。所以，"代数"是通过笨重的文字问题或越来越复杂的图形来表达的，在这方面几何确实更有优势。比如，几何是证明毕达哥拉斯定理的最简单方法。在图1-1中，我给出了这样一个几何证明的代数改写。虽说古人只是重新排列图形，直观地显示阴影区域面积等于以三角形的两个直角边为边长构成的正方形的面积之和，但这确实是一种相当聪明的方法。[5]

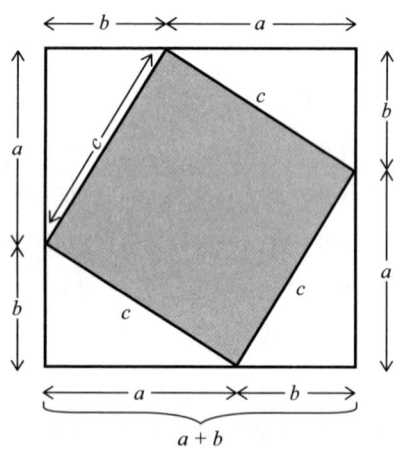

图1-1　毕达哥拉斯定理的证明。4个全等直角三角形分置于大正方形的4个角上，这个大正方形的边长为$(a+b)$，阴影部分的正方形面积c^2即为大正方形的面积$(a+b)^2$减去4个直角三角形的面积$(4 \times ab/2)$。因此，$c^2 = (a+b)^2 - 2ab = a^2 + b^2$

经过了漫长的时间，代数总算摆脱了算术和几何，成为一门独立的学科。但直到中世纪，它才拥有自己的名字，这要感谢9世纪的阿拉伯数学家花剌子米。当他在巴格达的开创性大学也就是"智慧宫"学习时，正值伟大的阿拉伯翻译运动达到巅峰：人们从日益壮大的伊斯兰帝国的各个角落收集希腊、印度和其他古代手稿，将它们译成阿拉伯语。

12世纪的欧洲人热衷学习阿拉伯语,以便将这些手稿翻译成拉丁语,其中包括托勒密的《天文学大成》和欧几里得的《几何原本》,还有花剌子米的著作。众所周知,"代数"(algebra)这个词来自花剌子米的《代数学》。[6]

从花剌子米引入的问题看,他所谓"还原"的一个例子是"配方法",即你在学校中学习的二次方程的解法。这样的方程在汉密尔顿的虚数故事中扮演了一定的角色。比如,考虑$x^2 + 1 = 0$。今天的学生可以立即写出它的解:$x = \pm i$,其中i为虚数$\sqrt{-1}$。[7] 17世纪,法国人勒内·笛卡儿将"虚数"一词引入了数学,并指出我们可以得到"我们能想象的任何方程"的解;然而,"在许多情况下,不存在与人们的想象对应的量"。换言之,他认为你可以"想象"方程的解中含有负数的平方根,但它们并不真实存在。至少它们不是传统意义上的数字。[8]

如果连笛卡儿都认为这样的数字不存在,那么在800年前的花剌子米时代,-1的平方根被认为"不可能存在",以它为解的方程也被认为无解,这就不足为奇了。所以,像大多数古人一样,花剌子米只关注有正解的二次方程,因为解为负数似乎也没有实际意义。(7世纪的印度数学家婆罗摩笈多的思想遥遥领先于他同时代的数学家,因为他同时考虑到了正解和负解。)

花剌子米也没有用我们今天使用的符号形式书写方程。事实上,在现代人眼中,他的书更像算术而非代数;他的作品在欧洲被翻译成拉丁语后,产生的一个重要影响就是推广了印度-阿拉伯的十进制计数系统,并使之最终演变成我们现在使用的计数系统。然而,花剌子米常被称为"代数之父"。尽管他使用的是文字而不是符号,提及的问题也很简单(如他所言,他的目的是教学生如何解决"继承、遗产、分割、诉讼与贸易以及交易问题,或者测量土地、挖掘运河、几何计算和其他方面"的基本问题),但他系统地提出了以文字形式表示的线性方程和二次方程及其求解的算法,即求解"未知数",也就是我们现在所说的x和y。事实上,"算法"这个词意为执行计算或其他操作的一套规则,它来自拉丁语中的"algorismi",该词衍生于花剌子米的名字。[9]

看到"代数之父"这一称号,我不禁想问,是否也有"代数之母"?花剌子米并不是凭空出现的,牛顿、麦克斯韦或爱因斯坦也不是。花剌子米的大多数前辈都已湮灭在历史长河之中,但在某个阶段可能也有女性的参与。事实上,神秘的希帕蒂亚可能是我们所知的最接近"代数之母"称号的人,但她的原创性程度未知,因为她的作品早已残缺不全。但当时的信件显示,她确实写了一篇博识的学术评论,论及另一位"代数之父"称号的竞争者,即3世纪亚历山大城的丢番图。丢番图曾在发展符号的过程中迈出了重要的一步,因为他在表述代数问题时使用了文字缩写。

当然,现代涌现出了一些优秀的女代数学家,包括西澳大利亚大学的荣休教授谢丽尔·普拉格,她一直是许多年轻女性学习数学的榜样。稍微回溯一下,还有富于开创性的爱因斯坦的同事艾米·诺特,由于她在现代代数概念上的工作,她被称为"现代代数之母",这些工作的深度远远超出了我在这里谈论的代数课程。再举一个具有开拓性的女数学家的例子:一个半世纪前的1872年,年近92岁的玛丽·萨默维尔在她去世的前一天还在研究汉密尔顿的四元数。她曾跻身数学天文学的发展前沿,被同时代的人尊称为"科学女王"。她最近再次声名鹊起,原因之一是在公众投票中击败了她的苏格兰同胞麦克斯韦,她的头像被印在了2017年苏格兰皇家银行发行的新版10英镑钞票的正面。

再往前追溯,我最喜欢的"代数之父"是神秘的伊丽莎白时代数学家托马斯·哈里奥特。1883年,在致汉密尔顿四元数的早期仰慕者亚瑟·凯莱的信中,英国代数学家詹姆斯·约瑟夫·西尔维斯特称哈里奥特为"当今代数之父"。哈里奥特也从前辈数学家那里受益匪浅,他去世后出版的《使用分析学》是第一本完全用符号书写方程的代数教科书。它于1631年出版,与花剌子米的时代相隔了8个世纪,与丢番图时代相隔14个世纪。这说明,数学家学会符号化思考需要耗费多长的时间。

哈里奥特本人没有将他的任何数学和实验工作发表出来，他的第一个资助者是有趣但颇具争议性的沃尔特·罗利爵士。哈里奥特忙于在大海上航行，一方面是为了躲避异端追捕者，另一方面是发展新的数学应用来帮助罗利的航海事业。

尽管哈里奥特从未出版过自己的发现，却留下了数千页的计算和观察手稿。通过在他收集的大量数据和方程中寻找隐藏的模式和一般性，哈里奥特发展了自己的思想。这确实是代数的关键因素之一：模式和一般性。符号方程的美在于，当你一眼就能看到问题时，发现一般的模式便会容易得多。比较以下两种表达方式，即可窥见一斑：

1. 取未知数的平方，再令未知数与自身相加，然后用平方减去和，令结果等于8。
2. $x^2 - 2x = 8$

最早的数学家分别求解单个方程，但如果你能发现一种不但对方程 $x^2 - 2x = 8$ 有效，同时对形如 $x^2 - ax = b$ 的方程也都有效的解法，求解就更容易了。古代数学家认识到了这一点，但进展相对缓慢，因为他们必须将这些模式都记在脑子里，或者用冗长的句子表达，这很容易让人迷失方向。

最先以易懂和可辨识的现代符号形式表达方程的人是1631年哈里奥特的遗嘱执行人，然后是1637年的笛卡儿，可参见其著作《方法论》[10]的附录。（此前也有一些尝试，但那些符号扭曲且过于个人化，更像是一种缩写。）[11] 即使我们今天视为理所当然的+、−、=和×也是到了17世纪才得到广泛使用的。这意味着，我们所知的早期代数学家，即古代的美索不达米亚人、埃及人、中国人、希腊人，中世纪的印度人、波斯人和阿拉伯人，以及现代早期的欧洲人，大都是用文字或象形文字来表达方程的。

* * *

这段漫长的历史告诉我们，符号化思维是一种独特的技能。以我在上文中给出的用文字表达的问题为例，它是算法思维的一个典型例子。但符号化思维具有算法性，因为它的符号有时可孕育出一种新的创造力的种子，是一种深邃而又简洁的新思考方式。

一个经典例子是阿尔伯特·爱因斯坦的质能方程：$E = mc^2$。爱因斯坦最初并没有打算找到能量和物质之间的联系，相反，他只想根据他的新相对论计算运动电子的动能，以使其理论预言可以通过实验来检验。然而，几个月后，26 岁的爱因斯坦开始意识到这个方程的重要性。1905 年是他的奇迹年，他在那年的第 5 篇开创性论文中写下了这个方程，但他需要再花两年时间，才能完全理解这个用符号表达的关系式的完整含义。你要知道，它不仅是某种特定形式的能量和某种特定类型的物质之间的计算式，而且是一种一般现象：如果一个物体获得（或失去）能量，那么它也将获得（或失去）质量。这是一个奇怪的想法。我们的所有常识经验中都没有这样的实例，但它就隐藏在这个方程的符号中。实验物理学家花了几十年时间，才通过实验证实了这一惊人的数学预言。[12]

一个更简单、出现时间也更早的例子是幂序列 $x, x^2, x^3, \cdots$。第一个元素的幂是 1，所以 x 实际上是 x^1，传统上，1 在几何上与一维的线有关。接下来的两个元素是 x^2 和 x^3，它们分别被称为"x 的平方"和"x 的立方"，对应于正方形的面积和立方体的体积。这些名称凸显了早期数学家的思考方式是几何的而非代数的，因为几何具有可触摸的实体性。相比之下，符号代数是抽象的，你必须赋予它意义，即使它只是显示一种有趣的模式，比如 $x, x^2, x^3, x^4\cdots$。但是，这种灵活性是代数最大的优势。你可以写下更多（有限）的高次幂，而不必将它们具象化为物理对象。

这在今天看起来可能显而易见，但数学家花了 3 500 年的时间，才从求解二次方程转向求解三次方程和更高次方程。二次方程是指最高次

幂为 x^2 的方程。更高次方程的求解当然更困难，但不易找到解法的部分原因在于，代数长期以来总是与文字和具体图形相关联。

比如，我提到花剌子米曾用"配方法"解二次方程。其实，这是一个起源于 4 000 年前的问题。历史记录显示，该问题可以追溯到当年的楔形文字泥板，它们是与花剌子米同样居住在现代伊拉克所在地区的数学家制作的。这些古代的美索不达米亚人通过字面意义上的"配平方"求解二次方程。下面是当时一个典型的教学问题："将正方形的一边长增加 20 后面积变为 21，那么正方形的面积是多少？"[13] 这类问题及其解决方法与今天学校教授的内容类似，只不过在 4 000 年前，这一问题的答案完全是用几何方法推导出来的。首先，画一个边长为 x（用现代符号表示）的正方形，在它旁边再画一个大小为 20 和 x 的矩形。现在，把这个额外的矩形分成两个相等的小矩形，并把它们分别置于正方形的左侧和下方，将其补成一个新的更大的正方形，如图 1–2 所示。

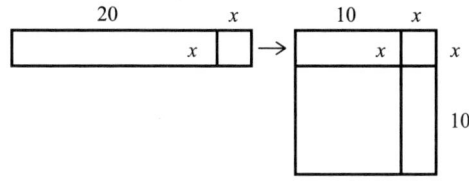

图 1–2　这个古老问题用现代代数符号表示可得到方程 $x^2 + 20x = 21$。与其古代几何表达形式一样，使用配方法需要记住一个步骤，即在等式两边加上 x 的系数的一半的平方。于是，方程就变成了 $(x + 10)^2 = 121$。求解方程，得到正方形的边长是 $x = \sqrt{121} - 10 = 1$

在最初开发这种方法时，美索不达米亚人是为了去解决实际问题。他们生活在水资源稀缺的土地上，他们的泥板上包含了许多关于运河和水库挖掘、水池容量、大坝和堤坝的建造和修理，以及相关的行政账目的问题。为了解决这些问题，古代数学家必须求解与面积和体积相关的方程。[14] 近 3 000 年后，花剌子米也专注于类似的实际问题，并使用了类似的几何配平方方法；17 世纪前的其他数学家同样如此。

1200 年前后，伊斯兰数学家萨拉夫·图西成为在求解三次方程方面最早取得进展的人之一。1545 年，意大利数学家杰罗拉莫·卡尔达诺率先在他的著作《大术》[15]中发表了一般三次方程的正确解法。像他之前的数学家一样，卡尔达诺仍然是用文字（或文字的缩写）而不是符号书写他的解法，从几何上设计了他的方法：他以其惊人的空间想象能力，完成了"配立方"。

一场数学决斗，一个棘手的方程，一个虚数

卡尔达诺不仅是一名才华横溢的数学家，他还是医生、占星家、赌徒、某种意义上的哲学家和神秘主义者，他相信自己的最妙想法来自夜间拜访他的神灵。然而，在求解三次方程的问题上，他的灵感来自他的意大利同胞尼科洛·塔尔塔里亚，而不是他那忠诚的神灵。卡尔达诺听说塔尔塔里亚已经解决了这个问题，他兴致勃勃地去纠缠对方，想弄清楚塔尔塔里亚用的是什么方法。为此，卡尔达诺甚至动用自己的关系，帮助经济拮据的塔尔塔里亚结识有影响力的人，解决他研究弹道学等课题的费用问题。塔尔塔里亚最终妥协了，条件是卡尔达诺要保守秘密；塔尔塔里亚自然希望由他本人来发表结果，最好可以把它交给未来的资助人。

几年后，塔尔塔里亚仍然对他的解法秘而不宣，但卡尔达诺发现西皮奥内·德尔·费罗也找到了解法，甚至比塔尔塔里亚还早。所以，一直在寻找公布三次方程解法机会的卡尔达诺觉得，他可以违背对塔尔塔里亚的承诺并发表这种解法了。不过，他在出版自己的著作时充分肯定了另外两位学者的贡献，并在解决更广泛、更一般的方程方面超越了他们。塔尔塔里亚对此感到非常愤怒，甚至向卡尔达诺发出了公开决斗的邀请；不是用剑，而是进行一场解题竞赛。卡尔达诺谨慎地拒绝了，因为在文艺复兴时期，人们很容易因此获得或失去声誉和工作。但与此同

时，塔尔塔里亚接受了德尔·费罗的学生安东尼奥·菲奥发出的挑战，后者知道他老师的三次方程解法。最终，塔尔塔里亚赢得了那场比赛。

在他的书中，卡尔达诺用一页巧妙的几何类比解释了他的一般算法，并且给出了具体的说明性例子。他是如此解释方程 $x^3 = 6x + 40$ 的解法的（请你坚持读下去，即使只是粗略地浏览，因为最后一行的表达形式与虚数和矢量的故事有关）："取 x 的系数的 1/3，即 2，求立方，得到 8；用常数的一半（即 20）的平方 400 减去此 8，得到 392；20 与 392 的平方根之和是 $20+\sqrt{392}$，20 与 392 的平方根之差是 $20-\sqrt{392}$；$(20+\sqrt{392})$ 与 $(20-\sqrt{392})$ 的立方根之和，即 $\sqrt[3]{20+\sqrt{392}} + \sqrt[3]{20-\sqrt{392}}$，就是 x 的值。" 哇！他竟然想出了这么复杂的解法，实在太有耐心了。[16]

无论从矢量的故事还是数学发展的角度来看，当这类解中根号下的数字是负数时，都会出现有趣的情况。具体来说就是，人们得到了一个像 $\sqrt{-121}$ 这样的虚数。

美索不达米亚人忽略了二次方程的负数解和虚数解，因为这与他们试图解决的实际问题无关，毕竟田地和运河的尺寸不会是负数或虚数。同样，从希腊人到花剌子米和图西再到卡尔达诺，他们都不得不与这些"不可能"的数字做斗争。卡尔达诺研究方程解法的目的仅仅是挑战自己的智力，而现在他被这样一个事实难住了：如果把求解 $x^3 = 6x + 40$ 的方法用于 $x^3 = 15x + 4$，则 x 的值变成了：

$$\sqrt[3]{2+\sqrt{-121}} + \sqrt[3]{2-\sqrt{-121}}$$

卡尔达诺由此得出结论：这样的解看似合理，但其实是错的，"它尽管看上去很精妙，却毫无用处"，因为除了不受欢迎的 $\sqrt{-121}$，他已经知道了 $x = 4$。他之所以知道正确答案，是因为数学家总是会通过猜解来理解问题，他也是这样。当没有已知的算法可用于求解问题时，猜解的方法就显得特别有用，古代代数就是以这种方式开始的。对于卡尔达诺的方程 $x^3 = 15x + 4$，你可以先猜测一个简单的可能值，比如 $x = 3$，将其代入后比较方程两边，你发现 3 太小了，接下来再试试 $x = 4$。这次你的尝试直接奏效，但有时你也需要尝试中间值。虽然数学家可以通过算法和计算机来更有效、更全面地尝试和猜测，但他们仍然会通过"数值方法"求解困难的问题。

15年后，即1560年前后，另一位杰出的早期现代意大利代数学家拉斐尔·邦贝利再次审视了卡尔达诺面临的难题。既然方程的解是$x=4$，那么它与$x=\sqrt[3]{2+\sqrt{-121}}+\sqrt[3]{2-\sqrt{-121}}$又有何关系？经过深思熟虑，邦贝利突然产生了一个"疯狂的想法"：是否可以这样分解$\sqrt{-121}$，即令其等于$\sqrt{121}\times\sqrt{-1}$，从而得到$11\sqrt{-1}$？然后，能否找到一个"复数"，即一个实数和虚数的混合体，其立方是$2+11\sqrt{-1}$？令人惊讶的是，在以百折不挠的耐心反复试错之后，他发现$2+\sqrt{-1}$是$\sqrt[3]{2+11\sqrt{-1}}$的一个解，只要展开$(2+\sqrt{-1})^3$即可证实。同样，他发现$2-\sqrt{-1}$也是$\sqrt[3]{2-11\sqrt{-1}}$的解。就像卡尔达诺的求解过程一样，将它们加在一起，可以得到

$$x=2+\sqrt{-1}+2-\sqrt{-1}$$

最终，他得到了$x=4$。谜团解开了！

然而，这仅仅解决了一个特例，而且因为邦贝利事先知道$x=4$，这使他对如何操控虚数有了"先见之明"。但他没有一般的算法，也没有以现代符号形式写下方程。他和卡尔达诺一样对$\sqrt{-1}$嗤之以鼻，称其为"诡辩术"。但是，当他的书《代数学》于16世纪70年代出版时，他确实让数学家开始重新审视这个奇怪的数字。他或当时的其他人都不知道它的未来应用价值将何等巨大，无论是在汉密尔顿的四元数和矢量中，还是在工程、计算和量子理论等领域内。[17]

至于三次方程，哈里奥特是第一个在1600年前后找到一般的符号代数解的人，而且他在证明时未诉诸几何。约翰·沃利斯或许是在哈里奥特时代与牛顿时代之间最杰出的英国数学家，也是当时少数认识到哈里奥特在解放代数并使之脱离几何方面成就的人之一。他对哈里奥特的评价是：哈里奥特"纯粹且独立地依靠代数本身的原则处理代数，而不依赖于几何，也不与几何有任何联系"。[18]这为我即将讨论的汉密尔顿提

供了一些数学背景，因为他也想用纯代数的形式来表示一种几何操作，但他考虑的不是立方体而是空间中的旋转，并且在寻找这个问题的解决方法的过程中，他发明了矢量。

使用代数方法来推演几何问题，这不仅扩展了代数，也扩展了几何。我们将会看到，当矢量和张量出现时，这两种数学携手并进，相互影响。但第一步，我们要像哈里奥特和沃利斯所做的那样，认清代数和几何一样，本身也是一门学科。

哈里奥特受到了多才多艺的法国人弗朗索瓦·韦达的启示，比如，韦达率先开始用大写字母表示未知数。哈里奥特也研究了韦达关于三次方程的著作。哈里奥特像我们今天这样用小写字母表示未知数，他将符号运用得如此彻底，堪称"符号思维大师"。他的洞见之一，就是证明多项式方程可以写成因式相乘的形式。比如，两个一次因式相乘可以得到一个二次方程，三个一次因式相乘可以得到一个三次方程，四个因式相乘可以得到一个四次方程，以此类推。"因式定理"现在看起来可能显而易见，你在高中代数课上就学过了，但在哈里奥特之前从未有人写出这样的符号方程：

$$(x-l)(x-m)(x-n)=0$$

实际上，哈里奥特没有使用圆括号来表示乘积，而是将因式摞在一起，并用方括号括住。他使用小写字母 a 而不是 x 来表示未知数，并且使用 $a \cdot a$ 而不是 a^2。$x, x^2, x^3, x^4, \cdots$ 这些符号应归功于笛卡儿，这种表示法是他在 1637 年发明的，但笛卡儿有时也会像哈里奥特一样，使用 $x \cdot x$ 或 $a \cdot a$ 的形式。无论形式如何，这个方程揭示出一个三次方程必定有三个解：$x=l, x=m, x=n$。它们可能是正数或负数，也可能是实数或虚数。相比之下，卡尔达诺的算法说的是"那个"解，似乎暗示只有一个解，这符合你基于立方体的想象。[19]

要弄清楚哈里奥特的符号方法的优势，我们可以看下邦贝利是如何从 $x=4$ 出发解决棘手的卡尔达诺方程的。他使用的符号与我在这里使用的现代版本大同小异，而且同样清晰。哈里奥特先将 $x^3 = 15x + 4$ 写成 $x^3 - 15x - 4 = 0$，这正是你在中学所学的。然后，将 $x^3 - 15x - 4$ 除以 ($x - 4$)，得到 $x^3 - 15x - 4 = (x - 4)(x^2 + 4x + 1)$。对于这一表达式，当 $x = 4$ 或 $x^2 + 4x + 1 = 0$ 时它等于 0。你可以通过配方法求解其中的二次方程，得到另外两个解，即 $x = -2 + \sqrt{3}$ 和 $x = -2 - \sqrt{3}$。所以，这个三次方程总共有三个解。该方程的所有解都是实数，不再需要用到卡尔达诺的复杂表达式 $x = \sqrt[3]{2 + \sqrt{-121}} + \sqrt[3]{2 - \sqrt{-121}}$。或者，只是看上去如此。后来的数学家会发现，实际上每个复数本身都有三个立方根，由此将这块历史拼图补齐。所以，棘手的卡尔达诺方程的三个实数解可以从他的算法中得出！我在本书中的注释部分演示了如何做到这一点。[20]

符号化思考的威力

因式分解法现在已成为一种基本方法，但 400 年前它是一个巨大的突破。哈里奥特并不经常使用它，它更全面、更一般的含义（代数基本定理）还要再过两个世纪才会得到严格证明。所以，跟韦达和卡尔达诺一样，哈里奥特还为解决各种类型的二次、三次和四次方程设计了一长串算法。但是，他清楚地认识到代数符号的价值。"当我们的归约法可以直观地展示所有根（或解）时，为什么还需要冗长的规则呢？"他说（即使是韦达的方法也很烦琐），"这种方法不仅适用于这种类型的方程，也适用于其他情况。"[21]

他强调的问题是，在推广时用符号比用文字容易得多。当你能推广时，也就是当你能看到适用于普遍性问题的通用模式时，你就可以在科学、技术和数学上取得非凡的进步。比如，麦克斯韦之所以能证明光的电磁波本质，并预言无线电波的存在，是因为他通过对电磁学的数学分析得到了一类方程，它们可以用来描述拨动吉他或小提琴弦时产生的波的模式。诺特巧妙地推广了对称的数学模式与物理量（如能量和动量）

守恒之间的关系。

稍后我们将继续探讨这类例子。与此同时，研究哈里奥特的学者穆里尔·塞尔特曼用简洁的语言总结了哈里奥特思想的重要性和代数符号的力量：

> 符号化与数学思维过程之间存在一种相互关系，其中哈里奥特的技巧和符号化思维的影响巨大。这些直观地指导你如何去做，以一种全新的方式，让数学变得有路可循……可视化是显而易见的，并且极其重要。现在，你可以像操作无法可视化的概念一样操作符号，而符号只是这一概念的体现。[22]

这引出了我要讨论的最终话题。汉密尔顿的四元数没有传统的几何相似物，而且对大多数人来说，将爱因斯坦的四维时空可视化是不可能的（更不用说十维弦理论了）。但是，用于描述它们的数学符号方程有自己的可见性。它们可操作，就像四维时空"确实"真的存在一样，因为从代数的角度说，x^4 就像"平方"（x^2）和"立方"（x^3）一样有效。而且，如果说到坐标和矢量，则 (a, b, c, d) 和 (a, b, c) 是同一类事物。

随着代数符号的兴起，出现了一种新的抽象思维，它为微积分的发展铺平了道路，并最终发展为矢量分析和张量微积分。这种奇妙的语言让数学家能解决大量复杂的新问题，这些问题的解将为我们带来新技术和认识物理现实的新方式。因此，下一章将讲述有关微积分的非凡故事。

第 2 章

微积分的诞生

早在那次布鲁姆桥电光石火的灵感迸发的 10 年前，汉密尔顿就利用微分学获得了他的第一个重大发现。他从理论上预言了一种新的光学现象，即在某些晶体中存在一种从未有人观察到的特殊折射。

光学研究光的行为，这对物理学家和数学家来说都是一个激动人心的话题，尽管谁也不知道光究竟是什么。然而，越来越多的物理学家产生了与牛顿不同的观点，认为光不是粒子而是某种波。麦克斯韦将这一观点推向了极致，并在这一过程中突出展现了矢量微积分的重要性。但主流观念直到 1801 年才开始发生转变，这得益于一个物理学中的经典实验——托马斯·杨的双缝实验。

该实验的基本想法是：观察两束光相互影响时会发生什么，以及由此产生的相互作用模式符合波还是粒子的性质。你可以看到，向一个池塘中投入两块石头时产生的波的模式。石头撞击水面产生由内向外扩散的同心圆波纹，在某些地方，来自一块石头的波峰会与来自另一块石头的波峰相遇。当发生这样的情况时，水面上升，两处波峰结合并产生更高的波峰。如果你用光做同样的实验，并且光确实以波的形式传播，你就会看到两束光波相互加强时亮度增加的效果。而在某些地方，水表面的波则相互抵消：一列波的波峰与另一列波的波谷相遇，水面因此变成平的。这种效果在光学中就相当于暗斑，因为光波相互抵消，光就消失了。那么,光到底是不是波?这就是托马斯·杨想要探索的问题。

他让光通过两个微小的针孔,形成两束光,并让这两束光照射到屏幕上,从而显现出"干涉图样"。如果光是由粒子构成的,每束光就会径直前行,你将看到两个与针孔方向一致的明亮斑,类似于有两个开口的邮筒所投下的两堆信件,或者两股射向屏幕的乒乓球流。但如果光以波的形式传播,两束光就会绕过针孔(即"衍射"),产生像池塘波纹一样的圆形波纹,而相互交错的波纹会在屏幕上产生明暗相间的干涉图样。果不其然,这正是杨所看到的,所以这是一个绝佳的实验。一个世纪后,爱因斯坦引入了光子的概念。光子与牛顿风格的物质粒子不同,但在与原子的相互作用中,它们可以表现出类似粒子的性质。除了这一奇异的发现,量子物理学家还改进了杨的实验,证明光子和电子等亚原子物质粒子都能产生波的干涉图样。换言之,在一定条件下,光和物质都可以表现出波或粒子的行为。但此乃后话,当下我们还是回到杨的光波理论。

杨是玛丽·萨默维尔的朋友,据她回忆,起初在英国很少有人认真对待杨的光波推演,因为没有人愿意贬低伟大的牛顿。(事实上,当时牛顿拒绝波动理论的理由很充分。)但阻碍人们接受杨的实验结果的不仅是牛顿的名声,也有现实情况,谁也不知道光波可能是由什么构成的,或者它怎样才能穿越真空从太阳到达地球。不过,这并没有阻止19世纪早期的数学家,比如汉密尔顿,从理论上探索光波。从牛顿时代的克里斯蒂安·惠更斯开始,研究人员为此前赴后继。[1]

在分析光波通过各种形状的晶体时的表现的过程中,汉密尔顿发现,当这些波从某一特定方向进入某种类型(被称为"双轴")的晶体时,它们会被折射成一个光锥,而不是你在普通棱镜中看到的光带。今天,"锥形折射"的激光束具有各种实际用途,包括操控化学分子或血细胞的光学镊子,以及用于自由空间光通信。[2]

然而,在1832年年初,谁都没有见过锥形折射现象(更不要说激光了)。于是,汉密尔顿请他的实验物理学家兼好友汉弗莱·劳埃德出手相助,看能否发现这种新型折射。实验成功了,汉密尔顿一举成名,因为这可能是数学第一次被用来预言物理现象的存在，而不是解释已知的物理现象。随之而来的突破还有很多：关于海王星存在的预言将在 10 年后出现，以及随后的一系列预言，从无线电波和辐射压力到光子、$E=mc^2$，再到希格斯玻色子和引力波等。

* * *

不到 20 岁，汉密尔顿就已发表了第一篇有关光学的数学论文，他对锥形折射的数学预言被验证时才 27 岁。而他做出这一非凡预言借助的主要工具之一就是微积分。

微积分有两个分支：微分和积分。微分的本质与变化率有关，比如速度，即距离随时间的变化率。在对折射的研究中，汉密尔顿使用导数来显示某些与光程长度和波速有关的量在晶体表面的变化状况。各种光滑变化的现象都可以通过微分学建模，比如加热和制冷、生物和原子的生长和衰减、各种类型的波、生态系统、热梯度和地形梯度、数学函数的斜率、金融趋势等。

至于积分，它作为一种计算工具，是为了解决古代数学家曾经面对的难题而开发的，比如，计算田地和平面图形的面积，以及水池和运河的容积。这样的应用在今天的科技社会中就更多了，比如，计算飞机机翼的升力面面积；确定制造产品所需的原材料面积（从计算机和汽车车身到桥梁和摩天大楼）；通过密度和体积确定建筑材料的重量，以确保结构有足够的承重能力；在手术期间监测患者的血容量……我可以列举出更多，但你应该看到了它的应用范围有多广泛。

你可能是通过求曲线 $y=f(x)$ 下的近似面积而首次接触积分学的。其中，$f(x)$ 是描述某一曲线的关于 x 的函数，比如，对于以原点为中心和焦点的抛物线，$f(x)=x^2$。该曲线下的面积近似等于很多个细长的矩形面积之和，其中每个矩形的面积为 ydx，如图 2-1 所示。你使用的矩形数量越多，每个矩形就越细长，得到的近似值就越精确。这是一种直观的几何方法，但通过积分算法的代数公式，你可以将无穷多个细长矩形"加起来"，得到准确的面积。你也可以用类似的方法计算体积，即将无穷多个圆柱形切片加起来，每一个的体积都趋于无穷小。

如今，"将无穷多个加起来"这句话很容易理解，但能够操控无穷确实相当了不起。与回避我们之前遇到的虚数一样，古代数学家也完全回避了"无穷"这个概念。

比如，如果你今天想要严格推导圆的面积（πr^2）或周长（$2\pi r$）公式，你就会对它的代数方程积分，如图 2-3 所示。相比之下，大约 3 500 年前，埃及抄写员阿默士在一份奇迹般保存至今的莎草纸书上记录了一个简单的几何结构，用一个八边形近似求一个圆的面积。如图 2-2 中所示，他得到的面积计算结果，出人意料地为 π 这个常数提供了一个相当准确的近似值。要得到圆的近似周长，阿默士只需要用毕达哥拉斯定理求出 4 个角处的直角三角形的斜边长度，再对八边形的各边求和。[3]

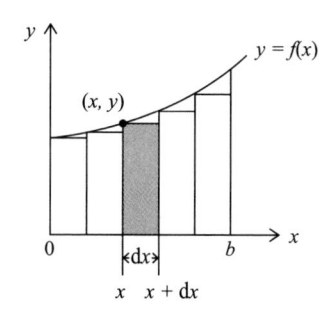

图 2-1　求曲线下方的面积。阴影矩形对应于图像上的一般点 (x, y)，其面积（长乘宽）为 $y\mathrm{d}x$。当你对函数 $y = f(x)$ 在 $x = 0$ 到 $x = b$ 之间积分时，你实际上是在计算当 $\mathrm{d}x$ 趋于无穷小时所有这些矩形的面积之和。这个积分写作 $\int_0^b y\mathrm{d}x$，或者更具体地说，这个函数写作 $\int_0^b f(x)\mathrm{d}x$。它等于由 $x = 0$、$x = b$、x 轴（即 $y = 0$）、$f(x)$ 这 4 条线围成的图形面积

在阿默士记录了他那个时代的数学的 1 000 年后，讲希腊语的数学家发明了"穷竭法"。这种方法通过增加多边形的边数来求圆的近似面积，直到达到所需的精度。这是古代数学家对严谨性的一次杰出尝试，

叙拉古的阿基米德就是其中之一。为了求圆的周长，他从一个内接正六边形开始，再将边数加倍，比较前后两个多边形的周长。他不断地加倍边数和比较周长，由此找到了一种算法，用于比较从正六边形到正96边形的周长。这无疑是一个令人印象深刻的计算壮举。如果你想象画出它，你就会发现，正96边形的周长与圆的周长非常近似，足以让阿基米德将π值精确到 $3\frac{10}{71}$ 和 $3\frac{10}{70}$ 之间。这个上限值是很多人在学校里学到的：$3\frac{1}{7}$ 或 $\frac{22}{7}$，即 3.142 86，而π的现代值为 3.141 59（两者都四舍五入至小数点后第 5 位）。

然而，将 96 个边相加并不等同于将无限个边相加，后者将多边形变成了一个真正的圆。相比之下，在微积分中，曲线的长度是通过积分曲线的微小线段的代数公式来求得的，这个微小线段用 ds 表示。它相当于阿基米德 96 个边中的一个无穷小的边，其长度是通过类比毕达哥拉斯定理来求得的。在图 2–3b 的例子中，你可以看到它甚至与阿默士的方法也有某种原始的相似性。

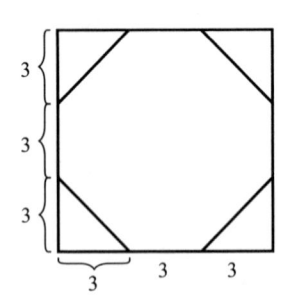

图2–2　古埃及人如何估算圆的面积和周长。图中正方形的边长为 9 个长度单位，所以它的面积是 81 个平方单位。内接八边形的面积 = 正方形的面积减去 4 个角处的三角形面积 = 81 − 4 ×（3 × 3/2）= 63 个平方单位。这看起来非常接近 64 个平方单位，而 $\sqrt{64}$ 比 $\sqrt{63}$ 更容易计算，所以在阿默士的记录中，圆的面积等于边长为 8 个长度单位的正方形的面积。由于八边形可被近似视为正方形的内切圆，所以圆的半径为 9/2 个长度单位。圆的面积公式是 $A = Nr^2$，其中 N 相当于π：$N = A/r^2 = 64/(9/2)^2 = 256/81 ≈ 3.16$，π的现代值略大于 3.14。

使用毕达哥拉斯定理计算四角处三角形斜边的长度，然后将八边形各边边长相加，并与半径为 9/2 的圆周长公式做比较，即可知埃及人给出的π的近似值为 3.2，十分接近 3.16

第 2 章 微积分的诞生

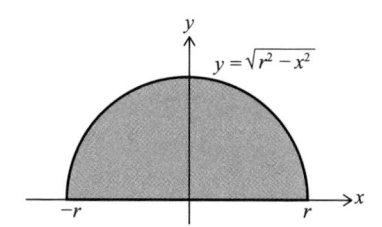

图 2–3a 用积分法求圆的面积。这里的基本想法是：先求出半圆 $y = \sqrt{r^2 - x^2}$ 与 x 轴围成的面积，再乘 2

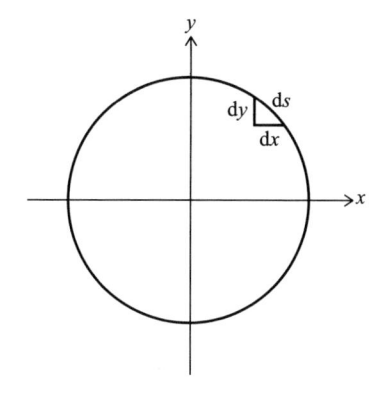

图 2–3b 用积分法求圆的周长。这里的基本想法是：将所有的小弧段 ds 相加（我会给出计算方法，但与本书其他部分一样，如果你对这些细节不感兴趣，就可以跳过它们，继续阅读下面的故事）

图 2-3a 的计算

选择极坐标，令 $x = r \cos \theta$，则对于给定的半径 r，我们有 $dx = -r \sin \theta \, d\theta$；再令 $y = r \sin \theta$。（下一章图 3-4 将给出 $\sin \theta$ 和 $\cos \theta$ 的定义，但那里的半径为 1。）然后，使用倍角公式，我们可以得到：

$$\cos 2\theta = (\cos \theta)^2 - (\sin \theta)^2 = 1 - 2(\sin \theta)^2$$

之后，在第二个积分中交换积分上下限，以去掉 dx 的负号，最后求得半径为 r 的圆的面积是：

$$A = 2\int_{-r}^{r}\sqrt{r^2-x^2}\,dx = 2\int_{0}^{\pi}(r\sin\theta)r\sin\theta\,d\theta = 2r^2\int_{0}^{\pi}(\sin\theta)^2 d\theta =$$
$$r^2\int_{0}^{\pi}(1-\cos 2\theta)\,d\theta = r^2[\theta - (\sin 2\theta)/2]\big|_{0}^{\pi} = \pi r^2$$

你也可以用相对简单的二重积分来完成这一计算（我们将在第 6 章简单介绍二重积分）。

图 2-3b 的计算

再次令 $x = r\cos\theta$, $y = r\sin\theta$，则对于给定的半径 r，我们可以得到 $dx = -r\sin\theta\,d\theta$, $dy = r\cos\theta\,d\theta$。因此，无穷小的周长弧段为：

$$ds = \sqrt{(dx)^2 + (dy)^2} = \sqrt{r^2(\cos\theta\,d\theta)^2 + r^2(\sin\theta\,d\theta)^2} = r\,d\theta$$

从 $\theta = 0$ 至 $\theta = 2\pi$，围绕整个圆积分，我们求得半径为 r 的圆的周长为 $2\pi r$。

如果阿基米德没有在公元前 212 年罗马人围攻叙拉古时被杀，他就有可能发明微积分。他离世时大约 75 岁，杀死他的士兵显然不尊重长者或数学。据说，阿基米德因为太专注于计算，结果没有听到士兵的命令。2 000 年后，在法国大革命期间，一位了不起的青年女性读到了这个故事。阿基米德对数学的痴迷令她激动不已，并下定决心钻研数学。但她只能自学，因为那时候的大多数女孩都没有接受教育的权利。像几乎所有人一样，她的父母认为女性的身体通常比男性弱小，繁重的学习会损害她的健康，令她无法生育，甚至会使她发疯。她就是索菲·热尔曼，20 世纪前最优秀的女数学家之一。她在自己最重要的研究中使用了微分，创立了振动表面的数学理论。

虽然阿基米德不幸离世，但如果他有关这一主题的最重要手稿未被中世纪的抄写员部分洗掉并覆盖，微积分可能早就出现了。这份手稿直到 1906 年才被发现，它表明阿基米德曾有过一些非凡的发现。他仅仅使用具体的几何图形和机械类比法，便找到了计算球体和曲面形容器体积的方法，这是今天在大学积分课程中教授的"旋转体"体积的计算方法的雏形。但这位天才的杰作以及这些宝贵的信息早已遗失，以至于早期数学家不得不重新发现这些方法。

牛顿、莱布尼茨和芝诺：寻找无穷小

于是，早期天才的代表人物出现了，他就是艾萨克·牛顿。根据《牛津英语词典》，"天才"的定义是："具有卓越的智力或创造力或其他自然能力或倾向的人。"这是一个在日常用语中常被滥用的词语，但它对牛顿来说名副其实，对我们将在这个故事中遇到的其他极具创造力的数学家和数学物理学家来说同样适用。他们的思想如此新颖，能够在数学革命中发挥关键作用，而这些革命为我们带来了矢量和张量微积分。当然，就连这些杰出的思想家也需要同行的启发和帮助，因为在现实生活中，"孤独的天才"几乎不存在。在长达 200 年的时间里，牛顿被神化为旷古绝今的天才，这种看法塑造但也限制了人们对数学家和理论物理学家的印象，直到 19 世纪末。毕竟，我们不可能都是天才，历史上许多优秀的数学思想家都曾做出过重要贡献。我们将在这个故事中遇到其中一些人，包括帮助这些备受赞誉的天才取得突破的同行。

牛顿之所以被称为天才，原因之一是他在数学和物理的许多分支中都做出了杰出贡献。用现代语言来说，他是一位实验物理学家，特别是在光的研究方面；他也是一位理论物理学家，特别是在关于运动和引力的理论方面；他还是一位应用数学家，就他和这个故事中的其他人及今天的许多研究者而言，当数学被应用于自然物理过程时，应用数学家便与理论物理产生了交集；他更是一位纯数学家，一个发明新的数学方法、概念和证明的人，专注于严谨性和美感。这些"纯"技术为应用数学家和理论物理学家后来的实际应用奠定了基础，微积分就是其中一个经典的例子。

微分和积分是微积分的两大分支，牛顿第一个为微积分找到了用符号表示的一般算法，并清楚地证明了它们之间的关系，他证明了积分是微分的逆运算。戈特弗里德·莱布尼茨也产生了这种想法，因为在哈里奥特、伽利略、皮埃尔·德·费马（因费马大定理而闻名）、艾萨克·巴罗（牛顿在剑桥大学的导师）和约翰·沃利斯等先驱者的努力下，微积分已"呼之欲出"。正是基于他们的工作，以及他们所追随的数学先贤做出的贡献，从古代的阿基米德和欧几里得到中世纪的海什木和尼古拉·奥雷斯姆，莱布尼茨和牛顿才各自独立创造出微积分的明确表达形式。

这两位创始人没有任何相似之处。牛顿对他的发现讳莫如深，因为他无法忍受自己可能会遭到批评的情况。他对很多事情的态度都相当古怪，尽管我对他有些许同情。20岁出头且待在母亲农场中的他，在1665—1667年伦敦大瘟疫期间，取得了微积分、光学和引力理论的初步突破。如此辉煌的成就，很难不令人感到敬畏，也很难不令人同情那个内心惶恐的青年。在他出生前，他的父亲便死于奥利弗·克伦威尔的议会党和查理一世的保皇党的内战中。对他的母亲汉娜来说，这必定是一段可怕的时光。她的丈夫死了，战事如此激烈，甚至波及了她农场附近的村庄。于是，她嫁给了富有的教区长巴纳巴斯·史密斯，并搬到了另一个城镇。不幸的是，因为史密斯的坚持，她把小牛顿留给外祖母照看。牛顿曾想过放火烧毁史密斯的房子，烧死他的母亲和史密斯；但事实上他唯一表现出来的破坏性行为就是偶尔的艺术涂鸦，或者时不时的夜间恶作剧，比如用爆炸的风筝吓唬迷信的村民。史密斯去世后，汉娜才回到牛顿身边，还带来了三个同母异父的弟妹，那时的牛顿大约10岁。[4]

莱布尼茨的性格比牛顿要开朗得多。用莱布尼茨学者菲利普·维纳的话说：作为一个真正的文艺复兴时代的人，他是"一位律师、科学家、发明家、外交家、诗人、语言学家、逻辑学家，也是一位哲学家，虔诚地捍卫理性的培养，认为它是人类进步的希望"。[5]

莱布尼茨6岁时，他的哲学教授父亲就去世了。他的外祖父是法学教授，莱布尼茨后来不仅获得了法学学士学位，还取得了法学博士学位。相比之下，牛顿的父亲是一个受教育程度很低的农民，他的母亲并不理解他的高智力、激情和才华：她在牛顿17岁时要求他退学，但他将农场管理得一团糟，母亲这才接受了校长和她受过剑桥大学教育的兄弟的建议，允许牛顿上大学。牛顿只能靠为一名富有的学生当仆人来支付剑桥的学费。对牛顿和我们来说幸运的是，他很快就成了那里的教授，并做出了惊人的发现。

学生时代的莱布尼茨没有像牛顿这样的烦恼，毕业后的他即过上了相当舒适的生活。他周游欧洲，替他的贵族资助人执行外交任务，并在途中与科学家和哲学家会面交谈。他建立了一个庞大的网络，包含约600名通信者——他是一位多产的书信作家，对世界和平、哲学和科学有着宏大的想法。尽管他有广泛的兴趣爱好和专业职责，但他仍然表现出了非凡的数学才能。学者型的牛顿是杰出的数学家和实验物理学家，而多才多艺的莱布尼茨也取得了重要发现，并且更擅长创造符号。

我在上一章强调了代数从文字到符号的缓慢发展历程，但在现代微积分发展的早期阶段，在韦达、哈里奥特和笛卡儿引入真正的代数符号半个世纪后，情况变得截然相反：微积分符号代表的概念是时人无法用文字充分解释的。这就是符号思维的特殊威力，它可以在初期带你进入超越一般性理解的新领域。

比如，尽管我一直在谈论"无穷"和"无穷小"量，但它们的定义非常难下。现代词典对"无穷小"的定义是"极其小"，但这对数学家来说没有什么意义，他们需要更精确的表达。直到牛顿–莱布尼茨微积分诞生的200年后，数学家才借助关于极限、连续性和函数的理论，找到了精确的定义。当你考虑计算运动物体在任何给定时间点的速度时，你需要比较它在那个时间点的位置和它在那一时间点后的位置，再用二者之差除以那个瞬时。但是，"瞬时"又是什么意思？你如何定义位置的增量？它们显然都很小，但小到何种程度？

牛顿称这些无穷小的变化为"瞬"，用符号 o（希腊字母 omicron，意为"几乎为零"）表示。莱布尼茨称它们为"差分"或"微分"，并用 dt、dx 等符号表示。对于距离 x 相对于时间的变化率，牛顿使用了一个点（如 $\dot{x}$）来表示；而莱布尼茨则用"比率"表示，比如将 x 相对于 t 的变化率、y 相对于 x 的变化率分别写成 $\frac{dx}{dt}$、$\frac{dy}{dx}$ 等。实际上，莱布尼茨主要使用的符号是 $dy:dx$。他的追随者们（特别是约翰·伯努利）将该比率推广为 $\frac{dy}{dx}$ 的形式。你能看出谁的符号最终胜出，虽说牛顿的点标记法仍用于相对于时间的微分，在研究运动、波、场及随时间变化的各种其他量时都很重要。

牛顿和莱布尼茨都意识到了"无穷小"这个词的含义。莱布尼茨尝试通过完善古代的穷竭法来解释它，而牛顿则对我们现在所说的极限下了一个合理的初步定义。（你可以在书末注释中看到他们的这些尝试，[6] 以及与现代定义的比较，我在图 2-4 中也概述了极限的想法。）然而，在他们的计算中，莱布尼茨和牛顿经常做任何精明的学生都会做的事情：忽略这些微小的增量和瞬时，认为它们太小而无须担心。这有点儿像你在购买 124.99 美元的商品时，几乎不会计较从 125.00 美元中找回的 1 美分。这在实践中运作得很好，但与 1 美分一样，一"瞬时"实际上并不为零。如果你假设它是零，当你想要除以一"瞬时"时，你就会遇到理论问题。比如，要找到瞬时速度，你必须尝试做不可能的事情，即除以零。更糟糕的是，距离的微小变化也近似于零，这导致你将面临计算 0 除以 0 的难题。

正如阿基米德发现的那样，尝试进行无穷小量的相加已经够困难的了,更不用说将它们相除计算导数了。传说早在公元前450年,芝诺就在他的著名悖论中强调了这个困难。比如,他说,要从A点跑到B点,你必须先到达AB的一半;但在到达一半之前,你必须跑过1/4的距离,以此类推,永无休止。这意味着你永远无法真正开始。当然,每个人都知道,你完全可以从A点跑到B点。至少从现代的角度看,芝诺似乎只是为了说明给运动下定义是何等困难,因为它涉及距离的无穷小增量和时间的无穷小"瞬时"。

扬帆远航与破解战时密码:代数微积分的崛起

数学家用了将近2 500年的时间才总结出极限理论,有了它,就能为芝诺悖论和微积分提供令人满意的解决方案。最早的步骤之一涉及"收敛的无穷级数"的概念,对于这种级数,是可能将无穷多个越来越小的项相加,并从数学上证明结果是一个有限值的。数学爱好者们可能会意识到,芝诺那个从 A 到 B 的问题实际上是一个几何级数 $\frac{1}{2} + \frac{1}{4} + \frac{1}{8} + \cdots$,它的和等于1。所以,你确实可以走完A和B之间的所有距离。不过,并非所有无穷级数都会"收敛"(即加出有限值),因此极限理论是区分它们的关键所在。积分也需要将无穷个量相加,你可以看到,它的历史与早期无穷级数的工作密切相关。

尽管极限和收敛的想法直到现代才得到了严格证明,但古代和中世纪的数学家早已使用巧妙的几何构造来得出有限级数的和了。他们用文字形式书写级数和算法,而第一个像我们今天所做的那样,用数字和符号形式书写级数的人似乎是哈里奥特,他在1600年左右完成了这项工作。他在一次步骤复杂但技巧熟练的计算中,使用了一个无穷几何级数和一个直观的极限论证,找到了计算螺旋线长度的代数表达式,从而得到了一艘船沿着固定的指南针方向在弯曲的地球上驶过的距离。(他的资助人沃尔特·罗利爵士希望获得最前沿的专业科学知识，以使航行更安全、更高效，因为他正计划从英国横渡未知的海洋到达美洲。）开始时，哈里奥特将螺旋线分割成小段，并假设它们的数量无限多，且长度不断减小。他用了几十页纸耗费几个月的时间来完成这项工作。除了早期对圆周长的估算之外，这是现存第一份用代数方法推导曲线长度的文献资料。今天，积分被用来计算这样的长度，如图 2–3b 所示。哈里奥特如果知道他的代数符号方法直接影响了英国的微积分先驱约翰·沃利斯，而沃利斯又影响了牛顿，那么他一定会很高兴。[7]

图 2–3b 及相关框图还显示，要用微积分计算曲线的长度，你需要知道曲线公式，而这涉及"解析几何"领域。哈里奥特也在这方面做了一些尝试，但真正推广了解析几何或者说代数几何的人是笛卡儿，我们以他的名字"笛卡儿"命名直角坐标系。笛卡儿也没有发现利用这些坐标写出表示几何曲线（如上图 2–3 中的圆 $x^2 + y^2 = r^2$）的代数方程的非凡威力。他的主要目的是，证明将代数和几何结合起来解决问题会更容易：代数符号解放了思维，不必将复杂的几何构造可视化（像卡尔达诺那样配出立方解），而几何让代数运算有了具体的意义。20 年后，沃利斯对这一问题的看法就不那么公正了，他显然更偏爱代数而不是几何。

沃利斯也更偏爱英国人而非法国人，因为他对费马等法国人对他早期工作的回应深感恼火。他还坚信，笛卡儿抄袭了哈里奥特的作品《使用分析学》，而当时持有这种观点的不止他一人。[8] 不管怎么说，沃利斯在 1655 年出版了《无穷算术》一书，向代数微积分迈出了重要的一步。他甚至为无穷创造了一个符号，就是我们今天使用的 ∞。罗马人曾经用这一符号表示 1 000。它也不时出现在各种情境中，比如，在埃及的蛇吞尾图像中，它象征着生与死的无尽循环。谁也不知道沃利斯为什么用它来表示无穷，或许他对这个符号的古老神秘含义印象深刻，但他更有可能是出于自己的加尔文主义者立场而做出了这样的选择，因为它代表一条永无止境的曲线。

沃利斯的故事让我们窥见了牛顿一鸣惊人之前的数学和政治背景。

沃利斯是肯特郡一个乡村牧师的儿子，幸运的是，他的家人认识到他的才能并且支持他的学术追求。他最终去了剑桥大学，尽管他在那里并没有学到多少数学知识。圣诞节放假回家时，他注意到他的弟弟为了一笔交易正在学习算术，这才意识到这个学科的存在。出于好奇，他也跟着上了一课。正如他后来说的那样，

> 当时的数学并不被视为一门学科，而是只有交易员、商人、海员、木匠、土地测量员才需要了解的知识……在我所在学院（剑桥大学伊曼纽尔学院）的200多人中，我不知道还有谁的数学知识比我多，不过我的数学知识也很少。在我当上教授之前，从来都没有认真地学习过它（除了作为愉快的消遣）。[9]

的确有这样一种说法：学习某门学科的最佳方式就是去讲授这门课！沃利斯一定学得很好，因为他成了牛顿出现之前最优秀的数学家之一。然而，这是一段相当曲折的历程。首先，他获得了神学专业的文学硕士学位。随后，他在剑桥大学女王学院获得了研究员职位，但任期很短（那时候的研究员必须是未婚人士，所以1645年新婚的沃利斯转任牧师）。之后，他偶然发现了自己擅长破译密码的才能。当时内战正酣，一位牧师同僚向他展示了一封被截获的密信，半开玩笑地问他能否破译。他在几小时内就破译了信息，这让沃利斯自己都感到十分惊讶。这也成为他人生中的一个转折点，因为当国王于1649年被处决时，如果你能证明自己对胜利者的忠诚，将会非常有用。沃利斯为议会党人破译了许多密码，展示出他的数学才能。牛津大学的萨维利安几何学教授因为是保皇党人而被解职，沃利斯随即被任命为接任者。（尽管他支持议会党，但也曾公开反对处决国王，并相当勇敢地在一份抗议文件上签了字。这一举动使他在君主制恢复之后，仍然受到当权派的青睐。此外，他更喜欢数学而不是政治，正如他对他的保皇党朋友所说的那样，他破译的大多数信息对议会党人来说并没有多大用处。）[10]

在牛津大学任职 6 年后，沃利斯出版了他的著作《无穷算术》。当时，大多数数学家仍然倾向于用有形的几何思想来开发处理无穷和无穷小增量的方法，在这个问题上，托马斯·霍布斯尤其直言不讳。他因为悲观的政治哲学论调而知名，即没有国家的保护，生活就会是"肮脏、野蛮和短暂的"。但他也涉猎数学，并宣称沃利斯的《无穷算术》是一本"糟糕的书"和"一堆丑陋的符号"，以此表达他对几何的偏爱。事实上，他谴责"所有将代数应用于几何的人"，他显然不是一个胸怀开阔的人。

尽管霍布斯和他的几何学同僚都支持几何，但 10 年后，正是沃利斯的书首次引导青年牛顿走上了微积分之路。20 年后，牛顿写出了他的经典著作《原理》，它的全名是《自然哲学的数学原理》。就像当时的大多数欧洲学者一样，牛顿也用拉丁文写作。在这里，我应该补充一点："物理学家"这个词是在 19 世纪诞生的，在此之前，理论物理被称为"自然哲学"。凭后见之明可知，两者的区别在于：自然哲学侧重于逻辑论证，而理论物理提供可以用实验检验的解释和预言，这也是牛顿倡导的观念转变。比如，传统的自然哲学家提出了"逻辑"假设，即某种机械的力量（如巨大的以太旋涡）携带着行星在轨道上运转。除了他们对行星运动的"解释"之外，没有实际证据表明这些旋涡确实存在。相比之下，牛顿则基于可观测的事实，给出了行星运动的解释，并从中推导出任何两个物体之间引力的定量公式，包括行星和太阳：这种引力与它们的质量之积成正比，与它们之间距离的平方成反比。在符号代数中，这就是著名的平方反比定律，即 $F = GmM/r^2$，其中 m 和 M 是质量，r 是距离，G 是比例常数。也正是在《原理》中，牛顿首次发表了他的微积分一般算法，并用这些算法来研究运动理论。这些运动定律和万有引力定律如此普遍，以至于它们能够解释一片叶子的飘落、潮汐的涌动、抛出的球在空中的运动轨迹以及行星的运动轨道。这真是一项惊人的成就。

爱因斯坦详细解释了这一成就的重要性。"在牛顿之前，"他说，"不存在有关经验世界的更深层次特征的自洽物理因果系统。"他补充说，开普勒基于观察到的行星运动规律，包括行星运行的椭圆轨道，确立了行星是如何运动的，但也没有解释其中的原因。那是因为"这些规律关注的是运动的整体，而不是系统的运动状态如何导致随后发生的情况，它们正是我们现在所说的积分定律而不是微分定律"。[11] 我们很快就会谈到牛顿微分形式的第二运动定律。稍后我们将看到，这种偏好微分而不是积分的倾向，是詹姆斯·克拉克·麦克斯韦揭开光之奥秘的关键所在。

繁重的工作和抄袭指控：人们对《原理》的接纳

让当时的人们接受这样一个壮举并非易事。1687年，《原理》一出版就遭到了包括莱布尼茨在内的批评者的抨击。跟他同时代的人们一样，他对牛顿的数学天才感到惊叹，但作为一位哲学家，他对理论应该做什么与牛顿（及后来的爱因斯坦）有着截然不同的看法。牛顿认为行星运动的原因是引力，但莱布尼茨认为一个引力的理论也应该能解释引力本身。尤其是，他认为应该提出一种具体的机制，比如，用以太旋涡来解释引力是如何从物理上影响牛顿用数学描述的行星运动的瞬时变化的。由于这是自然哲学家长期以来定义科学理论的标志，许多批评者都同意莱布尼茨的观点。但牛顿开创了一个现代观点，即引力的存在是显而易见的，而且他量化了引力的效果，特别是它对行星运动的影响。但牛顿不想在他的引力理论中加入关于引力是什么的推测，因为那是无法检验的。牛顿当然想解释引力本身，但他知道自己取得的成就无论在概念还是所属范畴上皆前所未有，而更深入地理解引力的本质是后世研究者的责任。（爱因斯坦及其对张量的开创性应用就是以此为切入点的。）

对牛顿来说，比这些批评更令他不安的是罗伯特·胡克对他的剽窃指控。胡克在科学家中的名声一直不好，因为他经常自吹自擂，尤其喜欢公开批评牛顿。然而，历史学家在仔细地审视了胡克的工作后，发现他确实在关于行星运动的引力解释方面有独到的思考，比如，所有行星都有引力，而且引力与距离的平方"可能"成反比，因为光强度也是如此减弱的。尽管牛顿此前已经思考这个问题多年，但正是胡克在1679年写给他的信件激发了牛顿对这个问题的思考，关于这一点他在《原理》第一版中也承认了。胡克提出轨道运动由两种不同的"运动"组成，一种与轨道相切，一种指向轨道的中心。尽管这种直观的想法并不完全正确，但它将运动看成由矢量的分量组成是一大进步。牛顿最终证明，力是指向轨道中心的，而运动（速度）则与轨道相切。

胡克未能将引力概念推广到除行星之外的其他物体上，而且他也未能通过直接的实验或计算证明平方反比定律。相反，他基于对机械模型运动的仔细观察，提出了一些巧妙的类比。[12] 与牛顿不同，他没有将行星运动规律推广为适用于各类运动的数学定律，因此，他没有像牛顿那样推导出我们今天所说的动能和势能守恒定律。胡克也没有利用他的引力观念来估计地球的扁率，以及解释潮汐、春分点的岁差或牛顿解释的其他谜题。因此，当胡克指控牛顿剽窃时，牛顿感到非常愤怒：尽管胡克的数学能力比人们长期以来以为的要强，但根本无法与牛顿匹敌。难怪牛顿对埃德蒙·哈雷说，如果胡克敢于声称自己是引力理论的发明者，那么"找出、确定并完成所有任务的数学家就只能满足于当一个干巴巴的计算苦力了"。他说得有道理。有趣的是，在今天的版权法中，受到保护的是表达形式，而不是想法。尽管最近数学教育者的观念出现了重大转变，强调计算在数学的历史和应用中的作用，但许多现代数学家仍然站在牛顿一边，认为他们的工作不仅仅是计算和应用，还有以优雅的方式创新。[13]

牛顿并不排斥计算。他的许多研究都致力于此，因为并不总能找到方程的精确代数解，更不用说解决更复杂的问题了。所以你必须依靠数值计算来解决，代入数字，直至得到精确的答案，这多少会让人想起古代的穷竭法。卡尔达诺就是用这种方法得到他的三次方程的解 $x = 4$ 的，但牛顿发展的不是一种而是几种系统的数值方法。

至于《原理》，在其首次出版的 50 年后，仍然有人认为牛顿的方法过于数学化，这使他的方程不能像机械模型那样提供因果解释。在法国，埃米莉·杜·夏特莱及其搭档——咄咄逼人的剧作家伏尔泰都是牛顿早期的支持者。他们曾在 18 世纪 30 年代合作出版了一本书，旨在向更广泛的受众介绍牛顿有关引力和光的理论。（除了相信光是一种物质粒子外，牛顿还进行了许多细致的实验，包括那些证明普通阳光是由彩虹的颜色组成的实验。杜·夏特莱进一步提出，不同的颜色与不同的热量有关，这在当时是一个非常前卫的想法。她将床单染成彩虹色，并记录每种颜色干燥所需的时间：紫罗兰色是第一个变干的颜色，然后依次是其他颜色，红色需要的干燥时间最长。这是一个优雅的自制实验，揭示出紫罗兰色是最冷的颜色，而红色是最暖的颜色，但仍需要后来的科学家加以确认和解释。）[14] 杜·夏特莱还写了一本比较莱布尼茨和牛顿思想的书。但她留给世人最重要的遗产，是将《原理》从拉丁语翻译成法语，这是人们第一次将其译为英语之外的常用语言。她的翻译如此出色，以至于至今仍然是颇具权威性的法语译本。相形之下，最初的英语译本早已被超越。（现代版本由 I. 伯纳德·科恩和安·惠特曼于 1999 年翻译出版。他们发现，杜·夏特莱的翻译对阐释 17 世纪晦涩的技术术语特别有帮助，这些术语自那时起就变得现代化了。）

杜·夏特莱在大约 30 岁时才开始接触数学，因为身为女性的她无法接受正规教育（就像一个世纪后的索菲·热尔曼和玛丽·萨默维尔一样），而且她在 18 岁时就嫁给了一个贵族——夏特莱侯爵。她的知识发现之旅和与伏尔泰的爱情故事极为浪漫，但她作为数学家的成长历程才真正鼓舞人心。她在自己位于香槟地区的城堡里，设立了最先进的图书馆和科学实验室，她和伏尔泰在那里共同招待来自四面八方的作家和学者。访客们要么沉浸在热闹的对话和伏尔泰特意为他们编写的戏剧小品中，要么尽情享受科学研究的宁静空间。正是其中的一位访客激发了杜·夏特莱翻译《原理》的热忱，她当时已经是数学物理前沿领域的权威人士。

在女性没有资格接受正规教育的时代，对一个基本上靠自学成才的女性来说,这仍然是一项令人惊叹的壮举。她最初自学数学,后来聘请了两位法国最好的数学家皮埃尔-路易·莫罗·莫帕蒂和亚历克西斯-克洛德·克莱罗来教她。伏尔泰也听了部分课程,他对杜·夏特莱的数学能力甘拜下风,并送了她一个"牛顿·夏特莱夫人"的绰号。

除了翻译500多页的牛顿巨著本身,杜·夏特莱还提供了180页的附录,其中包括一份110页的概述,介绍了引力理论自牛顿以来的发展,其中包括她的朋友莫帕蒂和克莱罗的贡献,另外70页是附加的数学内容,用以阐述牛顿的工作。牛顿使用了创新的几何构造法而不是符号微积分计算来证明他的大部分定理,即便在使用微积分时也用的是几何构造。[15] 或许霍布斯发出的"一堆丑陋的符号"的谴责仍然在空气中回荡,但牛顿的证明如此巧妙与独特,这让人们无法轻而易举地加以推广。这意味着,人们无法拓展他关于运动的想法,开发新的应用。多少代学者在阅读他的著作时感到头疼不已:他既然发明了微积分,为什么不用它进行更清晰的阐述呢?显然,牛顿认为几何是当时最严谨、最直观的数学表达形式。

比如,从几何上想象速度这样的导数,即利用三角形的斜边的斜率表示距离和时间的无穷小变化,这肯定是极有帮助的。图2–4演示了这个概念,而我们熟悉的莱布尼茨代数符号 $\frac{dy}{dx}$ 则反映了这种直观的几何表达。

然而,在导数的现代理论中,莱布尼茨的微积分符号会造成些许误导,因为 $\frac{dy}{dx}$ 根本不是一个比率或分数,不能把它当作一个数 dy 除以另一个数 dx 所得的商。相反,$\frac{d}{dx}$ 是一个作用于函数 $y(x)$ 的算子。在现代语言中,它意味着,$\frac{d}{dx}$ 指示你对 $y(x)$ 进行"运算",求导数。莱布尼茨的导数符号像普通分数一样可以运算。一个经典的例子是"链式法则",你可以写出这样的方程 $\frac{dy}{dx} \cdot \frac{dx}{dt} = \frac{dy}{dt}$,看上去就像你消去了两个 dx 一样。

牛顿更加注重严谨性，他没有建立如此清晰的符号。比如，使用莱布尼茨符号，你可以写下 $vdt = \dfrac{dx}{dt}dt = dx$，这清楚地表明，以速度 v 运动的物体在瞬时 dt 内走过了微小的距离 dx。相比之下，用牛顿的符号可表示为 $vo = \dot{x}o$，未能显而易见地表达其代表的物理解释。牛顿似乎认为，只要他采用几何构造，《原理》就会更易于理解。他预见到引力理论将会引起争议，所以不想过多地使用新的微积分，因为这门新学科涉及尚未解决的芝诺悖论。当他需要用到微积分时，他往往用图形下的面积和几何比率来表达，如图 2–4 所示，但他有时也会用代数来解释他的算法和图形。

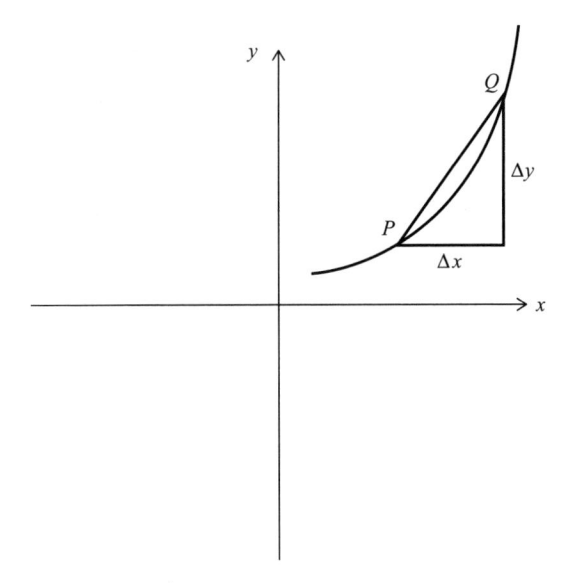

图 2–4　线段 PQ 的斜率是 $\dfrac{\Delta y}{\Delta x}$，是点 P、Q 之间图像斜率的近似值。若用更现代的专业术语，我们就需要用到极限：要得到点 P 的斜率，从而找到曲线在点 P 的导数，你需要移动点 Q，使其越来越靠近 P，直到 Δx 和 Δy 达到无穷小，这时曲线在点 P 的导数是 $\Delta x \to 0$ 时 $\dfrac{\Delta y}{\Delta x}$ 的极限。当取到极限时，莱布尼茨的符号 $\dfrac{dy}{dx}$ 将取代 $\dfrac{\Delta y}{\Delta x}$。对于一个反映距离 x 与时间 t 之间关系的图像（而不是这里显示的 y 与 x），它的斜率就是 $\dfrac{dx}{dt}$，代表单位时间内走过的距离

半个世纪后，在瑞士数学家约翰·伯努利的努力下，微积分符号至少在欧洲大陆上变得更易于接受了。在莱布尼茨与牛顿关于微积分的优先发明权争夺战中，伯努利是莱布尼茨最热情的捍卫者，后来他还与杜·夏特莱的社交圈有过书信往来。在她的《数学原理》（即《原理》法语译本）附录中，杜·夏特莱用代数微积分重新构建了牛顿的几十个证明。而且，英国人无疑会认为这是一种恼人的讽刺，因为她用的是莱布尼茨的符号，而不是牛顿的。[16]

杜·夏特莱、伯努利及其学生通过将牛顿在《原理》中的几何微积分翻译成莱布尼茨的符号，充分展现了牛顿的宽广视野。正是由于他们的努力，微积分在物理学和技术领域的重要作用才得到了证明。

* * *

我们将在后面的章节中探讨矢量和张量微积分的内容，还有矢量和张量的想法及应用。我刚才把速率（speed）看作导数，但正如我在序言中提到的那样，用速度（velocity）表达更为精确，它给出了运动的方向和速率，其中包含了两个不同的信息。这就是汉密尔顿所说的矢量。速率就像任何标量或数字一样，只代表一种性质。

这样看来，矢量的概念似乎非常简单。然而，正如前文中揭示的那样，它对数学家、物理学家和工程师的用途大小也取决于它的符号表达。那么，如何表示和计算矢量呢？接下来我们将开始探讨这一话题，同时回答各种有趣的问题。比如，如果矢量真的这么简单，那么汉密尔顿在布鲁姆桥上迸发的灵感又有什么重大意义呢？

是时候更深入地探索这个故事了。

第 3 章

有关矢量的想法

数学家本不应以涂鸦闻名，但威廉·罗文·汉密尔顿在布鲁姆桥上的涂鸦吸引了广泛关注。他这种带有轻微破坏性行为的灵感迸发，往往离不开长期、有创造性的深刻思考。矢量历经了数百年时间，在众多数学家的努力下，才迎来了这一刻的闪耀：汉密尔顿在石桥上刻下了他的优雅结论。下面我们将重新审视令人敬畏的牛顿，作为本章故事的开端。

人们对牛顿的印象并不太好，但我对这位天才无疑是十分钦佩的。我也喜欢他那些琐碎的生活细节，比如，他会在书页上折角，他会沉迷工作而忘了吃饭。还有这样一件事：传说中的那棵苹果树仍然生长在他家的花园里，而且其后代遍布世界各地，包括我所在的大学。

我以前只是理所当然地接受了矢量，并未意识到牛顿的处理方法是何等重要。比如，在创建基于证据且可验证的自然物理理论时，他看到了定义如力、速度和动量等基本物理量，使其既有方向又有大小的必要性。正如我们看到的那样，今天的中学生用箭头来表达这种双重性质。出人意料的是，矢量本身历经了漫长的时间才出现，就连牛顿也没有完全理解这个概念。

他在这方面的关键见解在于，根据力对物体的影响来定义力。牛顿运动第二定律指出，作用力与产生的"运动变化"成正比，而这种"变化"与力的作用方向相同。牛顿用文字形式的方程给出了"运动量"的详细定义，即"物质量"（质量）乘速度。如果用符号表示，运动量是 mv，我们称之为"动量"。用现代语言来说，牛顿的"运动变化"就是物体动量的变化率，用矢量术语表达第二定律就是：

$$F = \frac{\mathrm{d}(mv)}{\mathrm{d}t}$$

如果物体的质量在运动过程中没有发生明显变化（除非它以极快的速度相对于测量者运动，否则这种变化不会发生），则上式等同于 $F = m\frac{\mathrm{d}v}{\mathrm{d}t}$，或者说质量乘加速度，即 $F = ma$。黑体的 F（力）、a（加速度）和 v（速度）表明它们是矢量，但这是事后诸葛。虽然牛顿的力和动量都具有大小和方向，但它们并不属于真正的数学矢量，因为当时还没有一个一般的概念来描述如何对它们进行加法或乘法运算。你可能会认为，考虑到矢量最明显的特征是能够同时表示大小和方向，担心加法和乘法问题似乎令人费解。然而，正如我们将会看到的那样，矢量相乘开辟了一个全新的物理学应用领域。而且，矢量代数将矢量作为数学量处理，而不是简单地作为物理类比，这让矢量不仅适用于理论物理学，也在数值

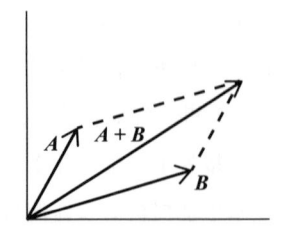

图 3-1 两个矢量 A 与 B 的加法运算。在使用平行四边形法则时，牛顿和其他早期先驱者可能并没有对矢量或"线"做加法的想法。但我们现在有了这样的思考：A 和 B 是和矢量 $A + B$ 的分量。平行四边形法则的一个关键特点是，在像这样的矢量和中，两个分量独立发挥作用（这意味着每一个分量表现得如同另一个分量不存在一样）。换言之，当你使用平行四边形法则将这两个分量相加时，你不会改变它们原来的大小或方向，而是简单地将它们平移，形成平行四边形的对边

建模、数据分析、工程、人工智能和机器人技术等领域中得到应用。

与此同时，在牛顿时代，有一种简单的加法运算规则颇为实用，即通过图 3-1 所示的"平行四边形法则"将两个矢量相加。实际上，在矢量的形式发展之前，这里的"加法"可能是错误的说法，正确的说法应该是"合成"。在运动定律的前两个推论中，牛顿清楚地解释了这一规则，并具体地展示了对角线方向上的力是怎样由两个"分量"组合而成的（反之亦然，它可以被"分解"成分量）。平行四边形法则当然也适用于速度，牛顿出色地将其运用在他的行星和日常运动理论中。

虽然"运动"这个概念看起来如此简单，但正如芝诺展示的那样，要给它一个有效的定义并不容易，尤其是这个定义应该能让你预测在各种力的作用下物体将如何运动。莱布尼茨在其 1695 年发表的《论动力学》中，花了大量笔墨试图弄清楚这一点，但他没有提及《自然哲学的数学原理》。牛顿也有样学样，在《自然哲学的数学原理》第三版中删去了对莱布尼茨微积分的感谢，微积分的发明优先权之争自此全面展开。莱布尼茨在他的论文中只字不提牛顿的思想，这不仅仅是气量问题，也表明了理解新思想是何等艰难。莱布尼茨或许是他那个时代最伟大的哲学家，也是一位勇于创新的科学思想家，但他似乎没有意识到，当牛顿以动量变化给力下定义时，他就已经向运动分析迈出了一大步。（后来的物理学家当然看到了这一成就，并最终将力的国际单位[1]命名为"牛顿"。）

然而，有趣的是，即使是牛顿也未能建立矢量代数的概念，更不要说矢量微积分了。这一点凸显了提出数学新概念的艰难程度，并揭示出矢量看似简单，事实上却颇有迷惑性。

* * *

在牛顿写出《自然哲学的数学原理》之前，人类已经走过了一段漫长的道路，世界上一众优秀的思想家孕育了平行四边形法则。像牛顿和莱布尼茨一样，这些思想家一直试图弄清应该如何理解物体的运动方式及力的作用方式。你可以通过想象如何从头开始定义"力"去感受他们面临的困难。《牛津英语词典》给出的定义是："力量，施加的力度或冲力，强烈的努力"。这只给出了一个大致的想法，它无助于你发射通信卫星或设计风力涡轮机。你需要的是一个可用于矢量微积分的定量描述，以便实现这些应用。

当然，显而易见的是，如果你对一个物体施加两倍的力，它就会移动两倍的距离，这是古代哲学家早已掌握的量化步骤。然而，在这种情况下，两次推动都与其运动的方向相同，所以我们很难清楚地看出，方向和力度也应该成为力的定义的一部分。但是，古人确实瞥见了来自两个不同方向的"分量"组合成作用力的想法。比如，在托勒密的行星运动机械模型中，行星似乎是由在它们的轨道上缓慢滚动的齿轮驱动的。

通过平行四边形法则组合不同运动的概念，首次出现在《力学问题》中，这本书是亚里士多德学派成员在公元前4世纪末撰写的，比托勒密的时代早将近500年。这本手稿曾一度遗失，作为伟大的中世纪阿拉伯翻译运动的产物，在文艺复兴时期被重新发现于欧洲。事实证明，它对力学的处理方式启发了早期现代物理学家，比如塔尔塔里亚和伽利略。他们试图弄清楚，怎样才能通过分量运动组合出物体的运动路径，比如，当网球被击飞到空中时，斜向上的运动和向下作用的重力是如何组合的。[2]

实际上，塔尔塔里亚和伽利略对网球在空中的飞行轨迹的兴趣并不大，他们更感兴趣的是箭和炮弹的飞行轨迹，因为那个时代宗教和帝国之间的战争似乎无休无止。枪炮变得更加精密，比如，铸铁技术的革新意味着炮弹质量更轻但威力更大。而且，人们越来越清楚地知道，预先知道导弹的飞行轨迹，有助于更有效地部署这些新武器。已出版的炮兵手册上记录了各种枪炮射击的观测范围和角度，数学家开始利用这些数据，从数学上描述抛射体的运动路径。[3]

16世纪30年代初，在塔尔塔里亚与卡尔达诺展开有关三次方程解法的激烈争论的几年前,塔尔塔里亚设法通过计算得出,如果你想让炮弹的射程更远,炮身就应该与地面成45°角。如果你直接瞄准某个遥远的目标,重力很可能会导致你无法达成目的。而如果像以往那样,将炮口指向高处并希望取得最佳效果,那你会经常错失目标,反倒摧毁了其他目标。塔尔塔里亚备受良心上的谴责,因为他知道,研究战争武器就是在危害人们的生命。于是,他烧毁了自己的论文,以免因为从事这种"恶毒和残酷"的工作而受到上帝的惩罚。

然而,这是一个可怕的时代。作为一个在意大利北部长大的孩子,塔尔塔里亚曾遭受法国士兵刀刃相向的恐怖伤害。十二三岁时,法国人冲进了他们的城镇,他和母亲、妹妹躲在教堂里,但年幼的塔尔塔里亚的嘴和下巴还是被挥舞的刀刃划伤。尽管有这样的不幸遭遇,并且缺乏正规教育,他还是成为16世纪初最杰出的数学家之一。对于在弹道学方面的工作,作为一名虔诚基督徒的他决定和他的资助人谈谈,因为信仰伊斯兰教的奥斯曼帝国正在进一步向信仰基督教的欧洲扩张。

随后,塔尔塔里亚继续研究这个课题。他在给出了将大炮倾斜45度角发射的建议之后,设计了一种用于测量这种角度的象限仪。他还尝试构建理论上的弹道轨迹。对于炮弹,我们可以在非常接近现实的情况下假定忽略空气阻力(尽管对于羽毛不成立),所以显而易见的是,这样的路径仅由两个不同的分量构成:一个沿着发射的方向,一个沿着重力的方向。但塔尔塔里亚的尝试并未取得成功。首先,他的分量并不是定义清晰的力或速度,而是直观的"运动"。毕竟,他的尝试距离开创性的牛顿运动定律建立还有150年。更重要的是,塔尔塔里亚从未按照矢量法则把这些"运动"相加(或"组合")。他在评论《力学问题》时直接忽略了平行四边形法则,因为跟大多数同时代的人一样,他并不理解它的重要意义。[4]

其次,独立分量的想法是,每个分量都能独立于其他分量发生作用,而他并没有这一想法。如图3-1所示,这个想法是平行四边形法则的关键。这意味着,如果你在这个分析中去掉重力这个分量,只让另一个分量（即沿着炮弹发射方向的分量）起作用，那么你会推断出炮弹将以相同的速度沿最初的方向继续运动。这就是牛顿第一运动定律，尽管在他之前已经有人凭直觉意识到了这一点，比如伽利略和哈里奥特。

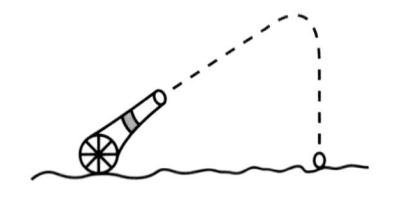

图 3-2　塔尔塔里亚等早期理论家有关抛射体运动路径观点的草图

然而，像自亚里士多德时代以来的几乎所有人一样，塔尔塔里亚认为一个物体不可能同时有两个彼此独立作用的运动分量。因此，他没有通过平行四边形法则将两个分量组合起来，也就未能解释观测到的运动结果。正如你在图 3-2 中看到的那样，他的抛射体最初沿斜向分量的方向运动，然后又沿向下分量的方向运动。他没有意识到二者从一开始就在共同发生作用，这让炮弹的运动路径实际上从一开始便是弯曲的而不是直的，因为重力一直在向下拉炮弹。相反，他的路径的中间部分突然向下弯，代表在重力作用下炮弹"突然"压倒初始外力，轨迹发生变化，随后炮弹垂直下落。

尽管塔尔塔里亚的工作是弹道学研究的第一次重大尝试，但其中的缺陷表明，没有人真正了解重力的作用机制，更不要说理解矢量了，这种状况一直持续到半个世纪后伽利略和哈里奥特登上历史舞台。彼时战火仍未熄灭，对"战争艺术"的智力和审美迷恋依然存在。战争游戏是像哈里奥特的第二位资助人诺森伯兰伯爵这样的人的消遣，他曾在军队短暂服役，这让他极其痴迷军事战略，以至于对一种复杂的棋盘游戏乐此不疲。该游戏中有 140 个铜制士兵，每个士兵都有一根铁矛，另外还有 320 个携带小型火枪的铅制士兵。战争也是艺术创作的主题之一，像乔尔乔·瓦萨里和阿尔布雷希特·阿尔特多夫等文艺复兴时期的艺术家都画过战斗的鸟瞰场景。而在当时的英国，威廉·莎士比亚和克里斯托弗·马洛用有力的语言和巧妙的舞台布景，在《亨利五世》和《帖木儿大帝》等戏剧中展现了宏大的战争场面。有证据表明马洛认识哈里奥特，人们猜测他们可能讨论过"战争艺术"，马洛是以一个诗人和剧作家的身份，而哈里奥特是以一个从事弹道学研究的数学家的身份。[5]

不过，没有证据表明伽利略和哈里奥特相识，虽然他们都对那个时代的尖端科学感兴趣，其中不仅有弹道学，还包括所有受重力影响的运动。因此，他们各自独立地发现了自由落体的一般规律。在日常生活中，如果忽略空气阻力，则所有物体，无论其质量和大小，都会以相同的速率下落。但塔尔塔里亚认为，一枚炮弹要比一个网球的下落速度更快，所以它们的抛射体轨迹不同。但哈里奥特和伽利略都证明了，在真空中，所有抛射体都会描绘出形状相同的运动路径，即一条抛物线。如果你把一根喷水的软管斜放，你很容易就会看到这种形状，连续的水滴共同描绘出抛射体的轨迹形状。但证明这是一条符合方程 $y = -ax^2 + bx + c$ 的抛物线，则是另一回事。如果你在中学或大学学过数学或物理（或者你提前看过图 8-1），你就会知道，只需十几行，就可以运用牛顿定律、矢量和微积分规则证明这一点。然而，伽利略和哈里奥特并不知道这些技巧，所以他们在寻找合适的方程拟合数据时，不得不进行了长达数月的计算。

相比之下，你可以看到，图 3-2 中塔尔塔里亚绘制的抛射体轨迹绝对不是一条抛物线。伽利略和哈里奥特之所以能成功，是因为他们意识到分量运动确实可以独立作用。这也是他们凭直觉意识到了牛顿第一定律的原因。[6]

伽利略有关抛射体的工作影响了牛顿，牛顿在《原理》中也做了引用。但伽利略从未掌握完整的平行四边形法则。他虽用该法则计算出合力的大小，但没有考虑到方向，与他同时代的大多数人也是如此。笛卡儿虽用这个法则计算了分量的大小和方向，但他将它们视为不同的量，而不是一个量（如速度或力）的不同方面。所以，你可以看到，矢量的含义远比我们意识到的要丰富！[7]

1619年，哈里奥特在分析碰撞力学时接近了这个想法。除了战争和战争游戏，台球游戏在当时也颇为流行，至少对像哈里奥特的资助人诺森伯兰伯爵这样的贵族来说如此。不幸的是，1605年诺森伯兰伯爵被关进了伦敦塔，成为詹姆斯一世国王的囚犯，并在监狱中度过了16年的时光。他设法通过玩战争游戏来消磨时间，还在伦敦塔的庭院中建造了一个保龄球道。与此同时，他也会花时间思考科学问题，并基于自己对保龄球和台球的兴趣，要求哈里奥特为他解释碰撞运动的力学原理。

哈里奥特的文章是人类对这一课题的首次详细分析，也是牛顿之前最复杂的矢量分析之一。我在图3-3中重现了哈里奥特的矢量图。球a和球A的大小表明了它们的质量，它们从左侧相互靠近，在中间的点b和点B处碰撞，然后反弹到虚线圆c和C表示的位置上。我在文末注释中解释了他的计算，[8]但你只需观察哈里奥特的绘图即可看出，他利用了平行四边形来分析这里展示的两种类型的碰撞。尽管他使用的术语有些过时（他用的是运动和冲力而不是速度和力），但他掌握了现代平行四边形法则的精髓，指定了大小和方向，而且使用了可独立作用的分量，两者组合起来产生了最终的运动或力。唯一的问题是，他并未公开发表这篇文章。[9]

他的同胞约翰·沃利斯可能看到了这篇文章。沃利斯肯定读过哈里奥特的部分手稿，以及哈里奥特去世后出版的代数教科书《使用分析学》。正如我提过的，沃利斯深受哈里奥特的符号代数表示法的启发，并且他也研究了碰撞这一课题。牛顿在《原理》中引用了沃利斯的工作，认为它具有重要的影响。在1671年的一篇力学论文中，沃利斯清楚地阐述了平行四边形法则，在1687年《原理》出版前的几十年里也有几个人这样做过，包括多才多艺的费马（他的日常工作是法学而不是数学）。[10]

你可能会认为，平行四边形法则在《原理》中开花结果，再加上牛顿对力、加速度和速度的矢量化定义，所以是牛顿激发了人们对完整的数学上的矢量分析的探索。但情况并非如此，至少他没有直接引起相关

第 3 章　有关矢量的想法　　045

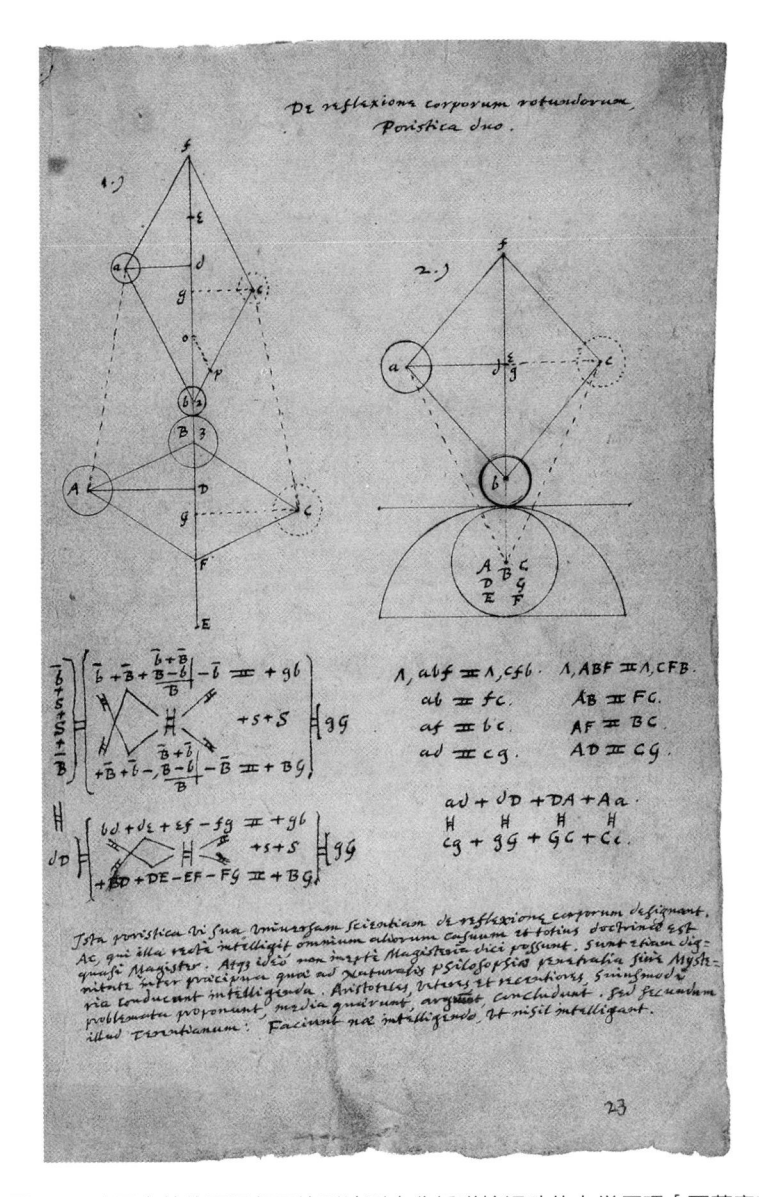

图 3–3　哈里奥特使用平行四边形法则来分析碰撞运动的力学原理［西萨塞克斯档案馆，PHA HMC 241 第 6a 卷第 23 页正面。承蒙尊敬的埃格蒙特勋爵（Rt. Hon. Lord Egremont）许可，并感谢西萨塞克斯档案馆的档案管理员］

探索。他的工作确实有贡献，因为它展示了矢量在物理学中何其重要，但那是在矢量代数以完全不同且出人意料的方向出现之后。

故事的惊人转折

你或许会从汉密尔顿的涂鸦中猜出这个令人惊讶的方向：它包含了虚数i。如果你试图求解$x^2 + 1 = 0$之类的方程，虚数就会出现。更复杂的方程会引出更怪异的量，也就是实数和虚数的混合体，比如我们在第1章中遇到的邦贝利的$2 + 11\sqrt{-1}$。我也曾提到，笛卡儿大约在邦贝利一个世纪后创造了"虚数"这个词，此后又过了一个多世纪，在1777年，瑞士数学家莱昂哈德·欧拉创造了现代符号i，用它表示$\sqrt{-1}$。

欧拉还为我们提供了表示自然对数的底（或叫欧拉数）的符号e，并且推广了威廉·琼斯创造的符号π。但就像琼斯的π一样，直到几十年后，在另一位杰出数学家——德国的卡尔·弗里德里希·高斯使用了欧拉的i之后，它才真正流行起来。高斯也为像$a + ib$或$a + bi$这样的实数与虚数混合体创造了"复数"这个名称，其中i的次序并不重要。同样，"复数"这个词也没有立即流行起来。所有这些都表明，创新思想的演变十分缓慢，如果你想获得迟来的认可，发表作品十分重要。

顺便提一下，在高斯本人不知情的情况下，他变成了自学成才的女数学家先驱索菲·热尔曼的导师。像他那个时代的大多数男性一样，高斯认为女性掌握不了高等数学，而热尔曼谨慎地以笔名"勒布朗"给高斯写信，阐述有关费马大定理证明的想法。当她最终透露自己的女性身份时，高斯感到非常惊讶，也十分动容。

但这与i有何关系呢？这取决于信息的表达方式，以及在遵循清晰的数学规则的情况下，何种数值构造的量可视为数学研究对象。

对i来说，如果数学家认真看待这一数字，他们应该如何理解它呢？毕竟仅仅是将数轴延伸到零的左边来表示负数就已经耗时良久，虽然我们只需将负数视为与正数同样真实的对应物即可。沃利斯迈出了这关键的一步，但他也认为负数必须大于无穷。这表明，即便是优秀的数学家，也很难掌握负数的概念（更不要说无穷了）。沃利斯也是第一个尝试用同样的方法处理复数的人，但没有成功。[11]

这个表示问题还需要再过一个世纪才能解决，却在无意中为矢量的发明铺平了道路。与此同时，数学家需要更多地了解复数的数学本质。它们作为二次与三次方程的解粉墨登场，但它们是否在数学中扮演着更广泛的角色，使人们急于找到一种方法将其纳入数字系统中？

最先找到这一问题答案的人之一是欧拉，他也是史上最多产的数学家之一。他拥有惊人的记忆力和非凡的奉献精神，就连失明也无法阻挡他奋进的脚步。1735年，28岁的他失去了右眼的视力，59岁时，他几乎双眼失明，但在他的秘书、子女和孙辈的帮助下，他坚持做研究，直至76岁去世。令人敬畏的约翰·伯努利曾是莱布尼茨的坚定捍卫者和牛顿的梦魇，欧拉是他的学生，也是最早用符号微积分重写牛顿定律的人之一。欧拉从1727年开始与伯努利一起研究复数，但他在这一课题上的工作直至18世纪40年代才真正取得成果，当时他将i与"圆"函数$\sin\theta$和$\cos\theta$联系起来。（因为圆与旋转有关，而用于理解旋转的代数方法是汉密尔顿创造出矢量的关键所在。但他首先要理解旋转和i之间的联系。）

如图3-4所示，在半径为1的圆上表示出$\sin\theta$和$\cos\theta$，根据毕达哥拉斯定理将得到以下等式：

$$(\sin\theta)^2 + (\cos\theta)^2 = 1$$

欧拉意识到，可以对上式进行因式分解，使它变成：

$$(\cos\theta + i\sin\theta)(\cos\theta - i\sin\theta) = 1$$

由此，他根据自然对数的底e的初步定义（见文末注释），[12] 提出了现在被称为欧拉方程的恒等式：

$$e^{i\theta} = \cos\theta + i\sin\theta$$

（你如果像欧拉一样知道 sin θ、cos θ 和 e^θ 的泰勒级数，则很容易推导出这个公式，但这些细节对我们的故事来说并不重要。）

欧拉公式的应用极广，你可以在纯数学领域中依靠它大展身手，比如第 1 章提到的求复数的平方根、立方根和更高次根。它也具有很大的实际应用价值，比如模拟电路和其他类似波的现象，包括量子力学中的薛定谔方程（它主导了表示运动亚原子粒子可能状态的波函数）等。这是因为从数学上说，波是周期性的循环。比如，令 θ 旋转一整圈，则三角函数 cos θ 和 sin θ 会表现出周期性行为（见图 3-5）。

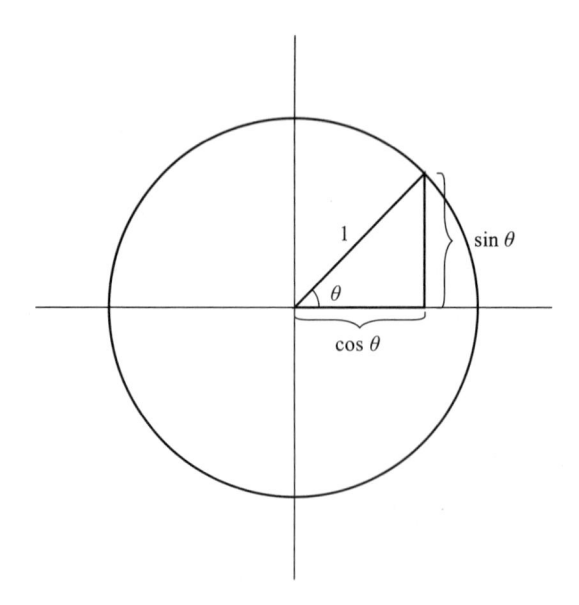

图 3-4　用毕达哥拉斯定理和图中的 sin θ、cos θ 证明 $(\sin\theta)^2 + (\cos\theta)^2 = 1$

绕圆旋转，也是理解实数和虚数之间关系的关键所在。实际上，由于 π 在圆的周长和面积公式中扮演了十分重要的角色，你可以在欧拉公式中选择 θ = π，从而看到圆与虚数之间的某种联系，得到人们公认最优雅的数学等式：

$$e^{i\pi} + 1 = 0$$

它之所以优雅，是因为它简洁而深刻。它只有 7 个符号，这些符号以一种完全出乎意料的方式联系在一起。除基本的运算符号"+"和"="之外，还包括：自然对数的底 e，圆的神秘核心数字 π，最重要的整数 0 和 1，以及虚数 i。谁能想到，所有这些不同类型的数字之间竟然存在着联系？这是一个神奇的等式。尽管欧拉从未真正写下它，但它极易从欧拉公式中推导出来，而且没有记录显示谁是第一个使用它的人，所以今天人们仍称之为欧拉方程。[13]

尽管如此，欧拉对复数的本质仍然感到困惑，他也没有能够将其在某种"数轴"上表示出来。因此，没有人真正知道所有这些数字是如何联系在一起的。

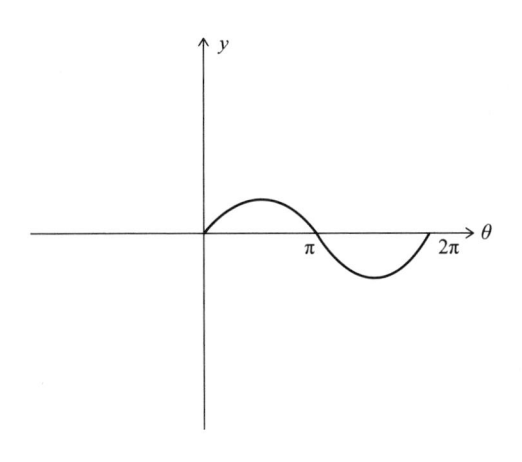

图 3-5　$y = \sin\theta$ 的图像概要

欧拉以代数方法处理复数，并试图证明费马大定理，这一点乍看起来可能有些令人惊讶。我或许应该说，他试图证明的是这一定理的一个特例，即除了 0 之外，不存在令 $x^3 + y^3 = z^3$ 成立的整数 x、y、z。这是一个三次方程，可以尝试使用卡尔达诺算法来求解，但这一算法通常会产生复数。基本的想法是：假设你有一个解，然后证明它与问题固有的假设相矛盾，比如 x、y、z 必须是整数。这个过程叫作反证法，它在纯数学领域极其有用。欧拉采取了类似邦贝利的方法，探索形如 $a+b\sqrt{-3}$（即 $a+ib\sqrt{3}$）的数字的立方和立方根。

备受关注的费马大定理声称，如果 n 是一个大于 2 的整数，则不存在使 $x^n+y^n=z^n$ 成立的非平凡的整数 x、y、z。这个问题之所以有趣，是因为人们很容易就能找到 $x^2+y^2=z^2$ 的解，古老的普林顿 322 号泥板早已列出了一系列这样的解。到了 17 世纪 30 年代，费马草草写下了一个闻名遐迩的注释，声称自己发现了一个奇妙的一般证明。即使他真的有所发现，现在也找不到了。他确实给出了 $n=4$ 时的证明，欧拉也给出了 $n=3$ 时的证明，但那已经是一个世纪之后的事了。[14]

在接下来的两个世纪中，包括热尔曼在内的许多数学家都证明了费马大定理的一些特例，但直到 20 世纪 90 年代，安德鲁·怀尔斯才在创新思想和强大的算力的帮助下，完整地证明了费马大定理。但欧拉是证明之路上的拓荒者，这意味着他使用的形式为 $a+ib$ 的符号代数数引起了注意，尽管其他人也做过类似的事情，其中包括法国人让·勒朗·达朗贝尔对欧拉没有在论文的致谢部分提到他而感到恼火。欧拉非常善于发展他人的初步想法，并将其用确定的形式表达出来，比如牛顿定律。但欧拉在他的确认资料来源方面表现得相当粗心。或许是因为他博览群书，并将各种想法带到如此深入的境地，以至于完全忘记了曾在什么地方读了些什么。[15]

欧拉虽然未能在复数上有更大的建树，但他在以下两个项目上取得了重大成就：一是将 i 与圆函数联系起来，二是将 $a+ib$ 视为一个代数量。如果你分别加减复数的实部和虚部，它就像一个普通的数。但正是在这一点上，半个世纪后的威廉·罗文·汉密尔顿遇到了麻烦，因为他认为这相当于把苹果和橘子加在一起。[16]

当然，自欧拉时代以来发生了很多事，特别是数学家终于找到了一种方法，将这些奇怪的复数在某种数轴或者一个平面上表示出来。它是几何的而非代数的，但它非常直观。数学家终于可以安全地将这些混合体视为数字了,这一点大有裨益。在沃利斯做出相关尝试的一个多世纪后,解决这个问题的时机终于来了,几位数学家各自独立地产生了类似于现代表示形式的想法,如图 3–6 所示。其中最著名的是挪威测量员卡斯帕·韦塞尔在 1799 年产生的想法,但他开创性的努力在下个世纪的大部分时间内被埋没了。与韦塞尔大约同一时期的高斯也是其中一位,但他直到 1831 年才发表自己的想法。还有 1806 年提出类似想法的阿甘(其生平不详,但很可能是出生在瑞士的巴黎书店经理让·罗伯特·阿甘),为纪念他,我们经常称图 3–6 中的复平面为"阿甘平面"。英国人约翰·沃伦在 1828 年也产生了类似的想法。

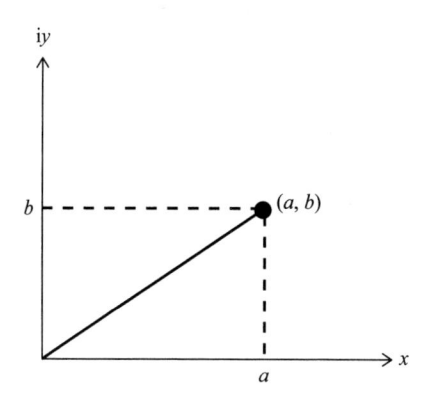

图 3–6 复平面亦称阿甘平面,它包括水平的实数轴和竖直的虚数轴。在这个平面中,点 (x, y) 代表复数 $x + iy$。图中展示了由点 (a, b) 代表的复数 $a + ib$

最终,分量、圆、虚数和矢量,这些我一直在谈论的不同概念汇聚在一起。

你如果将图 3–4 中单位圆的概念叠加在图 3–6 的复平面上,就会得到图 3–7,一个以实数轴和虚数轴的原点为中心的单位圆。数字 +1 对应于 $\theta = 0$,i 对应于 $\theta = \pi/2$ 或 90°,–1 对应于 $\theta = \pi$ 或 180°,–i 对应于 $\theta = 3\pi/2$ 或 270°。(你也可以沿逆时针方向旋转,则令 –i 对应于 $\theta = -\pi/2$ 或 –90°,以此类推。)但下面才是精彩的部分。如果你将 1 沿圆周移动到 i,你就让它旋转了 90°。换言之,旋转 90° 将数字 1 变成了数字 i 所

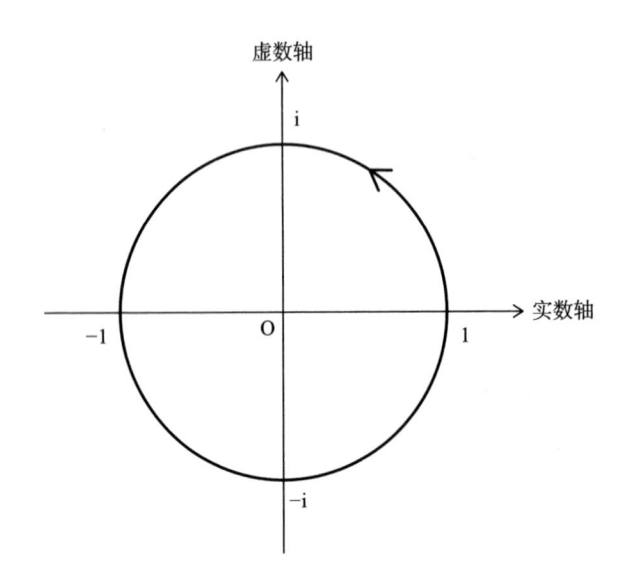

图 3-7 可以将乘上虚数想象为复平面中的旋转

在的位置，如同你写出 $1 \times i = i$ 时一样。现在，将 i 旋转 90° 就得到了 –1，如同 $i^2 = -1$ 一样。乘上虚数似乎确实等价于一次简单的旋转。所以，复平面的奇妙之处就在于，它展示了虚数是如何与实数产生联系的，即通过几何旋转。

此外，如图 3-6 所示，我们可以用点 (a, b) 的形式，在复平面中表示出一个由实部 a 和虚部 ib 组成的复数 $a + ib$（或者 $a + bi$，随你喜欢）。如果你从原点到点 (a, b) 画一个箭头，就会看到它有一个实部和一个虚部分量。它显然也有方向，而且你可以根据其分量，用毕达哥拉斯定理算出其大小。（实际上，描述复数大小的量叫作"模"，复数 $a + ib$ 的模为 $\sqrt{a^2 + b^2}$，类似于后来出现的矢量的大小。）你由此可以看到，正如牛顿曾经做的那样，阿甘、高斯、韦塞尔和沃伦等复数几何表达形式的发明者正在接近矢量的概念。牛顿从物理的角度处理问题，强调像力这样的物理量的大小和方向，这些 19 世纪初的数学家则从数论的角度出发处理这个问题。而汉密尔顿对矢量的明确定义，将这两种方法结合在了一起。

汉密尔顿的加入

必须承认，19世纪30年代的汉密尔顿还有很长的路要走。起初，他只知道沃伦在复平面上的工作，而不知道高斯或其他人的工作。但沃伦的工作启发他想象一种思考复数及其几何旋转的方式：解方程时，我们可以像处理普通数字一样处理复数，而且不涉及将苹果与橘子加在一起的问题。

他以一种相当聪明的方式解决了这个难题。你可以取任意两个复数相加与相乘，就好像它们是普通的二项式一样，只不过i的平方等于-1，这样一来，你会得到以下两个公式：

$$(a + ib) + (c + id) = (a + c) + i(b + d)$$
$$(a + ib)(c + id) = (ac - bd) + i(ad + bc)$$

今天我们在数学课上就是这样做的，欧拉、高斯和其他人亦如此，当时这种做法看似一种权宜之计，因为人们还不适应这种数或算术。正如高斯告诉天文学家彼得·汉森的那样，"$\sqrt{-1}$的真正含义生动地浮现在我的脑海里，但要用语言清晰地表达它非常困难；语言只能给出一种不切实际的幻象"。汉密尔顿的朋友奥古斯塔斯·德摩根声称他"已经证明了符号$\sqrt{-1}$是没有意义的，或者说是自相矛盾和荒谬的"。[17]

汉密尔顿说：既然i是苹果中的橘子，那么我们为什么不在没有这个分散注意力的家伙存在的情况下定义复数，但仍然遵循相同的加法和乘法规则呢？我们为什么不以实数的"数对"[现代数学家称其为"有序对"，比如(a, b), (c, d)]来思考复数，然后定义加法和乘法规则，并使它们遵循相同的模式呢？

$$(a, b) + (c, d) = (a + c, b + d)$$
$$(a, b) \times (c, d) = (ac - bd, ad + bc)$$

更早时代的数学家，尤其是高斯，已经接近了这种想法，但只有汉密尔顿清楚地阐述了它。这一想法并非从一开始就取得了成功。几千年来，乘法一直是一个数字乘另一个数字，相比之下汉密尔顿的数对乘法规则混合了乘法、加法和减法运算，与传统乘法截然不同。

但它的时代即将到来，因为汉密尔顿的英国同事德摩根和乔治·皮科克已经开始探索一种完全符号化的代数。这种代数始于哈里奥特和沃利斯，形成了一个不仅脱离了几何也脱离了算术的代数概念。换言之，代数是以符号定义的，这些符号不必有具体意义，但必须遵循已确立的规则，就像汉密尔顿的数对一样。皮科克和德摩根首先表达了普通代数的规则，尽管人们已经直观地使用了它们数百年，乃至数千年。毕竟，你用三个苹果加上两个苹果，或者用两个苹果加上三个苹果，这一顺序对结果而言并不重要。所以，你可能会认为，称其为"加法交换律"似乎没有必要。当然，除非你让代数超越数值，升级为一种关于纯粹抽象的符号和运算的科学，正如皮科克和他的学生德摩根所做的那样。

皮科克对符号的兴趣最初是在微积分的背景下产生的。我曾在第2章中提到，莱布尼茨的微分符号相较牛顿的点标记法更有启发性。皮科克曾是剑桥的一个青年学者团体中的一员，其他成员包括原型计算机的发明者查尔斯·巴贝奇，以及发现天王星的著名天文学家的儿子约翰·赫歇尔，他本人也是著名的天文学家。他们主张课程改革，用莱布尼茨的微积分取代牛顿的微积分。巴贝奇俏皮地说，这些年轻的特立独行者提倡"纯粹微分主义原则，而不是大学里的流数守旧派"。[18]

对于纯粹符号的代数，汉密尔顿本人最初横跨于两个阵营。他赞同复平面上的几何表示具有说明性，本质上并不是数学的。但他不属于纯粹的符号主义者，因为他认为代数探讨的应该是比一套规则更具体的东西。他甚至怀疑，这两个阵营是否如同空间和时间一样联系在一起。德国哲学家伊曼努尔·康德说过，我们的存在依赖于预先存在的空间和时间，而几何是空间表示的基本语言。因此，汉密尔顿猜想，或许代数是一种关于时间的科学？毕竟，我们标记时间和空间的方式是"让思想具体化，让精神依附于身体，给思维的行为和激情赋予外在的存在形式，让我们从远处观望自己"。[19]

　　汉密尔顿从小就写诗,撇开诗歌不谈,他的时间代数今天听起来仍有些奇怪,因为我们已经习惯用 x 和 y 或 a 和 b 或我们选择的任何代数符号。他的符号主义阵营的同事也不喜欢它。但正如莱布尼茨和其他人在很久以前指出的那样,我们对时间(和空间)的概念是相互关联的:这个发生在那个之前,这个正在发生,诸如此类。爱因斯坦将基于这个想法推导出一个逻辑结论,并在此过程中提出一些奇怪的新想法,比如时间减慢和"现在"本身是相对的。与此同时,汉密尔顿意识到,这些时间点之间的关系可以用代数式来表达。他的重点是纯数学而不是物理,否则他可能会成为爱因斯坦工作的先锋。事实上,他引用了牛顿的工作,后者在描述事物如何变化时曾借助增加的"时刻"和时间的"流动"。我们现在称牛顿的概念为导数,但他当时称其为"流数"。汉密尔顿提出,如果你认为数字本身代表在有向线段上的"时刻"之间的心理"步伐",那么你可以将算术法则"解释"为关于时间的科学,从而将时间的概念引入基础领域。

　　尽管汉密尔顿后来从"瞬时"转移到空间的点,并将他的"步伐"确定为矢量,但这些"步伐"相当深奥。你可以通过一个例子理解他的思路:两个负数的乘积是正数,这是一个令人困惑但似乎不可避免的事实,所以 $(-3) \times (-1)$ 等于 3。正如汉密尔顿所说的那样,在他的哲学中,你可以认为"两次连续的反转将回到最初的方向",并以此解释这个奇怪的结果。这里的关键点在于,方向在他的矢量概念中至关重要:两次反转箭头的方向,就会让它回到最初的方向。这类似于你说"我不会不去",两个"不"相互抵消,就像两个负号相互抵消或"回到"原来的正方向一样。这确实有助于我们理解两个都小于零的数字相乘会得到正数这一现象。[20]

　　最终,通过对"数对"算术的定义,汉密尔顿确实更接近于纯粹符号的方法。显然,对于德摩根也是这样。他"倾向于认为",如果你把时间排除在外而只关注实数,那么汉密尔顿"最终"可能会提供一种通过符号代数而不是直观的几何图形思考复数的方法。[21]

我们今天可能很奇怪,为什么会有人担心负数和复数的特性以及代数运算规则,因为我们已经习惯了在有需要时使用它们,而不必担心潜在的概念问题。但正因为一些最伟大的数学家曾担心过这类事情,才有了现代数学和许多技术的诞生。当汉密尔顿于 1837 年发表他有关复数数对的论文时,他明确表示,他的重点就只是数学研究。他当然不可能知道,美国国家航空航天局今天会使用他的最终研究成果,推动宇宙飞船的升空!所以,虽然他最初有关时间的观念看起来是错误的,但正是这种跳出常规的思考,以及这种对数字和算术基础的关注,最终引导汉密尔顿发明了矢量和四元数这些在今天得到广泛应用的概念。

值得注意的是,汉密尔顿的灵感不仅来自数学家,也来自像康德这样的哲学家,以及作家和诗人:威廉·华兹华斯、著名小说家和教育理论家玛丽亚·埃奇沃斯、浪漫主义者弗朗西斯·博福特·埃奇沃斯(玛丽亚的同父异母弟弟)和塞缪尔·泰勒·柯勒律治都是他的挚友。华兹华斯说,汉密尔顿和柯勒律治是他见过的两个最了不起、最有天赋的人。当玛丽亚·埃奇沃斯第一次见到当时只有 19 岁的汉密尔顿时,她认为他"兼具真正的天才所具有的淳朴与坦率"。[22]

在 19 世纪,如此多样化的影响不像今天这样少见,因为像科学一样,当时的数学还没有变得十分复杂与专业化。但即使在那个时代,汉密尔顿也绝非常人。

横空出世的神童

1805 年 8 月 3 日午夜,8 月 4 日零点的钟声即将敲响,威廉·罗文·汉密尔顿在都柏林出生了。他的父亲阿奇博尔德是一名律师,母亲萨拉天赋异禀。威廉是这对夫妇 5 个存活下来的孩子中唯一的男孩,他的天赋出众,父母把他托付给了受过大学教育的叔叔詹姆斯·汉密尔顿,詹姆斯是一位英国国教牧师、古典学者、语言学家兼教区学校校长。从 3 岁起，威廉大部分时间都和他叔叔生活在一起，叔叔早早就培养了他的语言能力，据说他 13 岁时便已精通希腊语、拉丁语、希伯来语、法语、德语和意大利语，并在学习梵文、波斯语和阿拉伯语。

威廉的计算能力同样非凡，但詹姆斯在这方面可能不太擅长，虽然他尽力为侄子寻找合适的教科书。就这样，年少的威廉凭借他的法语能力，阅读了一本法语教科书来自学微积分，因此他学习的是莱布尼茨微积分，而不是牛顿微积分。16 岁时，他开始阅读皮埃尔-西蒙·拉普拉斯的《天体力学论》。这本书对牛顿的《原理》进行了重大革新，概述了数学天文学百年来取得的所有进步。拉普拉斯是一位伟大的数学家，但少年汉密尔顿在他的推理中发现了一个错误，恰好与合成的平行四边形法则有关。显然，他已经踏上了开创矢量之路。

那是在 1821 年，与此同时，一位自学成才的苏格兰女性也在私下里研读《天体力学论》。10 年后，她出版的教科书《天空的机制》震惊了英国数学界。她就是玛丽·萨默维尔，我们前面提及的那位直到 90 多岁仍在研究汉密尔顿四元数的女数学家。她的著作是对拉普拉斯五卷本前两卷的扩展与解释，英文版本共 610 页，还附有 70 页向非专业人士概述基本内容的"预备论文"。玛丽亚·埃奇沃斯读了概述部分，欲罢不能：她发现她的朋友萨默维尔的作品简洁明了，是一本"崇高的科学"著作。而在学术界，乔治·皮科克是对这本书印象最深刻的剑桥数学家之一。此书受到了如此之高的评价，于是他们决定采用该书作为剑桥天文学专业高年级学生的教科书。(的确，书中使用了莱布尼茨微积分，这有助于进一步推动皮科克的课程改革。而且这本书如此优秀，在下个世纪仍然是一本标准教材。)萨默维尔对评论家的如下言辞感到格外兴奋，他们说：一位自学成才的女性写下了一本少有男性能理解的书，这是何等辉煌的成就。但她也非常愤懑，因为女性被剥夺了接受良好教育的机会。19 世纪 60 年代末，萨默维尔是第一位签署约翰·斯图亚特·密尔的妇女选举权请愿书（最终未能成功）的人。[23]

相比之下，汉密尔顿得到了上大学的机会。他在都柏林圣三一学院学习，那里的古典文学和数学教学水平都很优异。他也表现得非常出色，不到22岁就被任命为天文学教授和爱尔兰皇家天文学家。正如我提到的那样，几年后，他因使用数学方法预言锥形折射而成名。之后，二十几岁的他提出了一种新的动力学解释，在物理学的许多领域中都发挥了重要作用，比如在描述运动物体系统的力学中，以及在描述电子的（量子）力学方程（即薛定谔方程）中。1833年，28岁的他向爱尔兰皇家科学院提出了有关复数"数对"的初步想法，并在30岁时因在数学方面的杰出贡献而受封爵士。

1837年年底，32岁的汉密尔顿当选为爱尔兰皇家科学院院长，而他首先做的事情之一，就是向70岁的玛丽亚·埃奇沃斯寻求建议。爱尔兰皇家科学院的宗旨是促进科学和人文学科的发展，埃奇沃斯的父亲是该机构的创始人之一，但汉密尔顿觉得文学没有得到足够的关注。"众所周知，"他在给埃奇沃斯的信中写道，"您不仅是文学的爱好者，也是成功的追求者和强有力的推动者。对于与此相关的任何问题，您的意见必定非常宝贵。"埃奇沃斯的作品今天可能已经被大多数人遗忘了，尽管在2009年《卫报》评选的"1 000本必读小说"中有两部她的作品。她是19世纪早期最著名的爱尔兰小说家，除了汉密尔顿，像沃尔特·斯科特和简·奥斯汀这样的人物也对她赞誉有加。她给汉密尔顿提出了一些明智的建议，比如，为论文竞赛提供奖牌，并将订阅费调整到普通文学爱好者能够承担的水平。他满怀感激地在就职演说中采纳了埃奇沃斯的大部分建议。不幸的是，他没有勇气采纳她提出的关于允许女性参加科学院讨论之夜的建议。长期以来，埃奇沃斯一直在推动女性获得接受教育和参与科学研究的权利，她对汉密尔顿在回信中罗列的借口不甚满意。然而，他仍然主持了1842年埃奇沃斯当选为科学院荣誉会员的仪式，她是第一位获此殊荣的本国女性。另有3位外国女性获得过这一荣誉，其中包括玛丽·萨默维尔和卡罗琳·赫歇尔（约翰·赫歇尔的姑姑，她的侄子和哥哥威廉都是天文学家）。然而，由于她们身居国外，不太可能因为想参加会议而引起男性同行的不满。直到1949年，女性才首次被允许成为爱尔兰皇家科学院的正式会员。[24]

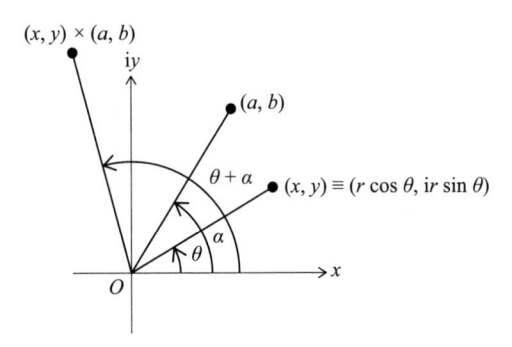

图 3-8a　以旋转的形式表示复数乘法

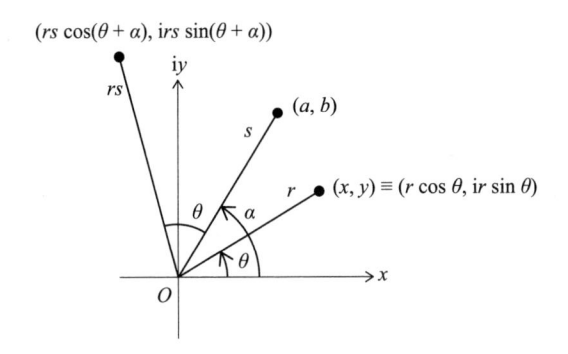

图 3-8b　通过旋转做乘法。利用极坐标和欧拉方程，可以写出 $x + iy = r\cos\theta + ir\sin\theta = re^{i\theta}$，$a + ib = s\cos\alpha + is\sin\alpha = se^{i\alpha}$；然后，依据指数法则，可以看出乘积为 $rse^{i(\theta+\alpha)}$。也就是说，$x + iy$ 乘 $a + ib$ 之后，原来矢量的大小增加，并旋转了 α 度。因此，将两个复数相加可以视为在平面上的平移

虽然汉密尔顿在女性权利问题上的表现令人失望，不像他在数学上的观念那样超前，但他接下来做的事对于矢量的发展非常重要。虽然高斯等人已经想到可以将复数表示为复平面上的一个点，但汉密尔顿将其视为一条"有向线段"，换言之就是一个箭头。[25] 韦塞尔也有类似的想法，但无论是汉密尔顿还是主流数学界中的其他人，都不知道他有这种想法。阿甘也考虑过有向线段，但汉密尔顿的下一步才是矢量的真正基

础。如果你将两个数对或两个"箭头"(x, y)和(a, b)在阿甘平面上相乘，就相当于在二维平面上进行了一次旋转，如图3-8所示。所以，复数乘法与旋转的几何操作相关联，就像乘上i一样。汉密尔顿想知道，是否有可能通过三元组的乘法来表示三维空间内的旋转？

他从1841年开始认真研究这个问题，当时他读了他的好友德摩根的一篇论文，文章的结论是：似乎根本无法用代数形式来表示三维几何。虚数i在二维空间内施展了旋转的魔力，但德摩根认为没有更多的这类符号可用了，没有哪种新的代数思想能够将几何从二维平面扩展至整个三维空间。

这正是汉密尔顿面临的挑战。

第4章

理解空间和存储

汉密尔顿多年来一直在考虑三元数的代数，到了1843年秋天，就连他的孩子们也都在关注这个传奇故事。尽管他们年纪尚小，但汉密尔顿仍试图向8岁的阿奇博尔德和9岁的威廉·埃德温解释基本概念。他们每天吃早餐时都会问："爸爸，你能做三元组乘法了吗？"而每次汉密尔顿都会伤心地摇头说："不能，我只能做加法和减法。"[1]

在一些信件中，汉密尔顿令人感动地提到了他向孩子们解释代数的情形，而对于三元数，答案最初如同小菜一碟，至少对像汉密尔顿这样的天才来说如此。毕竟，通过复数数对，乘以实数(x, y)等价于在二维平面上旋转有向线段$OP = x + iy$，如图3-6、图3-7、图3-8所示。所以，在三维空间内肯定会有"三元数"(x, y, z)，你只需要旋转$OP = x + iy + jz$即可。当然，你必须创造出另一个像i一样的虚数j，但这看起来十分直接：将阿甘平面扩展到三维空间，让j处在第三条轴的方向上，因其方向与i不同，就会产生一个新的虚数。如果你按照i的定义来定义j，将其视作x-z平面上的旋转，你就会得到$j^2 = -1$。（事实上，工程师们今天用j表示$\sqrt{-1}$，因为他们用i表示电流。）但之后，这个新虚数j和原来的虚数i在代数上又有何区别呢？

汉密尔顿做的第一件事是检验代数法则，德摩根和皮科克已经将其形式化。很明显，如果你将$x + iy + jz$和$a + ib + jc$相加，两个数的

图 4-1　威廉·罗文·汉密尔顿爵士和他的儿子（大约 1845 年，图片经爱尔兰皇家科学院© RIA许可）。在那时，照相需要长时间的曝光，这可能解释了为什么照片上的汉密尔顿从来不笑。但据记载，他为人十分幽默

先后次序并不重要，而且你可以肯定的是，结合律对于这样的数也成立。[2]

然后是现代数学家所说的代数"封闭性"。如果两个整数相加，你得到的仍然是整数；如果两个实数相加，你得到的仍然是实数；如果两个复数相加，你得到的仍然是复数。显然，如果两个三元数相加，则封闭性依然成立。这些规则既优雅又简单，唯一棘手的就是乘法。

通过展开 $(x + iy)(a + ib)$，汉密尔顿找到了乘法规则。但是，如

果你在 $(x+iy+jz)$ 和 $(a+ib+jc)$ 相乘时逐项展开，你就会发现不仅需要令 $i^2=j^2=-1$，还需要弄清楚 ij 和 ji 的含义。从表面上看，这些额外的项表明三元数的乘法不封闭。对纯数学家来说，这意味着针对三元数无法形成统一适用的乘性代数。（如果你永远不知道得到的乘积是什么类型的数，你就无法制定代数规则，使其适用于初始集合中每个可能的数。而如果没有规则，你就无法解方程。）

汉密尔顿从假设 ij = 0 开始，以典型的数学研究风格尝试简化问题。这样做肯定会使乘法封闭，却有些牵强，因为在普通算术和代数中，两个非零量相乘不可能为零。（如果两个非零矩阵中的一个或两个的行列式为零，则它们的乘积可以为零，比如，当矩阵方程 $AX=0$ 时。但矩阵代数是在四元数之后才出现的。）还有其他法则需要检验。汉密尔顿特别担心"模定律"，我将在书末注释中对此加以解释。[3] 然而，为了让它对于三元数可行，汉密尔顿发现 ij 不能为 0。约翰·格雷夫斯是汉密尔顿的大学校友，他也在考虑扩展复平面，他的兄弟罗伯特后来写了一部关于汉密尔顿的传记。汉密尔顿告诉格雷夫斯，他绝望地尝试过让 ij = –ji，尽管这就像 ij = 0 一样违反普通算术。他甚至还尝试过令 ij = j 和 ji = i。所有这些奇怪的做法确实在某些方面简化了乘法，但仍然不能满足模定律。[4]

汉密尔顿肯定非常想就此放弃。也许，就像他的朋友德摩根说的那样，这是不可能做到的。

一段数学友谊，两次婚姻，以及最后的梦想成真

如果不考虑德摩根在抽象代数基础方面的开创性工作，那么他显然是一个有趣的人。他活泼开朗，思想开放，甚至没有信仰宗教。即使在学校里，他也更喜欢坐在长凳上解方程，而不是聆听教授讲课。他自诩"独立的"基督徒，追求宗教信仰与知识上的自由，他虽然在牛顿的

三一学院学习，但拒绝向英国国教宣誓（获得剑桥和牛津大学研究员资格必需）。牛顿也曾拒绝宣誓，但并不是因为他支持宗教信仰自由，而是因为他是神秘的阿里乌教信徒，不信仰基督教。但他实在太聪明了，国王给了他特别豁免权，让他最终获得了剑桥大学的研究员资格。德摩根很快便发表了有关牛顿思想的精辟论文。他非常钦佩牛顿的才华和道德操守。但他也仗义执言，不避讳谈论这位伟大数学家的缺点，特别是牛顿与莱布尼茨的微积分发明优先权的争议。这是很少有人敢做的事，因为牛顿的思想似乎充满了神性，被人供奉在神坛上长达 200 年之久。[5]

像汉密尔顿一样，德摩根未满 22 岁就当上了教授，而且是英国第一所非宗教大学的教授，即新成立的伦敦大学，该校不久后更名为伦敦大学学院。他们俩的年龄相差不到一岁。德摩根婴儿时期有一只眼睛失明，他在学校因视力残疾而受到欺凌，但像欧拉一样，他并没有因此萎靡不振，而是最终变成了一流的数学家。

德摩根的幸运之处在于，他的妻子索菲亚·弗伦德也受过良好教育，是一位社会活动家、辩论家和心灵修行者，与他志同道合。他们俩都对追求自由满怀热情，这让他们决定登记结婚，以此宣布他们自由的宗教信仰。相比之下，汉密尔顿具有令人"敬畏的本性"，他是一个坚定的英国国教徒，他的妻子海伦据说更加虔诚。[6]

汉密尔顿也是一个情感丰富的人，没有海伦在身边他就无法轻松自如地工作。自汉密尔顿被任命为爱尔兰皇家天文学家以来，他们一直住在都柏林郊外 5 英里处的邓辛克天文台。但有时，特别是海伦怀孕或哺乳时，她会因为住在那样一个黑暗、偏远的地方而感到焦虑。这时她会离开家，住到附近的亲戚那里，而汉密尔顿也经常陪她一起。1841 年，大约在他们的女儿海伦·伊丽莎出生一年后，海伦离开了她的丈夫和孩子，前往英国的姐姐家。她在那里住了大约一年，其间关于这段失败的婚姻和汉密尔顿为此酗酒的谣言四处流传。雪上加霜的是，他年轻时曾因严格的婚恋习俗造成的误解而无缘与他的初恋凯瑟琳·迪斯尼结合，对此，简·奥斯汀在几十年前的小说中曾有入木三分的描写。禁酒运动在19世纪三四十年代开展得如火如荼，对社交饮酒的进一步限制导致这种情况进一步恶化。这些故事每过10年就会愈演愈烈，让汉密尔顿的一生都声誉蒙污，且持续至今。[7]

最近的学术研究表明，汉密尔顿的婚姻远比谣言所传美满得多，但德摩根的家庭生活似乎格外幸福。索菲亚的父母是诗人拜伦的妻子拜伦夫人的朋友，1840—1842年，当汉密尔顿夫妇忙于应付海伦的焦虑和疾病时，德摩根则在辅导拜伦夫妇杰出的女儿艾达·洛夫莱斯。（她的第一位数学导师是玛丽·萨默维尔，但萨默维尔后来迁居意大利，去享受那里更宜人的气候。）一年后，洛夫莱斯撰写了她对查尔斯·巴贝奇所设计的先进计算机器的数学发展，其中的内容被认为是世界上第一个计算机程序。该文于汉密尔顿发现四元数的当月发表，事实证明，这是一个颇具预测性的巧合，因为正如我们即将看到的那样，计算机编程揭示了四元数在计算方面的简明扼要的特点。[8]

与此同时，汉密尔顿仍在苦苦寻觅四元数。当德摩根声称不可能建立三维复代数时，汉密尔顿将其视为一次重大的挑战。如同2 000年前欧几里得为几何学所做的那样，他和德摩根都在寻找使代数有意义的方法，都想赋予它逻辑基础。正是这种欧几里得式的严谨作风，让牛顿通过几何而不是更紧凑但方法上仍不稳定的代数微积分来证明《原理》中的定理。对于更基础的代数问题，由于缺乏对负数和虚数的具体解释，早期数学家对它们十分排斥。但德摩根在这种情况下颇具讽刺意味地指出："要让心灵获得慰藉，没有什么比拒绝一切可能带来麻烦的东西更为有效。"[9]

汉密尔顿绝不是一个安于现状的人，他总是奋力求索，时而试试这个，时而试试那个，从未放弃这样的想法：如果你能用实数(x, y)建立普通二维复数的代数，你就能将其扩展到(x, y, z)。你甚至可以像他在1841年告诉德摩根的那样，将其扩展到任何维数，比如$a = (a_1, a_2, \cdots, a_n)$，其中$a_1, a_2, \cdots, a_n$是实数。他颇具先见之明地说，符号$a$是"一种（复杂）思想的象征"。他继续用他的时间数学哲学来阐述这一点,并向德摩根提出,n可以取任意值,它代表事件的时序,因此存在"因果关系"。尽管汉密尔顿最终会摆脱对时间的迷恋,但在这里他看到了一些重要的东西:一个符号可以编码许多信息,或者"一种复杂的思想"。正如我曾提到的那样,这部分展示了矢量和张量的力量,也有助于解释四元数为什么可以节省算力。[10]

汉密尔顿没有停下求索的脚步,他的书房里布满了纸张,桌子上、地板上全都是。他经常废寝忘食,靠在房间里吃些点心充饥。突然有一天,他的坚持得到了回报,一个惊人的想法倏然浮现在他的脑海中。正如他向约翰·格雷夫斯解释的那样:"我突然想到,我们必须在某种意义上承认空间存在第四维。"他的意思是,如果他引入第三个虚数k,那就意味着存在一个新的四维复数$a + ib + jc + kd$。如果他将k定义为ij,则三元数的模数定律终会起作用。这个奇妙的洞见击中了他,就像"电路闭合,火花闪耀",与1843年的那个秋日他和海伦走过都柏林的布鲁姆桥时的情形一样。[11]

说到他对新四维数字的命名,"四元数"这个词听上去确实不错,而汉密尔顿刚好对韵文有敏锐的听觉。正如德摩根后来回忆的那样:"汉密尔顿本人说,'我靠数学谋生,但我是一位诗人'。这样的格言可能会让我们的读者感到惊讶,但他们应该记住,数学发明的驱动力不是推理,而是想象力。"然而,汉密尔顿的朋友华兹华斯认为,汉密尔顿的想象力更适用于数学而不是诗歌。汉密尔顿极富创造力,创立了矢量分析,用量子先驱埃尔温·薛定谔的话来说,他还是量子力学核心数学的奠基人。[12]

在获得电光石火般的灵感后,汉密尔顿非常兴奋,并立刻在石桥上刻下了一行简单的公式:

$$i^2 = j^2 = k^2 = ijk = -1$$

这个公式涵盖了他所说的"几何计算"所需的一切,包括计算三维空间内的旋转。因为这一行简单的等式简洁地写出了三个虚数之间必要的代数关系：

$$ij = k = -ji, jk = i = -kj, ki = j = -ik$$

（如果你用代数方法处理这行涂鸦，就可以看到它是如何推导出来的。比如，$k^2 = ijk \Leftrightarrow k = ij$。）[13] 根据这些定义，如果你有耐心进行以下这类四维乘法运算：

$$(a + ib + jc + kd)(w + ix + jy + kz)$$

你就会看到，四元数不仅满足模定律，而且满足所有普通实数与复数的法则（除了交换律）。换言之，

$$(a + ib + jc + kd)(w + ix + jy + kz) \neq (w + ix + jy + kz)(a + ib + jc + kd)$$

最后这个结论极具启发性，你甚至可以在进行烦琐的乘法运算之前猜到它，因为 i 乘 j 等虚数乘法不满足交换律。汉密尔顿并非心甘情愿地采取这一步骤，因为他多年来竭尽全力想让三元数和四元数适用常规的算术法则。他十分勇敢地迈出了这一步，并意识到自己发现了一种全新的代数，他在这一点上值得称赞。

整体矢量和四元数的非凡代数

汉密尔顿将像 $P = w + ix + jy + kz$ 这样的四元数分成两个部分。他把独立存在的实数称为"标量"，用 w 表示，而把虚数部分 $ix + jy + kz$ 命名为"矢量"。"矢量"这个词来自拉丁语中的"搭载者"，而天文学中的"径矢量"是指将一个点"搭载"到另一个点的可移动视线，比如从人的眼睛到一颗恒星或行星。但是，正如汉密尔顿后来在他的《四元数讲义》中指出的那样，"径矢量"是一个标量，只表示大小，而他的"矢

量"既有大小又有方向。

汉密尔顿的虚数矢量 $ix + jy + kz$ 看起来很像你见过的矢量 $xi + yj + zk$，但后一个矢量中的 i、j、k 不再是基本的虚数，而是真实的"单位矢量"，其大小或长度为"一个单位"（即恰好等于 1）。你从中可以看到今天矢量的冰山一角，但在本书中，我们还需要再走一段路才能看到这一切是如何发生的。

四元数符号 P 包含四部分信息，标量 w 和矢量的三个分量 x、y、z。所以，你可以认为 P 代表"一种复杂的想法"，这正是汉密尔顿在 1841 年写给德摩根的信中忧心的一点。

如果用黑体字区分汉密尔顿的矢量和标量，则我们可以将四元数 P 及其虚数"基" i、j、k 写成：

$$P = w + \boldsymbol{p}, 其中 \boldsymbol{p} = ix + jy + kz$$

（汉密尔顿有时将虚数放在实数分量之后，就像我们对矢量所做的那样，所以虚数和实数在 ix、jy、kz 中的先后顺序并不重要。如果你愿意，也可以将其写作 xi、yj、zk。）本质上，"一组基"是指一组沿各条轴的独立单位量。我们可以说这些基生成了计算发生的矢量空间，但这些概念当时还未得到恰当的表述。关键问题是，无论你用单位虚数基(i, j, k)，还是用单位矢量基 $(\boldsymbol{i}, \boldsymbol{j}, \boldsymbol{k})$，并标明 $\boldsymbol{p} = xi + yj + zk$，都可以正确地表达矢量 $\boldsymbol{p} = ix + jy + kz$ 的信息。这是因为，重要的是在各种情况下分量都有相同的数值 (x, y, z)，因为无论在哪种情况下，你使用的都是笛卡儿坐标系。而且，当你用矢量进行计算时，你需要的就是分量。

换言之，你可以将矢量视为存储数据的装置，数据体现在分量的值中，而基是装置的硬件。不同的装置有不同的设计，而这里的情况是：实数基为 $\boldsymbol{i}$、$\boldsymbol{j}$、$\boldsymbol{k}$，虚数基为 i、j、k，它们都存储着同样的信息。这是一种事后回顾，实际上，从汉密尔顿的矢量到现代矢量的发展出人意料地充满争议。这是第 8 章的故事，我在此提及是为了照顾熟悉现代矢量的读者。

如果你确实熟悉矢量，则汉密尔顿的四元数在你看来可能很奇怪，就像把苹果和橘子加在了一起。因为在大学教授的矢量分析中，我们不会将矢量加到标量上。但在这个故事中，我们只需将矢量视为四维复数的虚数部分，就像汉密尔顿所做的那样，遵循他在布鲁姆桥上刻下的虚数规则的代数表达式。

谨记这一点后，我们现在取第二个四元数，

$$Q = a + ib + jc + kd \text{（或者 } a + bi + cj + dk\text{）} = a + \boldsymbol{q}$$

汉密尔顿发现，当你逐个分量地展开 P 与 Q 的乘积，并把由此得到的所有项按标量或矢量分组，你就会得到两种新的乘法，这里用现代的点和叉表示：

$$PQ = wa - \boldsymbol{p} \cdot \boldsymbol{q} + w\boldsymbol{q} + a\boldsymbol{p} + \boldsymbol{p} \times \boldsymbol{q}$$

考虑到该式实际上包含了 22 次乘法和 11 次加减法，这算得上是一个非常简洁的表达式了，而这种引人注目的简洁性就是四元数和整体矢量（由特殊符号表示，比如上文中的黑体字，而不是列出它们的分量）的厉害之处。除了负号之外，就计算而言，汉密尔顿的标量积和矢量积分别为 $\boldsymbol{p} \cdot \boldsymbol{q}$ 和 $\boldsymbol{p} \times \boldsymbol{q}$，与现代的乘积相同。所以，为了看清四元数（和整体矢量）乘法的简洁性，我在书末注释中给出了这些乘积的现代分量形式，但你可能已经在数学课上学过了。[14] 你可能不知道，今天常用于矢量的黑体字本是出于英国人奥利弗·赫维赛德的个人偏好，我们稍后将正式介绍他。此外，美国物理学家乔赛亚·威拉德·吉布斯为我们提供了标量积（现在也被称为点乘）的点符号和矢量积（也被称为叉乘）的叉符号。

汉密尔顿并没有将这两种新的乘积指定为矢量的乘积，而是称它们为四元数乘积的"标量部分"和"矢量部分"。对于他的两个四元数 P 和 Q，汉密尔顿令标量 w 和 a 为零，并像我们今天一样展开矢量分量的乘积，只不过他没有使用黑体字母、点或叉，而是用 $S.PQ$ 表示"标量部

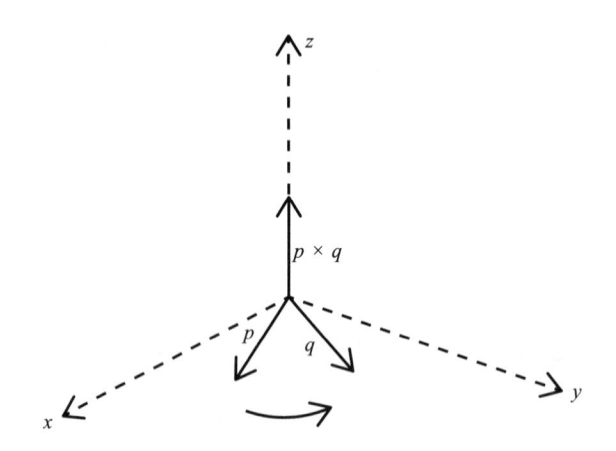

图 4–2 叉乘的右手定则。如果你将右手四指与拇指垂直，从 *p* 的箭头方向朝着 *q* 的箭头方向弯曲，即本例中的逆时针方向，则你的拇指所指方向就是 *p*×*q* 的方向：指向上方，即 *z* 的正向。要找到 *q*×*p* 的方向，你需要翻转右手，以顺时针方向弯曲四指，这时你的拇指将指向下方，*z* 的负向。这时，*p* 和 *q* 位于 *x*-*y*（水平）平面内。但无论在哪个平面内，它们的矢量积都与该平面垂直

分"（我们的标量积），用 *V.PQ* 表示"矢量部分"（我们的矢量积）。标量积是交换的，而矢量积不是，这一点在"右手定则"中有所体现（见图 4–2）。这个规则的意思是，当你让右手的四指与拇指垂直，从矢量 *p* 的方向朝着矢量 *q* 的方向弯曲四指时，你的拇指所指方向就是矢量积 *p*×*q* 的方向。但如果你颠倒乘数的前后顺序，你的拇指将指向相反的方向。这意味着 *p*×*q* = –*q*×*p*。由于矢量积不满足交换律，因此四元数乘积 *PQ* 也不满足交换律。

正如你在图 4–2 中看到的那样，矢量积或叉乘的关键之处在于，它们让两个矢量相乘得到另一个矢量；而标量积或点乘让两个矢量相乘得到一个标量。

这种非交换的矢量乘法是抽象代数界的一个极为重要的事件。正如汉密尔顿说的那样，这是一个"奇特甚至狂野"的启示。因为在 4 000 年的数学历史记录中，人们第一次发现了一个自洽的代数系统，其中 *XY* 不等于 *YX*。这意味着一个新的代数世界正等待人们去探索，谁也不

知道其中会有多少潜在的应用。因此，汉密尔顿经常被称为"代数的解放者"。

打破规则与开拓新世界

汉密尔顿发现的四元数摧毁了一个具有悠久历史的规则，他本人最初对此也感到困惑与担忧。但在展示他如何使用这种新的数学来表示空间内的旋转之前，我先向你介绍一些引人注目的新代数及其应用，它们都源自他的非交换乘法。

比如，今天的非交换代数支撑着量子力学和广义相对论。在量子力学中，著名的海森堡不确定性原理表明，你不能同时精确测量一个量子粒子的位置 X 和动量 P。但你可以先精确测量其中一个属性，比如位置，再测量另一个。问题是，当你进行第二次测量时，你最初测量的位置就会变得不再准确，因为亚原子粒子总是在运动或振动。所以，再次测量时，你会得到不同的答案。这就是非交换性在起作用，它由一个特殊的方程（海森堡原理由此而来）来表示：

$$XP - PX = \mathrm{i}\frac{h}{2\pi}$$

式中的 h 是普朗克常数，代表测量的基本限制，它的数值极小，为 $6.626\,069\,3 \times 10^{-34}\,\mathrm{kg \cdot m^2/s}$（或 $\mathrm{j \cdot s}$）。不管 h 有多小，它终究不是零，这就是关键所在，因为如果测量可观测的位置和动量的顺序不重要，你就会得到 $XP - PX = 0$，这当然等同于 $XP = PX$，也就是交换律。

在广义相对论中，非交换性给出了时空曲率的度量。所以，当讨论到张量时，我们将重新审视这个问题。另外，你可能已经想到了：除了矢量，普通的矩阵也提供了一个我们更熟悉的非交换乘法的例子。

矩阵的复兴和对当代技术的及时注释

矩阵或数组可以简洁地表示大量数据，因此，它们也与矢量和张量有关。几千年来，数学家一直在用数组和表格来表示信息，但直到亚瑟·凯莱在汉密尔顿宣布其四元数代数的 15 年后阐明了它的运算方式，他们才开始将这些数组本身作为代数实体进行加法和乘法运算。

凯莱比汉密尔顿年轻 15 岁，凯莱的父亲在圣彼得堡做生意，因此他从出生到 8 岁时在俄罗斯生活。他在剑桥的三一学院以全班第一的成绩毕业，并以临时研究员的身份任教数年。获得正式研究员身份需要宣誓接受英国国教，尽管他是虔诚的英国国教教徒，却认为这一要求实在过分，于是从 1846 年开始接受律师培训。他的多才多艺可以和欧拉媲美：在作为房地产律师的 14 年间，他利用业余时间撰写了近 300 篇数学论文，此后又写了几百篇。他初期的一篇论文是有关四元数的，写在他离开剑桥去学法律之前。凯莱是第一个公开接纳汉密尔顿想法的人，他在 1845 年发表了这篇论文，此时距离汉密尔顿向爱尔兰皇家科学院宣读其发现（1843 年 11 月 13 日）还不到一年。汉密尔顿于 1848 年在都柏林大学做了 4 次关于四元数的讲座，凯莱均坐在听众席中。[15]

像一切事物一样，凯莱在矩阵方面的工作并非凭空出现的，高斯和不太为人所知的费迪南德·艾森斯坦等数学家的工作都为其奠定了基础。艾森斯坦在受到汉密尔顿的启发后投身数学，但他不幸于 29 岁时因肺结核英年早逝。凯莱在行列式方面的工作也为矩阵理论的建立奠定了基础。行列式是在矩阵之前发展起来的，但今天我们把它当作矩阵来学习。在古代，中国数学家在列出和求解联立的线性方程时就使用了数组，还有现在被称作高斯消元法的形式，可见他们那时已经窥见了矩阵的一些想法。（线性方程只包含 x、y 等未知数的一次方形式，这种表示直线的方程不包含未知数的乘积或幂，比如表示抛物线或圆的二次方程中的 x^2。除了能够描述直线，线性方程还有许多有价值的应用，比如优化机器学习模型的准确性,或者优化商业成本。它们在描述如何以特定方式从一个坐标系向另一个坐标系变换方面也起着至关重要的作用,比如旋转或平移笛卡儿坐标或其中的矢量,这些我们稍后会在图 4-3 中看到。线性变换方程将随着我们故事的展开在其中扮演越来越重要的角色。)

中国古代版本的高斯消元法被记录在有 2 000 年历史的《九章算术》中,远远领先于它所处的时代。中世纪的印度数学家也做了类似的事情。7 世纪的婆罗摩笈多使用数组来解二次方程。所有这些早期的方法都是纯算法的,对每个问题都隐含着"先做这个,再做那个"的计划,而不是代数的,也不像符号矩阵代数,因为高斯消元法并不使用矩阵乘法或加法。[16] 凯莱使用的联立方程的便捷表示法与《九章算术》的作者发现的方法相同,但由于他受益于符号代数,最终他走向了矩阵理论。就像他的古代前辈所做的那样,起初他只是尝试解方程,但之后凯莱研究了他的朋友詹姆斯·西尔维斯特所说的"不变量"。[17] 稍后我们将详细讨论不变量,因为它们对张量的概念而言至关重要,在相对论中更是不可或缺。此外,它们也使用了我刚刚提及的线性变换方程。

19 世纪 40 年代初,凯莱开始与乔治·布尔在信中讨论变换和不变量。今天我们提起布尔,是因为他发展了支撑计算机的"布尔"代数逻辑,但那是在汉密尔顿的四元数打开了全新的符号代数的可能性之后。这说明四元数的发现不仅本身很重要,而且有助于触发从矩阵到符号逻辑等一系列新的代数发现。当时凯莱是剑桥大学的一位青年数学教授,而自学成才的布尔在林肯郡经营着一所学校,但他不久后将在科克大学获得教授职位。两人在来往信件中交换了各自的研究,凯莱希望能与布尔见面,但令他叹息的是,两座城镇之间还没有通火车。[18]

凯莱的叹息是对当时的技术状况的一种反映,它提醒我们,第一条用蒸汽机车运送乘客和货物的公共铁路仅建成了 10 多年,并且仍在扩建中。然而,铁路已经为纺织品等工业制成品开发出新市场,这反过来又会推动新的科学和技术革新。工业革命正在进行中,蒸汽机的发明是其中的一部分。铁路项目也在激发新的科学发现投入应用,比如使用新发明的电磁电报来调度列车。当时距离电磁学的发现也才20多年,这种应用凸显了经济和企业家精神与科学、数学和技术之间古老的双向联系。

令人遗憾的是,这种联系却常常忽略了技术对环境的影响。那时候,人们至少还有一个借口,那就是无知(如果它可以算作借口):再过10年,美国气候科学家尤妮斯·牛顿·富特(艾萨克·牛顿爵士的远亲)才会发表她有关大气中二氧化碳的加热效应的开创性论文,并指出令人兴奋的19世纪新技术正在大量排放二氧化碳。这并不是说,富特和其他早期气候科学家已经在考虑未来的气候变化问题了,他们关注的只是地球气候在过去如何,以及如何推断当前的温度。[19] 与此同时,也有些人对这种"技术进步"感到不安,美国作家亨利·戴维·梭罗应该是其中最著名的一位。他于1845年迁往马萨诸塞州康科德的瓦尔登湖附近的森林,以便更亲近自然。同他的诗人朋友拉尔夫·沃尔多·爱默生一样,他这样做是受到了超验主义(一股新英格兰哲学和文学回归自然的潮流)的启发,这与汉密尔顿认识的英国浪漫主义诗人的行为也略有相似之处。

然而,凯莱并没有考虑到工业与科学的联系,他只是出于对数学的热爱而研究数学。因此他很快意识到,矩阵不仅是表示方程的便捷方法,它们自身也有代数结构,拥有自己的代数规则。

比如,使用代数符号,如下线性方程组

$$2x + y = 7$$
$$x - 3y = 1$$

可以用矩阵表示为:

$$\begin{pmatrix} 2 & 1 \\ 1 & -3 \end{pmatrix} \begin{pmatrix} x \\ y \end{pmatrix} = \begin{pmatrix} 7 \\ 1 \end{pmatrix}$$

顺便说一句,$\begin{pmatrix} x \\ y \end{pmatrix}$ 和 $\begin{pmatrix} 7 \\ 1 \end{pmatrix}$ 叫作"列矢量",即以列的形式表达信息的矢

量，而不是我之前使用的行矢量，比如 (x, y)。但两种方式表达的信息都是相同的。这样书写两个方程的方法建立在矩阵乘法"行乘列"的想法基础之上，但最初凯莱是在寻找一种整洁、省力的方式来表示多重线性变换时，产生了将任意两个相容矩阵（不仅仅是一个矩阵和一个矢量）相乘的想法的。比如，如果你想旋转坐标系然后平移坐标轴，你就需要变换方程，先将它从 x-y 坐标系旋转到 x'-y' 坐标系内（见图 4-3）。然后，再从 x'-y' 坐标系变换到 x''-y'' 坐标系，以便平移坐标轴。但他发现，把两步变换结合起来，以 x-y 表示 x''-y''，矩阵中的元就给出了行乘列的定义。而这个定义又一次证明了乘法不总是满足交换律。

换言之，正如古代中国数学家看到的那样，一组传统的线性方程的信息可以用矩阵形式来表达，但在凯莱手中，不管矩阵代表什么，它们都可以相乘。他认为它们也可以相加：要将两个行数与列数相同的矩阵相加，你只需让相应位置上的两个数字相加即可，比如：

$$\begin{pmatrix} 3 & -1 \\ 2 & 0 \end{pmatrix} + \begin{pmatrix} 1 & 5 \\ -2 & 6 \end{pmatrix} = \begin{pmatrix} 4 & 4 \\ 0 & 6 \end{pmatrix}$$

凯莱的密友兼同事西尔维斯特也是一位数学天赋颇高的律师，他于 1850 年创造了"矩阵"这个术语。第一条连接多佛和加莱的国际电报电缆也恰好在同一年开始铺设，你可以想象人们热烈地讨论用电报将世界联系起来的场景，与近年来互联网连接力量所产生的商业成功及其带来的兴奋有些相似。（不幸的是，多佛电缆最终失败了，但其他电缆很快就弥补了这一缺憾。）和凯莱一样，西尔维斯特也曾在剑桥学习，但由于那里的宗教规定，身为犹太人的他没有资格拿到毕业证。于是，西尔维斯特也成了一名律师，并和凯莱相识，两人都在利用业余时间研究不变量理论和矩阵，并且得到了真正的认可，最终成为数学教授。

尽管人们通常认为凯莱是矩阵代数的创始人，但其他数学家很快就发展出更复杂的矩阵理论。比如在美国，因为汉密尔顿打开了代数的泄洪阀，本杰明·皮尔斯和查尔斯·皮尔斯这对父子成为矩阵和四元数代数研究领域的先驱。然而，值得注意的是，凯莱当初寻找矩阵代数规则只是为了更有效地计算，就像在古代一样，许多新的数学都是为了解决实际问题或提高计算效率才创造出来的。一旦你能在某种情况下让矩阵相乘，它们就会像矢量一样，令人惊诧地应用于其他计算中。

矩阵和矢量乘法在图像压缩、搜索引擎、机器学习、机器人技术方面的应用

一旦你知道如何做矩阵乘法，你就可以"分解"它们。其中一种分解叫作"奇异值分解"（SVD），它在现代被应用于数字图像压缩。你想传输的图像信息，比如每个像素的位置和颜色，可以表示成一个有数百或数千个行与列的矩阵。然后，图像矩阵被分解成三个矩阵，其中一个包含图像中不那么有趣的部分，比如天空或其他背景。粗略地说，这些不那么有趣的细节可以在矢量的帮助下被"分解出去"，因此需要传输的信息比原来少得多。

* * *

说到大量信息，人们可以在编程搜索引擎中，通过矩阵和矢量代数紧凑地处理大批量数据。最早的搜索引擎方法之一使用了布尔代数，通过布尔的与、或、非（AND、OR、NOT）运算，给出用户想要查询问题的精确匹配信息。但康奈尔大学计算机科学教授杰瑞·萨尔顿在 20 世纪 60 年代意识到，矩阵和矢量允许用户查询的问题得到部分匹配的信息，并根据相关性进行排名。（后来布尔搜索引擎引入了模糊布尔逻辑来实现这一点，每种方法都各有优缺点。）在矢量方法中，信息被存储为一个矩阵，其中行代表关键词，列代表包含这些关键词的不同文档。为了简化问题，我假定数据库中仅有三个关键词 A、B、C。文档 1 可能

没有提到关键词A和B，但三次提到了C，因此它被表示为矢量 $\begin{pmatrix}0\\0\\3\end{pmatrix}$，即矩阵的第一列。文档2可能只有一次提到了A，三次提到了B，两次提到了C，因此它被表示为 $\begin{pmatrix}1\\3\\2\end{pmatrix}$，以此类推。现在假设用户想要搜索与B相关的信息，所以"查询矢量"可以写成 $\begin{pmatrix}0\\1\\0\end{pmatrix}$。（用户不想搜索A或C的相关信息，所以用0表示它们，用户只想搜索B的信息，所以用1表示它。）由于每个文档都由一个矢量表示，它与查询矢量的关联度可以通过标量积来衡量，这是根据其矢量与查询矢量之间的夹角来计算的：角度越小，匹配度就越高。[20]

谷歌的网页排名算法是由当时还是斯坦福大学研究生的拉里·佩奇和谢尔盖·布林在20世纪90年代末开发的，它根据链向某个网站的其他网站的数量和等级对其进行分类。代表从网站A链接到其他网站的链接数量比例的矢量是矩阵（我称之为M）的第一列，以此类推，可以得到代表其他网站的各个列。要找到每个网站的排名，首先要给它们一个相同的排名。然后，通过将其与链接偏好矩阵相乘来更新初始排名矢量。随后不断重复这一过程，每次都乘M，这样到了第n步，初始排名矢量已经被乘上了M的n次方。这一过程继续迭代，直到排名矢量不再发生显著变化。这个"平衡"点决定了该网站的网页排名矢量。随着更多的网站链接加入，这个过程不断更新，就像你在搜索某些内容时会注意到哪些网站会率先出现一样。但是，如果没有矩阵乘法，这一切都无法实现。[21]

* * *

在机器学习中，信息也存储在字符串和数组（即矢量和矩阵）中，甚至在多维数组（即张量）中。在现实世界中，通常只能收集有关一个主题的所有可能的数据样本。数据科学包括：从这个样本出发做出预测的艺术，比如一个人明年心脏病发作的概率，或者在特定时间点的能源负载和价格；还有分类，比如肿瘤是恶性还是良性，电子邮件是有效的还是垃圾邮件，或者识别一张面孔是不是你的。程序员通过将数据拟合成一个"模型"来实现这一点，模型是一种可以使数据变得有意义的算法或方程。但有时，针对手头的数据，拟合设计一个相当准确的模型过于困难或成本太高，而这恰恰是机器学习发挥作用的地方。它的机制是：使用一个简单的初始模型，通过给计算机编程一个算法来"训练"它去做预测或分类；输入初始"训练"数据及初始模型和一个错误测试程序，然后程序员利用矢量和矩阵代数，告诉计算机如何估计初始模型的精确度，并不断重新调整，直至达到最佳精确度，类似于网页排名算法中的矩阵乘法迭代。这时模型就"训练"好了，程序员可以用它对新数据进行预测和分类。

机器学习发展得如此迅速，其应用遍布从聊天机器人和推荐算法到语音和图像识别、欺诈检测、汽车自动驾驶、医学诊断等领域，甚至与人们的日常琐事都息息相关。这有好的一面，也有不好的一面。["不好"的一面不仅包括专制政府或网络犯罪分子对人工智能的滥用，以及对我们生活和工作方式的破坏性改变，还有围绕训练人工智能所用数据的伦理问题。这些问题包括：未经其创造者许可使用数据，以及程序员（主要是白人男性）无意中将种族、性和性别偏见编入训练数据、搜索引擎和其他算法中。][22]

矩阵在很多其他领域也有应用，包括密码学。在密码学中，人们正在探索将矩阵乘法（以及其他代数结构）的非交换性作为一种安全工具。这项研究的开创者之一是一位16岁的爱尔兰女学生萨拉·弗拉纳里。她非常钦佩凯莱，所以以凯莱的名字命名了自己的算法。[23]

* * *

第 4 章 理解空间和存储

如果你上过线性代数课程,你可能还记得,矩阵乘法的一个更简单、更古老也更让人熟悉的应用就是旋转。确实如此!所以,我们下面来看看汉密尔顿对旋转的关注。

在机器人技术中,程序员需要知道如何编写指令,以便让计算机告诉机器人如何从一个地方移动到另一个地方。比如,要抬起或放下机器人臂,它就必须围绕一个铰链旋转(就像肩膀或肘部关节一样),如图 4-3 所示。

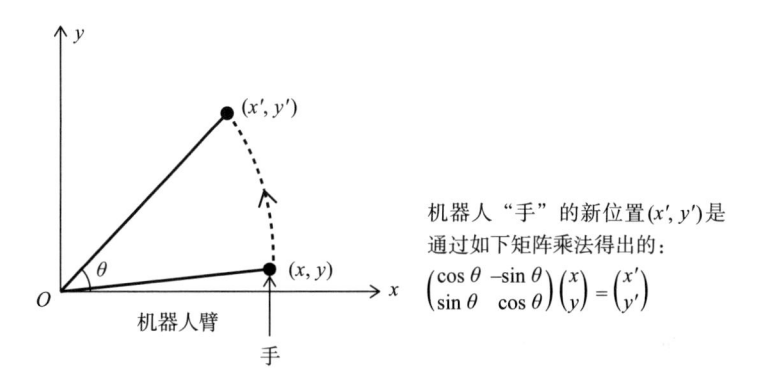

机器人"手"的新位置 (x', y') 是通过如下矩阵乘法得出的:

$$\begin{pmatrix} \cos\theta & -\sin\theta \\ \sin\theta & \cos\theta \end{pmatrix} \begin{pmatrix} x \\ y \end{pmatrix} = \begin{pmatrix} x' \\ y' \end{pmatrix}$$

图 4-3 利用一个旋转矩阵,令机器人臂绕 x-y 平面的原点逆时针旋转 θ 度。展开这个矩阵方程的左侧后所得的方程(显示如何用 x 和 y 来表示 x' 和 y')代表了一个线性变换。这里的具体细节不太重要,关键是变换方程的概念

在计算机图形学中,关键特征的位置矢量也可以通过旋转矩阵在空间内移动。

终于来到了三维旋转!

对于三维空间内的旋转,矩阵乘法当然要比图 4-3 中的二维情况更复杂。但就像四元数一样,矩阵的非交换乘法在这里非常适用,因为三维空间内的连续两次旋转通常也是非交换的。试用一本书来验证:将书

放在桌子上，封面朝上，书脊朝你。然后，保持其中心固定，将书顺时针旋转 90°，使书脊在你的左边（这是一次在桌面或者说 x-y 平面上的旋转）。现在将书顺时针旋转 180°，直到它封面朝下放在桌子上。这次你做的是在垂直的 x-z 平面上的旋转，完成后你会注意到书脊在你的右边。现在再试一次，但这一次先翻转书，再旋转它，最终书脊会在你的左边！

顺便说一下，如果你用一个没有特征的正方形盒子，或者用一个没有任何标记的球体做实验，你将无法察觉这种非交换性。这是因为，球体和立方体具有中心对称性，因此在旋转时可以保持自身的形状和方向。换言之，它们在这个旋转序列下是"不变的"，在几何上这类似于凯莱在提出矩阵代数时研究的不变量。

在凯莱之前近一个世纪，欧拉利用古希腊人创立的球面三角学，对二维和三维旋转数学进行了杰出的几何研究。而矩阵代数的研究则归功于四元数及其非交换乘法。有了四元数，汉密尔顿终于第一次用纯代数的计算实现了空间旋转。

首先，为了表示他想要旋转的三维矢量，凯莱只取了四元数的矢量部分。比如，在 $P = w + ix + jy + kz$ 中令 $w = 0$，这样就只剩下矢量 $p = ix + jy + kz$ 了。然后，对于执行旋转的代数"机制"，他选择了一个单位四元数 U，用它来编码所需的旋转轴和角度。这类似于图 4-4 所示的方式，单位复数 $b = \cos \alpha + i \sin \alpha$ 就是使二维复平面中的 OA 线段绕原点旋转的"机制"。同样，要在三维空间内完成旋转，需要将三维矢量 p 与四维四元数 U 相乘，这就是汉密尔顿耐心寻找四元数乘法规则的高明之处。随着其余机制到位，一些巧妙但简单的计算就能得出旋转后的矢量。关于如何围绕 i 轴旋转 p，你可以参见图 4-5 中的结果。[24]

你可能会在数学课上利用矩阵找到旋转后的矢量。正如我提到的那样，这是一种很好的方法。但事实证明，在需要组合围绕不同轴的多次旋转来定位对象或通过一系列平滑的旋转来驱动对象时，四元数比矩阵更有效，比如在卫星、飞机、机器人、手机屏幕或计算机动画

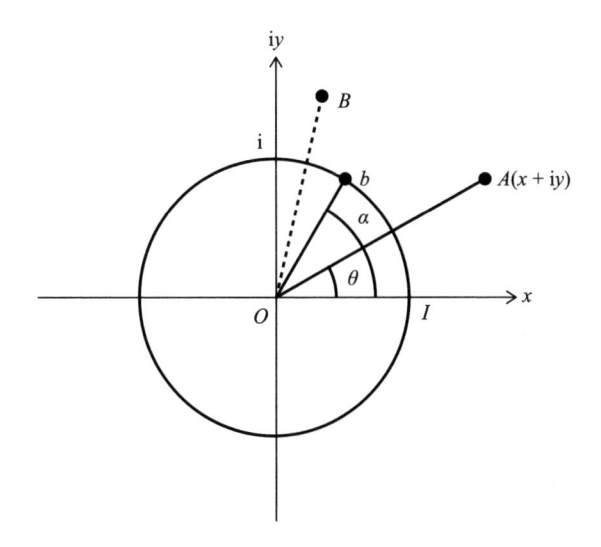

图 4-4　旋转一个复数的"机制"（参见图 3-8）。点 A 可用复数表示为：

$$x + iy = r\cos\theta + ir\sin\theta = re^{i\theta}$$

将 OA 绕原点旋转 α 度，只需乘上单位复数 $b = e^{i\alpha}$，即可得到点 B：

$$B = (e^{i\alpha})(x + iy) = (e^{i\alpha})re^{i\theta} = re^{i(\theta + \alpha)}$$

（如果你只想旋转原有矢量而不改变其长度，则这个工具就只能是单位矢量，如图 3-8 所示）

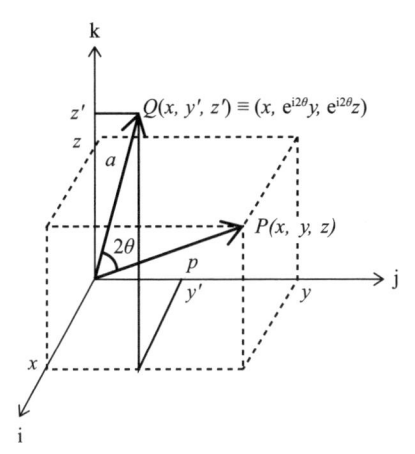

图 4-5　利用四元数完成的三维旋转。当 $p = ix + jy + kz$ 绕 i 轴旋转 2θ 度时，其新的位置矢量为 $a = xi + e^{i2\theta}(yj + zk)$。我选择的旋转角度是 2θ 而不是 θ，因为它与量子力学之间存在有趣的联系，这一点我们很快会看到

方面。四元数比矩阵更紧凑,也更高效,因为它们需要的计算或占用的算力较少。

比如,在建模、模拟、跟踪或引导飞机或航天器时,其方向(或"姿态")是通过三个相互垂直的轴测量的:沿着飞行器的方向,横跨宽度或翼展的方向,以及上下垂直的方向。原点为飞行器的重心。围绕这些轴的旋转分别被称为"滚转"、"俯仰"和"偏航",并分别通过操纵杆、油门和方向舵(大致地说)来实现。要为模拟、跟踪与电子制导系统编程,可以将围绕这三个轴的旋转表示为三个 3×3 旋转矩阵,即图4-3所给示例的三维版本。组合这些矩阵,即可给出飞行器的方向。比如,要调整偏航和俯仰角度,你需要将两个相关矩阵相乘。计数两个 3×3 矩阵相乘时的所有行乘列的步骤,你会发现其中包括27次乘法和18次加法。但如果不用矩阵和滚转、俯仰、偏航角度,而是用四元数来表示这些旋转,你会发现只需要16次乘法和12次加法。

然而,这还不是全部。与矩阵不同,四元数不存在"万向节锁"的问题,该问题在著名的阿波罗11号登月任务中造成了大麻烦。万向节是一组环,它们在运动中通常可以保持陀螺仪和其他仪器的稳定;这一组环有三个,每个围绕不同的轴旋转,但如果其中有两个围绕同一个轴旋转,便只剩下两个可以用来定位飞行器的轴了。这反映在数学上就是,相关旋转矩阵相乘后得到一个方向矩阵,其中的零太多,以致无法包含关于缺失轴的旋转数据。[25] 因此,计算机将无法追踪到第三个维度的方向。但这种状况在使用四元数时不会发生。

四元数在现实世界中得到应用只是近些年的事情。比如,1981年美国航空航天局首次常规性使用它们编程制导、导航和控制系统中的旋转。其中包括矢量、矩阵和四元数代数,它们都非常有用,不同的方法适用于不同的问题。四元数在定位和引导航天器方面特别有用,它们在模拟月球任务的轨道和跟踪美国航空航天局的火星探测器中不可或缺,它们在平滑处理计算机图像方面也非常有用,会从收集到的原始数据中生成这些图像。

* * *

除了这些技术应用之外，还有一个令人惊讶的因素使四元数旋转独树一帜。它们具有一个意想不到的性质，即与组成我们世界的基本单元——电子、质子和中子——具有相同的数学描述。即使你不想阅读与图 4-5 中旋转矢量的计算相关的文末注释，也要注意旋转矢量 a 的表达式中的 $e^{i2\theta}$ 项，因为它是通过将原始矢量 p 乘单位四元数 $U = e^{i\theta}$ 得到的。这是四元数旋转代数的一个怪异特点，它将 θ 变成了 2θ。而量子力学的类似怪异特点是，尽管你可以将一个普通的物体（如球或行星）旋转 360° 并使其回到起点，但量子数学认为，像电子这样的粒子需要"自转"720° 才能回到其初始状态。

电子并非真会像地球或板球那样围绕自己的轴旋转。根据大多数物理学家的说法，我们最好把电子想象成点，因此它们没有旋转轴。然而，它们的角动量让人们认为它们正在旋转。这种奇异的特点是科学家在几年的时间里通过巧妙地将二者结合在一起发现的，正是这种聪明的猜测和耐心的探索工作让科学研究如此激动人心。我将用一两页的篇幅追踪这一异乎寻常的发现，因为它也将带领我们更深入地了解量子力学和四元数之间的迷人联系。

探索"自旋"和四元数之间的联系

通向"自旋"的第一步，就是电子具有轨道角动量这一显而易见的事实，比如，当它不是围绕自己而是围绕原子核旋转的时候。但正如丹麦教授汉斯·奥斯特很久以前发现的那样，运动的电子会产生微小的磁场。（1820 年，奥斯特注意到一个惊人的事实：电流的爆发会使其附近磁罗盘的指针发生偏转，这给人一种电流既有电性质又有磁性质的感觉。这种装置很快就成为第一个电报系统的基石，其中"罗盘"指针指向表盘上的字母，不同的字母对应不同的电流量。）研究人员由此知道，电子可以在其他磁场的影响下发生偏转，就像磁铁吸引铁屑一样。通过这种方式偏转电子，你可以了解有关一个电子的磁场的很多性质，而这正是奥托·斯特恩和沃尔特·格拉赫于1922年在汉堡做的事情。实际上，他们当时在用一束蒸发的银原子做实验，因为电子偏转得太多而不适合这种装置。结果发现，银原子有一个未配对的电子，能够与磁场相互作用。

斯特恩曾在10年前成为爱因斯坦的第一位博士后学生，但现在，他和格拉赫的实验在资金方面遇到了困难。德国局势在第一次世界大战后的20世纪20年代初仍然不稳定，他们的设备也不断出故障。最后，经过一年的苦苦挣扎，两人认为他们在摄影屏幕上捕捉到了足够好的偏转银原子束图像。但他们并没有得到普通物理学所期望的结果，普通物理学认为蒸发原子的角动量空间取向是随机分布的，因为这种取向会在加热过程中出现随机波动。事实上，他们起初根本没有得到显著的结果。然而，就在他们失望地盯着感光板时，两条黑线逐渐显现，就像某种魔法"隐形墨水"一样。显然，斯特恩的廉价雪茄中的硫含量很高，当他检查感光板时，他呼气中的硫与感光板上看不见的银原子混合，产生了黑色的硫化银！这两条黑线表明，银原子的角动量分量只有两种可能的值。换言之，角动量的空间取向是量子化的。

他们对实验结果给出了一组离散而非连续的值并不意外，因为尼尔斯·玻尔的早期原子模型就是量子化的。然而，随着量子力学的发展，玻尔模型的局限性变得越发明显，导致人们无法清楚地认识到斯特恩和格拉赫究竟发现了什么。

两位年轻的荷兰物理学家乔治·乌伦贝克和塞缪尔·戈德斯密特认为，斯特恩和格拉赫测量的可能不是轨道角动量而是自旋角动量，就像产生磁场的电子围绕着自身旋转一样。每个氢原子都只有一个电子，他们是在研究了氢原子光谱中的一些异常情况后提出这一想法的。[26] 通过用磁场操纵电子的能级，乌伦贝克和戈德斯密特计算得出，如果电子的角动量只取两个可能的独立值（这正是斯特恩和格拉赫的发现），则由此产生的光谱线将符合这一自旋假设。[27]

亨德里克·洛伦兹是传奇的荷兰物理学家，他稍后将在与相对论有关的故事中登场。当乌伦贝克向洛伦兹提到这个奇怪的想法时，洛伦兹证实了他的担忧，并指出如果产生这种动量的电子真的在自旋，则其必须以极高的速度自旋。所以，电子并非像板球那样真的在自旋，它只是看上去像在自旋。这听起来太奇怪了，乌伦贝克为此绝望地去拜访了他和戈德斯密特的导师保罗·埃伦费斯特，因为他们俩向他提交了一篇关于这种假设的论文。埃伦费斯特迫不及待地将这篇文章发表了，并告诉惊慌失措的乌伦贝克："嗯，你们的想法很好，但有可能是错误的。不过，你并非名声显赫的人物，所以不会有什么损失。"这对年轻的乌伦贝克来说可算不上什么安慰。[28]

古怪的英国物理学家保罗·狄拉克用相对论量子力学成功地描述了电子的行为，一切终于豁然开朗。他发现，要使电子的波动方程符合相对论，就必须将给出乌伦贝克和戈德斯密特发现的电子自旋角动量值的量包括在内。德国物理学家沃尔夫冈·泡利在自旋的非相对论数学研究上取得了非凡进展，并引入了现在被称为泡利矩阵的三个量，狄拉克在他的公式中也采用了它们。正如泡利明确指出的那样，这三个矩阵有助于描述围绕三个空间轴的自旋角动量分量，它们彼此间的关系完全等同于汉密尔顿的单位四元数 i、j、k：如果将其中任意两个相乘，你会得到或正或负的第三个。这与汉密尔顿 85 年前在布鲁姆桥上刻下的乘法运算规则完全相同！[29]

更重要的是，在数学中，如果你想旋转量子粒子的自旋轴，则其旋转方程与四元数的旋转方程类似。这就是电子以及其他物质基本单元具有的奇异性，即它们要自旋 720° 才能回到原点。[30]

正如我强调的那样，亚原子粒子其实并不像板球那样旋转；相反，它们的自旋与磁场相协调。所以，你可以慢慢地旋转磁场，从而旋转自旋轴（如果不是粒子本身）。这正是实验物理学家在半个世纪后做到的事。1975年，两位澳大利亚物理学家托尼·克莱因和杰夫·奥帕特做了一个实验，证明这种奇异的旋转行为是真实存在的，而不仅仅是数学上的构造。他们的实验与著名的托马斯·杨双缝实验有一些联系，双缝实验表明两束光的干涉模式具有波的性质，而不是粒子的性质。克莱因和奥帕特将一束中子（作为物质波）衍射后分成两部分，其中一部分在与外部磁场相互作用后自旋轴发生了旋转，而另一部分保持不变。这两束光的干涉模式表明，自旋必须在旋转两周后才能回到初始状态。这刚好符合数学上的预言！[31]

这是一个惊人的结果，但在克莱因和奥帕特发表他们的实验结果之前，另外两个团队也证实了这个奇怪的数学预言。[32]无论自旋是什么，它都是真实存在的，而且其行为的怪异性与汉密尔顿最终成功地在三维空间内实现了矢量旋转时发现的旋转数学的怪异性相同。

如今，自旋是日常生活中一项至关重要的应用，比如在用于医疗诊断的MRI中。MRI利用磁场使我们体内大量存在的氢原子（我们体内含有大量水分和脂肪，所以氢原子无所不在）自旋谐振，以此获取患者内脏器官的三维图像，而无须借助侵入性诊断手术或辐射。这些自旋随后通过无线电波偏转，不同序列的无线电脉冲突出身体的不同部分；当无线电源关闭、自旋返回其平衡状态时捕获图像，并在这一过程中释放出电磁能量。

* * *

如果汉密尔顿知道四元数与奇异的电子自旋性质有关，他一定会欣喜若狂。如果他能看到宇宙的宏大图像在四元数的帮助下被传回地球，他那富有诗意的灵魂必然会为所有的奇迹、宏伟和神秘而激荡，而这些正是他试图在他最喜欢的诗篇《月全食颂》中捕捉的神秘力量。这首诗创作于他即将年满18岁时，并一直保留到他去世的那一天。他在诗中就月食期间蔓延到月亮女神"可爱额头"上的"猩红色"向她提问，想知道这"不祥的黑暗"是否由另一世界的过路云层引起，抑或是来自巫师的魔法咒语，或是由我们地球的"阴影锥"所致。这种诗意的想象力与科学的结合，是汉密尔顿的典型风格。他会很高兴地知道，他的四元数（以及作为现在量子力学根基的汉密尔顿动力学）帮助人们揭示出宇宙最神奇的奥秘。[33]

但是，当汉密尔顿第一次发现四元数时，他只瞥见了它们更广泛的可能性。他从一开始便本能地感觉到，四元数将在物理应用中扮演至关重要的角色。尽管穷其一生，四元数并未完全达到他的期望，未能像今天这样因为与美国航空航天局和量子力学的联系而风光无限，但他仍然享有自己的那份荣耀。1848年，他因发现四元数而获得了爱尔兰皇家科学院和英国爱丁堡皇家学会的奖章。

他夜以继日地思考着复数，将其扩展到三维空间，并发明了四元数。这提醒我们，即使今天我们视为理所当然的最简单事物，也需要进行深入思考才能理解。同样，德摩根和皮科克对符号代数的工作也是如此。他们揭示了人们一直以来使用的代数法则，却从未意识到它们的适用对象不仅仅是数字。今天，数学哲学家侧重于讨论诸如数字与符号、语言和意义之间的关系等问题，教育政策制定者和资助机构则重点关注数学的应用。因此，需要再次强调的一点是，尽管汉密尔顿本人并不知道，但事实终将证明他的四元数在驾驶机器人和宇宙飞船等高科技领域中会有多大的用途。他也没有预见到，矢量将在物理学、工程和信息技术中扮演不可或缺的角色，因为几乎在任何需要指定物体空间位置或存储与处理数据的地方都有矢量的身影。这表明，尽管现代数学的古老根源在于试图解决美索不达米亚人面临的实际问题，且解决实际问题的需求仍然是产生新数学洞见的关键驱动力，但有时正是为了研究数学本身，才有了解决未来技术和物理问题的方案。

事实上，在汉密尔顿向他的朋友约翰·格雷夫斯介绍四元数的几个月后，格雷夫斯发明了"八元数"，不是四维而是八维的复数，由一对四元数构成。这在当时只代表了一种好奇心，是为了证明代数世界中还有比数字和四元数更复杂的东西；而时至今天，人们正在研究八元数，目的是探索它与标准粒子物理模型之间可能存在的联系。在这种模型中，物理现实中的基本单元可按照相似的性质进行分类。物质由不同类型的夸克和轻子组成，轻子指带电荷的粒子，比如电子。此外，还包括力的载体，比如携带电磁力的光子，以及携带质量的希格斯玻色子。

至于八元数在这个背景下有没有用，目前仍然没有定论。但就像汉密尔顿的非交换乘法衍生出的应用一样，一旦一个想法出现，你根本不知道它可能激发出什么。[34] 乔治·布尔是另一个例子，他的代数逻辑系统是以皮科克和德摩根的符号代数及汉密尔顿的四元数为基础发展而来的。但布尔因淋雨感冒而英年早逝，未能了解该系统以后的发展情况。他用 0 和 1 表示真陈述和假陈述的系统，最终驱动了计算机和其他电子设备的诞生。

19 世纪 40 年代，矢量分析还处在发展初期，这一学科不仅有助于拓宽我们的技术应用，也有助于我们对数学和宇宙的理解。在后面的几章中，我们将遇到新一代的数学家和数学物理学家，他们发展了汉密尔顿的矢量和四元数，带领我们进入其他奇妙的现实领域。

我们首先会看到，新想法总是需要时间来证明它们的价值。我们将遇到一个不同凡响的局外人，他发明了一个强大的矢量系统。他的动机与汉密尔顿不同，他对旋转和复数不感兴趣。但我们最终会看到，这两种方法都能帮助数学家发展复杂的矢量与张量分析，它们在今天依旧很重要。

第5章

一个出人意料的新玩家和漫长的接纳

我们已经知道汉密尔顿的四元数何等有用，但当时它们获得认可的过程十分艰难。1847年，汉密尔顿幽默地向他的朋友罗伯特·格雷夫斯描述了他在英国科学促进会会议上提交有关该主题的论文后引发的讨论。顺便一提，正是在1833年的科学促进会会议上，人们首次使用了"科学家"这一名称，目的是将科学和数学研究者与艺术家置于同等的专业地位。这个想法是威廉·惠威尔提出的，他还在1840年创造了"物理学家"这个名称。汉密尔顿在1847年告诉格雷夫斯，尽管皮科克博士认为他"出色地阐释"了四元数系统，但另一位听众想知道"使用我的新微积分时犯错的可能性有多大。我回答说，我们不应该对人们犯错误的能力设限"。[1]

汉密尔顿继续说，在几次这类"温和的小冲突"之后，博学家约翰·赫歇尔爵士对四元数表示了热烈的支持，但皇家天文学家乔治·艾里认为这太过分了。艾里曾声称汉密尔顿对锥形折射的数学预言"可能是有史以来最了不起的预言"，但他对四元数代数的看法并不乐观。汉密尔顿告诉格雷夫斯，在赫歇尔发言后，艾里站起来"谈论他对（四元数）的了解，并承认自己对它其实一无所知；但他让我们明白了，他不知道的东西也不值得他知道"。汉密尔顿讽刺地补充说，艾里似乎认定，对他来说任何晦涩或似是而非的东西必定都是错误的。[2]

如果像汉密尔顿这样有科学地位的人都难以让人们接受他的系统，试想对一个自学成才、生活在偏远乡村的独居者来说，得到认可会有多么困难。总会有人感觉到矢量的气息，这样的人也确实存在，比如德国的一位中学教师赫尔曼·格拉斯曼。科学史上经常出现令人惊讶的情况，即多人同时且独立发现同一现象，而格拉斯曼恰好与汉密尔顿在同一时间发现了类似的系统。还有几个人也在向这个想法靠拢，尤其是以"默比乌斯带"闻名的德国人奥古斯特·默比乌斯，还有意大利人朱斯托·贝拉维蒂斯。但最终成功的只有汉密尔顿和格拉斯曼，虽然他们彼此并不认识。

格拉斯曼比汉密尔顿小4岁，他是波美拉尼亚神学家尤斯图斯·格拉斯曼的儿子，在斯德丁（位于今波兰，更名为什切青）当地的高中教授数学和科学。赫尔曼和他的11个兄弟姐妹都出生在什切青，与神童汉密尔顿不同的是，赫尔曼在学校里没有表现出任何数学天赋。尤斯图斯认为他的儿子以后可能会成为一名园丁或工匠。然而，赫尔曼后来考入柏林大学，并在那里学习语言学和神学。不管他的父亲怎么想，他本人并不想做园丁。实际上，他决心成为一位像尤斯图斯那样的老师。于是，他大学毕业回家后便开始自学数学和科学。他的父亲写过几本数学教科书，显然这些书的效果很好，因为赫尔曼不久后就通过了国家教师资格考试。[3]

在柏林教书一年后，他回到家乡教授高中数学、科学、语言和神学。与自学数学并当了多年学校教师的乔治·布尔不同，赫尔曼·格拉斯曼从未获得过同行的认可，否则他可能会获得大学教职。这当然不是因为他没有才华：格拉斯曼虽然在学校里没有表现出数学天赋，但他是一位极富原创性的数学家。这也不是因为缺乏尝试，他相当有抱负，并且付出了很大的努力，尝试获得职业晋升。

他决定通过深入研究潮汐来证明自己，在这个过程中，他像牛顿一样意识到，在空间内发生作用的物理现象具有矢量性，但他们都没有使用这个术语。牛顿只使用了平行四边形法则及力与速度既有大小又有方向的概念，而格拉斯曼则像汉密尔顿一样，致力于发现矢量代数的数学基础。当将这种代数应用于潮汐理论时，他"惊讶于用这种方法进行的计算竟然如此简单"。[4]

1840 年，他将关于潮汐理论的 200 页论文提交给柏林考试委员会，由他们决定是否给予他晋升机会。很不幸但或许并不令人惊讶的是，考官未能理解该理论的革命性的数学基础。格拉斯曼一定有非凡的自我信念，才能在孤独中坚持工作，哪怕无人认可他的成就。他坚信他的新方法具有简化计算的力量，尽管他的潮汐论文被拒绝，也无法得到晋升机会，但他并没有被吓倒，而是在 1844 年出版了一部有关他的新方法的不朽论著，书名为《线性扩张论》。

惊人的《线性扩张论》

汉密尔顿用的是"vector"（矢量）这个单词，而格拉斯曼用的是德语单词"*strecke*"，可译为"距离、路线、线或扩展"，因为他的基本几何对象确实是"线"，但人们可以"伸展"或"扩展"这些线来形成平面，就像点可以扩展成线一样。这听起来似乎没那么震撼人心，但与汉密尔顿寻找四元数和三维旋转代数时一样，格拉斯曼构建几何线及其扩展的代数的方式既激进又巧妙。汉密尔顿发现四元数和矢量的乘法并不总是交换的，格拉斯曼也声称他

> 最初对一个奇怪的结果感到困惑：尽管其他普通乘法法则（包括乘法与加法的关系）都成立，但只能在同时改变符号的情况下交换因子（将 + 变为 −，− 变为 +）。[5]

这是一种委婉的说法，表明他的几何"线"的乘法并不交换。格拉斯曼谈到的将 + 变为 −，其实是说矢量积是反交换的。这与叉乘的右手

定则相符（见图 4-2）：如果你从 p 向 q 弯曲手指，则拇指向上；但如果你从 q 向 p 弯曲手指，则拇指向下，这意味着 $p \times q = -q \times p$。

我前面说过，青年汉密尔顿研究了拉普拉斯的《天体力学论》，并发现了该书在平行四边形法则的逻辑上存在错误。他之所以能够发现四元数，就是因为他对他的朋友德摩根关于符号代数的工作及沃伦关于复数几何的论文感兴趣。格拉斯曼也知道平行四边形法则，但他是通过一条截然不同的途径得到他的"扩张"理论的。

从意法数学家约瑟夫-路易·拉格朗日的教科书中，格拉斯曼认识到代数和微积分在物理中的威力。这部名为《分析力学》的著作是在 1788 年法国大革命前夕出版的，在拉普拉斯的《天体力学论》出版 10 年之后。拉格朗日和拉普拉斯对政治不太感兴趣，并设法在革命年代保持中立。1790 年，法国科学院成立了一个计量委员会，拉普拉斯和拉格朗日都是其中的成员，但在 1793 年的恐怖统治开始后，狂热的新政府关闭了科学院。他们尽力维系着计量委员会的运作，并将他们认为可疑的成员（包括外国人）排除在外。[6] 正是由于这个委员会，公制系统才得以诞生。

拉普拉斯更新了牛顿关于行星运动的理论（格拉斯曼曾利用拉普拉斯的理论来研究他的潮汐理论），而拉格朗日在他的《分析力学》中扩展了牛顿关于一般运动的概念。如我提过的那样，约翰·伯努利、埃米莉·杜·夏特莱和莱昂哈德·欧拉将牛顿的理论翻译成莱布尼茨的微积分语言，但拉格朗日扩展了微分方程的理论，使它们最终成为力学的语言，即我们今天所使用的运动和力的语言。拉格朗日是他父母生育的 11 个孩子中唯一活到成年的，他也确实为父母争了光。[7]

在《线性扩张论》的前言中，格拉斯曼承认他因《分析力学》而获益匪浅；但他也指出，在运用自己的新系统时，"得出结果所需的时间往往不到拉格朗日工作的 1/10"。他的意思是，如果你使用四元数进行复合旋转，你的表达同样能省时省力。然而，格拉斯曼对矢量的探索并不是从拉格朗日开始的，而是从他父亲的教科书开始的，拥有这样一位父亲，是他多年的研究生涯中少有的幸事之一。

正如他在《线性扩张论》的前言中指出的那样，他的父亲将矩形定义为长和宽的"几何乘积"。这本身就是一个新颖的观点——你竟然可以通过将两个几何量本身相乘创造出新的几何对象。在这种情况下，令两条线"相乘"，就得到了一个矩形。相比之下，传统的乘积是将代表长和宽的数字相乘从而得到另一个数字，古人将这个数字定义为矩形的面积。但是，赫尔曼将他父亲的想法带入了真正的矢量领域。他指出，如果你"不仅将边视为长度，而且将之作为有方向的量"，你就能以这种方式处理一切平行四边形。当然，"有方向的量"正是汉密尔顿所说的"矢量"。

你可能还记得，学校里矢量积 $\boldsymbol{a} \times \boldsymbol{b}$ 大小的几何定义是 $|\boldsymbol{a}||\boldsymbol{b}|\sin\theta$，其中 $|\boldsymbol{a}|$ 和 $|\boldsymbol{b}|$ 分别表示矢量 $\boldsymbol{a}$ 和 $\boldsymbol{b}$ 的大小。对于一个矩形，$\theta = 90°$，所以 $\sin\theta = 1$，这样你又回到了传统的规则，即通过边长的乘积来计算面积。换言之，$\sin\theta$ 在矩形中的作用是隐形的，但在其他平行四边形中不是。

格拉斯曼将这种几何乘法称为"外积"。在三维时，它的解释与汉密尔顿（以及现代）的矢量积略有不同，但在计算上是相同的。[8] 格拉斯曼还给出了"标量积"的定义，但他称之为"内积"。他对内积的定义与你可能学过的标量积的几何定义完全相同，$\boldsymbol{a} \cdot \boldsymbol{b} = |\boldsymbol{a}||\boldsymbol{b}|\cos\theta$，但他没有使用这种现代的矢量符号。

虽然我们今天在矢量分析中使用汉密尔顿的"矢量"和"标量"等术语，但我们将在后文中看到，格拉斯曼的"内积"和"外积"最终也会在现代拥有一席之地，分别作为 n 维矢量和张量积的名称。汉密尔顿曾告诉德摩根，他认为没有理由找不到形如 $(a_1, a_2, \cdots, a_n)$ 的"多元组"的代数，而他仍然在四元数上停滞不前，其中 $n = 4$（当关注矢量部分时，$n = 3$）。格拉斯曼的方法也聚焦于三维，但他以一种抽象的方式表达，很容易推广至其他维数。事实上，他用它开创了新的 n 维线性代数理论。

除了外积的交换律，格拉斯曼的代数符合所有常见的法则。像汉密尔顿一样，他知道确立新代数系统的规则很重要。但他的代数系统走得比汉密尔顿更远，其中不仅包含矢量，还包含了张量代数的萌芽。然而，我们必须在这里承认，自学成才的格拉斯曼的数学风格相当不容易理解。

汉密尔顿于 1853 年出版了长达 800 页的扩展版《四元数讲义》，但其中的内容也不太清晰。首先，他和格拉斯曼都试图阐述他们的同行可能难以消化的全新理念，比如矢量分析、线性代数等基础知识：汉密尔顿说的是三维复数和旋转，格拉斯曼说的则是 n 维矢量空间和张量代数原型。他们也开始发展矢量微积分（下一章将详细讨论），但他们工作的独创性太强，这意味着他们必须发明新词来描述他们正在做的事情，于是就有了几十个意义不太清楚且最终被弃用的新词，而只有几个词最终流传开来（如"矢量""标量""内积""外积"）。原因在于，汉密尔顿的时间哲学和格拉斯曼对数学基本概念的哲学阐释都有过度哲学化的倾向。

汉密尔顿的处境相对宽松，因为他已经享有数学天才的声誉；相比之下，格拉斯曼只是一位名不见经传的乡村学校教师，而他居然在这种境况下为《线性扩张论》找到了出版商。正如汉密尔顿在不久后对他的一位朋友说的那样，即便是他，也在出版《四元数讲义》时遭遇了麻烦。

> 需要有多年积累的科学声誉作为资本，否则，冒险出版一部表面上革命气息浓郁但本质上相当保守的作品面临的风险极大。这也让我明白了，即使那些看上去诚恳友好的人，也会在暗地里甚至在公开场合批评或嘲笑我，因为在他们看来，我的创新如同妖魔。但这是我必须经历的考验，也是人生斗争的插曲。[9]

他一定对《四元数讲义》的读者接受程度感到失望。约翰·赫歇尔在 1847 年听完汉密尔顿有关其新发现的讲座后兴奋不已，他连夜给汉密尔顿写信，说《四元数讲义》"需要读者花费至少一年的时间去阅读，但几乎要花一生的时间去消化"。6年后，当再次阅读这本书时，他觉得理解起来稍微容易了点儿，但读了3章后还是放弃了，因为对其中令人分心的怪异哲学阐释感到绝望。他建议汉密尔顿更清楚地解释他的数学算法和术语，这样读者才有可能"理解你的形而上学的诠释"。[10]

读者对格拉斯曼的哲学与数学观点的奇怪交织的准备更加不足，因为他的数学靠自学成才，这让他无法流利地使用数学家惯用的数学语言。格拉斯曼生活在互联网时代之前，哪怕他确实听说有一篇他需要去了解的最新论文，他也必须前往柏林的某家学术图书馆才能读到。即使到了今天，从什切青到柏林的最快火车单程也需要花费近两个小时。所以，当时的数学进步往往发生在能培养彼此密切联系的学者团体的国家和机构中。

《线性扩张论》于1844年刚一出版，格拉斯曼就给受人尊崇的高斯寄去了一本，高斯是当时德国首屈一指的数学家，也是当时世界上最优秀的数学家之一。高斯在回信中相当不以为然地说，他已经就同样的想法研究了半个世纪，并在1831年发表了一些成果。我曾提及他具有开创性的复数的几何表示法，但格拉斯曼和汉密尔顿取得新发现时都对此一无所知。正如我们将在第10章看到的那样，高斯还开创了"微分几何"这个数学分支。格拉斯曼有关"内积"和"外积"的工作也有助于这一分支，但在1844年，高斯认为格拉斯曼那一堆晦涩术语里似乎没什么新东西。高斯回复说他非常忙，而熟悉格拉斯曼的"特殊"术语需要一定的时间。但显然，他从未花时间去熟悉它们。

格拉斯曼没有就此气馁，而是前往莱比锡拜访高斯曾经的学生默比乌斯，后者曾发表过一些早期的矢量想法。这又一次让我们认识到19世纪中叶的技术状况，因为那时没有电话或电子邮件，人们无法坐在家中相互通信。虽然格拉斯曼不得不为此长途跋涉，但也收获了与他人面对面接触的好处。据默比乌斯后来回忆，这是一次志趣相投的数学家之间的友好会面。格拉斯曼随后写了一封信，谦逊地问他的新朋友能否为《线性扩张论》作评，因为默比乌斯一定能很好地评判作品的弱点，以及"书中可能包含的任何优点"。[11]

等待回复的过程令人十分焦急。实际上，可怜的格拉斯曼为此等了4个月，因为默比乌斯实在无法理解这样一本新颖而古怪的书。他在回信中说，他曾多次尝试阅读《线性扩张论》，但每次都被其中的哲学阐释难倒。尽管如此，正如默比乌斯对他的同事恩斯特·阿佩尔特说的那样，在"强迫"自己读下去后，他觉得格拉斯曼对几何加法和乘法基本想法的系统展示（即我们今天所知的矢量代数），可能对数学的发展有些许好处。所以，他在回信中告诉格拉斯曼，他请了一位熟悉哲学的数学家来帮忙评价它。但以防万一，他建议格拉斯曼最好自己写一篇评论。[12]

默比乌斯的哲学家同事没有做出评价，格拉斯曼本人也没有胆量发表评论。相反，他将书寄给了《数学与物理档案》的编辑约翰·格鲁内特。同样，格鲁内特也认为它太难读了，但他好心地建议格拉斯曼自己写一份总评。格拉斯曼照做了，但这篇总评与原书一样难懂。不过，至少他努力地向他的主流数学家同事介绍了自己的作品，这也是有关《线性扩张论》的唯一评论。阿佩尔特告诉默比乌斯，这本书太古怪了，既抽象又反直觉，而阿佩尔特只读了格拉斯曼的那篇评论，他当然不会去读这本书。在默比乌斯的推荐下，海因里希·巴尔策拿起了这本书，但每当他尝试进入格拉斯曼的思维过程中时，他就感到"头晕目眩，眼前只剩下一片天蓝色"。默比乌斯回答说，他太知晓这种感觉了！[13]

事情就这样胶着，但格拉斯曼是个斗士。像汉密尔顿一样，他确信他的方法会使物理和几何中的许多计算变得更简单。1845年，他发表了一篇关于电动力学（解释运动电荷和变化的电磁场的力学）的论文，其中用到了他提出的"外积"。电磁学是一个令人兴奋的新话题，数学家试图理解越来越多的实验结果。当时距离汉斯·奥斯特发现电磁现象已经过去了25个年头，但詹姆斯·克拉克·麦克斯韦的电磁场理论的出现还要再等20年，而麦克斯韦的理论将成为矢量故事中的一个转折点。与此同时，格拉斯曼意识到他的新系统可以更好地描述法国电磁学先驱安德烈-马里·安培在 1826 年发表的一个实验结果。这项工作涉及简单电路引起的磁力的强度和方向；你从中可以看到，为什么矢量或格拉斯曼的"有向线"是一种理想的表述。但对于这种电磁现象中某些无法测试的部分，格拉斯曼根据发展的实验结果推导出的公式给出了与安培略有不同的结果。细节在这里并不重要，我们只需要知道：第一，安培与格拉斯曼分别给出了两个公式，至于其中哪个更好地拟合了实验，时至今日仍有争议；第二，格拉斯曼的矢量方法与麦克斯韦的理论更适配，相关内容我稍后会介绍。因此，在 19 世纪 70 年代麦克斯韦的理论大获成功之后，格拉斯曼的版本终于得到了承认。[14]

幸运的是，尽管他的数学语言和创新结果有些粗糙，但这位有才华的年轻局外人确实得到了默比乌斯等人的支持，后者初步的矢量工作对于射影几何和不变量研究很重要。默比乌斯还用他那非凡的"默比乌斯带"预示了拓扑领域的诞生。默比乌斯带是一条两端接在一起的扭曲纸带，只有一个面，你沿着表面画一条线即可回到原点。大约同一时间，高斯曾经的学生约翰·利斯廷也发现了这一现象。利斯廷创造了"拓扑"一词，今天它研究的是一般的不变性质，比如曲面的边数或一个物体上有几个洞。举例来说，一个甜甜圈和一个茶杯各有一个洞，如果它们都是用橡皮泥或面团做的，你可以将一个变成另一个，而不需要切割或黏合。换言之，拓扑关注的不是甜甜圈或茶杯的具体形状，而是在这种连续的"橡皮泥"般形变下保持不变的性质，所以它在描述曲面和时空时很有用。至于默比乌斯，尽管他本人也读不懂格拉斯曼的书，但他显然从中看到了一些特别的东西，因为他在 1845 年年初写信给格拉斯曼，告诉后者一个学术论文竞赛的消息，而且论文主题正好适合格拉斯曼。而这份来自同行的善意正是这位孤独的乡村教师需要的。

我曾在第 3 章中提及牛顿在用大小和方向表达物理量方面的开创性贡献，但牛顿的死对头莱布尼茨也在这个故事中扮演了一定的角色，这与符号的力量有关。莱布尼茨说："值得指出的是，符号有助于发现新事物，它以一种非常奇妙的方式缓解了心智劳动。"我们在微积分中见证了这一点。莱布尼茨的微分符号dy/dx在计算和概念理解方面强于牛顿的$\dot{y}$，约翰·沃利斯在托马斯·哈里奥特全面使用符号的代数中也看到了这一点。莱布尼茨也希望为几何提供一种类似的节省心智劳动的语言。[15]

他在1679年写给荷兰物理学家、光波理论等领域的先驱克里斯蒂安·惠更斯的一封信中表达了这个想法。莱布尼茨向惠更斯提出，我们需要一种新形式的代数，一种"明显几何的或线性的，并且能直接表达情况的代数，就像（普通）代数能直接表达大小一样"。（这里的"情况"是指空间内的相对位置。）笛卡儿率先用坐标来描述这些位置，但莱布尼茨想寻找一种更清晰的几何方法。事后来看，我们可能会将其想象成一种独立于坐标的矢量箭头，或者是格拉斯曼的有向线。莱布尼茨本人未能找到这样的系统，他给惠更斯的信直到1833年才发表，而那时默比乌斯和贝拉维蒂斯已经在矢量之路上迈出了试探性的脚步。1845年的论文竞赛旨在鼓励数学家更全面地回应莱布尼茨的建议，奖项定在1846年颁发，以纪念莱布尼茨的200周年诞辰。只是这项挑战实在太艰巨了，格拉斯曼是唯一的参赛者。这是他在出版《线性扩张论》后遇见的第一件幸事：他的获奖论文于1847年发表，并附有默比乌斯撰写的附录，后者的名声和人脉让其他数学家更有可能注意到格拉斯曼。

这篇论文的阅读难度未见得比《线性扩张论》小多少，但它确实有助于让格拉斯曼的书被数学界的更多人看到。汉密尔顿在1850年前后终于听说了这部著作，由于它以难读著称，他认为自己可能需要学会吸烟才能读完它！然而，汉密尔顿在1852年秋天开始阅读后，对德摩根说这是"一部原创性极强的作品"，"如果德国人把我当回事的话，他们可能会将它和我的（作品）相提并论，可惜我在自己的观点形成并发表很久之后才看到这本书"。3个月后他告诉德摩根，他仍在"怀着极大的钦佩和兴趣"阅读格拉斯曼的著作，尽管有些时候他发现阅读德语很困难。他对格拉斯曼"以最显著与完美的独立性"找到了与他的四元数如此相似的系统感到十分惊讶。[16]

两天后，他的热情略有减退，但他再次在信中告诉德摩根，他认为格拉斯曼是"一个伟大且极具日耳曼人特点的天才"。不过，他在理解格拉斯曼不同种类的乘法（比我们在矢量-张量代数中学习的两种乘法多得多）时遇到了困难。"我认为我理解了他的外积，这对一个还没学会吸烟的人来说很了不起。甚至是他的内积……我也能很好地接受，（因为它们）与我的四元数的'标量部分'有很多类似之处，他的'外积'则与我的'矢量部分'类似。"（正如我提到的，汉密尔顿四元数乘积的"标量部分和矢量部分"对应于我们所学矢量的"标量积和矢量积"。）[17]

德摩根对汉密尔顿阅读《线性扩张论》的进展颇感兴趣，一周后他又收到了汉密尔顿的一封信。汉密尔顿说，当他和女儿一起阅读时，女儿"对哲学家的愚蠢感到好笑"。汉密尔顿还注意到，尽管他本人是从约翰·沃伦那里得到添加"线"的想法的，但格拉斯曼似乎是独立想出来的。汉密尔顿继续说，格拉斯曼用了139页的冗长篇幅，最后才说到了重点，即关于有向线（也就是矢量）的代数。汉密尔顿说，他很早就构思出了这一点，并以此为起点构建了他1848年关于新体系的公开报告。他可能认为，这样他就不需要听众拥有"铁打的鸵鸟胃"来消化这些新的数学了。然而，这些演讲内容出版后也很难读懂，因为汉密尔顿非常小心地解释他的新代数中的每一个基本步骤，结果和格拉斯曼一样用了太多奇怪的术语，其中包括他自创的新词。但他的写作风格确实偏口语化，还用实际例子来说明他的矢量代数，尤其是他作为爱尔兰皇家天文学家的工作。[18]

在听说格拉斯曼之前，汉密尔顿就已经着手将这些演讲内容扩展成一本书了，即他在与德摩根进行的一系列通信之后不久出版的《四元数讲义》。汉密尔顿用希腊字母来区分矢量和通常由拉丁字母表示的数字，在前言部分的第62页，当他指出"普通代数"（其中 $ab = ba$）与他提出的新的非交换矢量代数（其中 $\alpha\beta = -\beta\alpha$）之间的区别时，汉密尔顿承认，格拉斯曼在一项极富原创性的杰出工作中，独立提出了"用于倾斜（或有向）线的各类非交换乘法"。但汉密尔顿明确表示，他本人的工作独立于"深奥的哲学家"格拉斯曼的工作，并指出格拉斯曼未能将二维复平面扩展到整个空间。

这是两项发现之间的核心差异。汉密尔顿的四元数主要是为了代数地处理诸如旋转之类的三维几何运算。而且正如我提到的那样，它们获得了非凡的应用。格拉斯曼的系统更抽象，这导致它在三维物理的直接应用方面不如矢量和四元数，但在后来的推广方面更有用，并最终带来了现代张量分析。

而当时，不论是汉密尔顿还是格拉斯曼都没有预见到这些。即使在19世纪50年代和60年代初，汉密尔顿将复数表示为实数的有序对的想法也没有引起关注，更不用说他的四元数了。格拉斯曼的想法更是无人问津。然而，他和汉密尔顿都从未放弃。我在前文中提到，汉密尔顿曾在1859年十分欣喜地给他的一位新同事彼得·格思里·泰特写信，其中谈到了他们在将四元数应用于物理学方面取得的进展。他说："还有什么能比这更简单和更令人满意的吗？你不觉得，我们正在走上一条正确的道路，而且将来会被人们感谢吗？不要介意那会在什么时候……"格拉斯曼也有类似的感悟，他在1862年重版了《线性扩张论》，增加了数学化语言，减少了哲学化阐释，还补充了一些新资料。他在前言的结尾处写道："为了获得这本书中的科学发现，我付出了很多艰苦的努力，它占据了我人生中的很大一部分。但我完全相信，我的努力不会白费。"他希望自己不要显得过于傲慢，但他也希望自己的想法最终会结出硕果，不管它们可能会沉寂多久。

它们确实沉默了许久，因为与第一版相比，第二版《线性扩张论》也没有引起多少关注。

创意十足的发酵

在艺术、音乐和文学领域，新的形式和风格往往都需要一段时间才能流行起来，而数学的创造力与其他形式的创造力并无不同。行之有效的东西会逐渐被接受，尤其当一系列新的艺术家和艺术形式开始融合或交叉传播时。实际上，当汉密尔顿和格拉斯曼在探索利用代数运算和符号来处理几何时，几何领域正在发生另一场数学革命。

欧几里得几何可谓严谨而优雅，它统治几何领域长达两千余年。问题是，它是一种关于日常"平坦"空间的科学，比如书页、石板、桌面、沙地，以及任何可供欧几里得画出永不相交的平行线和内角和为180°的三角形的曲面。在像球体或地球仪这样的曲面上，两条平行线确实会相交。试看赤道上两条邻近的经线，它们一开始是平行的，但越往北它们就越靠近，直到在北极相交。因此，当汉密尔顿和格拉斯曼发现了弃用乘法交换律后仍能保持一致的代数时，其他数学家正在通过放弃欧几里得的平行公设来发展新的非欧几何。

其中的排头兵是德国的高斯、匈牙利的亚诺什·博伊和俄国的尼古拉·洛巴切夫斯基，他们的发现将深刻影响张量的故事，其中包括赫赫有名的爱因斯坦弯曲时空学说。与此同时，当非欧几何于19世纪60年代跻身主流时，人们对非交换代数以及汉密尔顿处理复数的代数方式也更加感兴趣了，因为后者将复数视为有序的实数对，让它们脱离了阿甘平面上的欧几里得几何表示。

又过了60年，数学家才发明了张量分析，并开始重新审视《线性扩张论》，从其非常抽象的特质中识别出新的张量工具。但对格拉斯曼来说，这段等待的时间实在太长了。到了19世纪六七十年代，他基本上离开了数学领域，因为他写的几篇论文都没有达到他早期的标准，他的热情已不在。他转而将自己充沛的精神能量投入撰写教科书和与他的教学工作有关的论文中，涉及科目包括德语、拉丁语、数学、音乐、宗教和植物学。像汉密尔顿一样，他也学习了梵文，在19世纪70年代翻译了一部长达1 123页的《梨俱吠陀》。这项艰苦的工作使他当之无愧地获得了美国东方学会的会员资格，图宾根大学于1876年还授予了他荣誉博士学位。他编写数学和物理学教科书，研究语言学，同时进行全职教学，并抚养11个孩子（其中4个不幸夭折）。他于1849年结婚，此时距离《线性扩张论》第一版发行已过去了 5 年。

*　*　*

汉密尔顿从未放弃对四元数应用的求索。除了《四元数讲义》外,他还发表了 100 多篇有关这一主题的论文。尽管他享有盛名并在主流数学领域贡献非凡,但许多人认为汉密尔顿将他生命的最后 20 年完全投入四元数领域,是一种自欺欺人的行为。人们普遍的看法是,四元数固然精妙,但并不太实用。

然而,随着新一代数学家的崛起,以及麦克斯韦和彼得·格思里·泰特在下一章的出场,汉密尔顿的四元数的命运开始改变。泰特成为四元数的坚定支持者,正是基于他和麦克斯韦的工作,才出现了今天在大学里讲授的现代矢量分析。事实证明,格拉斯曼的思想过于笼统,而且不好理解,你很难摆脱他的著作中的"奇怪"哲学和"特殊"术语,因此《线性扩张论》的影响十分有限。但最初将我们引向张量的正是矢量分析和非欧几何。[19]

第 6 章

泰特和麦克斯韦：电磁矢量场观念的孕育

虽然格拉斯曼的著作很难理解且过于抽象，但汉密尔顿（而不是格拉斯曼）成为今天的矢量分析的创造者，在一定程度上也是一种历史的巧合。因为命运让泰特和麦克斯韦在少年时代就相遇了。

他们都于1831年在苏格兰出生，那时距汉密尔顿发表他的四元数还有12年。从10岁开始，他们都就读于闻名遐迩的爱丁堡公学。但失去母亲的麦克斯韦谈不上拥有快乐的童年。他是一个古怪的孩子，由溺爱他且不走寻常路的父亲抚养长大。他的父亲是一位律师，也是位于爱丁堡西南约90英里处的格伦莱尔家族庄园的领主。所以，当来到大城市的学校时，麦克斯韦的行为看起来有些古怪，古怪中还有一股子幽默感，说话有些许犹豫，穿着舒适但不太时尚的自制衣服。他因为这些违反阶级规范的行为而遭到了无情的校园欺凌。他的学术表现也不尽如人意：作为一个自我驱动型学生，他最初觉得学校很无聊；再加上他说话缓慢、举止羞怯，让他得到了"书呆子"的绰号。你可以想象，这一切是如何让他成为一个"随时有可能"挨揍的古怪男孩的。[1]

不过，对他本人和科学的未来而言幸运的是，他的同班同学刘易斯·坎贝尔温和友善，与麦克斯韦成了朋友，这使他最终能够适应学校生活，并与坎贝尔、泰特一起跻身顶尖学生之列。很显然，这是一种富有成效的友好竞争关系。很快，泰特也和麦克斯韦成了好友。同麦克斯韦一样，泰特也失去了双亲中的一个，他的父亲生前担任过某位公爵的秘书。他们一家也从乡下搬到了爱丁堡，但他的家乡达尔基思距离爱丁堡只有 8 英里。

爱丁堡公学是一所相对进步的学校，泰特、麦克斯韦和坎贝尔在那里表现出色。在 16 岁时，他们都进入了爱丁堡大学学习。一年后，坎贝尔又转到了牛津大学，他后来成为一位古典文学学者兼英国国教牧师，还为他的童年时期的朋友麦克斯韦写了一本流露出真情实感的传记。而泰特转到了剑桥大学，并在那里超越了所有同龄人，成为 1852 年的高级优等生。高级优等生指在剑桥大学"三足凳"数学荣誉考试（Tripos）中获得第一名的学生，该考试由大约 16 次难度逐次递增的数学考试组成，为期 8 天。无论他们最终选择什么职业，数学都被视为所有学生的重要心智准备。如果能成为得分最高的高级优等生之一，今后的职业之路必定会一帆风顺。泰特非常兴奋，他先发电报向家人报喜，然后写信给他昔日的爱丁堡的老师，"我非常激动，我几乎说不出话来。简言之，就像歌词里说的那样：我是高级优等生！"他还斩获了声望很高的史密斯奖，这个奖项只颁发给在更复杂的一系列数学考试中成绩最好的学生。总之，这一成就如此辉煌，以至于他和麦克斯韦的母校为他举办了特别的庆祝活动。[2]

毕业后，泰特在剑桥大学获得了研究员资格，这是高级优等生的福利之一，有了这份工作及教学经验后，他将来更容易获得永久讲师职位，无论是在剑桥大学还是其他享有盛誉的机构。但那一刻，他沉浸在摆脱了考试的快乐当中，甚至买了一本刚出版的汉密尔顿的《四元数讲义》作为对自己的奖励。他当时并不知道这本书的内容，但被"四元数"这个奇怪的名字吸引了。他在暑假外出打猎期间读了这本书的前 6 章，但一回到剑桥，教学和研究就占据了他的全部时间，他只好把《四元数讲义》搁置一边。（麦克斯韦出于对动物的热爱，不肯去打猎或钓鱼。他特别擅长与马相处，而且总是带着他的爱犬随行。）

当泰特决定转去剑桥时，麦克斯韦选择继续留在爱丁堡，这显然

第6章 泰特和麦克斯韦：电磁矢量场观念的孕育

是为了取悦他的父亲。但事实证明，那里出色的通识教学是对他的实践和哲学技能的完美训练场，过不了多久，他就会用这些技能来改变物理学。在1850年拿到了爱丁堡大学的学位后，他又回到剑桥大学。虽然需要一段适应的时间，但这位羞涩、笨拙的书呆子很快就结交了一群新朋友，因为剑桥的学子们发现他"亲切而有趣"，能够以机智和博学的方式谈论任何主题。"我从未遇到过像他这样的人。"一位朋友在一次谈话后这样写道。另一位朋友后来回忆说："每一个在剑桥三一学院结识他的人都能回忆起他做的一些善举，让人们对他的善良印象极为深刻。"[3]

一方面，麦克斯韦沉浸于他的新社交生活；另一方面，他对当时剑桥的课程安排并不十分赞同，因为它们更强调熟练的技巧而不是深入的思考。在准备年底考试的时候，他用一首长诗《一个优等生的愿景》表达了自己的挫败感。下面就让我们看一下他的幽默感和对剑桥考试制度的观点吧：

> 在壁炉里闪烁的余烬表明，
> 十一月的雾气何等沉闷，
> 它践踏着我迟钝的身体，
> 如同一只拔了毛的瘦鹅。
> 当我准备上床时，
> 我用颤抖的声音问自己，
> 我读过的一切东西，
> 能否对我有丝毫用处。[4]

以上摘自他的二十四节深奥诗句中的第二节，他在邪恶的新学校的幻想化身上，宣泄着自己对那种教育制度的愤慨之情，因为他们只考查死记硬背，然后用待遇优渥的学术职位奖励成绩最佳的学生，而这些优等生随后又成了维持这种制度的精英中的一分子。这首诗以一则严肃的精神宣言结束，即最好默默沉思"创造的荣耀"，而不是盲目地学习物理学家用以代表自然的超脱的数学符号。他在 21 岁时写了这首诗，但 12 年后，他将展示自然的符号表示有多么神奇。之后，他也成了考官和阅卷人，并在改革"三足凳"考试方面发挥主导作用，使之更加贴近激动人心的科学前沿，同时对剑桥的教学大纲产生深刻的影响。[5]

1853 年 11 月，在期末考试临近之际，他又写了一首长诗，题为《我以此诗确信，在 11 月的壁炉熄灭后读数学极为不智！》。他在其中谈到了考试压力对年轻人心灵的摧残，以及将学术奖励和学位误认为智慧是多么愚蠢。他更倾向于学习自己感兴趣的东西，而不是一味死记硬背。麦克斯韦对"三足凳"考试准备不足，令泰特感到惊讶。正如泰特所说，麦克斯韦仅凭"纯粹的智力"，仍然以第二名的成绩毕业，并与第一名 E. J. 劳思同时获得史密斯奖。他的父亲在一封感人的信中表达了他对儿子的骄傲之情："（你的表兄乔治）在半夜两点来到我的房间……看到了通过快递列车送来的星期六的《泰晤士报》，我在早餐前收到了你的信……你在（史密斯奖）考试中与第一名并驾齐驱，你只差他一点儿。"至于麦克斯韦母校的数学老师，同得知泰特的成功时一样，也感到"欣喜若狂"。[6]

麦克斯韦参加的是 1854 年 2 月的那次考试，你可以从试卷上的第 8 题感受到史密斯奖考试的难度，它要求应试者证明现在众所周知的"斯托克斯定理"。在过去几年，史密斯奖考试的试卷一直由爱尔兰出生的数学家乔治·斯托克斯出题。斯托克斯定理将"曲线积分"与"曲面积分"联系起来，它在 1854 年的试卷中现身，这也是它第一次出现在纸质印刷品上，而如今它出现在每一本大学微积分教材中。今天的许多学生都发现，只是使用这一定理就相当困难了，更不用说证明它了。没有人知道麦克斯韦或他的同学是否成功证明了它，但我认为他没有，因为后来麦克斯韦将这个定理的完整证明归功于威廉·汤姆森，即后来的开尔文勋爵。[7]

曲线积分和曲面积分将在我们的故事中发挥一定的作用，如果这是

第 6 章　泰特和麦克斯韦：电磁矢量场观念的孕育

你第一次与它们相遇，就让我先介绍一下它们的概念吧。我们在学校中学习的普通积分计算，是将函数相对于独立的（水平）变量进行积分，这一变量通常是 x 或 t。所以，正如我们在图 2-1 中看到的那样，计算积分时，你是在加总函数曲线下区域内的所有细长矩形的面积。相比之下，"曲线积分"如图 2-3b 所示，对圆上的微小线段 ds 进行积分，以算出圆的周长。换言之，在曲线积分中，你对一个无穷小的长度加总，而不是面积，所以它是阿默士和阿基米德几千年前估算的周长近似值的精确版本。曲面积分是在整个曲面上做类似的计算，但它需要进行双重积分，即在两个维度上进行积分。比如，在图 2-3a 中，我可以通过曲面积分更容易地得到圆的面积。[8] 但这里的关键问题是，你不仅可以相对于水平轴积分，还可以相对于曲线及整个曲面积分。如果使用三重积分，那你也可以相对于体积积分。

说到麦克斯韦，他会在 10 年后充分利用他在史密斯奖考试中首次遇到的定理。尽管他的这次考试成绩出色，却并没有获得剑桥的研究员职位。显然，那些当权者认为他太粗心了。这是他在数学上的一个弱点，他公开承认过这一点。相较之下，几个月后，泰特晋升为贝尔法斯特女王大学的数学教授；他尚未读完那本《四元数讲义》，还需要挤出时间继续研究它。麦克斯韦的父亲相当富有，这对一时困窘的麦克斯韦来说是利好的一面：尽管他在剑桥大学担任过私人导师，也曾在新成立的工人学院做过志愿者，但在这些工作之余，他可以在格伦莱尔的家中享受宁静时光，专心思考迅速发展的新电磁学。这座美丽的庄园现在看起来仍和麦克斯韦那个时代相差无几（这在很大程度上归功于现任庄园主邓肯·弗格森的精心维护）。[9]

重获自由后，麦克斯韦很快就做了一件事，即写信给威廉·汤姆森，因为后者对电的数学研究让他印象极深。麦克斯韦在信中说自己希望深入了解电磁研究的最新状况，并询问汤姆森能否为他提供初步的建议。

这种大胆的做法并没有那么出人意料，因为麦克斯韦几年前就和汤姆森见过面。那是在 1850 年举行的爱丁堡英国科学促进会会议上，时年19岁的麦克斯韦虽然依旧羞涩与笨拙，语速缓慢且带有苏格兰口音，但在提问环节，他勇敢地从座位上站起来，针对在这次会议上发表的有关光学和视觉的论文提出了自己的看法。（麦克斯韦也是视觉和颜色研究方面的先驱，他的方法被用于拍摄第一张关于日常物品的彩色照片——一条苏格兰花格呢锻带，这是他身为苏格兰人的骄傲。）据一位与会者说，当时观众"半是困惑，半是焦虑，也许还有些怀疑……就在他们凝视着这位看起来十分青涩的年轻人时，他断断续续地用带有口音的英语提出了他的问题"。会议结束后，作为数学物理界的新星，26岁的汤姆森朝麦克斯韦走来，希望了解他的更多想法，你可以想象此时的麦克斯韦有多么惊讶和欣慰。[10]

1854年，汤姆森慷慨地给麦克斯韦回了信。在他的建议下，麦克斯韦决定仔细阅读当时已经发表的所有电磁实验结果。他在大学学过一些相关的数学和物理学知识，但在接下来的几页中，我将带你重温这一段简短的历史，逐一了解他在改变这一学科之前需要掌握的关键事项。此后，在泰特的帮助下，他将开创一种全新的物理学方法——矢量场。或者，更确切地说，麦克斯韦将采取一种其他人已经直观地瞥见的方法，并赋予它全新的灵魂，让它获得真正的新生。

麦克斯韦在1854年的征程，以及积分的过剩

汉斯·奥斯特于1820年发现了电流的磁效应。如果不是亚历山德罗·伏打在1800年发明了电池，人们就不可能观察到这一现象。在此之前，人们只能在莱顿瓶这种早期电容器中储存静电。静电通常是通过摩擦产生的，比如你在黑暗的房间里梳头发时看到的电火花。梳头能从头发的原子中击出电子，但早期的人们根本不知道电子。通常，只要两种材料相互接触即可交换电子，这就是麦克斯韦所说的"接吻之电"。（大多数手机屏幕中都装嵌着电容器，它们是电荷的来源。所以，当你触摸

图 6-1　身穿彩色上衣的麦克斯韦（剑桥大学三一学院藏品，Add. P. 270a；感谢剑桥大学三一学院院长与全体成员慨允，使该照片得以呈现）

屏幕时，电子便会在屏幕和你的手指之间流动，由此产生的电容变化就是触屏指令。）

因此，最早的电学数学研究关注的是静电效应，即针对那些倾向于静止不动而不是在电流中自由移动的电荷。而在 1785 年，查尔斯·奥古斯丁·库仑用扭秤做了一个著名的实验，证明了带电粒子的电力与它和电源之间的距离平方成反比。这与描述静止物体因为质量而被施加力的牛顿万有引力定律有异曲同工之妙。两种现象迥然不同，背后的数学定律却具有相同的形式，这真是一个惊人的巧合。[11]

大约在同一时期，约瑟夫-路易·拉格朗日运用强大的数学思维得出了引力理论的新公式；就像平方反比定律一样，人们很快证明这一公式在描述电现象方面也是有效的。拉格朗日公式涉及"势能"的概念，与"潜在的能量"和"力"所做的"功"有关。比如，当克服重力举起重物时，就需要用力做功，但一旦重物被抬高，它就有了势能，可以在落下时消耗能量做功。无论是起重机吊起的巨大的槌式破碎机,还是向下流动的水驱动涡轮,都应用了这一现象。然而,要举起落槌,你就需要按照牛顿第二运动定律对它施加力,这个力所做的"功"被定义为"力乘物体移动的距离"。我将在书末注释中给出"功"的计算方法,以及它如何产生势能,但我们主要关注的是,功的定义与积分有关。[12]

今天,以伏打的名字命名的"电压"应该是我们熟悉的一个电势术语,它的作用类似于热力学中的温度和流体中的压力。如果充满水的管道两端有压力差,水就会从高压端流向低压端。同样,热量会从温度较高的区域流向温度较低的区域。当发生这些变化时,导数就会发挥作用。所以,如果 V 是与力相关的势,则力的分量是:

$$\frac{\partial V}{\partial x}, \frac{\partial V}{\partial y}, \frac{\partial V}{\partial z}$$

∂ 表明这是"偏"导数,V 在整个空间中是变化的,而不仅仅像我们熟悉的 dy/dx 表示的那样,只沿一个方向变化。[13]

几位数学家花了几十年时间,才将拉格朗日的思想应用于电学与磁学,其中皮埃尔-西蒙·拉普拉斯是最早着手的一位,他比拉格朗日更全面地发展了势的理论。紧随其后是多才多艺的卡尔·弗里德里希·高斯,以及自学成才的非凡数学家乔治·格林,他当时的日常工作是担任磨坊主,但 10 年后,43 岁的他以"三足凳"考试第 4 名的成绩从剑桥大学毕业;此外,还有拉普拉斯及拉格朗日的学生西蒙-丹尼·泊松。当玛丽·萨默维尔和她的丈夫在 1817 年访问巴黎时,拉普拉斯邀请这对夫妇到他的乡间别墅做客。萨默维尔是英国少数几个研究并理解拉普拉斯的《天体力学论》的人之一。她发现拉普拉斯非常友好和细心,而泊松是一个风趣活泼的人。

相比之下,泊松对索菲·热尔曼的态度却大不相同,因为她竟敢与他竞逐同一领域。热尔曼匿名提交了一篇关于振动曲面的开创性论文,去参加由法国科学院赞助的论文竞赛,以角逐一个由物理发现引出

第 6 章　泰特和麦克斯韦：电磁矢量场观念的孕育　　　111

的全新数学课题：沙子散落在受到声音影响而振动的盘子上会形成什么图案。解答这个问题非常困难，同格拉斯曼参加纪念莱布尼茨百年诞辰的论文竞赛时一样，热尔曼也是唯一提交论文的人。她的身份可能是一个公开的秘密，而且她的确是自学成才，因为她的推导过程并不完全正确，首次尝试也被退了回来。她对论文做了修改并再次提交。只有当参赛者提交的论文达到足够高的水平时，竞赛才会结束并颁发奖项，否则竞赛将持续下去。也许因为热尔曼不是主流数学家，身为评委之一的泊松表现得相当恶劣，不仅严厉批判了热尔曼的论文（而其他评委的评价并不低），还擅自提取了她的论文结论并自行研究。

热尔曼并没有被吓倒，而是继续改进论文，最终在 1816 年第三次尝试时赢得了奖项。我在这里提到这件事，不仅是钦佩于热尔曼作为女性的坚持不懈，也因为振动曲面的数学中包括了一些方程和表达式，它们类似于与重力、电和磁相关的方程和表达式。

比如，拉普拉斯证明，V 符合一个非常整洁的方程：

$$\frac{\partial^2 V}{\partial x^2} + \frac{\partial^2 V}{\partial y^2} + \frac{\partial^2 V}{\partial z^2} = 0$$

后来，泊松证明了在物理应用中，方程右侧并不总为零，这取决于你测量的是什么以及是在哪里测量的。无论情况如何，麦克斯韦将方程左侧表达式的物理意义描述为势的"浓度"，而它今天在数学上被称为 V 的"拉普拉斯"，即"微分算子"：

$$\frac{\partial^2}{\partial x^2} + \frac{\partial^2}{\partial y^2} + \frac{\partial^2}{\partial z^2}$$

（麦克斯韦也把它叫作"拉普拉斯算子"。）

正如我在第 2 章介绍 d/dx 时提到的那样，"算子"是指这一表达式引导你对某个尚未显示的函数进行操作，而拉普拉斯算子则引导你对尚未显示的某个函数取二阶偏导数。在物理中，你想要操作的函数具有物理意义，比如势，但在数学上，任何可微的函数都可以成为操作对象。

在我们讨论张量时,这种"插入或代入"函数即可操作的想法将至关重要。

同时,按照自然与数学交织在一起的奇妙方式,拉普拉斯算子不仅出现在势理论中,还出现在热、振动和波的理论中。你也可以不使用势能 V,比如在热方程中取温度 T 的拉普拉斯,又比如在波动方程中取波的拉伸距离 u。然而,对我们的故事来说重要的是,拉格朗日、拉普拉斯和其他先驱仅仅使用了笛卡儿坐标和分量。他们知道的矢量想法始于牛顿,而整体矢量微积分尚未问世。

但在泰特定下心来阅读汉密尔顿的《四元数讲义》后,他将会以完全矢量的形式应用势和拉普拉斯算子。随后,麦克斯韦将利用这些矢量取得前所未有的优势。但我们需要再等上 15 年。1854 年,麦克斯韦仍在阅读这个领域之前的资料,而泰特则忙于履行他在贝尔法斯特的学术职责。

* * *

奥斯特发现了电磁现象的存在,其中涉及在电流中运动的带电粒子。静电的全新微积分已经让人抓耳挠腮了,而这一发现让事情变得更加复杂。

1821 年,安德烈-马里·安培利用奥斯特的奇怪发现开创了电报业,他还尝试通过实验量化电磁效应,并以数学形式表达它。他取得了惊人的进展,凭一己之力启动了电磁学(他称之为"电动力学")的数学研究。麦克斯韦称他为"电学界的牛顿",因为他是一位伟大的实验家兼数学理论家。尤其是,他使用曲线积分和曲面积分来量化电流与其在各种实验设置中产生的磁力之间的关系。但是,直到他于 1836 年去世,电磁的完全一般的描述仍然暂付阙如。[14]

与此同时,借助奥斯特的发现,英国人迈克尔·法拉第开发出一个简陋的电动机原型。1831 年,也就是麦克斯韦和泰特出生的那一年,法拉第发现了奥斯特效应的逆效应。他证明，在导电线圈中移动磁铁可以产生电流。（相对运动可以引发电流产生，所以你只需转动线圈而不是磁铁。我们会在图 6-3 中看到这样的设置。）无独有偶，几个月后，美国人约瑟夫·亨利发现了同样的现象，这是在科学领域多人各自独立取得同一发现的又一实例。

法拉第使用原型发电机展示了这一引人注目的现象，后人则将其发展为商业应用。无论好坏，历史的画卷就此展开，到了 19 世纪晚期，世界进入电气化时代。美国人汤姆森在 19 世纪 80 年代建造了一座房子，这是世界上第一座装有电灯的房屋之一；在德国和意大利，爱因斯坦的父亲和叔叔经营着一家创新技术公司，他们制造与安装发电机，首次为商业、公共建筑、街道甚至家庭带来了电力。当然，我们今天对当时大多数大型发电机都在使用燃煤一事感到遗憾。在没有流水或风力等自然力的情况下，你需要热量来产生蒸汽，以便转动巨大的导电线圈，产生电流。尽管如此，但很少有人愿意放弃用电。所以，我们不仅要感谢设计了可持续性发电方式的现代科学家和工程师，也要感谢 19 世纪的实验家和数学家，是他们弄清楚了这一切是如何发生的。

当麦克斯韦第一次踏上他的电磁学之旅时，相关的数学问题就已经相当棘手了。使用类比法既有优点，也有缺点，当时的人们对引力、流体动力学和电学进行了类比。我之前提到了引力和静电在数学方面的相似性，但研究流体受力行为的流体动力学也很重要，因为早期的人们倾向于将电当作一种流体。于是，他们用"电流"一词来描述"带电流体"的运动，而电子直到 19 世纪末才被发现。但麦克斯韦意识到，类比可能会误导你，他是极少数认识到这一点的人。事实证明，电根本不是什么流体。但至少在初期，这一类比提供了一种及时而有效的方式，让人们开始考虑适用于电磁现象的新数学规则。挑战在于，我们可以使用数学表达，但不要将它与物理现实混淆。

比如，另一个与流体明显有关的术语是"通量"。《牛津英语词典》将其定义为"流动或流出的过程"。但在 18 世纪与 19 世纪初人们对流

114 矢量是什么

体的研究中，通量被赋予了一个更具体的含义，即在给定时间内流经给定曲面（如管道横截面）的流体量。你可以将其想象为每秒离开管道的流体分子数量，并用质量或体积来测量这个数量。我在图 6-2 中展示了用体积表示的通量。

只要有了这样的定量定义，你就可以在数学上定义它。对于流经圆柱形管道的流体，通量是管道横截面的面积与流体速度的标量积（见图 6-2 的标题）。对于通过任意形状截面（不仅仅是具有规整的面积公式的圆形横截面）的通量，则涉及曲面积分，因为你实际上要对曲面

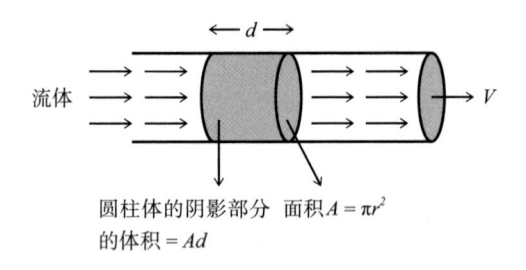

图 6-2　流体流经管道的通量。这里的流体速度 v（用箭头表示）是恒定的。其方向垂直（或者说"正交"）于管道末端的阴影曲面。在这种情况下，所有流体都会经过这一曲面。我在中间突出显示的圆柱体阴影部分的体积为 $V = Ad$，即圆形底面积 A（πr^2）乘长度 d。因此，流体以速率 $A\dfrac{d}{t}$（单位时间内的体积）流经管道末端的阴影曲面。$\dfrac{d}{t}$ 是距离除以时间，即速度，所以速度矢量就指如图示方向的这一速度。这意味着，在给定时间内流经管道末端的流体量，即通量为 Av。这个公式很有道理，因为流速越快，面积越大，给定时间内流经管道末端的流体体积就越大，或者说分子数量就越多。

当管道出口部分被堵塞，或者管道方向与流体方向不一致时，情况就更加复杂了。比如，如果流体方向与它流经表面的法线方向成角 θ，则你需要得到矢量 v 在法线方向上的分量。因为通量是流经表面的流体量，这样一来，通量公式就变成了标量积 $A \cdot v$（$Av \cos \theta$）。A 现在是矢量，曲面的方向被定义为其法线的方向。然而，当你的曲面是弯曲的或其他不规则形状时，你需要利用矢量微积分求它的面积。此时，一般通量公式为 $\iint_S v \cdot dA$。但我只是为了完整性而补充叙述，后文我们将不再需要此公式

第 6 章　泰特和麦克斯韦：电磁矢量场观念的孕育

的每个微小面积上的流体量进行加总（积分）。

所有这些都表明，通量可以具有矢量性，而不仅仅表示流体的速度。果然，正如库仑的静电定律和牛顿的万有引力定律具有相同的数学形式，正如拉格朗日的势能和拉普拉斯–泊松方程可以应用于电现象和引力，人们发现通量积分可以应用于流体之外的其他事物，包括引力、电和磁。高斯是发展这种数学的先驱之一，因此，任何将通过某一闭曲面的引力通量、电通量与其包含的质量、电荷量联系起来的定律，都被统称为"高斯定律"。事实上，你可以从高斯定律推导出牛顿定律和库仑定律，这样就产生了一个适用于磁通量的高斯定律。然而，重要的是，所有这些通量的早期应用都涉及积分。但就物理学而言，只有在电通量和磁通量变化时才会发生真正有趣的事情，因为那时电磁效应才开始发挥作用。所以，这些变化的通量是电磁学实际应用的关键，如图 6–3 中电动机和发电机的示意图所示。

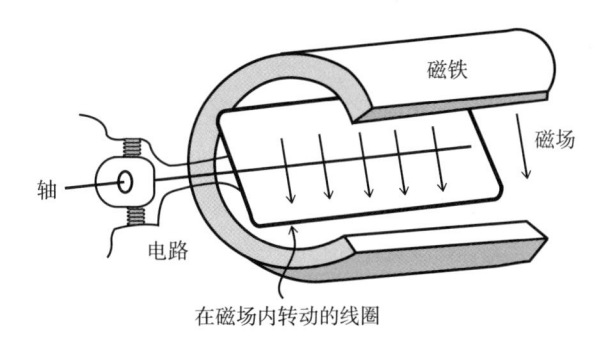

图 6–3　电动机和发电机。正如奥斯特所发现的那样，电流可以产生磁力，而且众所周知，两块磁铁相互吸引或排斥（相反的磁极相互吸引）。因此，当一个带电线圈被放置在一个外部磁场中时（磁场在此处以磁极间的箭头表示），它自己的磁场便与外部磁场产生了作用。线圈将发生偏转并转动，电动机利用的正是这种转动效应（转矩）。随着线圈的转动，它与外部磁场之间的角度发生了变化，这意味着穿过线圈的磁通量有了变化（参见图 6–2）。所以，如果你机械地转动线圈，穿过线圈的磁通量的变化就可以感应出产生电流所需的电磁场，这就是发电机的基本工作原理

许多研究人员试图弄清楚其中发生的确切情况及其数学表达,他们有法国的安培和奥古斯丁·柯西,英国的格林和汤姆森,以及德国物理学家威廉·韦伯。麦克斯韦阅读了他们的全部研究,钦佩他们各自做出的发现和假设。然而,这些杰出人物中没有一个真正建立起完整的电磁理论。

我们逐渐看到了麦克斯韦在哲学方面的才华及其他方面的天赋。类比法确实非常有用,但其中也带有隐藏的假设。麦克斯韦意识到,他的前辈们所选择的数学工具以及所有这些积分中都存在一种假设。那就是,大多数研究者假设引力、电、磁和电磁作用都是瞬时跨越空间的,即直接从一个物体作用于另一个物体,从一个带电粒子作用于另一个带电粒子,从运动的磁铁作用于导线,或者从带电流的导线作用于磁铁。我在这里谈到的通量和其他积分都被假设为远距离作用,因为我们只关注构成积分上下界或积分边界的点、线和面。而麦克斯韦是唯一清楚地认识到这一点的人。比如,引力或电力 F 将一个物体从点 r_1 移动到点 r_2 时所做的功可以表示为 $\int_{r_1}^{r_2} \boldsymbol{F} \cdot \boldsymbol{dr}$;当计算这样的积分时,你只需要知道积分的上限和下限,而不需要知道 r_1 和 r_2 之间的路径。[15] 由此你可以看到,对那些相信所有作用都发生在两个点之间且它们之间可以瞬时相互作用的人来说,这种积分是一个正确的工具。再举一个例子,在证明牛顿关于两个球状物体(如太阳和行星)之间的引力作用时,全部质量都被假设为集中于两个球体的中心,因此,你只需知道积分的上限和下限即可。你可以看到为什么这一点暗示了这是一种远距离作用:两个中心点之间似乎没有发生任何引力作用。麦克斯韦同样意识到,他的前辈们使用的所有有关电磁现象的积分,都没有考虑到可能在边界上发生的任何过程,也没有考虑到在中间或周围空间内可能发生的任何过程。也许,这正是没有人能够破解电磁密码的原因。

但这一切即将改变。经过一年的仔细研究,麦克斯韦准备将主流数学家的成果放到一边,而去采纳一个外行人的建议。

一个绝妙的想法

麦克斯韦出生于 1831 年，同一年，法拉第在实验中发现了电磁感应现象。但自学成才的法拉第未能理解那些复杂的数学理论，比如曲线积分和曲面积分、高斯定律等。他 13 岁时就离开了学校，去给仁慈的装订工乔治·里博当学徒。当法拉第第一次来到里博的作坊时，他连读写都不会。受家庭环境影响，他对学习几乎没有兴趣，经常逃学。但里博鼓励少年法拉第在工作之余阅读他们装订的一些书籍，在这种不同寻常且痛苦的学习过程中，法拉第因为读了《不列颠百科全书》中的一篇文章而对电着了迷。他在里博的商店后面建了一个简陋的实验室，还参加公共讲座，最终因丰富的学识给英国皇家学会备受尊敬的汉弗莱·戴维留下了深刻印象。在学会里，他从实验室清洁工一路做到了戴维的助手，最终成为英国电磁研究实验方面的领军人物。

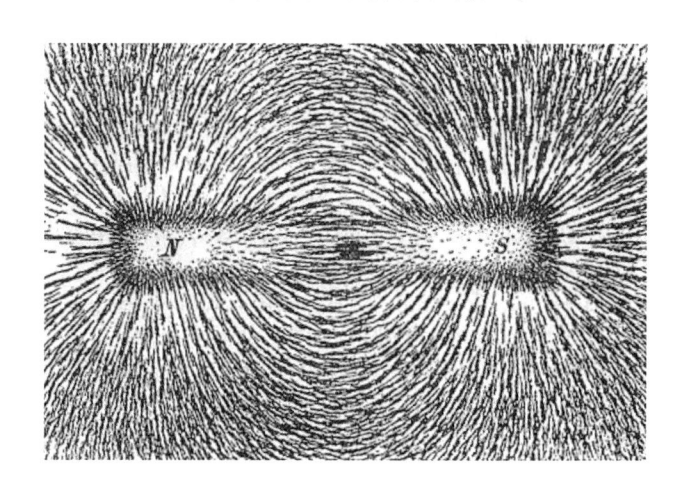

图 6-4a　铁屑在一块磁铁周围形成磁力线 [图片来源：Newton Henry Black and Harvey N. Davis, *Practical Physics* (New York: Macmillan, 1913). 维基共享资源，公有版权]

尽管法拉第的数学水平不算太高，但他显然对电磁现象的物理本质有着比绝大多数人更为深刻的理解，这促使他开发了一种独特的方法，用于探索电荷和磁铁之间的空间内究竟发生了什么。他注意到一些可能也会令你着迷的事情,并由此萌生了一个想法。你在学校上科学课时,一定也曾看到铁屑会在条形磁铁的两极周围整齐地排列成环状。这是因为,每个小铁屑都将它微小的南北极指向条形磁铁的南北极,如图 6-4a 所示。正如麦克斯韦后来解释的那样,铁屑形成线的原因在于,每当有新的铁屑加入,它都必然会与它的邻居端对端对齐,因为吸引它们的磁力集中在每个小铁屑末端附近的极点上。[16]

对此,传统的超距作用理论认为,如果只有一个铁屑存在,如图 6-4b 所示的一个孤零零的"测试"铁屑,则它和磁铁之间的力会即时发生作用。换言之,磁力只会在磁铁与铁屑之间发生作用,并且会即时发生。但法拉第推断,即使你清除了其他铁屑,磁力仍然会在铁屑原来所在的地方发生作用,虽然其效果已不可见。也就是说,必定有某种力存在于磁铁和"测试"铁屑之间的空间,无论那里是否有铁屑。为了描述这一想法,法拉第提出了"力线"的概念,即铁屑形成的线。这就好比铁屑令磁铁显现了它的无形之力,如同光使水印显见一般。

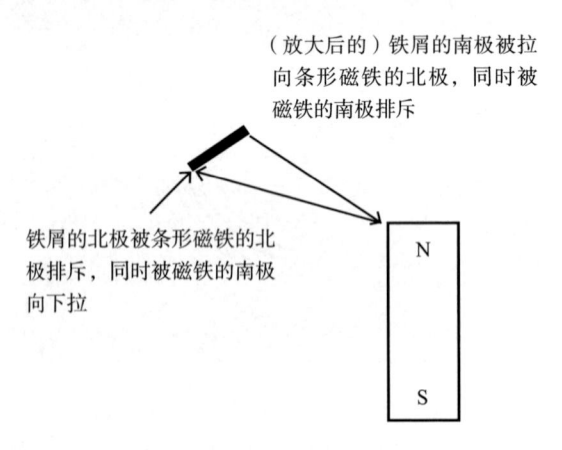

（放大后的）铁屑的南极被拉向条形磁铁的北极,同时被磁铁的南极排斥

铁屑的北极被条形磁铁的北极排斥,同时被磁铁的南极向下拉

图 6-4b 令每个铁屑（它们都如同一块微型磁铁）整齐排列的力。法拉第也针对电现象进行了同样的实验,即将一个微小的"测试"电荷放置在一个中心电荷周围的不同位置上,并关注力在每个地方的作用情况。通过这种方法,他建立了电场和磁场的图像

铁屑在磁铁周围排列的方式让人想到了麦田。当微风拂过田野时，每根麦秆都会在风力作用下弯曲。同理，法拉第提出，电荷和磁铁通过它们构建的"场"来传递电力和磁力。他认为这些力并不是远距离作用的，这是一个绝妙的想法。麻烦的是，他不知道如何将其转化为可以与进一步的实验相对照的预言性数学理论。尽管他以其娴熟的实验研究能力获得了当时主流科学界的赞誉，但人们忽视了他提出的关于电场和磁场的概念。

麦克斯韦对于法拉第场的处理

事实上，在麦克斯韦崭露头角之前，威廉·汤姆森是唯一一位尝试将数学方法应用于法拉第思想的知名理论家。汤姆森年仅17岁时便借鉴了约瑟夫·傅里叶对热的数学研究，从数学角度对静电效应和热流动进行了比较。通过扩展汤姆森处理流体的方法，麦克斯韦踏上了电磁学研究之旅，对河流中的流线与磁铁周围、电荷周围的法拉第力线进行了类比。

在早期的热流动和流体流动研究中，傅里叶、牛顿和欧拉等人已经从直觉上感知到了场的概念，但他们都只以隐晦的方式进行了表达。不过，他们确实产生了这样一种想法，即每个流体粒子都具有速度和温度，这与法拉第的想法相似，即在带电体或磁铁周围空间的每一点上都有电力或磁力作用于假想的单位测试电荷或铁屑。实际上，法拉第对力线的概念比对场的概念有着更清楚的认识，而汤姆森首次在物理中定义了力线的概念。1851年，汤姆森宣称只要空间内每个点都有确定的磁力存在，就会产生一个"磁力场"，简称"磁场"。当然，对于"电场"同样如此。[17]

麦克斯韦将他关于电现象的第一篇论文命名为《论法拉第力线》，并于1855年至1856年的冬天分两部分提交给剑桥大学哲学学会。（他终于在 1855 年获得了剑桥大学的研究员职位！）该论文后来发表时，他给法拉第寄去了一份副本。时年 64 岁的法拉第已经厌倦了主流科学家对他的场概念的漠视，当他发现 24 岁的麦克斯韦终于让它复活时，其喜悦之情溢于言表。法拉第热情地回复了他，二人由此成为莫逆之交。

与此同时，麦克斯韦一直在照顾他深爱的父亲，后者于 1856 年 4 月去世。麦克斯韦把他的悲伤倾注在一首诗中，他接任了格伦莱尔领主的位置，履行他应尽的责任。（麦克斯韦与庄园的佃户相处融洽，他和他的父亲设立了一个旨在帮助人们提高阅读能力的项目。）几周后，他击败了亚瑟·凯莱（凯莱在当了多年律师后试图返回学术界）和泰特，终于得到了阿伯丁大学马修学院的教授职位。[18] 两年后，麦克斯韦娶了学院院长的女儿凯瑟琳·杜瓦。像汉密尔顿的妻子海伦一样，凯瑟琳严格遵守宗教教义；像汉密尔顿一样，麦克斯韦对灵性有更宽泛的看法，尽管他们都是虔诚的基督徒。

随后 10 年间，麦克斯韦相继发表了多篇论文，进一步完善了法拉第的场概念。最后，他准备发表他那具有颠覆性的电磁场理论。这一理论包括我前面提到的势和通量的概念，包含的积分不多，却有大量的导数和偏微分方程（即含有对 x、y 和 z 的偏导数的方程，比如前文中提到的拉普拉斯算子中的偏导数）。

他当然不是唯一使用微分方程的人。自牛顿以来，人们一直在物理中使用这类方程，只不过麦克斯韦比任何人都更清楚，应该在何时使用微分方程以及其中的原因。他详细解释了他在电磁学理论中偏好导数的原因，并指出曲线积分和曲面积分关注的只是两个相互作用的粒子之间的距离，以及它们所带的"电荷或电流"（假设电和磁力是远距离作用的），而偏微分方程则显示了物体周围整个空间内事物的变化。他提出，微分方程可以用来表达变化的电力、磁力与通量产生电磁效应的方式。无论场由什么构成，它都是通过空间传导这些变化的，就像麦田通过微风传播它波浪般的涟漪。[19]

第 6 章 泰特和麦克斯韦：电磁矢量场观念的孕育

* * *

法拉第发现了电磁感应，即与磁铁做相对运动的线圈中会产生电流，而麦克斯韦是第一个将这一发现转化为符号数学形式的人。无论让磁铁穿过线圈，还是让转动的线圈穿过磁场，都会改变线圈内的磁通量，即改变法拉第心目中从磁铁发出并通过线圈的"力线"数量，如图 6-3 所示。麦克斯韦只有找到正确的方程，才能将这种变化的磁通量与感应电流的数量联系起来。这在今天被称为"法拉第定律"。

然后是"安培定律"，即奥斯特发现的变化电流产生磁力的数学版本。麦克斯韦更精确地定义了电流，并揭示了它与变化的电通量之间的关系，拓展了安培的工作。[20] 我之前说过作为曲面积分的通量，安培也使用了曲面积分和曲线积分，因为他遵照的是传统的远距离作用。所以，麦克斯韦不仅需要补足安培的成果，还需要将这些积分重写成导数形式，用于表达场的概念。

麦克斯韦还有其他需要描述和定义的概念，包括用场的语言重新表达关于静电和磁力的高斯–库仑定律。即使你的电荷或磁铁是静止不动的，平方反比定律也显示了它们发出的力是如何随距离变化（"静态"意味着力不随时间变化）的，因此，导数也是表达这些定律的自然语言形式。你可以在磁铁周围的磁场中看到铁屑排列方式的变化，如图 6-4a 和图 6-4c 所示，铁屑在磁力最强的极点附近密集，但随着距离的增加和磁力的减弱而逐步分散开。

麦克斯韦的数学表达从传统的远距离作用积分转变为偏微分场方程，其核心在于"积分基本定理"。或许你还记得自己在学校学过的相关知识，我也会在书末注释中做出说明，让你看到麦克斯韦对斯托克斯定理的奇妙运用，这在史密斯奖考试中也出现过；你将看到他如何使用后矢量时代中的"散度定理"的结论，该定理是由高斯、格林和俄国数学家米哈伊尔·奥斯特罗格拉斯基建立的。[21]

我将在下一章介绍麦克斯韦方程，这里的关键是，在他于 1864 年

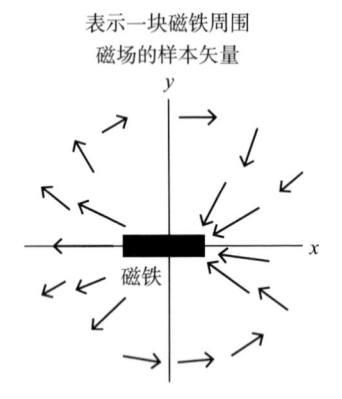

表示一块磁铁周围
磁场的样本矢量

图 6-4c　出于后见之明，你应该可以看出图 6-4a 中所示的铁屑的实际力线为什么能够表示矢量场。在每一点上，箭头所指的方向就是力的方向，而箭头的长度反映了力的大小。所以箭头的长度在磁铁的两极附近更长，因为那里的磁力更强

年底向英国皇家学会提交并于 1865 年 1 月发表在《哲学会刊》上的具有里程碑意义的电磁场论文中，他首次正式统一了电与磁。

另外，与高斯、斯托克斯等人一样，麦克斯韦只使用了斯托克斯定理和散度定理的分量形式（他没有以你在教科书中看到的紧凑的整体矢量形式表述它们）。所以，在他 1865 年的论文中，他发现了他定义的各种量的分量之间的关系。换言之，他没有以整体矢量形式正确表达他的理论。不过，他确实谈到了既有方向又有大小的量，所以你也可以说他创造了一个矢量电磁理论。在泰特的帮助下，他将在短短几年内完成整体矢量微积分。

1865 年是美国历史上重要的一年，也是物理和数学历史上重要的一年，因为内战终于结束了。适逢其会的是，作为将麦克斯韦方程转化为现代（后汉密尔顿时代）矢量符号的其中一人，乔赛亚·威拉德·吉布斯战争期间正在耶鲁大学攻读工程学博士学位，并将成为美国第一位工程学博士。10 年后他会发现麦克斯韦方程，然后再过将近 10 年，他将会在矢量的历史道路上留下自己的脚印。在讲述故事的同时，我一直在想一个问题，一个想法需要多长时间才能形成并找到其最佳表达形式。

我认为，了解这段漫长的旅程，通过讲述早期的数学家曾经如何困苦挣扎，对那些正在努力理解某个想法的学生应该会有所帮助。而且，它也有助于展示一些想法的强大力量。我们现在可能想当然地认为它们本该如此，但这样的想法会导致我们低估它们的某些作用。

比如，麦克斯韦使用微分方程来表示电磁行为，但如果早期的电磁学先驱的求索获得了成功，这些微分方程将与他们可能建立的积分方程在数学上是等价的。事实上，麦克斯韦方程的积分形式今天也常被使用。两者的差异在于解释的方式，到了今天，无论采用哪种微积分形式，场的概念在物理学中都是至高无上的。正如法拉第、汤姆森和麦克斯韦证明的那样，"场"只是某一特定物理量在空间中的值分布。比如，对于你周围空气温度的记录是一个"标量场"，即一组数字，代表空间内每个点的温度高低，而作用于场中各处微小的单位测试电荷或铁屑的电力和磁力是"矢量场"，因为在每个点上，这些力既有大小，也有方向。（换言之，矢量和矢量场之间的差异在于，矢量是定义在某个点上，而矢量场是给空间中的每个点分配一个矢量。）正是因为麦克斯韦选择了微分，才使他不仅能够在数学上定义电磁场，还取得了一个令人惊讶且影响深远的发现。这一发现将彻底改变我们的交流方式，以及我们与宇宙的交流方式。

一个神秘的推论

麦克斯韦于 1865 年发表了他的电磁场方程，此后经过 10 年的努力和深思熟虑，他正式统一了电和磁这两种现象。尽管这是一项辉煌的成就，但这并不是终点，因为他还从他的场方程中推导出了电磁效应并非远距离作用的原因。它们以横波的形式传播，托马斯·杨通过他著名的双缝实验发现了这种波。

更重要的是，麦克斯韦发现，根据他的理论，电磁波的速度几乎等同于光速。（我说"几乎"，是因为当时很难做到精确测量。）这是一个不容忽视的巧合，它证明了麦克斯韦关于导数的直觉不但简单而且深刻。原始的横波方程是一个微分方程，它在 100 年前被人推导出来，用于描述拨动弦的振动方式。但是，正如麦克斯韦谦虚的表述那样，这个引人注目的数学相似性揭示出"光本身（包括热辐射和其他辐射）是一种电磁扰动，按照电磁定律，通过电磁场以波的形式传播"。他不仅统一了电和磁，还有光。他甚至指出了其他辐射存在的可能性。这个诱人的预言引导海因里希·赫兹等人走上了发现无线电波的道路。

正如爱因斯坦后来所写的那样，想象一下麦克斯韦在电磁和光之间建立联系时的感受吧！"世界上很少有人有这种经历。"他补充道。麦克斯韦本人在 1865 年 1 月写给他的表兄弟的信中，以其典型的低调方式表达了自己的兴奋之情。他只是顺便提了一句："我还有一篇关于光的电磁理论的论文，只要不被证否，我个人认为此文甚佳。"他不是一个喜欢自夸的人，所以你可以想象他在完成这一神秘推论后的兴奋心情。[22]

麦克斯韦之所以能够做出有关光的电磁性质的重大发现，是因为他巧妙地选择了数学语言。[23] 它最初并没有被热情地接受。主流科学界提出的疑问是，法拉第用精确的数据而不是方程表达了他的场概念，而麦克斯韦的理论完全用方程表达，却没有用物理模型来描述场究竟是什么。这也是牛顿万有引力理论面临的疑问。在多篇更早期的论文中，麦克斯韦确实提出了几种力学模型，它们或许能够解释场是什么以及它是如何传输电磁效应的，但他知道自己没有办法证明其中任何一个的存在。他认为场效应的数学表达应该足够了，正如牛顿知道他的方程准确地描述了引力效应，即使他没有解释引力本身是什么。

麦克斯韦仍在思索如何能更清晰地表达他的场概念。在他 1865 年的那篇论文的开头，他说发现电磁理论的第一步是"确定作用在物体之间的力的大小和方向"，这与牛顿最初定义力时的做法相同。这是一种矢量方法，但并不是完整的矢量理论，因为麦克斯韦还没有学习四元数。随后，在他的老朋友泰特的帮助下，这种情况将会改变。

四元数终于登场了

当麦克斯韦发展法拉第的场概念时，泰特正在研究关于热的数学表达方式。T是温度，热方程将T的拉普拉斯与$\frac{\partial T}{\partial t}$联系起来，所以它展示了温度是如何在空间内随时间变化的，比如你早上煮的咖啡是如何冷却下来的。傅里叶在1822年发表了热方程，并在他1827年的论文《论地球和星际空间的温度》中使用了它，该论文后来成为气候科学的基石。我在前文中提到，汤姆森改写了傅里叶关于热的成果，第一次将它与电场做了类比。这个展示事物如何扩散的公式用途极广，可用于从工程到政策制定（因为思想也可以扩散）的各个领域。1857年，泰特突然想起4年前他在那次狩猎旅行中阅读汉密尔顿的《四元数讲义》的收获。通过定义一个矢量算子，汉密尔顿将拉普拉斯算子改造成了矢量形式，他的表达形式如下：

$$\triangleleft = i\frac{\partial}{\partial x} + j\frac{\partial}{\partial y} + k\frac{\partial}{\partial z}$$

如果你学过矢量分析，就会认出它今天的表达形式如下：

$$\nabla = \frac{\partial}{\partial x}\boldsymbol{i} + \frac{\partial}{\partial y}\boldsymbol{j} + \frac{\partial}{\partial z}\boldsymbol{k}$$

不管怎样，你处理的都是笛卡儿坐标系，所以我们很快就会看到，无论你使用单位虚数 i、j、k 还是单位矢量 $\boldsymbol{i}$、$\boldsymbol{j}$、$\boldsymbol{k}$ 作为矢量算子，你基本上会得到相同的结果。

泰特开始在他有关热和电的理论中应用这种新型算子，并将汉密尔顿的符号 ◁ 变成了 ∇。泰特还给这个符号取名为"纳布拉"，这是他的助手威廉·罗伯逊·史密斯提议的，因为"纳布拉"的拉丁文含义是古代亚述的一种竖琴，其形状类似于一个倒三角形。（后来，吉布斯将汉密尔顿的"纳布拉"替换为"德尔"，因为 ∇ 也类似于倒置的希腊字母

"德尔塔"。今天，两个名字都在使用。）至于现代表示法中的黑体 **∇**，它将随着反传统的奥利弗·赫维赛德在我们的故事中登场而被载入史册。我在这里介绍它，是因为它会让现代读者更容易看出，汉密尔顿算子本身就是一个矢量，泰特肯定也认识到了这一点。

举例来说，这意味着，它可以将一个普通的（标量）函数，比如势能，变成一个矢量。我之前提到，如果一个力具有势能 V，则力的笛卡儿分量是 $\frac{\partial V}{\partial x}$, $\frac{\partial V}{\partial y}$, $\frac{\partial V}{\partial z}$。这些只是你将 V 代入 $\nabla = \mathrm{i}\frac{\partial}{\partial x} + \mathrm{j}\frac{\partial}{\partial y} + \mathrm{k}\frac{\partial}{\partial z}$ 这个算子或其现代矢量版本 $\boldsymbol{\nabla} = \frac{\partial}{\partial x}\boldsymbol{i} + \frac{\partial}{\partial y}\boldsymbol{j} + \frac{\partial}{\partial z}\boldsymbol{k}$ 后的分量。所以，我们不必再一一列举力的分量形式

$$F = \left(\frac{\partial V}{\partial x}, \frac{\partial V}{\partial y}, \frac{\partial V}{\partial z}\right)$$

而是可以将其更简单、更清晰地写成

$$\boldsymbol{F} = \boldsymbol{\nabla} V$$

或者像当时的泰特和后来的麦克斯韦那样，把它写成 $F = \nabla V$。

这样的表达形式更简单也更紧凑，为你在书写或编程时节省了时间和空间。它看起来更清晰，因为它将力表示为一个整体矢量，而不是逐一列出它的分量。这让人们更容易看到，这一问题是有关力和势能这两个物理量的，而不仅仅是关于一系列分量的。这是一个微妙的观点，即便是我们故事中的一些人物也需要很长的时间才能理解它。

撇开物理不谈，由于 **∇** 是一个矢量，你也可以计算它自己与自己的标量积，将拉普拉斯写成 **∇·∇**，或者像汉密尔顿那样写成 ∇^2，我们今天也是这样做的。这样一来，拉普拉斯方程就变成了

$$\nabla^2 V = 0$$

这比 $\frac{\partial^2 V}{\partial x^2} + \frac{\partial^2 V}{\partial y^2} + \frac{\partial^2 V}{\partial z^2} = 0$ 看起来更简洁。

第6章 泰特和麦克斯韦：电磁矢量场观念的孕育

你也可以计算纳布拉和其他矢量的标量积，或者矢量积即叉积，我们将在下一章看到更多的相关内容。这使泰特能率先利用这些纳布拉运算，以整体矢量微积分的形式写出斯托克斯定理和散度定理。不过，首先他需要全身心地阅读汉密尔顿的书。他对四元数及其矢量微积分算子在物理中可能扮演的角色十分兴奋，甚至询问汉密尔顿是否介意与他通信。汉密尔顿当然很高兴能找到一个数学上的知己。他们于1858年开始通信，汉密尔顿在信中向泰特叙述了那个奇妙的日子，他在布鲁姆桥上突然发现了四元数的秘密。他又补充道："后来，我的孩子们称这座桥为四元数桥。"[24]

1859年，汉密尔顿与泰特分享了相当私人的感受，就像他对德摩根所做的那样，并因此感到身心舒畅。他在信中甚至回忆了他的初恋凯瑟琳·迪斯尼嫁给别人时他的绝望感受。不过，正如他告诉泰特的那样："那些日子已经过去了。幸福吗？是的，因为我收获了更多的理智和更少的情感。"[25] 由此看来，他应该读过简·奥斯汀的《理智与情感》！无论如何，54岁的汉密尔顿都感到心满意足。

28岁的泰特似乎同样感到心满意足。两年前他与玛格丽特·波特结婚了，但他也痴迷于自己的工作。除了在贝尔法斯特大学教学外，泰勒还于1859年发表了他的第一篇有关四元数的论文（关于波）。他于1860年获得晋升，成为他和麦克斯韦的母校爱丁堡大学的自然哲学教授。麦克斯韦也申请了这个职位，但泰特被认为是更适合的人选。J. M. 巴里是泰特的学生之一，后来因作品《彼得·潘》出名，他声称泰特是有史以来最卓越的教授之一。他回忆说，在课堂上，泰特的"小眼睛闪烁着迷人的光芒……我曾见过有人因为惧怕泰特的目光而后退"。然而，巴里继续说，他的眼神也可以"像男孩子一样快乐"，尤其是当"他把水管对准一群挤在实验台前且不肯后退的学生"时。但麦克斯韦也有愿意追随他的学生，比如后来成为天文学家的戴维·吉尔，他描述了麦克斯韦在讲课结束后与感兴趣的学生待上几个小时的情景。说到泰特和麦克斯韦，从他们写给彼此的信件来看，职业上的竞争并没有影响他们私下里的友谊。毕竟，他们从中学时代起就是朋友和竞争对手了。[26]

  我们将在下一章读到他们古怪的通信内容，因为泰特将因他在四元数上的成就一举成名，而麦克斯韦则将向他提出问题。麦克斯韦将在《电磁通论》中提到泰特给出的答案，这部鸿篇巨制为现代矢量微积分的诞生奠定了基础。

第 7 章

从四元数到矢量的缓慢征程

泰特对四元数感到着迷,或者更确切地说,是对四元数的矢量部分着迷,因为这让他能以更紧凑的方式书写物理方程,特别是当他应用汉密尔顿的算子∇(纳布拉)时。从牛顿到麦克斯韦,每个人都在试图为矢量(如力或速度)的每个分量写出单独的方程。汉密尔顿本人专注于数学而非物理学,所以他对泰特为他的四元数发现的新用途感到高兴。泰特曾专门从贝尔法斯特南下来到都柏林,只为了能与汉密尔顿面对面地交谈。他们的往来信件多达几十封,在其中一封信中,汉密尔顿满怀喜悦地期待有一天他和泰特会因为他们的努力而被感谢。汉密尔顿确实得到了认可,但并没有得到真正的感谢。在他于 1865 年去世时,也就是麦克斯韦发表开创性的电磁场理论的几个月后,34 岁的泰特做好了继承汉密尔顿遗志的准备。

首先,泰特为他的朋友兼导师写了一篇 37 页的讣告,几个月后将其发表在 1866 年的《北不列颠评论》上。他在文章开头敦促读者,从主导当前学术生活的"争议的喧嚣"和"知识巨人的战斗"中挣脱出来,到"更为崇高和微妙的东西中寻求慰藉:探索一个天才人物的性格和工作"。他继续说,"天才"这个词现在用得过于频繁,因为它比单纯的聪明更具创造性和原创性。但汉密尔顿确实是最高级别的天才,足以与"任何时代和国家中最伟大的人物,比如拉格朗日和牛顿等人"相提并论。汉密尔顿的贡献远不止四元数分析，尽管它确实非常了不起。泰特说，汉密尔顿早期有关光学和动力学的论文显示了他"对符号的娴熟驾驭和数学语言的流畅运用（如果可以这样说）是无与伦比的。"

1867年，泰特出版了《四元数基础论》，这是第一部（相对）易于理解的关于矢量方法的教科书。事实上，这本书很像现代矢量分析教材，但符号不像，因为他遵循汉密尔顿的原则，用希腊字母表示矢量，并用S和V分别代替现在点积和叉积中的点和叉。随着汉密尔顿的故去和新合作者的出现，泰特对应用四元数的热情并未减弱，他在随后5年中陆续发表了多篇有关这一主题的研究论文，但其中有些受到了限制，因为他的新合作者厌恶四元数！

这个人正是威廉·汤姆森，他早年是麦克斯韦的导师，也是未来的开尔文勋爵。他和泰特在1861年见过面，那是泰特从贝尔法斯特回到爱丁堡大学任教的一年后。汤姆森出生在贝尔法斯特，但在格拉斯哥长大，年仅22岁就成为格拉斯哥大学的教授。尽管他写了不少杰出的数学论文，包括他17岁时写的关于法拉第场论的论文，但让汤姆森名利双收的并非他的数学成就，而是技术成就。比如，在19世纪50年代末，他成为铺设大西洋底第一条电报电缆工程的首席技术顾问。当第一条电缆断裂时，他在船上；当又一场威胁了整个项目的可怕风暴袭来时，他也在船上。电缆终于铺设好了，作为北大西洋电报公司的董事，汤姆森从欧洲发送了第一封传往美国的电报。他还发明了许多颇具商业价值的电子仪器，并对开创热力学做出了贡献，其中开尔文温标就是以他的名字命名的。他虽然已经有这么多事情要做了，但仍然挤出了时间与泰特合作，两人合著一本全新的物理教科书——《自然哲学论》。"自然哲学"是当时仍在沿用的对于理论物理的叫法，他们俩都是这一学科的教授。

然而，按照泰特的说法，汤姆森实际投入这一项目的时间相当少。"我开始对这本大部头感到厌烦，"泰特在1864年给汤姆森的信中写道，"如果你只是偶尔寄给我些许零碎的东西……那我能做什么？你甚至没有提示我你想在关于流体静力学的章节中做些什么！"当时汤姆森身在

第 7 章 从四元数到矢量的缓慢征程

德国，泰特接着说，尽管他完成了有关粒子运动学的一章，但他当然不想支付 45 倍的邮资将其寄往海外，因为汤姆森很可能在回到苏格兰之前都不会去读它。[1]

同一时期，泰特还在写《四元数基础论》中关于运动学的章节。他告诉读者，尽管学习四元数微积分可能很困难，但它为高年级学生提供了"最不寻常的优势，不仅能帮助他们解决复杂的问题，而且提供了宝贵的思维训练"，值得一试。但汤姆森根本不接受四元数。虽然他使用的是矢量的分量方程，但他认为汉密尔顿通过纳布拉算子做整体矢量微积分毫无必要。他不无道理地指出，你无论如何都是在用分量进行运算。比如，在标量积中，当你计算 $\boldsymbol{a} \cdot \boldsymbol{b}$ 时，你实际上算的是 $a_1b_1 + a_2b_2 + a_3b_3$。或者，当你证明 $\nabla^2 V = 0$ 时，你需要计算 $\frac{\partial^2 V}{\partial x^2} + \frac{\partial^2 V}{\partial y^2} + \frac{\partial^2 V}{\partial z^2}$。在解决物理和工程问题时，你也需要"将矢量分解成分量"（见图 8-1）。于是，泰特不得不在他们的合作中做出让步，不再使用四元数。

尽管存在分歧，但汤姆森指出，泰特总是时刻搬出莎士比亚、狄更斯和萨克雷等人的"令人愉快的名言"，给他们繁重的数学合作"带来活跃的气氛"。有时，他们二人会就着一盏煤气灯，在泰特的家庭小书房里工作，这盏灯在被烟草的烟雾熏得昏暗的墙上投下幽灵般的阴影。墙壁上还有泰特用炭笔写下的当时最伟大的科学家名单：汉密尔顿位列第一，其次是法拉第（他于 1867 年去世）。泰特和汤姆森讨论了他们的朋友麦克斯韦，汤姆森称其为"一颗正在升起的璀璨明星"，但认为他还太年轻，无法跻身这一伟大的名单。[2]

终于，汤姆森和泰特的《自然哲学论》一切准备就绪，于 1867 年正式出版。事实证明，由于它包含了不少科学前沿内容，包括新兴的热力学，该书的影响力很大。它甚至讨论了进行复杂数学计算的计算机器，查尔斯·巴贝奇和艾达·洛夫莱斯早在 19 世纪 40 年代就提出了建造这类机器的可能性，但巴贝奇的"引擎"从未真正启动，所以汤姆森描述了他自己的理论设计。这本书俗称"T 与 T'"，这两个符号分别指代汤姆森（T）和泰特（T'）。

麦克斯韦很快就有了属于他的绰号：dp/dt。它来自泰特 1868 年的著作《热力学纲要》中的热力学第二定律的表达形式 $\frac{\mathrm{d}p}{\mathrm{d}t} = JCM$，而 JCM 恰好是詹姆斯·克拉克·麦克斯韦英文名字的首字母。[符号 p 代表"压力"，J 代表"焦耳当量"（热功当量），C 代表"卡诺函数"，M 与热量有关，今天通常写作 dQ/dV。]这个绰号实至名归，因为麦克斯韦也对气体动力学理论的创立有所贡献，泰特可能想以这个方程表达对麦克斯韦的敬意。麦克斯韦的妻子凯瑟琳帮助他做了一些关于热和颜色的实验，保持火势并调节温度，做好实验观察和记录。[3]

虽然四元数和整体矢量微积分没有出现在《自然哲学论》中，但其中包含很多分量形式的方程。泰特在《四元数基础论》中重写了其中一些方程，缩减了它们占用的空间，他一定为此感到非常高兴。

由于其中一些应用是关于电和磁的，他立即建议麦克斯韦研究书中关于纳布拉的最后二三十页。他的信表明，麦克斯韦对关于"∇的把戏"已有所了解。事实上，在麦克斯韦 1865 年发表的论文中，他已经用 ∇^2 作为拉普拉斯算子的简写了。但他正计划撰写一部关于电和磁的不朽巨著，总结他用以建立电磁学理论的所有已知的实验和数学结果。然后，他打算将其与主流物理的超距作用理论进行比较。在阅读泰特的书时，他对四元数微积分发展中蕴含的可能性而兴奋不已。

当他为《自然》杂志撰写汤姆森和泰特这部"伟大著作"的评论时，他为其中没有讨论任何矢量规则而感到遗憾，尤其是作者之一还是"汉密尔顿的狂热门徒"。当然，汤姆森可不是什么门徒！他认为，四元数和整体矢量微积分只是分量方程的简写，就像麦克斯韦在 1865 年的论文中建立他的电磁场方程时所做的那样。但在 19 世纪 70 年代初麦克斯韦发明矢量微积分后，他告诉泰特，汤姆森似乎没有意识到它是"一把所向披靡的火焰之剑"，能贯穿整个空间，而分量形式不过是笛卡儿蛮力推进的"攻城槌，只会一味地向西和向北推进"。[4]

第 7 章 从四元数到矢量的缓慢征程

麦克斯韦不时地向他和泰特的童年好友刘易斯·坎贝尔通报研究进展，"我已转投四元数"，并且开始在《电磁通论》中使用它们。麦克斯韦告诉坎贝尔，他正在"研究汉密尔顿"，因为"我想在我的书中保留汉密尔顿的思想，但不将运算写成汉密尔顿的形式，因为我认为我和公众都还没有准备好。现在汉密尔顿的矢量概念的价值是无法形容的"——好得无法形容！[5] 他在一篇题为《关于物理量分类的注记》的论文中解释了这一点，该文于 1871 年 3 月 9 日投稿给伦敦数学学会。（顺便说一下，在学会 4 月 13 日的会议上，主席以简短且充满赞誉但对逝者来说当之无愧的悼词开场，悼念于 1871 年 3 月 18 日去世、终年 64 岁的德摩根，他是汉密尔顿的老朋友，也是现代符号代数的先驱。）

麦克斯韦在这篇论文中首先论及，必须对因科学进步而产生的日益增长的物理量进行分类，并指出如果这样的分类是通过数学类比得出的，则它可以帮助解决与已知问题有相同方程形式的新问题。我们之前看到了振动弦和麦克斯韦电磁波的波方程之间的类比、汤姆森用傅里叶的热流分析与对法拉第的场线或"力线"进行的类比，以及麦克斯韦的流线类比。麦克斯韦也提到了汤姆森，他接着说，汉密尔顿将物理量划分为标量和矢量，从而提供了比类比法更基本的分类方法。麦克斯韦认为这一创新硕果累累，使四元数的重要性堪与笛卡儿发明坐标系相媲美。他说得很对，因为对于现代物理学家、工程师和数据科学家来说，四元数和矢量（以及它们的张量拓展）是他们描述和分析物体占据物理空间和数字空间方式的基础。回顾过去，"见证"一个像汉密尔顿四元数这样的全新想法是如何形成的，并凭借后见之明观察有谁认识到它的重要性而谁没有，这种感觉真的很迷人。

麦克斯韦接着定义了矢量的两个新子范畴：力和通量。他说，力是与长度或距离相关的矢量，如同曲线积分，而通量（如磁感应通量）是与面积或曲面积分相关的矢量。就像我在第 6 章中概述的那样，他在 1865 年的论文中使用了分量形式的散度定理和斯托克斯定理，并将这些积分与导数联系起来。然而，到了 1871 年，他发现汉密尔顿的纳布拉算子∇能以整体矢量和矢量场的形式定义这些物理量。我们很快将看到这些纳布拉运算，麦克斯韦认为它们非常重要，并给它们取了特殊的名字："散度"、"旋度"和"梯度"。下面让我们花点儿时间看看麦克斯韦选择这些名字的原因。

名字的力量

数学的强大力量在于其视觉符号，但当你看到这些符号时，你也需要在脑海中浮现出它们的名字。1870年晚秋，麦克斯韦在给泰特的信中首次尝试了给符号命名："我只给出了一些未经加工的名字。如果能有一个优秀的学者将它们雕凿得更完美且站住脚就好了。"[6]

他的第一个建议是："∇作用于标量函数的结果可以被称为斜率。"这就像直线 $y = mx + c$ 的斜率 $m = \dfrac{dy}{dx}$，当你将∇作用于标量函数，比如电势（或电压）或力的势能时，你同样是在求导数。我们通常认为标量只是数字，但如果函数的取值不依赖于你所用的坐标，它们也可以是标量。再举一个例子：压力和温度是标量，所以压力或温度的函数是标量函数。然而，正如我在第6章中所示，$F = \nabla V$（及其现代矢量形式 $\boldsymbol{F} = \boldsymbol{\nabla} V$）意味着力的分量 $\dfrac{\partial V}{\partial x}$、$\dfrac{\partial V}{\partial y}$、$\dfrac{\partial V}{\partial z}$ 类似于直线的斜率 $\dfrac{dy}{dx}$。今天我们将 $\boldsymbol{F} = \boldsymbol{\nabla} V$ 读作"F 等于梯度 V"，其中梯度的英文"grad"是"gradient"的缩写形式，也是"斜率"的另一种叫法。所以，麦克斯韦的术语确实站住脚了，它显示了标量函数是如何在空间内变化的。

随后，麦克斯韦谈到了当你将∇作用于矢量时会发生什么。我通常用黑体字表示矢量，以方便读者阅读；但正如我指出的那样，它本质上与四元数形式是相同的，现代矢量基和汉密尔顿的虚数基之间的差异只体现在标量积中。这是因为，根据虚数的定义，$i^2 = -1$，而 $\boldsymbol{i} \cdot \boldsymbol{i}$ 被定义为等于1，这一点同样适用于 j 和 k。所以，每当你取两个以汉密尔顿的四元数形式表达的矢量的标量积时，比如：

$$v = v_1\mathrm{i} + v_2\mathrm{j} + v_3\mathrm{k}, \quad w = w_1\mathrm{i} + w_2\mathrm{j} + w_3\mathrm{k}$$

你也是在对基量做乘法。这意味着，使用汉密尔顿的标量积符号（泰特和麦克斯韦也在使用），你将得到

$$S.vw = v_1w_1\,\mathrm{i}^2 + v_2w_2\,\mathrm{j}^2 + v_3w_3\,\mathrm{k}^2 = -(v_1w_1 + v_2w_2 + v_3w_3)$$

所以，汉密尔顿标量积和现代标量积的唯一区别就是前面的负号：$S.vw = -v \cdot w$。同样，∇ 算子和 v 的标量积是 $S.\nabla v = -\nabla \cdot v$。麦克斯韦建议我们将其读作矢量场 v 的"收敛"，但你可能会认出 $\nabla \cdot v$ 是 v 的"散度"（这个名称后来才引入），因为当你去掉负号时，你的矢量会发散而不是收敛（如图 7-1 所示）。这样一来，麦克斯韦的名称实际上也就站住脚了。

在他的《电磁通论》中，麦克斯韦利用图 7-1b 来说明收敛。他用这个想法告诉我们，"测试电荷上的电力"的散度等于电荷密度 ρ 的 4π 倍。他称这一散度为"电动强度"，记作 $\mathfrak{E}$，现在被称为"电场"，记作 E。（汉密尔顿在命名矢量时选择了希腊字母，在用无可用之后，他只得"不太正统地"使用了德语大写字母，如 $\mathfrak{E}$。）麦克斯韦在图 7-1 的说明文字中给出了这个方程的分量形式。但他同时也给出了一个整体矢量版本，忽略了汉密尔顿标量积中烦人的负号：

$$\rho = S.\nabla \mathfrak{D}$$

由于他已经定义了 $\mathfrak{D} = \mathfrak{E}/4\pi$，用现代符号可表示为：

$$4\pi\rho = \nabla \cdot E$$

（$\mathfrak{D}$ 正是麦克斯韦所谓的"电位移"，但这里我们主要考虑的是方程，而不是物理细节。）[7]

（a）正散度　　　　（b）负散度（=收敛）　　　（c）零散度

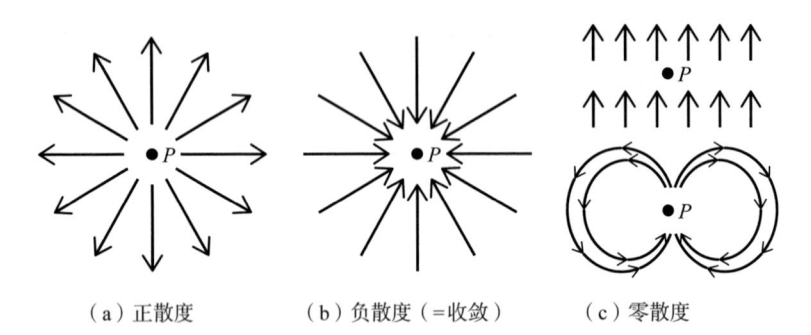

图 7-1　散度。比如，库仑定律告诉我们，如果在点 P 有一个带正电的粒子，你在点 P 周围的场中的不同位置放置单位正电荷，则此时电场力的方向如图（a）中箭头所示。远离点 P 时，力会根据平方反比定律减小，箭头的密度也会变小。如果测试电荷带负电，它会受到点 P 的正电荷吸引，你将看到图（b）所示的情况。在他的《电磁通论》第一卷（第 77 条）中，麦克斯韦利用高斯的观点（即库仑定律与通量有关），将这个定律写作如下形式：

$$\frac{\partial X}{\partial x} + \frac{\partial Y}{\partial y} + \frac{\partial Z}{\partial z} = 4\pi\rho$$

此处方程左边是电场力（他将其分量写作 X、Y、Z）的散度，ρ 是场的电荷密度。图（c）中的下图看起来就像图 6-4a 中所示的条形磁铁周围的力线。我们即将看到，麦克斯韦的另一个方程表示出磁场的散度为零

我们很快就会看到这种现代符号转换是怎样发生的及为什么会发生，但现代读者可能已经对矢量微积分和麦克斯韦方程有所了解，所以我试图将相关的历史过程与你们可能知道的内容联系起来。关键在于，在这些符号形式中，最引人注目的是物理量：电荷密度和发散的电场。相比之下，如果你以如图 7-1 所示的分量形式写出同样的方程，则你强调的是数学而不是物理学。这就是为什么麦克斯韦写信对泰特说，与汤姆森等"异端者"的观点相反，"四元数的优点并不在于解决难题，而在于让我们能够看到问题和解的意义"。[8]

麦克斯韦用符号 $\mathfrak{B}$ 表示"磁感应"，今天我们通常称之为磁场矢量 **B**。对于一块静止的磁铁，所有场线都始于磁铁的北极，终于南极（如

图 7–1c 所示），因此，在磁铁周围的闭曲面上没有净磁通量，这说明磁场矢量 *B* 的散度为零。另一种说法是，与电荷或负或正的带电粒子（如电子或质子）不同，自然磁铁总是有两个极。没有人检测到自然发生的磁单极子，尽管人们已经在实验室的虚拟量子层面上将其创造出来了。人们也根据保罗·狄拉克 1931 年的工作证明它们理论上也出现在弦论中。（我和我的同事托尼·伦一直在探索引力磁单极子的存在。[9]）

麦克斯韦以分量形式给出了他的磁场散度方程（但没有具体地说到散度或收敛：纳布拉和 $\mathfrak{B}$ 的标量积等于零，即 $S.\nabla\mathfrak{B} = 0$ 或者 $\nabla \cdot \boldsymbol{B} = 0$。但我们马上就会看到，他确实也给出了一个等价的整体矢量形式的方程。[10] 不过，他必须首先为纳布拉的矢量积命名。

按照矢量积的右手规则，如果你的手指从一个方向朝另一个方向弯曲，你的拇指指向就是矢量积（或叫叉积）的方向。事实证明，这种弯曲运动在物理学上也是有意义的，因为如果你的手指（一个刚体）围绕你的拇指（固定轴）旋转，则纳布拉和刚体上任何一点速度的矢量积的方向即为轴向（如图 7–2 所示）。所以，纳布拉的矢量积与旋转有关。在给泰特的信中，麦克斯韦给这个操作取了几种可能的名称，包括"旋转"（twirl），他认为这个名字"十分活泼"，尽管可能"对纯数学家来说动感太强"。所以他说，"为了凯莱着想"，不如用"弯曲"。凯莱创造了有关"卷轴"或"斜曲面"的数学，它们就像你可能在弦线雕塑中看到的扭曲的直纹面。当然，当你卷起它时，你会"弯曲"一个卷轴。在他的《电磁通论》的第 25 条和第 26 条中，麦克斯韦选择用"旋度"为 $\nabla \times$ 这一操作命名，尽管他"非常犹豫"，但这个名字也算站住脚了。

在电磁场方程中，麦克斯韦将他的一个旋度算子表达为：

$$\mathfrak{B} = V.\nabla\mathfrak{U}$$

（现代表达式为 $\boldsymbol{B} = \nabla \times \boldsymbol{A}$。）

他的 $\mathfrak{U}$ 和现代记号 *A* 代表磁场 *B* 的矢量势。第 6 章中描述的标量势（比如电压）具有与功和势能相关的物理解释。然而，电磁场的矢量势

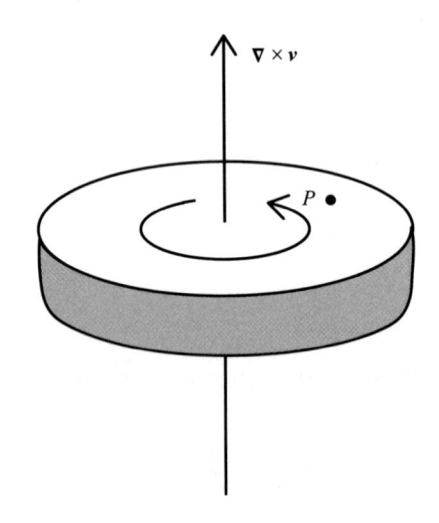

图 7–2　在任意点 P 上，旋转圆盘的速度旋度的方向如图所示

本质上是一个数学量，通过斯托克斯定理与磁场相关。[11] 正如麦克斯韦从泰特的工作中得知的那样，旋度的散度总是零。因此，这个方程实际上等价于 $S.\nabla \times \mathfrak{B} = 0$（或 $\nabla \cdot B = 0$）。[12]

麦克斯韦的《电磁通论》中还包括其他旋度方程，它们共同导出了麦克斯韦方程中著名的旋度方程，我们将在下一章看到它们的现代形式。此时让我们暂停片刻，因为我们可能很难充分理解，麦克斯韦以整体矢量形式书写他的电磁理论是一项多么伟大的突破。这将对我们的故事产生巨大的影响，特别是对于物理学，它也将极大地影响我们理解宇宙的方式。

整体矢量的力量

1872 年 10 月 19 日，在检查《电磁通论》的校样时，麦克斯韦向他的老朋友坎贝尔解释说，他的出版商克拉伦登出版社平均每 13 周可以出版 9 页。这又一次反映了当时的技术状况。那时每页书稿都必须手动逐字排版，校对也很费时费力。但麦克斯韦告诉坎贝尔，他们共同的朋友泰特"帮助我发现了很多错谬之处"。[13]

麦克斯韦的《电磁通论》最终于 1873 年出版。同年，他在伦敦皇家学会做了一次特别讲座，以纪念詹姆斯·瓦特这位极大提高了纽科门蒸汽机效率的 18 世纪苏格兰工程师。托马斯·纽科门设计蒸汽机的初衷是从矿井中抽水，但瓦特改进的蒸汽机应用更广泛，推动了工业革命的爆发。麦克斯韦谈到，由于这些新工业的发展，我们的社会和就业状况变得日益复杂，并提醒听众不要在"机械的嘈杂和业务的紧迫"中忘记了生活更简单、更"高尚"的一面。[14]

图 7–3　詹姆斯·克拉克·麦克斯韦的雕像，于 2009 年在爱丁堡建成。忠实的爱犬托比趴在他的脚旁，他手持曾经帮助他理解彩色视野与彩色照相本质的调色盘

至于整体矢量的优点，麦克斯韦于1873年在《自然》杂志上刊发的有关泰特四元数的新书评论中指出，尽管计算对于数学工作至关重要，但数学家远非简单的计算机器（或者牛顿所说的"繁重的工作"）；相反，有创造力的数学家发明了省力的方法。尽管汤姆森认为四元数和矢量只是将已有的方程简化了，但麦克斯韦指出"四元数或矢量运算确实是一种数学方法，但它也是一种思考方法"，而不仅仅是一种创造性的节省计算劳动的工具。[15]

1870年，泰特因为两篇四元数论文（其中包括一篇关于物体围绕固定点而非图7–2中的固定轴旋转的论文），获得爱丁堡皇家学会颁发的基思奖章。与此同时，麦克斯韦也以一种幽默的方式提出了同样的观点。（这是一个困难的课题，具有开创性的女数学家索尼娅·科瓦列夫斯卡娅将于19世纪80年代后期因对此类运动的分析而获奖，并一举成名。与泰特不同，她使用分量而不是矢量运算方法，因为有关矢量运算的适用性当时仍有争议。）麦克斯韦在纪念泰特的演讲中说，数学家经常因为计算而筋疲力尽，以至于没有精力去思考，而"泰特是能让他通过思考来做到这一点的人，这是一种更高尚也更昂贵的工作方式，可以让他不会像求解一页页方程那样犯那么多错误"。麦克斯韦的揶揄式评价令泰特极为欣喜！[16]

麦克斯韦在《电磁通论》的开篇中简明扼要地指出，在"物理推理"而不是计算中，你应该看到的是作为整体的研究对象，而不是专注于它的坐标和分量。他在出版物和信件中反复强调一点：使用整体矢量微积分，你就可以看到你所做事情的物理意义，而不是完全迷失在计算当中。[17] 然而，除了泰特，似乎很少有人把这句话听进去了。

汤姆森或许是最著名的反对者。他甚至不接受麦克斯韦电磁理论的分量形式，并将其贬低为神秘主义，认为那些数学形式，缺少力学模型来具体解释电磁波是如何传播的。尽管他很聪明，也对麦克斯韦广泛的科学天赋有充分的认识，但他从未意识到如今支撑起物理中很多部分的数学"矢量场"的强大力量，它在生物学和其他学科中也有应用。即使在 19 世纪 90 年代海因里希·赫兹成功制造出了证实麦克斯韦理论的无线电波之后，汤姆森仍建议他的一位同事不要使用"矢量"这个词。他认为这对问题的几何简洁性毫无贡献，还很古怪地补充道："四元数是在汉密尔顿完成他真正出色的工作之后产生的。尽管它非常巧妙，但对那些接触过它的人来说，包括克拉克·麦克斯韦，都是邪恶之物。"[18]

19 世纪 90 年代，斯托克斯拒绝在课堂上讲授麦克斯韦的理论，爱因斯坦年轻时遇到的教授们也是如此，部分原因在于，该理论不久前才开始在德国崭露头角（这要归功于赫兹等说德语的人）。爱因斯坦不得不逃课自学，并在几年后将麦克斯韦方程纳入了他在 1905 年提出的著名的狭义相对论中。他也谈到了矢量，尽管只用了它的分量形式。然而，10 年后，他将在介绍广义相对论的论文中，以现代整体矢量形式和张量形式重写麦克斯韦方程组。

我们稍后还会看到爱因斯坦更多的工作。但在这里我们只需要关注，麦克斯韦的电磁理论和矢量分析方法经过了漫长的时间才被广泛接受。他于 1865 年发表了该理论，并在 1873 年的《电磁通论》中以矢量分析的形式予以表达，但在当时好像没有人真正关注他的理论。

潮流开始转变

1873 年，麦克斯韦（和泰特）42 岁，而崭露头角的威廉·金登·克利福德刚刚 28 岁。同汉密尔顿一样，克利福德小时候也是个神童。后来，他以"三足凳"考试第二名的成绩从剑桥毕业；同麦克斯韦一样，他更愿意学习自己感兴趣的东西，而不是为了在"三足凳"考试中胜出而死记硬背。他对亚瑟·凯莱和詹姆斯·西尔维斯特的前沿代数研究特别感兴趣。麦克斯韦是一位出色的骑手，擅长游泳但泳姿不太优雅（泰特则更喜欢打高尔夫）。同麦克斯韦一样，克利福德也是一名相当优秀的运动员，他的力量惊人，可以做单臂引体向上。他了解麦克斯韦和泰特的工作，于是三个人成为好友，时常在英国科学促进会和伦敦及爱丁堡皇家学会的各种会议上碰面。[19]

要获得牛津和剑桥大学的教职，需要宣誓加入英国国教，为抗议这种规定，德摩根选择到伦敦大学学院这座非宗教大学任教。1877年，克利福德在该校以四元数为主题做了一系列讲座。同年，克利福德在围绕科学和宗教的激烈辩论中采取了有争议性的立场，他撰写了宣扬无神论的文章，暗示我们在相信某事之前应该找到确凿的证据，而光靠信仰是不够的。[20]

1878年，克利福德在《动力学要素》一书中使用了矢量代数方法。尽管他是一位纯数学家，但他强调矢量在动力学（即由于力而产生的运动）研究中的重要性。（在这个过程中，他用现代术语"散度"取代了麦克斯韦的负"收敛"。）在对克利福德的书所做的评论中，泰特赞扬了麦克斯韦的巨著《电磁通论》，称其或许是除了四元数专业文献之外，第一部在物理学中推广使用矢量方法的著作。这正是我在麦克斯韦身上着了这么多笔墨的原因，他的《电磁通论》是矢量故事的转折点。泰特接着说，克利福德进一步"将这项重要工作推进了一大步，哪怕仅仅出于这一原因，我们也希望他的书受到广泛欢迎"。泰特和麦克斯韦一样有一种俏皮的幽默感，他揶揄克利福德使用"Dynamic"而不是"Dynamics"。① 此外，他对克利福德引入了太多不必要的古怪新术语感到遗憾，尤其是克利福德没有充分利用纳布拉算子，这就好像他在四元数之路上走过了相当长的一段路后突然停下来了一样。[21]

克利福德在19世纪70年代创作的各类著作，不仅使他成为汉密尔顿、泰特和麦克斯韦思想的继承者，也成了格拉斯曼理论的继承者。他是极少数仔细研究了汉密尔顿和格拉斯曼成果的人之一。他创造了一种新的代数，将这两种方法结合起来，并称之为"几何代数"。这种代数

---

① 这两个词都有"动力学"的意思，但dynamic更经常作为形容词出现，而在说到动力学时，正式文本中大多用dynamics。——译者注

围绕一个"几何积"构建,这个积结合了汉密尔顿的标量积(格拉斯曼的内积)和格拉斯曼的外积(汉密尔顿三维矢量积的一般形式)。下面是克利福德的几何积的现代符号表达形式(同麦克斯韦和泰特一样,克利福德用汉密尔顿的 S 和 V 分别表示标量积和矢量积,他们都没有使用现代的黑体矢量标记法):

$$ab = a \cdot b + a \wedge b$$

$\wedge$ 叫作"楔形积",在三维空间中 $a \wedge b$ 等同于叉积 $a \times b$。正如我在第 4 章中说明的那样,汉密尔顿的完整四元数积也是这两种类型的矢量乘法的组合,其中 w 和 a 分别是四元数 P 和 Q 中的标量部分,而 p 和 q 是矢量部分:

$$PQ = wa - p \cdot q + wq + ap + p \times q$$

但它仅适用于三维空间。

对于日常三维世界中的物理学,克利福德也像麦克斯韦那样发现,单独的标量积和矢量积比全四元数积更有用,而这是走向现代矢量分析的又一步。但从本质上说,克利福德是一位纯数学家,出于兴趣及对未来应用的预测,纯数学家喜欢尽可能地推动数学的发展。对这样的数学家来说,四元数的有趣之处在于,除了乘积不遵从交换律之外,它们遵循所有的常规代数法则,比如结合律、分配律等。而且,就像在普通代数中一样,你也可以用它们来做除法运算。在数学术语中,这意味着四元数 q 有一个"逆",即 q^{-1},使得 $qq^{-1} = 1$,此处 1 为四元数 $1 + 0i + 0j + 0k$。[22] 比如,在表示旋转的四元数框架中,逆反转了旋转的方向。逆在解方程时也很重要。你或许是因为一些矩阵方程而知道这个概念的,比如 $AX = B$,如果矩阵 A 确实有逆,则方程的解是 $X = A^{-1}B$。

但问题是,仅使用矢量积是没有逆的,所以我们需要使用完整的四元数积。同样,克利福德的完整几何积也有逆。正如四元数最终被证明对于计算三维空间内的复杂旋转非常有效一样,现代数学家已经意识到，几何积能使你更高效地完成许多矢量运算。[23]

1877 年，成就被低估的格拉斯曼告别了这个世界，终年 68 岁。他试图统一他和汉密尔顿的系统，这真是一种苦涩的讽刺。但他并没有就此被遗忘，克利福德用自己的方法率先完成了这两种系统的统一。但在那个时候，也没有很多人关注克利福德。

10 年后，意大利数学家朱塞佩·皮亚诺发现了格拉斯曼的《线性扩张论》，并发表了他自己的总结和扩展，其中包括对矢量空间的第一个现代公理化定义。这让矢量的概念超越了直观的模型（如箭头或分量列表），变得更加抽象，作为矢量空间的元素，其结构通过与实数的类比来定义。我们此前看到了汉密尔顿和他的朋友奥古斯塔斯·德摩根在代数法则上的早期工作，皮亚诺的这种结构意味着，在做矢量加法和用标量乘矢量时，封闭性、交换律、分配律和结合律均成立，并且存在单位元和加法逆元。我们的故事不需要细节，只需要知道矢量的抽象程度超越了教科书中的箭头。皮亚诺的话语也没引起多少关注，但他和克利福德的工作体现了格拉斯曼理论的命运转折，这是数学家追求更严格定义的开始。

跨文化插曲

除了四元数，克利福德、泰特和麦克斯韦之间还有一些有趣的联系，这有助于将他们的工作和生活的时代置于更广泛的科学和文化背景中。

克利福德是著名小说家、评论家乔治·艾略特及其伴侣乔治·刘易斯的朋友。克利福德和他的文学家妻子露西经常参加艾略特和刘易斯牵头的闻名遐迩的周日下午聚会，那里聚集着作家、科学家、哲学家和对这些感兴趣的一众朋友。同刘易斯一样，艾略特对科学和数学也很感兴趣。她在 19 世纪 50 年代"为女士们"开办的成人班里学习了几何。1882 年，泰特曾向凯莱抱怨，他"实际上被迫"为"女士们"做了一系列讲座；但可以想象，问题在于他的工作量，而不是女性。到了19世纪70年代，艾略特开始学习非欧几何，对此我们将在第10章中做进一步介绍，克利福德也在这方面有所建树。[24]

说到刘易斯，他是一位哲学家、评论家、传记作家，也非常擅长讲故事。1873年，他正在写一本新书——《生命与心灵问题》(*Problems of Life and Mind*)。这是一次经验主义的法医式探索，探讨意识可能的生物学基础，是当时"新心理学"研究的一部分，它应用现代科学方法讨论长期存在的"身心问题"，即对意识（心灵）与大脑（身体）之间的关系进行探讨。正如我们所见，对数学和物理来说，19世纪是一个非凡的创造性时期；但正如麦克斯韦在1856年对他的学生所说的那样，物理是最简单的科学，它没有告诉我们关于情感、精神或我们生活中的其他"更高"层次的真相。刘易斯想将物理中的经验主义和科学严谨性应用于对心理学的生物学研究，以此探索"更高的层次"。

然而，与物理学的突飞猛进式发展相比，生物学的进步一直障碍重重。在生物学中，与分解化合物和拆分电路相类似的还原方法带来了严重的性别歧视和种族主义后果。比如，发现女性的大脑比男性小，这被认为可以用来证明她们不适合从事繁重的智力工作。在这种假设前提下，萨默维尔和热尔曼备受煎熬。尽管她们最终克服了困难并且取得了成功，但大多数女性都放弃了尝试。同样的伪科学也加剧了种族主义。即便是19世纪生物学领域最耀眼的成果——自然选择的进化论，也被用于"证明"穷人、女性和非欧洲人是劣等人种的种族偏见。查尔斯·达尔文是艾略特和刘易斯的朋友，赫伯特·斯宾塞也是，他被公认为最恶劣的"社会达尔文主义者"，但他更有可能是一个信仰"自由主义"的功利主义者。他还是一位哲学家和富有开创精神的社会学家，但麦克斯韦和泰特认为，从斯宾塞的形而上学可以看出，他对物理的理解有限。[25]

然而，刘易斯对最前沿的物理了如指掌，而且曾在他的《生命与心灵问题》中恰当地引用了泰特和麦克斯韦的科学著作。时至今日，他的工作仍然影响着关于身心的辩论；同所有治学严谨的学者一样，他请泰特帮他审读校样。泰特在阅读校样之后，将自己的评论发给了刘易斯（和艾略特）的出版商、办公室设在爱丁堡的约翰·布莱克伍德，并在说明中补充道："我发现这是一场相当艰苦的阅读之旅，比分析（数学）公式还要难读得多。但它非常有趣，肯定会激怒所谓的形而上学主义者。"不幸的是，布莱克伍德认为它太艰涩了，所以刘易斯不得不另寻出版商。[26]

泰特不仅作为刘易斯的审稿人结识了布莱克伍德，两人有时还一起打高尔夫球。在一次比拼后，泰特向布莱克伍德展示了麦克斯韦写给他的一首诗，麦克斯韦在诗中对最近在贝尔法斯特举行的英国科学促进会会议上的主席致辞做了总结。麦克斯韦和克利福德参加了这次会议，但泰特没去。会议的主要议题是进化论及原子的科学地位。这是在1874年，即电子被发现的25年前和原子核被发现的近40年前。麦克斯韦赞同原子的概念，但他不是唯物主义者，他用极富讽刺意味的幽默，辛辣地嘲讽了在"我们那些无能的贵族"之间展开的永无休止的"英国驴"式讨论。你从这首诗的开头几行就能看出它的基调：

> 在科学的起源之日，牧师们，当时管理事务的人，
> 心灵手巧地用锤子和凿子，依据人类的形象制造神明……[27]

这首诗继续说道：最终我们掌握了商业和世俗的权力。最后，原子"取代了恶魔和神"，成为"质量和思想的单元"，这种"无结构的细菌"可以让我们"继承野兽、鱼和蠕虫的思想"。这首诗对科学和宗教都进行了抨击，或者更确切地说，它对当时双方的极端支持者之间的辩论进行了抨击。布莱克伍德非常喜欢它，甚至提出要把它刊登在著名的《布莱克伍德杂志》上。这本杂志长期连载刘易斯的作品，也为乔治·艾略特作为小说家提供了起步的机会。事实上，布莱克伍德当时刚在这本杂志上发表了她的杰作——《米德尔马契》，那个时代的许多小说都以连载的形式在杂志上首发。所以，麦克斯韦的匿名诗不乏著名作品的陪

伴。他对布莱克伍德的这一邀请感到吃惊。他告诉泰特，英国驴的私人"痉挛"不应该"随意地刻板化"，但最终他的"更好的一半"还是接受了邀请。[28]①

尽管他的诗讽刺了牧师和唯物主义者，但麦克斯韦对进化论的讨论做出了重要贡献，比如，他提出分子的大小会限制可遗传的信息量。（达尔文最初相信遗传是绝对的，一切都会作为一个整体传递下去，为此麦克斯韦发出了有关鱼和蠕虫思想的嘲讽。）尽管他拒绝了许多正式的宗教信仰，但麦克斯韦仍相信上帝创造了所有物质，身为无神论者的克利福德则认为，麦克斯韦限制了原子在进化中的作用。[29]

1878年，克利福德出版了关于矢量的重要著作。同一年，他还出版了《讲座与随笔》一书，其中包括关于物质、身心问题及科学方法论伦理学的文章。麦克斯韦被要求对其进行评审，但他发现这是一项棘手的任务，而且他当时身体状况不佳，导致这项任务比平常更难完成。他告诉坎贝尔，克利福德的《讲座与随笔》中有许多需要"痛击"之处，但他想委婉地表达自己的批评，因为"克利福德是一个好人"。[30]

所有这些争论，还有你来我往的睿智讽刺和谨慎批评，凸显了那个时代方兴未艾的科学思潮，以及所有领军人物的广泛参与，无论他们身处什么领域。然而，在矢量的问题上，这种思潮即将爆发，引起激烈的辩论。可悲的是，麦克斯韦和克利福德将无缘参与。

麦克斯韦和克利福德的诀别

当麦克斯韦评审克利福德的作品时，他的思维完全无法运转，这让他意识到自己的病情已十分严重。医生诊断他患有胃癌，只剩下一个月的时间。

---

① 更好的一半（better half），指配偶。——译者注

麦克斯韦于 1879 年年末去世，终年 48 岁。所有认识他的人都为过早失去这样一个开朗、温良的伙伴而震惊。正如坎贝尔所说，他"伟大的质朴"品格感动了每个人。赞誉如潮水般涌来。泰特写的讣告对麦克斯韦的生平做了总结，你可以从中看出他对这位童年朋友的喜爱和钦佩。泰特的传记作者和曾经的学生卡吉尔·诺特后来说道："泰特无限钦佩麦克斯韦的天赋，深深地爱着他，敏锐地欣赏他的古怪和幽默。"[31]

在剑桥三一学院为他举行了一场感人的葬礼后，麦克斯韦的遗体被运回格伦莱尔老家安葬，他至今仍躺在家附近教堂孤寂的墓地中。

* * *

克利福德也故去了，他在 1879 年年初因肺结核病故，年仅 33 岁。多年后，剧作家乔治·萧伯纳对露西·克利福德说，她的丈夫比任何人都聪明，除了阿尔伯特·爱因斯坦，他甚至还补充说："连我都不如他！"[32]

坎贝尔为他的童年朋友麦克斯韦写了一部充满温情的传记，书的最后一页是一篇他对麦克斯韦和克利福德两人的致敬文章，曾发表在《蓓尔美尔公报》上。援引这篇文章的其中一段作为这一章的结尾真是再恰当不过了（我们将在下一章遇见继承他们衣钵的年轻人）："所有在这些问题上拥有发言权的人一致同意，麦克斯韦的名字应排在这一名单的最前面。"他有一种罕见且极有影响力的天赋，这种品质是他与"前辈法拉第……以及同为数学家的克利福德……所共有的，他们的智慧表现与麦克斯韦本人十分相似"。如果他们能活得更加长久，谁能想象得出他们还将取得何等成就啊。

第 8 章

矢量分析终于到来，以及关于四元数的"战争"

毋庸置疑，麦克斯韦无法见证受到他的《电磁通论》激励的年轻人取得的成就。这个信徒团体被称为"麦克斯韦派"，成员包括：乔治·菲茨杰拉德（他从麦克斯韦方程推导出一种理论上探测电磁波的方法），他的朋友和合作者奥利弗·洛奇，还有海因里希·赫兹。洛奇和赫兹各自在实验室中独立制造出电磁波，首次用实验证实了麦克斯韦的理论。赫兹于 1888 年展示了他的结果，而可怜的洛奇准备在即将到来的英国科学促进会会议上演示自己的发现，却发现已经有人捷足先登了。[1]

1901 年，随着技术的突飞猛进，古列尔莫·马可尼及其团队成功发送了第一批长途电报信号。这些信号能够跨越大西洋上空，而不是像威廉·汤姆森那样通过海底电缆传输。无线时代由此诞生。事实上，马可尼的信号是通过麦克斯韦曾经的学生安布罗斯·弗莱明设计的发射器发送的。

然而，在我们的故事中，古怪的电报员奥利弗·赫维赛德更为关键，因为他成功地将麦克斯韦的整体矢量方法扩展并转化为现代矢量分析。

19 世纪 80 年代，成千上万英里的电缆已经铺设完成，电报成为一种迷人的新技术，类似于 21 世纪初的信息技术。汤姆森报告说，在他任教的格拉斯哥大学的实验室课程中，争当电报工程师成了青年学生们追逐的潮流。然而，年轻的赫维赛德从未踏入大学之门。19 世纪的新技术爆炸带来了一些负面影响，比如工匠的生计减少，其中包括赫维赛德的木版雕刻师父亲，他的技能受到了可复制图像的新摄影技术的挑战。他的母亲试图通过经营一所小型学校来维持一家人的生计，但赫维赛德在贫困的边缘挣扎着长大，对充斥着狡诈的商人和酒吧的伦敦街道深恶痛绝。[2]

继两个哥哥之后，他16岁时也成了一名电报员，为他的姨父查尔斯·惠斯通工作。惠斯通在19世纪30年代与人合作设计了最早的电报系统之一，并娶了赫维赛德的姨妈。在大约一年后的1868年，赫维赛德在新成立的英国–丹麦电报电缆公司找到了一份工作，负责测试线路的信号传输速度。他对电力及其测量技术越发着迷，这促使他学习了很多相关知识。赫维赛德发现汤姆森有关电报信号传输的早期理论对他特别有帮助，他已然不是一名普通的电报员了。

赫维赛德深刻的思考获得了回报。他发表了一篇论文，事实证明，这是他走上庄严的学术之路的通行证。该文讨论了如何使用惠斯通电桥，它是一种测量电阻的装置，以他姨父的名字命名，惠斯通改进并推广了塞缪尔·克里斯蒂的原始设计。你需要准确地测量电阻，这样才能调节信号，确保电缆不会过热。汤姆森对赫维赛德的论文印象深刻，甚至亲自向他表示祝贺。

麦克斯韦为此也十分动容。幼年赫维赛德生活困苦，罹患猩红热导致他部分失聪，这让他本不容易的人生雪上加霜。但他满怀信心，给麦克斯韦寄去了一篇论文。这篇论文于1873年2月发表，当时麦克斯韦的《电磁通论》正处于付印的最后阶段，但他在最后一刻添加了对赫维赛德论文的引用，并对其关键结果做了概述。那一年的晚些时候，赫维赛德在阅读《电磁通论》时备感震撼。这不仅是因为书中提及了他的工作，也是因为他对麦克斯韦著作的深度与广度感到敬畏。"我看到了它的伟大，比其他著作更伟大，它是最伟大的。"他热情洋溢地评论，并开始学习和掌握它。[3]

赫维赛德多年来获得了大量电学知识，再加上与他的兄弟亚瑟的合作,这使得他的职业生涯蒸蒸日上。但在 1874 年,24 岁的他突然辞去了工作,回到父母身边。没有人知道他这样做的确切原因。有人认为,这可能是他易怒的个性导致其作为雇员的生活变得很困难,但也有可能是因为他沉迷于电学理论与麦克斯韦的《电磁通论》,并且需要时间学习与撰写论文。[4]

无论是何原因,赫维赛德终身未婚,过着越来越孤独的生活,把全部精力都放在撰写有关电气和电报理论的越来越复杂的文章上,尤其是为行业周刊《电工》撰稿。他关于麦克斯韦理论的第一篇论文《论电流的能量》发表于 1883 年。

他还写了有关数学的论文,其中包括矢量分析,这是他最初在麦克斯韦的《电磁通论》中发现的。赫维赛德为矢量引入了黑体字,他也因认为四元数实际应用价值很小而得罪了泰特。赫维赛德在他的著作《电磁理论》中讽刺地写道:

> 我认为,"四元数"曾被一位美国女学生定义为"一种古老的宗教仪式"。然而,这是完全错误的。古人与泰特教授不同,他们既不知道也不崇拜四元数。[5]

赫维赛德很风趣,即使在涉及技术时也是如此!他也很睿智,比如,他曾在解释麦克斯韦的创新电磁理论时中途停了下来,转而抨击那些以"吹毛求疵和拒不接纳的态度"批评这些创新理论的科学家。那些人对麦克斯韦多有抱怨,指责他以纯数学的方式提出其终极理论,却没有用物理模型说明电磁波如何从一个地方传至另一个地方。

像麦克斯韦一样,赫维赛德专注于矢量及其标量积和矢量积,而不是四元数;但他走得更远,摒弃了将矢量作为四元数虚部的一切观点。"我从未理解过它,"他说,"读者应该在矢量分析中彻底摒弃与虚数 $\sqrt{-1}$ 有关的任何想法。"[6] 毕竟,无论你使用虚数基还是实数基,矢量的分量都是相同的。于是,在赫维赛德的努力下,汉密尔顿的虚数基 i、j、k

变成了今天的 i、j、k。

通过将 i、j、k 定义为实单位矢量（自身平方为1，而不是像单位虚数的平方那样得到−1），我们摆脱了汉密尔顿标量积中的负号。这个不必要的符号一直让麦克斯韦很烦恼，但赫维赛德把它处理掉了。"矢量的平方怎么可能是负数？"赫维赛德问道，并诙谐地补充说，"汉密尔顿对此肯定持正面态度。"他那玩世不恭的态度或许反映了他作为外行人的身份：总的来说，物理学家看不上他，因为他没上过大学；实干派也看不上他，因为他们认为理论化是贵族的禁脔。[7]

相比之下，麦克斯韦派是显著的例外，汤姆森也是如此。在1888年英国科学促进会的巴斯会议上，大失所望的洛奇在德国人赫兹捷足先登的阴影下展示了他发现的电磁波，以及如何解释麦克斯韦理论。洛奇、菲茨杰拉德和汤姆森都知道并且十分欣赏赫维赛德在这方面的工作，以至于会议的官方记录指出，"每个人都对赫维赛德先生的缺席感到遗憾。"作为一位独行侠，赫维赛德本人无意参加任何科学聚会，但物理学家总算注意到他了。[8]

赫维赛德对麦克斯韦方程做出的著名改变

巴斯会议的讨论涉及麦克斯韦理论的物理解释和方程。包括汤姆森在内的一些人认为，麦克斯韦理论确实有令人印象深刻的数学表达，但缺乏电磁波传播的物理模型。但赫维赛德一直在思考另一个问题。作为一名电报员，他将无线电信号视为电能，并想要发送不失真的信号。麦克斯韦曾经撰写了有关电场能和磁场能的内容，赫维赛德将其符号从 $\mathfrak{E}$ 和 $\mathfrak{B}$ 变成了现代版本的 E 和 B。但麦克斯韦显然更喜欢"势"的优雅的数学表达式，而没有直接强调物理场。

如同我在第7章中展示的那样，麦克斯韦选择用矢量势来表示磁场：

第 8 章 矢量分析终于到来，以及关于四元数的"战争"

$$\mathfrak{B} = V.\nabla\mathfrak{U}$$

（如果用现代符号表示，则为 $\boldsymbol{B} = \nabla \times \boldsymbol{A}$。）

其中麦克斯韦的 $\mathfrak{U}$ 和现代的 $\boldsymbol{A}$ 代表电磁场的矢量势。这是一种简洁的数学表达，因为你随后即可使用矢量分析恒等式，比如旋度的散度永远为零，推导下面的方程。在这种情况下，$\boldsymbol{B}$ 的散度为零，即 $\nabla \cdot \boldsymbol{B} = 0$；或者像赫维赛德写的那样，div $\boldsymbol{B} = 0$。（像克利福德一样，赫维赛德将麦克斯韦的"收敛"改为现代的"散度"，而且他将 $\nabla \times \boldsymbol{A}$ 写成 curl $\boldsymbol{A}$。）

同样，麦克斯韦使用牛顿的点符号作为时间导数的简写，将电场表示为

$$\mathfrak{E} = V.\mathfrak{E}\mathfrak{B} - \dot{\mathfrak{U}} - \nabla\Psi$$

如果用现代符号表示，则为

$$\boldsymbol{E} = \boldsymbol{v} \times \boldsymbol{B} - \frac{\mathrm{d}\boldsymbol{A}}{\mathrm{d}t} - \nabla\phi$$

其中 Ψ（或 ϕ）表示电势或电压，$\boldsymbol{v}$ 表示任何带电粒子的速度，其运动对磁场有贡献（根据奥斯特的研究），从而对电场有贡献（根据法拉第的研究）。如果电场仅由变化的磁场产生，则 $\boldsymbol{v} = 0$。

赫维赛德承认，势的数学表达方法有时可能对计算有用，但他想直接深入电磁能的物理概念。他在方程中加入了一个势，从而引入了"势"的缩写，正如他使用"div"和"curl"来表示散度和旋度算子一样。他还俏皮地用双关语补充道：在这种情况下，"势……不再与壶相关，就像三角正弦与不可明说的东西无关一样。似乎没有必要这样说，但人不能太讲究了"。[1]相当正确！但在整理麦克斯韦方程与能量传输的

---

① 这里是在玩弄文字游戏。他用 pot 作为"势"（potential）的简写，但 pot 的英语意思是"水壶"；下一句，三角函数中的 sin 代表 sine（正弦），但 sin 的英语意思是"罪恶"。——译者注

关系时，赫维赛德"谋杀"了势，他就是这样告诉菲茨杰拉德的，而且他有充分的理由这样做。在《电磁通论》（以及 1865 年的原始论文）中，麦克斯韦用矢量势 $\mathfrak{U}$（或 A）推导出了他的光（或者任何电磁信号的）波动方程，而赫维赛德也证明了，当涉及分析电磁能量的传输时，这是不符合物理实际的。[9]

因此，赫维赛德现在的主要目标是重写麦克斯韦方程，令物质场 E 和 B 成为主要对象，就像它们今天那样。[10] 但他不知道的是，在 1868 年的一篇论文中，麦克斯韦就已经直接用场推导出了波方程。它非常简单，遗憾的是，麦克斯韦没有进一步采用这种方法。正是赫维赛德这位自学成才的独行侠，将这种方法带入了主流科学界。[11]

事实上，你可能在科普书籍和博客中读过，麦克斯韦的论文中有 20 个分量形式的"麦克斯韦方程"，而赫维赛德将它们简化为今天教科书（和 T 恤）上的 4 个著名且优雅的整体矢量方程：

$$\nabla \cdot E = 4\pi\rho$$

$$\nabla \cdot B = 0$$

$$\nabla \times E = -\frac{\partial B}{\partial t}$$

$$\nabla \times B = \frac{\partial E}{\partial t} + 4\pi J$$

（其中 ρ 为电荷密度，J 为电流密度）。[12] 然而，有关赫维赛德的这种说法并不完全准确。首先，让我们看看这几个著名方程的意义。如图 6-2 和 7-1 所示，前两个是散度方程，它们与通过电荷或磁体周围的闭曲面的通量有关，所以这两个方程是高斯-库仑定律的矢量形式。第三和第四个方程涉及法拉第定律和安培定律，即场的旋度。正如我在图 7-2 中展示的那样，旋度操作与旋转有关。所以，$\nabla \times E$ 方程编码了实验观察到的事实，即变化的磁场会感应出电流，该电流围绕一个环路流动，而 $\nabla \times B$ 方程表明，一个感应出的磁场围绕一个载流导线圈"旋转"或环行。（如果你在导线通过的木板上撒些铁屑，就会看到铁屑排布成

第 8 章 矢量分析终于到来，以及关于四元数的"战争" 155

圆形。）这两个方程右侧的导数表明，电场和磁场必须随时间变化，才能相互感应。

这是一组极为优雅且用途广泛的方程。

据说，从麦克斯韦方程发展到这 4 个优雅的方程与长期不受关注的赫维赛德有关，但真实情况往往要比传说复杂一些。除了赫维赛德用"div"和"curl"代替点乘和叉乘之外，据我所知，他从未将这 4 个方程写在一处。麦克斯韦的主要场方程与各种应用方程或定义术语的方程交织在一起，赫维赛德的方程也是如此。原创研究就是这样，因为你在行进过程中要展示你的定义、理由和应用。他确实将两个旋度方程写在了一处，并称其为"双重方程"。他有时也将两个散度方程写在一处，但这两组方程都夹杂在其他几十个方程中。更重要的是，赫维赛德并没有以现代形式写出这 4 个方程，他只是做了改写，使它们更对称。[13]

然而，比这些细节更重要的是，在《电磁通论》中，麦克斯韦实际上已经将 20 个分量方程简化为 5 个整体矢量方程。如果不考虑符号，它们就是我之前以势的形式表达的两个 E 和 B 的方程：第一个等同于 $\nabla \cdot B = 0$，第二个等同于 $\nabla \times E = -\partial B/\partial t$。然后是我在第 7 章中给出的 $\nabla \cdot E$ 方程，再加上一个 B 的旋度方程，他的写法是：

$$4\pi \mathfrak{E} = V.\nabla \mathfrak{H}$$

他定义 $\mathfrak{H}$ 为正比于纯磁场 $\mathfrak{B}$，定义 $\mathfrak{C}$ 为传导电流与电位移 $\mathfrak{D}$ 的导数之和（从我们上一章的简述可知，它与 $\mathfrak{C}$ 成正比）。这意味着，如果使用现代符号和适当的单位，他的旋度方程就是：

$$4\pi J + \frac{\partial E}{\partial t} = \nabla \times B$$

麦克斯韦还给出了另一个方程，用于计算由电场和磁场产生的机械力。正如赫维赛德所说，工程师在设计发电机和电动机时需要使用这个方程，它本质上就是洛伦兹力定律，该定律以发现电子自旋现象的洛伦兹的名字命名。

所以，除了麦克斯韦1868年发表的论文，赫维赛德的创新是用E和B而不是势重写出麦克斯韦方程，并将那些难以阅读的哥特字母换成清晰的黑体字。4个著名方程突出了电场和磁场之间的优美对称性，它们是赫维赛德的杰作。这又是一个多人各自独立做出同一个发现的例子，因为赫兹也做了类似的事情。（可悲的是，赫兹没能做出进一步发展。他于1892年死于血液中毒，年仅36岁。所以，就像麦克斯韦从未亲眼看到赫兹证实了他对无线电波的预言一样，赫兹也未能亲眼看到他的无线电波实现了非凡的用途。）然而，我们很容易从麦克斯韦的方程中推导出从势到场矢量的转变。麦克斯韦已经得出了$\nabla \cdot B$、$\nabla \cdot E$和$\nabla \times B$方程的整体矢量等价形式，从麦克斯韦的E方程中得到$\nabla \times E$方程相对简单。[14] 所以，赫维赛德从未宣称这些方程是他的发现，因为它们和力方程都包含在麦克斯韦《电磁通论》中的那5个整体矢量方程中。[15]

赫维赛德确实突出了对称性，并坚定地将重点放在E和B上，使麦克斯韦方程变得更实用，但被他"谋杀"的势能在今天的数学物理中仍非常活跃。矢量势A可能不符合物理实际，E和B是可以直接测量的。但正如赫维赛德所说的那样，它们可以使计算变得更简单。今天，人们通常将这种用势进行计算的方法称为"规范理论"，其思路是选择一个"规范"，即一个以A和ϕ表达的方程，它能简化计算而不改变E和B的值。换言之，电场和磁场在"规范变换"下保持不变，就像旋转的球无论以哪种方式转动看起来都是一样的。规范现在不仅用于简化电磁学的计算，也用于量子理论和相对论。

矢量分析：赫维赛德和吉布斯的数学遗产

我花了一些篇幅想厘清究竟是谁谱写了麦克斯韦方程的神话与现实，因为我们从中不仅可以明白麦克斯韦的四元数整体矢量方程之路何等艰难,还看到了科学发展的历程和一些经常被人误解的东西。不妨以牛顿定律作为一个例子。人们从未以他在《原理》中书写的形式表达它们,因为有了新的数学技术、符号和理解,后来的人能够以现代矢量分析的形式表达它们,但其内容仍然是牛顿的。麦克斯韦方程也是如此,而且他的书写比牛顿更接近现代形式。所以,赫维赛德最重要的数学创新不是他对麦克斯韦方程的重新表述,而是他发展了现代矢量分析。

在赫维赛德的杰出著作《电磁理论》第一卷中,他详细列出了矢量分析的所有规则,将矢量从四元数虚部的原始角色中彻底分离出来。他引用牛顿的话说,毕竟"我们生活在一个矢量世界中"。赫维赛德继续说,"矢量的代数或语言是极为必要的"。[16] 他在以后许多有关电报和实用电磁理论的论文中都证明了这种语言的强大威力。当然,你打开今天任何一篇物理学论文或一本教科书都可以看到矢量。然而,在19世纪90年代初,矢量分析也许只是可敬的分量方法的"厚脸皮后代",或者是四元数的"傲慢小弟",这主要取决于你的谈话对象。汤姆森认可第一种说法,而泰特认可第二种说法。

麦克斯韦和克利福德是最早从四元数转向矢量分析的人。尽管他们已经故去,但赫维赛德并非孤军奋战。在大西洋彼岸,乔赛亚·威拉德·吉布斯也受到了麦克斯韦《电磁通论》的启发。同赫维赛德一样,吉布斯对麦克斯韦使用矢量语言很感兴趣,但与泰特不同,吉布斯对矢量的数学之美不感兴趣。实际上,他以一种非常实用的方式开始了他的研究生涯,他从事的是铁路车辆的齿轮和制动器及蒸汽机的调速器方面的工作。当时是19世纪60年代,美国正在加速建设铁路线,一个庞大的基础设施项目——第一条横贯大陆的铁路于1869年完工。但那时,吉布斯已经将他的注意力从工程转向了物理学。事实上,他刚刚从欧洲回国3年,他在那里旁听了热力学这一新科学的专家讲座,在随后的几年内,他对这门新科学做出了重大贡献。当他于1873年阅读麦克斯韦的《电磁通论》时,他越来越受到电磁学理论的吸引,也对矢量语言产生了兴趣。

和赫维赛德一样，吉布斯注意到麦克斯韦使用了标量积和矢量积，而不是完整的四元数积。这就是吉布斯和赫维赛德在19世纪80年代各自独立探索了没有四元数的矢量的原因，当时他们还不知道彼此的工作。

赫维赛德不属于学术圈的人，但吉布斯作为一位年轻教授，身处世界的另一边，同样远离科学活动发生的场所。他于1871年被任命为耶鲁大学数学物理教授，但他与主流科学的地理距离导致他在某种程度上也成了局外人。事实上，麦克斯韦当时几乎是唯一认识到吉布斯早期热力学工作的重要性的人。当赫维赛德抨击学术界的势利时，吉布斯默默地继续自己的工作。在1881年和1884年，他自费出版了自己的著作《矢量分析基础》的第一部分和第二部分。

他不是第一个研究"多重代数"的美国人，这些代数符号代表不止一个数字，因此复数是"二重代数"，矢量是"三重代数"（在三维空间内），四元数是"四重代数"（因为它们包括一个标量加上三个空间矢量分量）。受到汉密尔顿发现不满足交换律的新代数的启发，哈佛大学数学教授本杰明·皮尔斯努力创造了其他几十种新代数。他的儿子查尔斯后来证明，只有实数代数（即传统学校代数）、复数代数和四元数代数允许除法成立或存在逆元，因此有解方程和逆转旋转的方法。本杰明及他的另一个儿子詹姆斯先后在哈佛大学讲授四元数，可见皮尔斯家族的数学天赋着实不凡。

吉布斯讲授的是矢量分析课程，而不是四元数。我曾提过，他用点乘和叉乘作为表示标量积和矢量积的符号，这让查尔斯·皮尔斯很不高兴。吉布斯回应了皮尔斯的批评，说他也不确定该使用哪种符号，但他追随泰特和汉密尔顿的做法，使用希腊字母表示矢量。另一方面，赫维赛德用黑体字表示矢量，但保留了汉密尔顿用 S 和 V 表示标量积和矢量积的做法。所以，你可以看到，就像上文中提到的4个麦克斯韦方程的现代形式一样，矢量的现代符号是赫维赛德符号和吉布斯符号的结合体。这说明，表示新概念的新符号总是需要一段时间才能找到它们的最佳形式，或者说找到它们最受欢迎的形式。

吉布斯从麦克斯韦的《电磁通论》着手，开始了他的矢量研究，但几年后他发现了格拉斯曼的工作。像其他人一样，他从未读完《线性扩张论》，但他对格拉斯曼积的一般性印象深刻，尤其是它们可以推广到三个维度以上。标量积也是可推广的：如果两个矢量 a 和 b 各有 n 个分量，并标记为 $a_1, ..., a_n$ 和 $b_1, ..., b_n$，则它们的标量积为：

$$a \cdot b = a_1b_1 + a_2b_2 + a_3b_3 + ... + a_nb_n$$

今天，我们通常按照格拉斯曼的说法，称这种一般形式为"内积"。相比之下，矢量积只能在三维空间中定义，格拉斯曼的"外积"是它的一种一般形式，我们将在第 11 章中了解到更详细的内容。

吉布斯对格拉斯曼印象深刻，他写信给格拉斯曼的儿子小赫尔曼·格拉斯曼，敦促他发表他父亲的早期研究。吉布斯似乎非常希望格拉斯曼享有矢量分析的发明权而不是汉密尔顿，他在他的《矢量分析基础》的序言中向格拉斯曼和克利福德致敬，却没有提到麦克斯韦，更不要说泰特和汉密尔顿了。不过，根据他写给一位德国同行的信，我们知道让他获益最多的其实是麦克斯韦的《电磁通论》，[17] 由此可见，吉布斯似乎吝啬于在公开场合给予他人应有的荣誉。也许他想把矢量分析呈现为一个与四元数完全不同的新课题，因为我们很快就会看到，他是如何坚定地捍卫这一想法的。尽管如此，格拉斯曼的成果确实值得吉布斯付出努力，这些努力最终促使格拉斯曼埋没已久的文集得以出版。

矢量论战

1888 年，吉布斯给所有他能想到的人分别送了一本他的《矢量分析基础》，包括汤姆森、泰特和赫维赛德。赫维赛德很高兴地发现他不是唯一一个研究矢量的人，泰特却非常愤怒！于是，19 世纪 90 年代，在《自然》和其他著名科学杂志上爆发了一场不太优雅的论战。他们争论的问题是：是否应该使用整体矢量系统？汤姆森和亚瑟·凯莱等人的答案自然是否定的，他们认为有分量即可。如果使用整体矢量系统，那应该用汉密尔顿的四元数、格拉斯曼的代数还是吉布斯和赫维赛德的矢量分析（尽管泰特认为它们不过是汉密尔顿四元数的山寨版）？

泰特对吉布斯尤其怒火相向，他嘲讽吉布斯的《矢量分析基础》是"混合了汉密尔顿符号和格拉斯曼符号"的"雌雄同体的怪物"。1891年，吉布斯在《自然》杂志上发表文章，非常礼貌地反击了泰特的抨击。（当时的《自然》不是像今天这样的专业杂志，水平尚待提高。但到了19世纪90年代，它已经成为科学家展示研究成果和讨论观点的一个重要平台。）然后，赫维赛德加入这场论战，并认为第一轮吉布斯占优。后来，为了公平起见，赫维赛德声称，辩论胜负归属取决于个人看法。从四元数的角度而不是物理学的角度来看，他认为"泰特教授是对的，因为四元数为'*四元数*'的处理提供了一种简单而自然的独特方式"。为了确保读者们能明白这个笑话，他补充说"注意斜体字"。但他又谈到了四元数的数学之美，这与他在物理学中看到的四元数的"无用"正好相悖。[18]

泰特立刻在《自然》杂志上对吉布斯反唇相讥。我之前提过，叉积只在三维空间中有意义，四元数乘积也是如此。但泰特拒不承认他心爱的四元数会受到任何限制，并质疑吉布斯提倡将矢量扩展到超过三维的观点是否有意义。他反问道："物理学家们，你们认为超过三维的空间有什么用？"事后追溯似乎可以让历史更加有趣；虽说泰特在1891年是一位前沿科学家，但仅仅14年后，青年爱因斯坦就向全世界宣告，狭义相对论需要4个维度（t, x, y, z），即在通常的三个空间坐标基础上加上一个时间坐标。回到1891年，尽管泰特支持三维，但他确实在紧凑性方面为四元数扳回了一分：即使与矢量表达式相比也是如此，更不用说与分量方程相比了。[19]

正如我们在第7章看到的那样，汤姆森说服了泰特，在他们合著的物理学教科书中驱逐了四元数。后来，汤姆森在回忆他们的争论时说：

"我们在四元数问题上展开了38年的斗争。"他承认,泰特被汉密尔顿在这方面的独创性和非凡的才华"吸引",但泰特永远无法给出一个能够说明使用四元数可以更容易地解决物理问题的例子。当然,同麦克斯韦一样,泰特坚持认为,如果用四元数或整体矢量形式表达一个问题,就能更容易地看到其物理学内涵;但正如汤姆森反复指出的那样,仍然要用它们的分量来解方程。你可能还记得,学生时代的你曾如何尝试确定斜抛到空中的球的轨迹。你需要运用牛顿第二定律 $F = ma$,先将矢量"分解"成分量(见图8-1),然后再将牛顿定律应用于每个力的分量,诚如汤姆森所言![20]

与此同时,吉布斯和泰特继续在《自然》杂志上展开激辩;吉布斯一如既往地冷静,赫维赛德则在《电工》杂志上帮他补充观点。接着,泰特曾经的学生亚历山大·麦克法兰也加入了论战。他在美国科学促进会的一次演讲中提出,有可能发展一种更完整的代数,将四元数和格拉斯曼代数统一。(他是对的,比如克利福德的几何代数,以及我们即将看到的张量分析。)他甚至尝试用自己的矢量分析形式,令 i、j 和 k 成为实数而非虚数,但结果不如吉布斯和赫维赛德的形式那么整洁,也从未流行起来。[21]

1892年,这场论战蔓延到了澳大利亚。剑桥毕业生亚历山大·麦考利在墨尔本大学教授数学和物理。他在澳大利亚科学促进会于当年1月召开的会议上发表了一篇关于四元数的论文,并于6月刊发在《哲学杂志》上,他还在《自然》杂志上发表了自己对这场论战的看法。他坚定地站在四元数阵营中,指责麦克斯韦身为物理学家缺乏对四元数分析力量的欣赏,因为麦克斯韦使用了矢量积和标量积而不是完整的四元数积。麦克法兰反驳说,应该受到责备的不是麦克斯韦,而是四元数自身的限制条件,尤其是标量积前面的那个恼人的负号。争论就这样继续进行着,四元数主义者与矢量分析家以不同程度的敏锐和节制,为他们各自的观点大声疾呼。

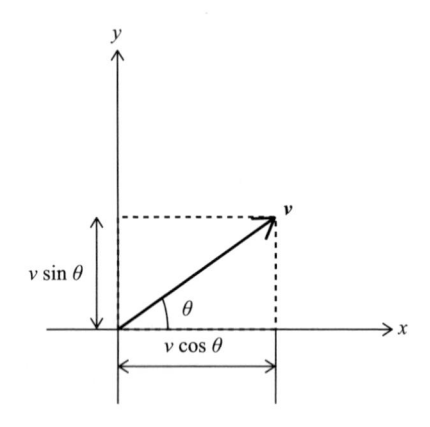

图 8-1 寻找抛射体的轨迹。球以初始速度 v 被抛出,唯一作用于它的力是向下的重力。因此,在水平方向上没有力的分量作用。分别求取这些分量,先找到水平运动分量的值。在牛顿第二定律中消去质量项,并使用牛顿点记法表示时间导数,可以得到:

$$\ddot{x} = 0$$
$$\Rightarrow \dot{x} = C = v \cos \theta$$
$$\Rightarrow x = vt \cos \theta$$

(C 是初始速度水平分量的大小,第二个积分常数为零,因为球是从原点抛出的。)

现在,求垂直运动的分量:

$$\ddot{y} = -g$$
$$\Rightarrow \dot{y} = -gt + C_1 = -gt + v \sin \theta$$
$$\Rightarrow y = -\frac{gt^2}{2} + vt \sin \theta + C_2$$

($C_2 = 0$,因为球是从原点抛出的。)然后,你可以用 x 表示 t 并代入 y 的方程,求得抛物线轨迹

1893 年,麦考利开始在新成立的塔斯马尼亚大学担任该校第一位数学和物理学讲师。同年,他出版了《四元数在物理中的实用性》,该书以他的一篇写于 1887 年的雄心勃勃的论文为基础,而这篇论文的写作初衷是角逐剑桥大学著名的史密斯奖。麦克斯韦曾在 1854 年获得过这一奖项,但麦考利知道,他在论文中使用了剑桥少有人理解的四元数,

这对他很不利。正如他在书的前言中解释的那样，教授该科目的剑桥教授将其视为"一种代数，但这不符合汉密尔顿的观点……汉密尔顿将四元数视为一种几何方法"。正如我在第4章提到的那样，尽管德摩根和其他人对代数感兴趣，但汉密尔顿的目标是要为几何找到一种代数语言，尤其是用它来描述三维空间内的旋转。想当初，他正是这样灵光一闪想到他的四元数的。

也许麦考利没有意识到，麦克斯韦在《电磁通论》中表达了与汉密尔顿相同的观点，即几何的重要性，它与所讨论的物理意义密切相关。从本质上说，被麦克斯韦称为"矢量学说"的四元数分析是一种带几何箭头的语言，因此它关注的是空间内的实际点和线，而不是它们的坐标。这种几何方法允许物理量独立于坐标系建模，由此凸显了它们不变的物理性质。麦克斯韦对使用力的几何线为电磁场建模很感兴趣，就像铁屑线在磁铁、电荷和电流周围形成力线一样。同样，1915年，爱因斯坦将用这种"矢量学说"的张量扩展形式建立弯曲时空的几何模型。我们事后很容易认为数学和科学思想的发展是理所当然的，并假定从麦克斯韦理论到爱因斯坦理论及从矢量到张量的发展路径是轻而易举的。人们很难相信，仅仅一个世纪前，在数学领域竟然会有如此多的争议。但在1893年，麦考利和他的同行还远未在论战中获得胜利。

麦考利甚至在他的著作前言中主张，学生应该学习四元数而不是笛卡儿几何学。他还意味深长地补充说，鼓励学生们学习这一科目的唯一方法，就是在考试中增加更多与其相关的问题，使得学习它变得"有好处"。但情况似乎没有太多变化，大多数学生似乎更愿意学习如何通过考试，而不是如何思考。这就是我们的学生面临的压力，以及我们的教育和就业政策的局限性。[22] 同麦克斯韦一样，麦考利清楚地认识到教导学生思考和训练他们通过考试与工作面试之间的矛盾，但他仍试图用他的作品去激励未来的学生，号召他们去享受四元数的"疯狂乐趣"。"当你醒来时，"他继续说，"你将忘记（考试），并在足够长的时间之后破产。"麦考利的塞壬之歌并没有停止：取代金钱的是你将拥有"那个天赐之梦"的记忆，即"沉浸"在四元数中，这段记忆将使你成为"比最富有的百万富翁更快乐、更富有的人"，这或许是一个奇怪且不切实际的建议，但它是高尚的。[23]

赫维赛德私下告诉吉布斯，麦考利"似乎是个非常聪明的家伙，他知道这一点，有时表现得有点儿过分"。至于泰特，他的热辣语言风格丝毫未减。事实证明，他对麦考利支持四元数的书发表的评论，变成了让人们急切阅读《自然》杂志封面故事的完美诱饵。他写道，在辛苦地阅读了吉布斯和赫维赛德的"干旱荒地"式著作之后，阅读麦考利的著作"绝对令人振奋"。他对自己咄咄逼人的风格视而不见，却对麦考利的修辞手法大加指责，认为这会导致人们排斥四元数，而不是接受。此话或许有几分道理。泰特发现麦考利是一个"真正有能力和独创性"的人，他"抢过汉密尔顿制造的瑰丽武器，立刻闯入丛林寻找大型猎物"。[24]在今天，这样的大男子主义和殖民主义的比喻是不会受到欢迎的。

与此相反，吉布斯认为，汉密尔顿本人弱化了矢量方法的简单性和威力，尤其是当他将标量积与矢量积合并为单一的四元数积时，因此麦考利对四元数的辩护就更没有说服力了。而且，吉布斯认为汉密尔顿实际上让矢量在几何方面边缘化了。谁能想到，我们在今天使用的矢量，竟然曾引发这么多有关几何、经济、符号、物理解释、计算的便利性的问题，以及曾有这么多数学家付出了如此多的激情！

论战继续进行，新的斗士不断加入，尤其是泰特的学生和后来的传记作者卡吉尔·诺特。赫维赛德也回归了，他在《自然》上撰文称，泰特和诺特对四元数的辩护完全失去了准星，并敦促麦考利放弃四元数。"四元数的和平惨遭踩躏，"他得意扬扬地补充道，"四元数的堡垒内一片混乱；警铃大作，频频出击，向入侵的敌军投掷石头、倾倒沸水。"他是对的，入侵的矢量分析家最终取得了胜利，任何本科数学或物理学教材都可以证明这一点。麦考利确实放弃了四元数，1905 年，他牵头建立了塔斯马尼亚的第一座水力发电站，也是全世界最早的水电站之一。

这是一个完美的结局，因为早些时候他曾将四元数应用于电磁学和流体动力学。[25]

＊　＊　＊

在这片争论的喧嚣中，吉布斯一直是一位冷静和理性的人。在他发表在《自然》上的文章《四元数和矢量代数》中，他出色地总结了这场争论的真正含义，并突破自我和优先权问题，直击数学物理学的古老目标，即阐释物理量之间的"关系和运算"。尽管他坚定地支持矢量分析，但吉布斯并不认为它是多么新鲜的东西，它只是几个世纪以来人们一直在发展的数学运算的最简单、最有用的途径。他说，我们应该承认这么多的贡献者的努力，其中就包括了泰特。他赞扬泰特发展与应用了汉密尔顿的工作，并且超越了汉密尔顿，无论泰特本人多么执拗地不肯承认这一点。吉布斯说，毕竟"现代思想的潮流太宽广了，哪怕汉密尔顿的方法也无法限制其发展"。这是一个值得铭记的历史观点。新思想的辉煌开创者很少以完美的形式留下这些思想，因此还需要许多杰出思想家的工作去阐明、应用与扩展它们。[26]

回归起点……

事实上，与矢量论战有关的历史可以追溯到有数学记录之时。因为就其核心而言，这场激烈的世纪末辩论事关如何以最佳方式表达信息和计算。美索不达米亚人和埃及人一直在用他们的表格和数组计算土地面积大小，或者修建运河需挖掘的土方量及付出的成本（金钱和劳动力）。他们通过查阅乘法表、算法摘要和毕达哥拉斯三元组列表（如图 0-1 中所示的美索不达米亚的普林顿 322 号泥板）来完成这些计算。

1 000 年后，古希腊人尝试使用坐标系表示商业和社会数据，还有空间内的位置信息。正如我们所见，他们有关坐标的概念发展成我们熟悉的笛卡儿坐标系和极坐标系。时间快进到 19 世纪 90 年代，你可以看到，矢量/四元数/分量的论战与表达及利用在空间内的物理量信息的最佳方式有关。

正如泰特和其他四元数主义者在 19 世纪 90 年代论证的那样，四元数比矢量能更紧凑地表达信息，而四元数和整体矢量在表达的紧凑性方面都超越了分量列表。但正如汤姆森一直坚持的那样，既然你必须用分量计算，那为什么要花费脑筋为整体想出一个特殊的表达符号呢？他并不孤单，凯莱也持有相同的观点。但如果他们生活在数字时代，那么他们肯定会改变想法，因为在这个时代，表达的简洁性对成本、时间和能源而言都很重要。

当然，泰特和麦克斯韦早就以物理学为基础论证过四元数和整体矢量，但新矢量分析使用的是实数基矢量 *i*、*j*、*k* 而非四元数的虚数 i、j、k；事实证明，对物理学家来说，新的方法更为自然。因此，很明显，到了 20 世纪的第一个 10 年，矢量分析确实获胜了，至少暂时取得了胜利。四元数将暂时蛰伏起来，直到计算机时代才卷土重来。如今，有关四元数在航空航天导航、生物识别、机器人技术、分子动力学、控制系统、彩色图像处理等领域的应用的论文不断涌现。

超越矢量

物理学研究，特别是麦克斯韦理论，使矢量方法成为主流。物理学家吉布斯和电工物理学家赫维赛德在 19 世纪 90 年代带领矢量战胜了四元数。但正如我们将在下一章看到的那样，数学家发现了四元数和整体矢量的关键性质，首先发展了四维矢量分析，然后是 n 维矢量分析，最终发展了张量分析。在此之前，先让我们和凯莱、泰特一起，从他们的视角了解一下那场矢量论战。

第 9 章

从空间到时空：矢量的新转折

自 1863 年以来，亚瑟·凯莱一直担任剑桥大学的萨德利数学教授。实际上，他是第一个获得这一由玛丽·萨德利女士资助的荣誉职位的人。人们对萨德利女士所知不多，只知道她热心慈善事业，资助剑桥的数学教授职位远非她唯一的善举。因为受益于这样的捐赠者，凯莱也成为女性高等教育的早期支持者。尽管女性不能在剑桥获得正式学位，但她们被允许与男性共同参加讲座，而且在 1869 年和 1871 年，剑桥大学成立了第一批女子寄宿学院——吉尔顿学院和纽纳姆学院。有一位入读吉尔顿学院、名叫格蕾丝·奇斯霍姆的年轻女性发现凯莱为人非常热情，但在数学方法上却令人窒息地老派。她曾回忆，"当他背对听众，一边在黑板上写字一边授课时"，学位服的"袖子随之飘动"。[1] 但这是她唯一的评论：她需要得到吉尔顿学院院长及凯莱的特别许可，才能参加他的课程。除了少数例外情况，女性通常只能在自己的学院里跟随导师学习，很少能与男性一起参加讲座。

奇斯霍姆于 1893 年获得了相当于一等学位的资质。在接下来的几十年里，女性获得正式学位的动议被多次否决，包括 1897 年的一次，当时一些男性本科生因为他们的特权得以保留而感到非常自豪，并在城市里举办了一场疯狂的庆祝活动，造成了相当于 10 万美元以上的损失。凯莱对此一定备感厌恶，因为他在 19 世纪 80 年代担任纽纳姆学院理事会主席，也在吉尔顿学院授课。正是在这些学院里，弗吉尼亚·伍尔夫于 1928 年做了她著名的"一间自己的房间"的演讲。[2]

在那次疯狂的男性学生庆祝活动的几年前，矢量论战持续上演，而且正如我们所见，支持现代矢量分析的物理学家正逐渐获得优势。然而，凯莱和彼得·泰特一直在幕后从数学角度平静地辩论这个问题。早在 1888 年，凯莱就对泰特说："我们各自的观点是不可调和的，并将继续如此"，但到了 1894 年夏天（凯莱 73 岁、泰特 63 岁），这两位英国数学界的元老公开发表了他们对矢量论战的数学观点。在泰特的建议下，他们各自在爱丁堡皇家学会上宣读了一篇论文。[3]

优美的不变性

凯莱以外交辞令般的语气开始了演讲，他引用了泰特对四元数优势的看法："它们给出了所适用问题的最一般形式的解，完全不受对特定坐标轴选择的限制。"泰特的意思是，如果你改变了你的坐标系，那么空间内的点的坐标将会不同，矢量（和四元数）也会有不同的分量。但正如你在图 9-1 中看到的那样，当坐标系旋转 θ 度时，矢量的长度并没有改变，它刚好是同一个矢量。因此，任何两个矢量的标量积和矢量积也将保持不变。

这种在不同坐标轴上测量分量时某些事物保持不变的显著性质，被称为"不变性"。两组坐标之间的关系被称为"坐标变换"。

坐标变换有两种基本类型：一种是简单的"变量替换"，如图 2-3 所示的从笛卡儿坐标转换成极坐标，而轴保持不变；另一种是坐标系的变换，即坐标轴本身发生了变化。在许多实际问题中，第二种变换更为重要。

在某些坐标变换下，像标量积这样的整体矢量表达是不变的，因此在表示矢量时，"与坐标无关"或"独立于坐标"是更准确的数学术语。

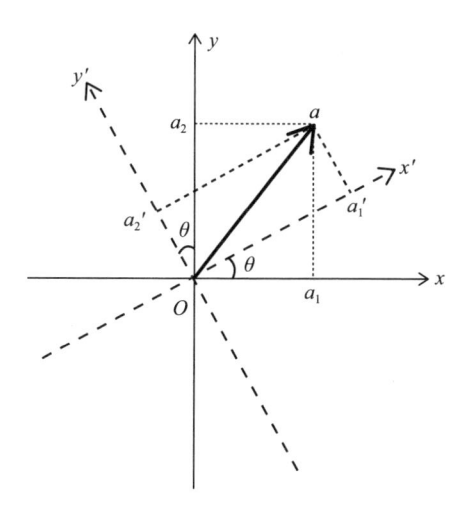

第 9 章 从空间到时空：矢量的新转折

图 9–1　矢量 a 在通常的 x-y 坐标系中的分量是 (a_1, a_2)，在旋转后的 x'-y' 坐标系中的分量是 (a_1', a_2')。这是同一个矢量，但有两种不同的坐标表示。从图中的几何形状可以看出，矢量的长度在两个坐标系中是相等的。从数学上说，它在旋转操作下是不变的。第二个矢量 b 同样如此。

因此，你可以通过使用这些积的几何定义看到，标量积和矢量积在旋转操作下也是不变的：$a \cdot b = ab \cos \Phi$，其中 a 和 b 是两个矢量的长度，Φ 是它们的夹角；因为矢量没有改变，它们的夹角不受坐标变换的影响。同样，$a \times b$ 的大小（长度）是 $ab \sin \Phi$，其方向垂直于两个矢量所在的平面，当你以这种方式旋转坐标轴时，这个平面即本书的页面，它并未改变。当坐标轴以这样的方式旋转时，坐标变换方程是：

$$x' = x \cos \theta + y \sin \theta, \quad y' = -x \sin \theta + y \cos \theta$$

在图 4–3 中，我们在机器人臂上看到了这样的例子（我们旋转的是手臂而不是坐标轴）。但重要的不是细节，而是当坐标系改变时两组坐标通过特定方程联系在一起。这就是张量概念的关键

1905 年的狭义相对论充分证明并具体说明了不变性在物理中如此重要的原因，但泰特和凯莱在 1894 年讨论这一问题时，他们关注的是数学而不是物理。

事实上，不变性不仅是一个强大的数学概念，在物理学之外也得到了广泛应用。比如，神经网络将信息通过一个节点或"神经元"传递到

另一个节点来处理复杂数据，就像我们大脑中的神经元一样。在每个节点上，一个模型（类似于线性回归）为输入数据分配权重，根据数据在期望输出中的重要性进行加权。我们在第 4 章中见过类似的情况，那就是搜索引擎排名算法。然而，在神经网络中，每一层节点都会让模型更加复杂。因此，在计算将一层神经元映射到下一层的数学时，程序员必须确保信息的关键特征在这些"映射"或坐标变换的过程中保持不变。

2022 年，深度思维人工智能小组的"阿尔法折叠"神经网络，成功预测了几乎所有已知蛋白质（多达两亿个）的结构，它们是多年来通过对各个物种的基因测序检测出来的。蛋白质是折叠成三维形状的氨基酸链，正是其形状决定了它们的功能。因此，科学家想通过理解它们的形状，来创造新型药物、新的农业或污染控制酶，或者通过其相关蛋白质检测 SARS-CoV-2 病毒的新变种等。然而，这些氨基酸链的可能折叠方式实在太多了，科学家长期以来难以确定其实际结构。阿尔法折叠算法利用每种蛋白质氨基酸的线性（一维）序列，以及相关蛋白质的已知结构的训练数据，预测折叠蛋白质中所有关键原子的三维坐标。[4] 当算法从一层节点进展到另一层时，它会从输入的数据中"学习"更多有关蛋白质可能形状的信息，因此程序员必须保证，在信息传输到下一个节点的坐标系时，原子间距等关键性质保持不变。

与其他分子建模及计算机视觉应用一样，蛋白质算法还必须学会识别正确的形状，即使它们发生了旋转。这意味着，三维形状的数学表达必须在旋转操作下保持不变。不变性的概念对于神经网络和其他技术应用都很重要，从卫星图像和生物医学显微镜图像到维持詹姆斯·韦伯太空望远镜的轨道位置。

如果凯莱和其他研究不变性的先驱泉下有知，他们一定会对这些复杂的现代应用感到震惊。而且，他们确实知道有许多东西都具有不变性。比如，我们曾在第 4 章中看到，将一本书先水平旋转 90°，再垂直翻转 180°，调换操作次序后会导致书的最终朝向与上一次的结果不同。但如果你以同样的方式旋转一个没有特征的立方体盒子或球，即使调换

第 9 章　从空间到时空：矢量的新转折　　　　　　　　171

操作次序，结果看上去也没有什么差别。这是因为立方体盒子和球是中心对称的。同样，雪花通常有 6 个点或角，形状对称。所以，当你以 60°的倍数旋转它时，它看上去毫无变化。换言之，它在这些旋转下是不变的。同样，旋转 180°或沿其对称轴翻转也是如此。

图 9-2　雪花的对称性一览（图片来源：Plate 18 form Wilson A. Bentley, "Studies among the Snow Crystals during the Winter of 1901–2, with Additional Data Collected during Previous Winters," *Monthly Weather Review* 30, no. 13 (1903): 607–16, https://doi.org /10.1175/1520-0493-30.13.607）

所以，不变性与对称性相关，而在数学中，这两个词经常可以互换使用。

泰特对矢量和四元数的不变性很感兴趣，并举出了 $a \cdot b = 0$ 的例子。如图9–1所示，即使在不同的坐标系中测量矢量的分量，这个方程仍然成立。这是因为标量积本身在这些坐标变换下是不变的。你可能还记得，在课堂上，方程 $a \cdot b = 0$ 可以解释为矢量 a 和 b 相互垂直。垂直是一种几何性质，矢量是四元数（的一部分），因此泰特认为整体矢量和四元数提供了清晰直接的几何解释。

凯莱对利用不变性解纯数学中的方程也很感兴趣。一个代数不变性的简单例子是判别式，比如，$b^2 - 4ac$ 是一元二次方程 $ax^2 + bx + c = 0$ 的求根公式中根号下的表达式。如果你通过以某种方式改变坐标来改变方程，比如用 $x' = x + h$ 代替 x，则判别式保持不变。换言之，判别式在坐标变换 $x' = x + h$ 下是不变的。（坐标变换只是一组显示如何将原始坐标系中的坐标与新坐标系中的坐标联系在一起的方程。在上述情况下，其坐标轴沿水平方向移动了 h 的距离。）[5]

这一切意味着，在最后一轮的矢量论战中，尽管他们两人都在探索不变性的概念，但凯莱对坐标和坐标变换感兴趣，泰特则对整体四元数和矢量感兴趣。你现在可以理解，为什么他们在表示矢量信息的最佳方式上的"矛盾""不可调和"了吧！

泰特不知道，他偏爱这种不用坐标书写方程的不变形式，比如 $a \cdot b = 0$，是矢量分析和张量分析之间的关键联系。然而，凯莱的反应就像威廉·汤姆森一样，认为仍然需要坐标来计算。所以，他在1894年的爱丁堡皇家学会的演讲中宣称，就像满月比朦胧的月光更美好一样，"我认为四元数的概念远比它的任何应用都更美好"。为了强调这一点，他补充说，四元数公式就像袖珍地图，一旦展开，即将公式翻译成其基于坐标的分量形式，就会非常有用。当奇斯霍姆几年前第一次见到凯莱时，她发现"这位伟大数学家眼中曾经闪烁的火花已经熄灭了"。但在凯莱参与矢量论战时，他的内心仍然燃烧着熊熊火焰。[6]

第 9 章　从空间到时空：矢量的新转折　　173

图 9-3　彼得·格思里·泰特在研究中演示电的物理特性（经爱丁堡詹姆斯·克拉克·麦克斯韦基金会慨允）

不甘于在文学比喻上落后的泰特回应道：基于坐标的几何并不像一幅铺开的袖珍地图，而更像一柄蒸汽锤，需要专家来操作才能有用且不带破坏性。他声称，四元数的用途如此广泛，它们"就像大象的鼻子，随时准备应对任何情况"，无论大事还是小事，不管是捡起面包屑抑或勒死老虎。我们通常不会将夸大其词地与数学家联系起来，但总是笑声朗朗、目光炯炯的泰特确实有点儿喜欢恶作剧。[7]

*　*　*

在随后的 10 年间，与坐标无关的矢量和四元数方程与基于坐标的分量方程之间孰优孰劣的争论仍在继续。这是一场英语辩论，部分原因在于，当时格拉斯曼的矢量系统并没有真正流行起来，四元数在英国以外几乎无人知晓；而且，年轻的矢量分析异端吉布斯和赫维赛德也说英语。但历史学家迈克尔·克罗认为，这些关于矢量的最佳表示符号的长期辩论还有另一个原因。英国数学家意识到，莱布尼茨的微积分符号比牛顿的符号更适用于计算，而且到了19世纪初，这种符号优势帮助欧洲大陆的数学水准超越了英国。所以，他们不希望在汉密尔顿的四元数和矢量身上发生同样的事。[8]

我之所以强调这场看似深奥的论战，是因为它表明，即使最优秀的数学家也很难欣赏矢量的完整且与坐标无关的形式的价值，而不是其分量形式。然而，正是数学家把矢量转化成了张量（或者更确切地说，他们识别并推广了矢量背后的不变性和代数结构）。尽管物理学家在创立矢量分析方面领先一步，但恰恰是数学家为爱因斯坦的物理成果——广义相对论的（张量）理论铺平了道路。

与此同时，我们的矢量故事将转场至苏黎世联邦理工学院，这一幕的主角是青年爱因斯坦和他的数学教授赫尔曼·闵可夫斯基。1900年，爱因斯坦在这所理工学院拿到了他的学位，但与麦克斯韦毕业时没有在剑桥大学获得研究员职位一样，他是那届毕业生中唯一没有分配到工作的人。麦克斯韦是因为人们认为他太粗心，而青年爱因斯坦是因为教授们认为他太自信而不招人喜欢。（身为犹太人的爱因斯坦则认为，反犹主义可能是他找不到工作的一个原因。）[9] 他经济拮据，还要照顾怀孕的未婚妻，于是他接受了瑞士专利局的工作。正是在这段传奇职业生涯里，他利用业余时间创立了狭义相对论。

在进一步讲述这个理论以及它如何推动了矢量故事的发展之前，我先介绍一下有关爱因斯坦与他的第一任妻子之间关系的争议，这位女士曾是他在理工学院的同学。

值得铭记的米列娃·马里奇

这一悲剧故事已被讲了很多遍，理想主义的青年学生爱因斯坦和马里奇相爱，非婚生育并私下放弃抚养；他们违抗父母的意愿结为夫妇，但终因爱因斯坦日益增长的名声和工作量而分开；马里奇因多次考试失败而失去了信心和学术梦想，并越来越多地承担起照顾他们两个孩子的责任。我不会详述这个悲剧，我只想说这不仅仅是他们两个人的问题。爱因斯坦在这段关系破裂期间的表现非常恶劣，但破裂的种子早在他们的学生时代就已经种下了，也与他们都深陷其中的父权文化有关。因为考官有性别歧视，马里奇的两次考试都没有通过。她是班上唯一的女生，尽管她前期在学校的表现十分优异，但考试时因为紧张不安再加上怀孕，遗憾以失败告终。

一些流行观点认为，"爱因斯坦的数学"出自马里奇之手，他们一起撰写了他于 1905 年发表的相对论论文。但据我所知，没有确凿的证据支持这一点，马里奇本人也从未这样说过。当爱因斯坦在与那些一直拒绝给他学术职位的"庸俗之辈"斗争时，她当然是最相信他的人之一。她在理工学院涉猎广泛，这让她成为他信赖的重要代言人。但从他们之间仅存的信件来看，她没有爱因斯坦的那种驱动力和富有创造性的科学好奇心。我不禁想到，如果他们在今天的大学校园相遇，身处更

图 9-4　1912 年，米列娃·马里奇–爱因斯坦与阿尔伯特·爱因斯坦，摄于捷克首都布拉格（图片来源：ETH-Bibliothek Zürich, Bildarchiv。摄影师：Jan F. Langhans/Portr_03106。公有版权）

开放的社会，避孕措施也更为普及，那她应该能顺利毕业且拿到博士学位，进而在科学领域做出自己的贡献，他们之间的关系也可能会有截然不同的结果。[10]

狭义相对论

麦克斯韦的批评者曾抱怨他没有为假想的以太建立物理模型，他们认为，光波的传播必定要借助以太，就像声波的传播需要借助空气一样。相反，他更专注于描述具体可测的电磁效应。这是一个明智的举动，因为在1887年，当时最先进的干涉仪在检测以太（著名的迈克尔逊-莫雷实验）时"失败"了。该实验实际上出自麦克斯韦，但阿尔伯特·迈克尔逊设计了实验所需的设备，并因此获得了1907年的诺贝尔奖。他由此开了美国人获得诺贝尔奖的先河，该实验为狭义相对论的诞生搭建了舞台。2017年的诺贝尔物理学奖授予了激光干涉引力波天文台的建立者，正如广义相对论预言的那样，他们于2015年探测到了引力波，这与迈克尔逊的工作形成了良好的呼应。

1887年实验背后的想法是：如果以太存在，则当地球穿过它时，就会感觉到"以太风"，如同你在无风的日子里骑自行车时脸上会感觉到有风拂过一般。你在河里顺流而下游泳要比逆流而上快一些，所以迈克尔逊和他的合作者爱德华·莫雷预言，当光与以太风方向相同时传播速度较快。麦克斯韦曾建议利用木星发生"月食"的时机进行测量，此时从地球上看，这颗巨大的行星正好位于其轨道上的两个相反的位置。这时的地球将在一个位置上靠近木星移动，而在另一个位置上远离木星，这样一来，从木星发出的光的速度将分别与以太风"顺向"与"逆向"。[11]但迈克尔逊和莫雷使用了干涉方式，托马斯·杨首先用这种方式来证明光的波动性。具体地说，他们分别发送了两束光，其一沿着以太风的方向，即与地球运动的方向平行，另一束光横穿以太风，即与地球运动的方向垂直。光速的任何差异都会导致两束光之间的位相差，并显示在干涉模式中。但他们未能发现任何差异，说明以太风对光速没有明显的影响。（从那时起，人们一直想通过这类实验，看看是否可以用更好的设备找到微小的速度差异。一些物理学家谈到了"量子以太"的可能性，但旧的机械以太概念已经过时。）

1895年，乔治·菲茨杰拉德和亨德里克·洛伦兹各自独立且巧妙地"解释"了迈克尔逊和莫雷的结果。他们提出，包括量尺在内的物体在平行于以太风的方向移动时发生了物质收缩。由于物质的这种"长度收缩"，对光的顺流速度的测量变小，掩盖了它"实际上"更快的预期。

1904年，洛伦兹将这个猜想应用于麦克斯韦的电磁方程，设计了一组用于两种参考系之间的坐标变换，其一为静止观察者的参考系，其二为相对于静止观察者以恒定速度移动的观察者的参考系，类似于相对于河岸上的观察者运动的河中游泳者。这些变换旨在展示移动参考系中的尺子会以正确的方式收缩，从而解释迈克尔逊-莫雷实验的结果。亨利·庞加莱于1905年更充分地发展了洛伦兹的思想，并称其为"洛伦兹变换"。（我们将在图9-5中看到这些变换。）多年后，爱因斯坦在访问莱顿大学期间遇到了洛伦兹，两人志趣相投，并建立了友谊，因为爱因斯坦认为洛伦兹既是一个思路非常清晰的思想家，也是一个品格完美的人。爱因斯坦称赞洛伦兹是"我们这个时代最伟大、最高尚的人，是智慧和精湛技艺的奇迹"。[12] 洛伦兹因（在电子被发现后）扩展了麦克斯韦理论而于1902年获得诺贝尔奖。

尽管爱因斯坦和庞加莱相互欣赏对方的工作，但他们从未真正成为密友。庞加莱是卓越的数学家，也是具有开创性的科学哲学家。1905年，51岁的他声名卓著，是巴黎索邦大学的数学天文学和天体力学教授。这一年他在关于洛伦兹变换的论文中实际上详细阐述了一种特殊情况下的相对论，即观察者之间（以及他们的参考系之间）一直处于相对运动中。与此同时，26岁的专利审查员爱因斯坦独立完成了自己的"狭义"

相对论。马里奇在阅读他的最后一稿时被深深地吸引了,她告诉自己的丈夫:"这是一篇十分优美的文章!"一个多世纪后的物理学家仍然会这样描述它:与庞加莱和洛伦兹论文的恢宏但繁复的风格相比,爱因斯坦的论文更简单也更直观。陈旧的观念认为,"空的"空间内存在的静止以太是光传播的介质,但我们会在下文中看到,爱因斯坦的论文摒弃了这一陈旧观念,是唯一真正完备的相对论。[13]

庞加莱接受以太存在的观点,洛伦兹变换也提供了支持以太假说所必需的"长度收缩"观点,因此他将以太的存在作为出发点。相比之下,爱因斯坦则采取两个简单的原则作为他有关相对运动分析的起点。首先是相对性原理,他认为如果一个静止的观察者推导出一个特定的物理定律,则另一个相对于前者以恒定速度运动的观察者也应该推导出相同的定律。但如果物理定律每次都随着你的速度变化而变化,物理学的存在意义也就不大了。庞加莱也理解这一点:至少在洛伦兹变换的意义下,地球穿过以太的运动对光没有影响,对麦克斯韦方程也没有影响。这意味着,正如洛伦兹、庞加莱和爱因斯坦所证明的,洛伦兹变换实际上只是正确的坐标变换,以便令麦克斯韦方程具有相同的形式,不管电磁场矢量的分量是如何测量的,也不管它们是在一个固定的参考系中,还是在一个相对于它以恒定速度运动的参考系中。

为了说明"保持相同形式"的意义,一个更简单的例子就是牛顿第二定律。如图9-5所示,在简单的伽利略坐标变换下,静止的观察者推导出,力的水平分量为 $F = m\ddot{x}$,而相对运动的观察者则推导出 $F' = m\ddot{x}'$。每个参考系中的方程形式相同,两个观察者都认同力等于质量乘加速度。你可以在下面的框中看到这些计算。(该框还展示了洛伦兹变换的数学计算,以及狭义相对论中有关"长度收缩"的计算。我们的故事并不真正需要这些计算,而只需要这些想法和结论,所以你可以自行决定是浏览还是跳过。)

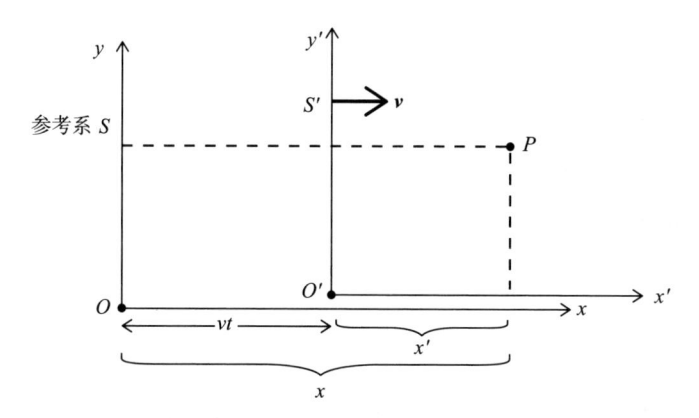

第 9 章 从空间到时空：矢量的新转折

图 9-5 两个参考系 S 和 S' 相对运动，其中 S' 以恒定速度 v 相对于 S 向右移动。假定 S 是站在人行道上的你，S' 是开车经过的某人。

如果坐标轴在初始时间 $t=0$ 时重合，那时你与汽车处于同一水平线上，则在时间 t 之后，参考系 S'（汽车）将向右移动 vt 个单位。在这种情况下，相对运动是水平的，所以对于任何点 P，y 和 y' 坐标（以及在三维空间内的 z 和 z' 坐标）是相同的。然而，在时间 t 内，S' 向点 P 靠近，因此，在那一刻 P 在 S 参考系中的水平坐标为 x，在移动的 S' 参考系中的坐标为 x'（$=x-vt$）。

这是牛顿/伽利略的观点，对两个观察者来说，时间以相同的速率流逝。你也可以看到，在相对运动的不同参考系中，距离的测量必定不同，速度的测量也必定不同。你可以在下面的文字框中，从牛顿和爱因斯坦的角度看到这一点所带来的后果

坐标变换和不变性

图 9-5 的计算

在图 9-5 中，在水平方向上，伽利略变换的坐标变换为：

$$x' = x - vt,\ y' = y,\ z' = z,\ t' = t \qquad (1)$$

当 v 远小于光速时，这种变换是适用的。在这种"日常"情况下，无论是在 S 还是 S' 中测量，经过（1）变换后的牛顿定律将

保持相同的形式。比如，如果你推导出 $F = m\ddot{x}$，则在移动的汽车中的人会推导出 $F' = m\ddot{x}'$。这是因为 $x' = x - vt$，当你对 t'（$= t$）进行两次微分时，你会得到 $\dot{x} - v$（使用牛顿的点标记法表示关于时间的导数）；但由于速度是恒定的，第二项是零，你由此得到 $\ddot{x}' = \ddot{x}$。所以，在两个参考系中，对力的这个分量应用牛顿第二定律，将得到相同的形式：$F = m\ddot{x} = m\ddot{x}' = F'$。事实上，力的分量在每个参考系中的值都相同，所以它们在伽利略变换下是不变的。而且，由于在 y 和 z 方向上没有相对运动，两个观察者也会在这些方向上测量到相同的力的分量。

尽管你们推导出的 F 与 $\ddot{x}$ 的值相等，但你们对一个移动物体（如被抛出的球）的水平速度分量 u 有不同的看法，因为在 S 中 $u = \dot{x}$，而在 S' 中 $u' = \dot{x}' = \dot{x} - v$。所以，力和加速度在伽利略变换下是不变的，但速度不是。

麦克斯韦方程在坐标变换（1）下并不能保持原来的形式。相反，洛伦兹变换是电磁定律的正确变换。（在这种情况下，单个分量甚至电场和磁场矢量都不是不变的。比如，如果参考系中有一个静止电荷，相对运动的观察者会看到一个磁场，但在电荷的参考系中的观察者则看不到。然而，连接矢量的麦克斯韦方程在每个参考系中确实具有相同的形式。）这些变换表明，不仅空间测量是相对的，时间测量也是相对的，所以，你不能假设 $t' = t$。在上图设定中，洛伦兹变换为：

$$x' = \beta(x - vt),\ y' = y,\ z' = z,\ t' = \beta(t - \frac{vx}{c^2}) \quad (2)$$

其中 c 为光速（通常选择令 $c = 1$ 的测量单位），且

$$\beta = 1/\sqrt{1 - v^2/c^2} \quad (3)$$

这些方程代表在 x 方向上有了推进（S' 相对于 S），但完整的洛伦兹变换可以描述任何方向的推进，也可以描述旋转。注意，如果 c 如同超距作用暗示的那样是无穷大，则方程（2）就是方程（1）。

如果你要测量一辆移动中的汽车的长度，那你必须在给定时间点同时测量它的两个端点 x_a 和 x_b，然后计算 $x_b - x_a$。使用洛伦兹变换（2）将你的结果与汽车在它的参考系中的"静止"长度 $x_b' - x_a'$ 进行比较，你会得到

$$x_b' - x_a' = \beta (x_b - x_a)$$

（因为测量同时进行，所以 $t_b - t_a = 0$）。又因 $\beta > 1$（非零速度 v 的分母小于 1），你可以看到，汽车的实际长度大于你测量的长度。换言之，你的测量结果表明汽车的长度"收缩"了。与洛伦兹的想法不同，汽车本身的分子并未发生物理上的收缩，而是在计算中使用的测量值收缩。不过，这些测量值确实在静止观察者的物理学中造成了可测试的真实后果。

同样，就像距离收缩一样，时间测量的相对性导致在地球上的观察者看来，快速移动的飞机、宇宙飞船及 GPS 卫星上的时间会变慢。

然而，正如爱因斯坦意识到的那样，你也可以将图 9-5 解释为 S 相对于 S' 的移动，S 向左移动，它的速度是 $-v$。所以，这个角度的洛伦兹变换为：

$$x = \beta(x' + vt'), y = y', z = z', t = \beta(t' + \frac{vx'}{c^2}) \qquad (4)$$

这一次，在 S 参考系中测量的长度收缩了。

> **群**
>
> 群是研究不变性等对称的重要工具。在这种情况下,"群"的元素是坐标变换,如果它们都遵守一组简单的规则,就会形成一个群。我将通过洛伦兹变换对群进行说明,尽管我们的故事不需要这些细节。
>
> 洛伦兹变换(2)有一个"逆"(4),还有一个"单位"元(即经过变换保持不变的元素,在本例中是当 $v = 0$ 时),这是知道它们形成一个数学"群"的关键所在。封闭性(即群内所有可能变换都为同一类型)和结合律(即群"乘积"的结合律,在本例中为两个变换的复合)是另外的关键特征。

同样,如果你从前文中的麦克斯韦方程之一推导出 $\nabla \times \boldsymbol{E} = -\partial \boldsymbol{B}/\partial t$,然后使用洛伦兹变换,你就会发现运动中的观察者也会推导出形式完全相同的方程。所以,你们都会认同这一点:方程右侧的磁场变化导致了左侧电磁场的旋度。对于其他整体矢量形式的麦克斯韦方程同样如此。

换言之,如果一个代表物理定律的方程,即使分量在不同参考系中测量,也具有相同的形式,则所有观察者都会推导出相同的物理定律。这就是相对性原理在起作用。

这也是不变性的另一个例子,而这里涉及的是方程形式的不变性。(这种形式不变的方程也被称为"协变"。)[14]

爱因斯坦的第二个原理是,真空中的光速与光源的运动无关(这也是物理学家通过实验发现的)。这两个原理意味着,真空中的光速 c 是一个普适常数。

仅凭这两个原理,爱因斯坦就以一种完全一般的方式,从头推导出了洛伦兹变换。相比之下,庞加莱则假定洛伦兹的"长度收缩"是真实的物理效应,然后通过证明它们使麦克斯韦方程的形式不变,重新推导出了洛伦兹变换。(沃尔德马尔·沃伊特在 1887 年发现了类似的东西,看来这些想法"已呼之欲出"。我们将在第 11 章中再次提到沃伊特。）但爱因斯坦不需要有关以太的假设，也不需要假设发生了任何客观的物理收缩；相反，他仅仅从相对运动的不同参考系中便得到了不同的测量结果。我在图 9-5 的计算框中展示了一个简单的例子，正如爱因斯坦明确指出的那样，关键在于这种效应是相互的：每个观察者都可以认为自己是静止的，而另一个人在运动。换言之，每个观察者都会测量到另一个人的尺子在收缩，因为他们做的是相对运动。相比之下，洛伦兹和庞加莱认为只有一个观察者是"真的"（相对于无处不在的以太）在运动，他的尺子"真的"在收缩。因此我们说，只有爱因斯坦的理论才是真正相对的理论。

四维时空需要四维矢量分析

洛伦兹变换包括时间和三个空间方向［正如你在图 9-5 的方程（2）中看到的那样］。所以，今天一提到"相对论"，许多人首先想到的就是时空的四维本质。自 19 世纪 80 年代以来，"第四维度"的想法一直吸引着公众的注意力。诚然，汉密尔顿在 1843 年定义四元数时创造了一个数学上的四维空间，但正如我们在矢量论战中看到的那样，即使数学家也无法就其价值达成一致看法。所以，当泰特、凯莱、赫维赛德等人在 19 世纪八九十年代就分量与整体矢量及四元数的学术价值展开辩论时，人们也在科普书籍中讨论四维空间的可能性，比如数学家查尔斯·霍华德·欣顿的《科学浪漫》和《新思维时代》。

欣顿是乔治·布尔的女婿，也是一个唯心论者，而唯心论者喜欢存在另一个神秘维度的想法。这些想法已经深入流行文化，当格蕾丝·奇斯霍姆答辩她的博士论文（包括 n 维空间）时，她的一位考官甚至提到了身心灵，并问她论文中的"更高维度"是指什么。她回答说，在她看来，这只是一种考虑数学中某些抽象关系的方式。最终，她成功获得了博士学位，显然，她处理过比这更难的问题！[15]

至于欣顿，他并未完全沉浸于唯心论，而是专注于将四维几何对象可视化，比如"超立方体"。你可以将一个立方体想象为一个"超正方形"，即由一系列二维正方形组成的三维形状，也就是立方体。所以，超立方体应该是由一系列立方体在四维空间内排列而成。1954 年，萨尔瓦多·达利在他的《受难》中借鉴了这个想法，将十字架描绘成立方体形式。但早在 70 年前的 1884 年，欣顿就启发他的校长埃德温·艾勃特写下了传奇作品《平面国：多维空间传奇往事》。欣顿还启发了他的妻妹艾丽西亚·布尔·斯托特，即布尔最小的女儿。斯托特在四维几何中发现了一些令人难以置信的结果，包括她制作的一系列物理模型；这些模型组成了想象中的四维结构的不同部分，由 600 个四面体组成，它们可被视为二十面体的四维类似物的三维表面。这种视觉几何想象力令人叹为观止。[16]

在洛伦兹发现可用于解释迈克尔逊-莫雷实验的洛伦兹变换的同一年，即 1895 年，H. G. 威尔斯发表了他的著名小说《时间机器》，他在书中将时间称为第四维度。尽管威尔斯的想象力非常出众，但仅通过文字还不足以让这一想法深入人心，变得真实。想要做到这一点，不仅需要洛伦兹、庞加莱和爱因斯坦来揭示这样一个四维结构的数学性质，而且需要爱因斯坦给出可检验的预言来验证他的理论。（完全出人意料的是，其中一项预言指引他推导出了 $E = mc^2$。）所以，当今天的人们听到"第四维度"这个词时，他们往往会首先想到爱因斯坦，而不是威尔斯。事实上，爱因斯坦是利用数学语言做到这一点的。

就矢量语言而言，庞加莱只使用了分量，洛伦兹则使用了整体矢量符号和矢量微积分。在他的狭义相对论论文中，爱因斯坦也像庞加莱一样，用分量书写他的所有方程，尽管他的坐标（t, x, y, z）代表时间和空间，但他尚未论及时空。

原则上，爱因斯坦本可以使用包含 4 个分量的四元数来表示四维坐标系中的量。[17] 但他可能从未听说过四元数。他的数学教授闵可夫斯基曾经说过，除了在英国，没有人使用它们，也许闵可夫斯基本人也不太了解矢量代数，尽管他确实教过这门课。学生时代的爱因斯坦认为，想要在揭示自然界的秘密方面取得成功，他只需要一个焦点，而且这个焦点坚定地聚焦在物理学上。此外，他觉得数学中有太多的主题可供选择，令他不知所措。尽管他钦佩闵可夫斯基，但他还是逃了很多数学课，以便自学课堂上不会涉及的物理学，包括麦克斯韦理论。这使得闵可夫斯基认为爱因斯坦只是一条"懒狗，从不关心数学"。相比之下，在闵可夫斯基还只有17岁时，他就因出色的数学成就赢得了一个著名的奖项，并暗中将奖金赠给了一位贫苦的同学。[18]

不过，闵可夫斯基在1905年收回了他之前评价爱因斯坦的那句话："哦，那个爱因斯坦总是缺课，我真没想到他竟然能做到！"与庞加莱的论文相比，尽管青年爱因斯坦的论文很优雅，但从数学角度来看略显粗糙。事实上，当时在德国哥廷根大学担任数学教授的闵可夫斯基告诉他的学生们："爱因斯坦的理论十分深刻，但其数学表述略显笨拙。我之所以能这样说，是因为我曾经是他的数学教授。"[19]

相比之下，庞加莱精通不变性和群论的数学语言，并用它们证明了一些令人惊讶的事情：如果你通过洛伦兹变换来变换坐标，以下这个四维表达式保持不变：

$$x^2 + y^2 + z^2 - (ct)^2$$

换言之，它在这个变换"群"下是不变的。（实际上，庞加莱在这里使用了 $c = 1$。今天，通过选择单位使光速 c 在洛伦兹变换和其他相对论方程中等于1是一种普遍做法。爱因斯坦得到了同样的结果，尽管他没有以这样高深的形式表达它。形式上的"群论"是由埃瓦里斯特·伽罗瓦首创的，他是一位冲动的革命者和鲁莽的情人，因1832年的一次决斗丧生，年仅20岁。凯莱也对早期群论做出了重要的贡献，我在图9-5的解释框末尾列出了群论的关键特征。但是，真正理解了这个不寻常表达式的人是闵可夫斯基。

它之所以不寻常,是因为正如庞加莱指出的那样,物理学家习惯于加总所有项的二次表达式。比如,通过毕达哥拉斯定理算出位置矢量的长度。如果你将图 0–2 扩展到三维并用坐标表示分量,则可以看到:

$$\boldsymbol{a} = x\boldsymbol{i} + y\boldsymbol{j} + z\boldsymbol{k} \Rightarrow |\boldsymbol{a}| = \sqrt{x^2 + y^2 + z^2}$$

图9–6 赫尔曼·闵可夫斯基,约1896年,当时爱因斯坦是他的学生(图片来源:ETH-Bibliothek Zürich, Bildarchiv/Photographer unknown/Portr_02711. 公有版权)

这是在平坦的三维欧几里得空间内测量长度和距离的公式,在如图 9–1 所示的旋转下,这个公式是不变的。闵可夫斯基意识到,狭义相对论中的类似概念的表达式为:

$$\sqrt{x^2 + y^2 + z^2 - (ct)^2}$$

庞加莱和爱因斯坦已经证明了这个表达式在洛伦兹变换下是不变的。它与欧几里得的距离公式相似,却不是普通空间内的距离度量。相反,它是闵可夫斯基所说的"时空"中的"距离"。换言之,它是时空中"事件"之间的间隔,而不是空间内两点之间的距离。你可以从书末注释中看到它在物理上的意义,但在此处我专注于把它与欧几里得距离公式进行类比。[20]

第9章 从空间到时空：矢量的新转折

狭义相对论中的时空现在被称为"闵可夫斯基时空"，它是平坦的欧几里得空间的四维推广，因此也被称为"平坦"时空，与广义相对论中的弯曲时空相对。距离或间隔测量被称为"度量"，形如 $\sqrt{x^2+y^2+z^2-(ct)^2}$ 的度量被称为闵可夫斯基度量，以纪念其杰出的贡献。此外，"世界线"的概念也归功于闵可夫斯基。在欧几里得几何中，物体位于空间内的一个点。但即使物体在空间内静止，它也在随时间移动，因此它在时空中的位置由穿过该点并与时间轴平行的线表示，这条线将随着每一时刻的流逝而延长。

在1907年11月的一次授课中，闵可夫斯基首次提出了他的时空新概念。一年后，在著名的演讲"空间与时间"中，他更充分地发展了这个概念。演讲以一段令人难忘的宣言开场："从此以后，单独的空间和单独的时间注定要消失，变为区区阴影，只有二者的某种结合才能保持独立的真实性。"他认识到相对性真正双向原理的荣誉应归功于爱因斯坦，礼貌地批驳了洛伦兹有关运动物体的物理收缩的"荒谬"假说。这次演讲的自信语调掩盖了一个事实，即性格温和的闵可夫斯基在观众面前时常会脸红和结巴。[21]

我们故事的关键在于，闵可夫斯基随后开始发展四维矢量分析。有一段时间他甚至尝试使用四元数，因为正如我们在前文中看到的那样，你可以用四元数做除法，但不能用矢量。他最终发现，赫维赛德-吉布斯风格的普通矢量分析更为灵活。

当我们把普通的矢量分析用于类似图9-1所示的平坦欧几里得空间时，矢量的长度也可以用它与自身的标量积来表示：

$$\boldsymbol{a} = x\boldsymbol{i} + y\boldsymbol{j} + z\boldsymbol{k} \Rightarrow |\boldsymbol{a}| = \sqrt{\boldsymbol{a} \cdot \boldsymbol{a}} = \sqrt{x^2+y^2+z^2}$$

在平坦时空内，闵可夫斯基通过间隔度量的类比定义了标量积：如果一个四维矢量 $\boldsymbol{a}$ 有分量 (x, y, z, t)，则其标量积为

$$\boldsymbol{a} \cdot \boldsymbol{a} = x^2 + y^2 + z^2 - (ct)^2$$

若用现代符号（并通过选择单位令 $c = 1$），则当两个三维矢量的标量积（即点积）为下式时：

$$\boldsymbol{a} \cdot \boldsymbol{b} = a_1 b_1 + a_2 b_2 + a_3 b_3$$

在闵可夫斯基时空中的四维标量积为

$$\boldsymbol{a} \cdot \boldsymbol{b} = a_1 b_1 + a_2 b_2 + a_3 b_3 - a_4 b_4$$

（今天普遍用下标 0 而不是 4 来表示时间分量。）后来的数学家将这个公式推广到任何类型的空间，无论是弯曲还是平坦的三维、四维或 n 维空间。用度量定义标量积，是体现数学类比法之威力的一个优雅例子。

在另一篇论文中，闵可夫斯基不仅尝试了四维矢量分析，也触及了张量分析。不幸的是，他从未有机会进一步发展他的工作，也未有机会得知他的名字今天会因"闵可夫斯基度量"而不朽。在将时空概念奉献给世界后不久，他在阑尾炎手术后骤然离世，年仅 44 岁。戴维·希尔伯特是他的大学校友、哥廷根大学的同事，当他告诉自己的学生这个悲伤的消息时，忍不住失声痛哭。[22]

* * *

爱因斯坦对于他的教授在相对论方面的发展评价不高，因为他在那个阶段更喜欢坐标和分量，而不是与坐标无关的整体矢量。事实上，最先是闵可夫斯基的朋友阿诺德·索末菲尔德采纳了他的时空概念，并开始探索标量和矢量积，以及散度、旋度和梯度的矢量运算的四维类比。索末菲尔德时任慕尼黑大学理论物理教授，他在 1910 年的论文《论相对论I：四维矢量代数》的开头向闵可夫斯基致敬，称他为"骤然离世的朋友"。

索末菲尔德曾经是成立于 1903 年的德国"矢量委员会"的成员。

在英国的矢量论战之后，该委员会的目标是确定一种标准的矢量符号，但其创始人、哥廷根大学数学教授费利克斯·克莱因认为，该委员会最后只是增加了更多的符号！克莱因是赫维赛德（和麦克斯韦）的拥趸，但他也对格拉斯曼的《线性扩张论》印象深刻。格拉斯曼的儿子尤斯图斯于1869年进入哥廷根大学数学系学习，此后不久克莱因就听说了这本书，因为尤斯图斯自豪地将他父亲的著作副本带去了学校，准备送给两位对格拉斯曼的工作感兴趣的教授，其中一位是阿尔弗雷德·克莱布施，他对格拉斯曼工作的热情也感染了他的同事克莱因。20年后，克莱因与吉布斯一起，推动了格拉斯曼的作品集的出版。[23] 索末菲尔德先是担任克莱因在哥廷根大学的助手，后来又成为他的合作者。索末菲尔德于1906年前往慕尼黑大学任教，但克莱因在他身上激发出的对矢量与不变量的兴趣并未改变。

在他于1910年发表的有关相对论的两篇论文中，索末菲尔德为时空中的四维矢量引入了"四矢量"这个术语。他强调了时空间隔不变性的重要性，因为它表达了光速的恒定。[24] 庞加莱、洛伦兹和爱因斯坦当然也知道这一点。此外，索末菲尔德还强调了不变量符号在改写麦克斯韦方程适应时空时的重要性，并指出为了证明麦克斯韦方程的普通分量形式在这些变换下保持不变，洛伦兹和爱因斯坦使用了"复杂的计算"。相反，索末菲尔德的目标则是在闵可夫斯基的工作基础上，展示如何以不变的四维形式书写这些方程。

他没有发现三维"赫维赛德"矢量方程的四维类比，而是告诉我们需要用"张量"来表达四维麦克斯韦方程的形式不变性。

张量的无穷威力！

张量那时还是个新概念，我们即将探索其迷人的起源。但为了品尝其风味，不妨先看看索末菲尔德是如何解释它们的吧。你可以用矢量来探索线（或箭头）的几何，比如，在三维空间内的垂直线由矢量方程 $a \cdot b = 0$ 刻画，平行线由 $a \times b = 0$ 刻画。但有时你也需要描述平面，它们有一个额外的特征：在空间内的定向。它由平面的"法线"方向定义，由一个单位矢量表示，垂直（或正交）于平面。但要更清楚地了解平面与张量之间的关系，我们可以回溯到麦克斯韦于1873年出版的《电磁通论》。

想象一个浸没在水中的盒子，这或许是船体的理想化版本。由于作用在每个面上的力保持平衡，它在水的压力下保持形状不变。各种刚体，从桥梁和飞机到微小的晶体，都在这些"应力"（"应力"是单位面积上的力）的作用下保持平衡。当然，也有许多力不平衡的情况，比如在可塑或弹性材料中，但工程师还需要考虑潜在的其他应力的影响，比如桥梁上的繁忙路况或猛烈的海浪对船只的冲击。在你想要移动或旋转物体的情况下，你又希望净力是不平衡的。麦克斯韦的朋友汤姆森是对这些情况进行数学研究的先驱之一，他在1856年的一篇有关弹性的论文中做了相关分析。奥古斯丁·柯西甚至还要更早，他于1828年发表了其奠基性论文，论述了平衡体中的应力。[25] 然而，麦克斯韦想要分析的是一个磁化物体在电磁场中所受的力。通过与浸没的盒子做类比，他思考了作用在磁化物体内的一个小立方体每个面上的力。汤姆森和柯西也用了类似的方法，但麦克斯韦做了一些特别的事情，不仅将这些分析扩展到了电磁学领域，而且用两个下标的符号来表示应力。

在数学中，"下标"在这种情况下指的是标签，而不是幂的指数。比如，矢量的分量通常用一个下标表示，如 $a = (a_1, a_2, a_3)$，下标指的是测量分量的三个坐标轴。麦克斯韦认识到，应力是一个"与空间中的方向相关但并非矢量的物理量"。他认为，这是因为三维空间内的一个矢量有3个分量，但一个应力需要有9个分量，如图9-7所示。因此，他将应力的分量写作 P_{hk}，并做出了这样的解释：第一个下标 h 表示应力作用的面，其法线平行于 h 轴，第二个下标 k 表示应力的方向。h 有3个选择，每个空间维度一个，即每个坐标轴一个；k 也有3个选择。这就构

第 9 章　从空间到时空：矢量的新转折　　191

成了 9 种可能的组合，每个组合代表 9 个分量中的一个。[26]

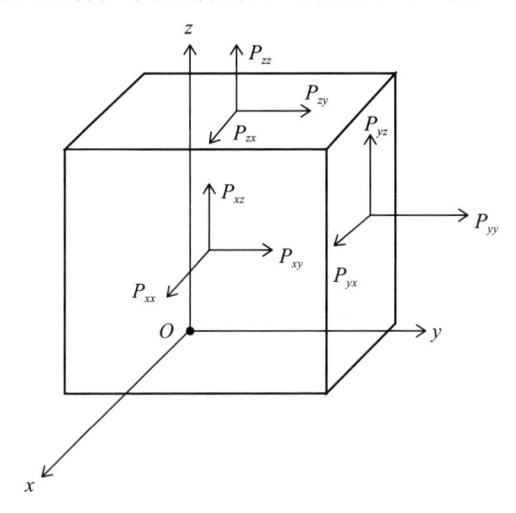

图 9-7　作用在立方体表面上的基本应力分量。麦克斯韦指出，如果 $P_{hk} = P_{kh}$，则应力不会造成旋转（正如他在旋度方程中表达的那样，他对由磁力造成的旋转很感兴趣）。实际上，本图表明，在 $P_{yx} > P_{xy}$ 的情况下，右侧面将被向前拉，立方体由此开始旋转

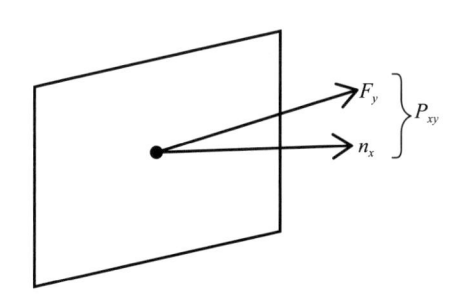

图 9-8　两个矢量构成了一个应力张量。首先，矢量 $\boldsymbol{n}$ 给出了应力作用的表面的方向，此处我用 x 作为下标，表示这里的法线分量与 x 轴平行。其次，给出力的强度和方向的矢量，下标 y 表示作用于这个表面的力的相关分量与 y 轴平行

在这里，麦克斯韦用一种简洁的方式，给出他称之为"应力"的分量的定义，就像分量（a_1, a_2, a_3）构成了一个矢量 $\boldsymbol{a}$ 一样，我们现在称之为"应力张量"。这一点的有趣之处在于，当时人们还没有发明张量，

至少它们还没有被视为与矢量具有同等价值的数学对象。虽然柯西和汤姆森也有类似的想法，但他们没有使用像麦克斯韦那样简洁和通用的符号表达它。

以现代的观点来看，这里的关键在于，你需要用两个矢量来构成一个应力张量：其中一个矢量代表应力作用的表面的方向，另一个矢量代表力本身。你可以在图 9-8 中看到这一点，这是表达麦克斯韦的 P_{hk} 分量的另一种方式。当数学家进入这个领域时，他们将把这个概念转化为一个更精确、更一般的张量定义。你应该可以看到，如应力这类具有 9 个分量的张量可以存储比三维矢量更多的信息。

索末菲尔德在 1910 年撰写论文时，张量还没有跻身主流。但他明白，张量的应用远比仅仅用作表示应力的方法更广泛。它不一定与平面有关，因为它适用于任何数量的维度。索末菲尔德还提到了格拉斯曼，但文章的重点是他的朋友闵可夫斯基，以及如何用时空语言重写麦克斯韦方程。为了做到这一点，他像闵可夫斯基一样将 E 和 B 的分量重写为双下标量，麦克斯韦方程的现代张量形式就基本上形成了。[27]

我们将在后文中看到这些优雅的方程，但我们首先需要深入探讨张量的演变，尤其要搞清楚它们是如何编码和推广不变性概念的，以及它们为何在爱因斯坦的理论中不可或缺。但我们也会稍微回顾一下历史，找出非欧几何与我们的故事之间的联系。因为通往张量的道路是漫长的，也是由许多出人意料的创造性洞见构成的。

第 10 章

弯曲空间与不变距离：走向张量

狭义相对论中的相对运动是恒定的，而广义相对论中的运动不一定如此。当爱因斯坦开始努力将相对论从狭义扩展到广义时，他需要一整套新的数学工具。有谁会比他在苏黎世理工学院的老朋友马塞尔·格罗斯曼更适合呢？格罗斯曼可是从未缺席过闵可夫斯基的数学课，他也是一流的数学家和忠实的朋友。事实上，正是在格罗斯曼一家的帮助下，贫困的爱因斯坦才得到了专利局的工作。格罗斯曼一毕业就被苏黎世理工学院录用了，成为博士生和他导师的助理，7年后他又当上了那里的数学教授。

多年来，爱因斯坦一直在寻找愿意收他为博士生的人，但他得到的都是否定的答复，部分原因是他在主流学术界的"老庸人"中以傲慢知名。尽管如此，他仍不放弃，终于在 1905 年夏天凭借一篇有关分子测量的开创性论文，获得了苏黎世大学的博士学位。他将学位论文献给格罗斯曼以感谢格罗斯曼在学生时代对他的慷慨相助，包括借给他课程笔记以及帮助他找到工作等。与爱因斯坦的教授不同，格罗斯曼从一开始就认为爱因斯坦未来必定会取得辉煌的成就。[1]

1911 年，格罗斯曼设法将他这位名声大噪的朋友召回母校。当时这所学校更名为瑞士联邦理工学院，但仍沿用其德文缩写名 ETH。居里夫人和亨利·庞加莱等人为爱因斯坦写了充满赞誉和欣赏之情的推荐信，

图 10-1　马塞尔·格罗斯曼，1909 年（图片来源：ETH-Bibliothek Zürich, Bildarchiv/Photographer unknown/Portr_01239，公有版权）

1912 年，爱因斯坦被任命为瑞士联邦理工学院新设立的理论物理学讲席教授。也许他很享受如此辉煌的回归，但他更享受能再次与老同学一起工作的机会。一切似乎又回到了学生时代，他们一起学习和探索理论，抽着烟斗，在附近的都市咖啡馆喝咖啡。

　　两位老友在随后的两年中密切合作，完成了为广义相对论建立数学基础的艰巨任务。爱因斯坦意识到，想要推广狭义相对论，他面对的就不仅仅是一个全新的引力理论。毕竟，相对运动不恒定的一个例子是：一个观察者因为重力而下落，比如在自由下落的电梯里，而另一个观察者则在地面上。相对于地面上的观察者，下落的观察者在做加速运动，所以他们的相对速度并不是恒定的。然而，当爱因斯坦和格罗斯曼于 1912 年开始合作时，还有两个主要的数学问题需要解决，在此基础上爱因斯坦才能建立他的广义相对论。

　　第一个问题是，如何将物理定律从狭义相对论转移到广义相对论；第二个问题是，如何在弯曲时空中找到适当的"距离"或间隔度量，类似于我们在上一章看到的平坦时空中的闵可夫斯基度量。正如爱因斯坦后来回忆的那样:"我们发现,解决第一个问题的数学方法是现成的,即里奇和列维-齐维塔的绝对微分",也就是张量分析。"至于第二个问题",他继续说,伯恩哈德·黎曼的曲面理论可以给出答案。[2]

这些工具或许是"现成的",但爱因斯坦必须先掌握它们。他告诉阿诺德·索末菲尔德:"我一生中从未如此努力。"他接着说,在格罗斯曼的帮助下,他"对数学产生了极大的尊重,我以前曾天真地认为,数学中的微妙部分是纯粹的奢侈品"。闵可夫斯基定会为此感到非常欣慰。[3]

正如我们看到的那样,为了在平坦的四维时空中书写麦克斯韦方程,索末菲尔德尝试了张量的表达形式。麦克斯韦也曾用双下标张量描述普通三维空间内的应力。格雷戈里奥·里奇和图利奥·列维-齐维塔发展了一种能处理弯曲空间的微积分,而格罗斯曼和爱因斯坦是率先将张量微积分应用于弯曲时空的人。但所有这一切都是基于黎曼的曲面研究,而黎曼的理论又是建立在他的老师高斯的想法之上的。

曲面数学:卡尔·弗里德里希·高斯

格罗斯曼的博士论文课题是非欧几何,这一领域是由高斯、亚诺什·博伊和尼古拉·洛巴切夫斯基在19世纪20年代开辟的。在曲面几何中,欧几里得关于平行线永不相交的公设不再成立,以地球仪上的经线为例,即可轻易看出这一点:它们在赤道上是平行的,却在两极相交。那么,在曲面上,你能明确地谈论"平行"线吗?这对矢量分析来说是一个关键问题,因为矢量加法的概念完全基于平行四边形法则,即在让它们保持平行(如图3-1所示)的情况下,将矢量平移到正确的位置上。

直到我们遇见列维-齐维塔,我们才能给出这个问题的答案。但列维-齐维塔的研究得益于里奇的工作,而里奇又得益于高斯在相关问题上的工作。在日常生活中,我们用一把直尺测量两点之间的距离,毕达哥拉斯定理给出了距离测量,或者说"度量"。但如果曲面上不存在直线,那么距离公式是什么?高斯确信,要解决这一问题,就要观察非常接近的两个点之间的距离。

高斯对如何测量距离有第一手的经验。大地测量学是从数学上分析地球形状和表面积。自十几岁开始,高斯就对大地测量学及三角测量很感兴趣,并参与了多个政府和军事测量项目。事实上,正是因为1803—1815年的拿破仑战争,索菲·热尔曼才最终向高斯透露了她的真实身份。我们在第3章看到,她化名蒙西耶·勒布朗先生写信给高斯,求教数学问题。但当法国军队占领了离高斯家不远的普鲁士小镇时,她非常担心他,便说服她家里的一位法国将军朋友,前去查看他是否安全。高斯对一位敌军将领的礼貌到访感到异常惊讶,当那位军人声称自己代表热尔曼小姐前来时,高斯感到更加困惑了!

1821—1825年,已届不惑之年的高斯领导了测绘整个汉诺威王国的项目。这不仅需要数学知识和仪器操作专长,还需要在艰苦的条件下穿越险恶的地形。到了晚上,高斯则必须手工处理他和他的团队收集到的数据。为此,他用上了自己发明的最小二乘法,这是一种利用数据点拟合曲线的方法,也就是根据一系列重复测量得出最佳估值的方法。它有许多现代应用,包括与机器学习相关的线性回归模型。高斯和两个世纪前伊丽莎白时代神秘的托马斯·哈里奥特一样不愿意发表自己的成果,因为他们都是完美主义者。这样一来,最小二乘法和高斯的其他发现就不得不由其他人重新发明。[4]

有了所有这些实践经历,高斯于1828年做好了发表他的开创性论文《关于曲面的一般研究》的准备。事实上,正是高斯创造了度量的概念,也就是我们在上一章遇到的距离测量,我在那里将平坦三维空间的欧几里得度量写作:

$$\sqrt{x^2 + y^2 + z^2}$$

第 10 章 弯曲空间与不变距离：走向张量

假定 x、y、z 是位置矢量的分量，它们给出了从原点到点 (x, y, z) 的直线距离，而任意两点 (x_1, y_1, z_1) 和 (x_2, y_2, z_2) 之间的距离为：

$$\sqrt{(x_2 - x_1)^2 + (y_2 - y_1)^2 + (z_2 - z_1)^2}$$

高斯的想法是，如果曲面上的两点足够接近，使得 $x_2 - x_1$ 非常小，其他坐标之差同样如此，则它们之间的一小块曲面是近似平坦的。通过想象球上的两个邻近的点，你可以直观地认识到这一点。这就是我们可以在更大的尺度上谈论弯曲的地球表面的"平坦"区域的原因。如果两点无穷小地接近，则它们之间的曲面在实际应用中可视为平坦的，它们之间的线也是直线。用现代术语来说，曲面是"局部"平坦的。这与用切线逼近小段圆弧的想法相同，如图 10-2 所示。只不过，在曲面上，你使用的是切平面，而不是切线。

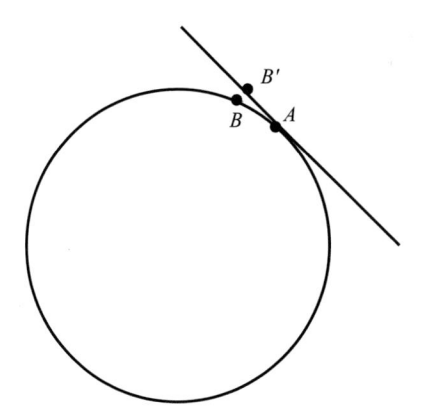

图 10-2 当曲线或曲面上的两点非常接近时，它们之间的距离 AB 约等于直线距离 AB'。比如，在计算机图形学中，可以根据微小的切线段构建曲线

这意味着，你可以在曲面上利用欧几里得度量，但并非使用 $x_2 - x_1$、$y_2 - y_1$、$z_2 - z_1$，而需要使用微分学中的无穷小距离，即 dx、dy、dz。换言之，不是使用 $\sqrt{x^2 + y^2 + z^2}$ 或 $\sqrt{(x_2 - x_1)^2 + (y_2 - y_1)^2 + (z_2 - z_1)^2}$，而是使用高斯的一般度量公式 $dx = \sqrt{(dx)^2 + (dy)^2 + (dz)^2}$，曲面上线的长度用 s 表

示。通常这个表达式采取平方的形式，对符号表示进行灵活处理，也就是说，曲面的欧几里得度量通常写作：

$$ds^2 = dx^2 + dy^2 + dz^2$$

（80年后，闵可夫斯基在他的四维时空度量中使用了如下这种微分符号[5]：$ds^2 = dx^2 + dy^2 + dz^2 - c^2dt^2$。）

如果不熟悉这一切，你可能会这样想：讨论微小直线长度的距离测量是一回事，但如果需要测量更长的曲线距离该怎么办？从表面上看，你必须沿着曲面上的曲线，将无穷小的直尺首尾相接地排列起来。幸运的是，莱布尼茨的微分符号清楚地说明了应该如何更简单地解决这个问题：只需对ds进行积分，即可算出距离s。在图2-3b中，我利用该度量的二维版本实现了这一点。如果你熟悉这种方法，我希望你也能认同我的看法：回顾我们今天所学数学的起源很有趣。这种方法正是源自无所不能的高斯。他没有使用"度量"这个词，而是称其为曲面的"线性元素"，时至今日它仍然经常被称为"线元素"。

比如，一个球的表面是二维的。你可能也想知道，为什么平坦的三维空间和一小块二维曲面上的度量看上去是一样的。当观察球的表面时，我们是从外部进行观察的，所以我们将表面上的点视为三维空间内的点。但我们可以从图10-3以及它与图10-2的类比看到，在表面上测量的这两点之间的无穷小距离，实际上与在空间内测量的直线距离相等。

因此，为了突出曲面内蕴的二维本质，超级智慧蚂蚁或二维外星人就是这样看待曲面的，高斯按照莱昂哈德·欧拉的先例，用两个"曲线坐标"将曲面参数化，他称其为p和q。比如，对地球表面而言，p轴可能是赤道周围的纬线，而q轴是穿过格林尼治天文台的经线。一个在该表面上爬行的智慧蚂蚁外星人会根据这两个轴进行测量，但它不会知道有第三个维度存在。

高斯证明，当你这样做时，二维曲面上的度量就会变成：

第 10 章 弯曲空间与不变距离：走向张量

$$dx^2 + dy^2 + dz^2 = Edp^2 + 2Fdpdq + Gdq^2$$

其中 E、F、G 是 p 和 q 的函数。他还表明该表达式中的系数 E、F、G 及其导数包含了二维生物用来推算曲面的内蕴几何所需的一切信息。这真是一项壮举！

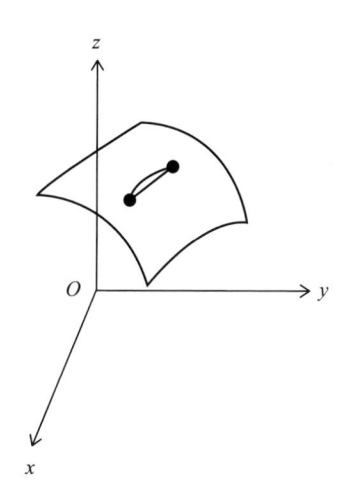

图 10–3　相距无穷小的两点之间的曲线距离几乎与它们在三维空间内的直线距离相等，犹如该曲面不存在一样

比如，蚂蚁外星人将能据此判断它是否在一个平坦的空间中爬行，因为平坦空间内的三角形内角和等于 180°。而在一个正曲率曲面上，比如一个球面，三角形的内角和超过 180°。在一个负曲率曲面上，比如马鞍面，三角形的内角和小于 180°（如图 10–4 所示）。

这是因为，高斯是以弯曲三角形的面积及三角形内角和与 180° 之间的差值来定义"内蕴曲率"的。但高斯并不知道，对于球面，托马斯·哈里奥特已经在他的制图和地球表面导航工作中发现了如下公式：

$$\frac{\alpha + \beta + \gamma - \pi}{\text{三角形的面积}} = \frac{1}{r^2}$$

其中，三角形的三个角的度数分别为 α、β、γ（π 等于 180°），r 是

球面的半径，$\frac{1}{r^2}$是其高斯曲率或内蕴曲率。哈里奥特没有发表他的结果，阿尔伯特·吉拉德在几十年后重新发现了这一公式并发表了它。相比之下，高斯的版本更加复杂，而且不只局限于球面。更重要的是，高斯证明了这一公式中的面积和角度都可以从度量中计算求得。这一点乍一看相当惊人，高斯本人对这一发现也是兴奋不已，甚至称其为"绝妙定理"。

让我更详细地解释一下这个绝妙的结果吧。我们看到，度量可以告诉你线的长度，比如我们在第9章看到的矢量的大小，或者如图2-3所示的圆的周长。很久以前，阿基米德就计算出了球的表面积（$4\pi r^2$），甚至展示了如何得到球面上圆柱形薄片的面积。但高斯证明了，任何曲面的面积都可以由度量系数E、F、G通过表达式$\sqrt{EG-F^2}$的曲面积分计算出来。在没有微积分和度量概念的情况下，哈里奥特是第一个推导出球面上的弯曲三角形面积的人（因为他需要用它来证明上述的内蕴曲率公式），他用了许多页纸，才写下了他巧妙的几何论证过程。

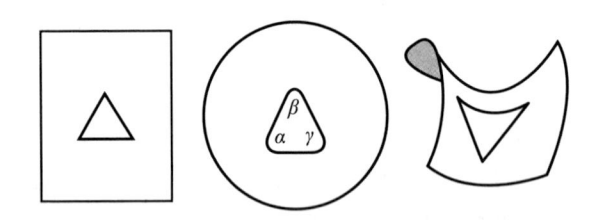

图10-4 在平坦纸面上的三角形的三个内角α、β、γ之和为180°，即π。在球面上，它们的和大于π。在马鞍面上，它们的和小于π

请注意，高斯也用了很多页纸，才建立起这些曲率和度量之间的基本关系。但哈里奥特只解决了球面三角形的问题，而高斯则展示了计算任何曲面上的任何形状的面积的方法。令人惊讶的是，说到高斯和哈里奥特的曲率公式中需要的角度，E、F、G实际上是与坐标轴p和q相切的两个单位矢量的标量积（如图10-5所示），标量积的几何公式给出了这些矢量之间角度的余弦值。当然，1828年的高斯并不知道矢量积和标

第 10 章 弯曲空间与不变距离：走向张量

量积，但他仍然给出了等价的坐标形式。我在书末注释中解释了他是如何做到这一点的。[6]

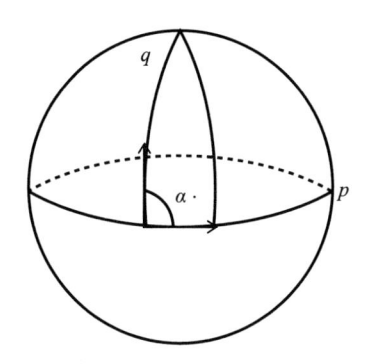

图 10-5 由三条大圆坐标轴围成的一个球面三角形。两条这样的线之间的夹角即它们的切矢量的夹角，见图中箭头。在球面上，这个三角形的所有角都是直角

值得注意的是，高斯和哈里奥特之所以能在曲率上取得突破，都是出于实际需要——制图和导航。所以，我们看到的这些并非仅仅是为了蚂蚁和外星人，我们也可以利用度量来确定我们所居住的曲面的曲率。这样一来，我们不必进入太空从外部看地球了，这确实非常了不起。一个小小的方程式 $ds^2 = Edp^2 + 2Fdpdq + Gdq^2$ 便蕴含了一个能够观察整个曲面的全知神视角。当我们遇见格雷戈里奥·里奇时，我们将见到度量中的微分系数，比如这里的 E、F、G，其实是一个张量的分量，而这是矢量的下一步。在爱因斯坦手中，它将成为揭示宇宙奥秘的关键所在。

从制图到黑洞：不变性、拓扑和"直"线

爱因斯坦还将使用高斯强调的另一个概念：不变性。我们在前一章讨论矢量的时候看到，不变性对于张量方程的简洁和威力至关重要，尤其是要有一个不变的距离度量，即当你从不同的角度测量时，保持不变

的度量。就像欧氏距离或时空事件的闵可夫斯基间隔，它们在旋转后的参考系或洛伦兹变换后的参考系中测量时保持不变。我们之前见过这样的例子，这说明欧几里得度量和闵可夫斯基度量分别在旋转和洛伦兹变换下保持不变。

1828年距离洛伦兹变换的诞生还有半个多世纪，但高斯的确证明了，他的二维曲线度量或者说"线性元素""曲率测度"，在将曲面弯曲成不同形状时保持不变，用他的话说就是"不曾改变"。至少，在曲面未被撕裂或切割的情况下是不变的。比如，你可以把一张纸卷成一个圆柱面，或者把一个足球改造成一个橄榄球，而后一种改造正是在熔融和流动的地球内部发生的，地球由于自转而在赤道处膨胀，但总体积保持不变。

度量在这种弯曲或挤压下的不变性与一个反直觉的观点有关，即圆柱的表面是内蕴"平坦"的。(它只是从外部看是弯曲的，所以这种曲率是"外在"的。)要看到不变性，你可以想象一张平坦的纸，上面有一条直线。对二维蚂蚁外星人而言，当纸被卷成一个圆柱时，它上面的线还是那条线，长度也相同，所以度量也相同。但球面是内蕴弯曲的，你可能会在榨橙汁的时候注意到这一点。你无法在不撕裂橙子皮的情况下将它展平，所以它只是局部平坦的，如图10–2和10–3所示。在这里，我们不仅讨论了坐标变换，还讨论了拓扑，后者可以处理曲面和形状那些无须撕裂也得以改造的性质，尽管高斯没有使用拓扑学这个术语。我们在第5章大致了解了拓扑的概念，高斯的学生默比乌斯和利斯廷在19世纪40年代开始了相关研究，此时距离高斯的论文发表已经过去20年了。而高斯早已证明了度量的拓扑不变性，解释了为什么膨胀的地球在测量距离和角度时可被视为一个球体。

全局高斯–博内定律表达了曲率和拓扑之间更显著的联系，而该定理的"局部"版本就是高斯依据一小块曲面上弯曲三角形的角度和面积所给出的曲率定义，哈里奥特公式是球面三角形这一特例，而皮埃尔·奥西安·博内在1848年将高斯定律推广至开曲面，比如圆盘。如果你不仅将它应用于一小块曲面，而且应用于整个曲面（"整体"），如一个完整的球面，你就有了拓扑。1972 年，斯蒂芬·霍金利用整体高斯-博内定律和爱因斯坦方程证明，静止黑洞的边界或事件视界拓扑等价于一个球体。这是渺小的人类可以利用曲率数学及笔和纸发现广阔而神秘的新领域的另一个例子。早在 1971 年，霍金就从数学上证明了这个边界的面积永远不会减少，但这一结果直到 2021 年才被实验证实。罗杰·彭罗斯在 1965 年利用拓扑证明了，如果广义相对论是正确的，则黑洞应该存在于自然界，而不仅仅是一种数学造物。由于事件视界的国际合作，我们得以见证首张黑洞直接成像，更准确地说，是它（拓扑上）近似圆形的阴影。[7]

这一壮观的图像确认了黑洞的存在，彭罗斯因此获得 2020 年诺贝尔物理学奖。该奖项的另外两位获奖人是天文学家莱因哈德·根泽尔和安德烈娅·盖兹，他们发现了位于银河系中心的"超大质量致密天体"，并认为它也是一个黑洞。盖兹是人类历史上第 4 位获得诺贝尔物理学奖的女性。下面让我们接着探讨高斯曲率，因为它的用途不只局限于大地测量学、测绘学和宇宙学，它在包括尖端材料科学在内的多个领域都有广泛的应用。[8]

* * *

高斯的另一个杰出的洞见，为今天头条新闻背后的复杂数学铺平了道路。正如汉密尔顿意识到四元数形成了一个有别于普通代数的代数系统一样，高斯意识到，与我们生活的三维空间一样，一个弯曲的二维曲面本身就是一个"空间"，这样的空间有两个曲线坐标轴和自己的距离度量，有其内蕴的二维几何。度量是这种几何的关键所在，因为我们需要用它来计算距离、角度和曲率。而且，我们在普通（平面）空间内有欧几里得几何，它是关于直线及其夹角的几何，关于这些线和角的无数定理已经为我们服务了 2 000 多年。所以，高斯的问题是：在一个没有直线的空间内，你如何才能找到几何规则？他的回答十分巧妙。直线的特性在于，它是普通欧几里得空间内两点之间的最短距离。于是，问题就变成了：在曲面上，两点之间的最短距离是什么？

对于像地球这样的球体表面，数学天文学家、制图师和航海家几千年来都知道"大圆"的存在，即与球体同一中心且半径相等的圆，比如经线和赤道。但约翰·伯努利及其兄弟率先发现，在这种曲面上，两点之间的最短距离就是经过它们的大圆的长度。即使在今天，飞机驾驶员在可能的情况下也会沿着大圆飞行，以提高旅程效率。在18世纪20年代，伯努利的学生欧拉发明了"变分法"，并由此得出关于这个最短直线方程；这是对学校微积分的一种复杂的扩展，在学校微积分中你令函数的导数为零以找到它的最大值和最小值。一个世纪后，高斯展示了如何将变分法应用于度量，以找到二维曲面上任意两点之间的最短距离。

这个最短距离位于"测地线"上，该名称提醒我们，非欧几何与古代导航（见第10章）都与地球的大圆有关。当爱因斯坦为弯曲空间重写运动定律时，他出人意料地用到了测地线。但正如他后来回忆的那样，他和格罗斯曼需要先理解高斯的杰出学生伯恩哈德·黎曼的工作，因为正是黎曼将高斯的分析扩展到了更高的维度。

黎曼接过了高斯的接力棒

在19世纪40年代末和50年代初，黎曼在高斯担任教授的哥廷根大学学习。但当时这所大学还没有像这个世纪后半叶那样，成为活跃的学术活动中心。彼时的教授们更注重形式，远离学生，授课内容与前沿科学联系不大，就连高斯也只讲授基础课程。于是，黎曼转学到柏林大学并在那里学习了几年。柏林大学的教授中不乏杰出的数学家，他们提供了更前沿的课程内容。但他后来还是回到了哥廷根大学，在高斯的指导下攻读博士学位。

3年后，黎曼在一篇论文中遇到了一项相当大的挑战，该文最初被麦克斯韦的杰出年轻同事、乔治·艾略特的朋友威廉·金登·克利福德翻译成了英文。在第7章，我曾介绍过克利福德是如何发展了汉密尔顿和格拉斯曼的矢量思想，并使之成体系。我在序言中提到，如果你将熟悉的笛卡儿坐标x、y、z推广为x_1、x_2、x_3，则很容易创造出任意数量的维度，其坐标轴为x_1, x_2, x_3, $\cdots$, x_n。在这样的n维空间内，像速度这样的矢量的分量将被表示成v_1, v_2, v_3, $\cdots$, v_n。黎曼面临的挑战就是改写高斯关于弯曲的二维空间的研究，找出弯曲的n维空间的几何规则。

首先，黎曼必须找到一种在n维曲面上测量距离的方法。他称这个曲面或弯曲空间为"流形"（这是一个拓扑概念，因为黎曼沿用了高斯探索内蕴曲率的方法）。

在我们了解他为何这样做之前，你要知道的是，19世纪50年代的n维空间研究者并非只有黎曼一人。比如，亚瑟·凯莱不仅是矩阵论的发明者，也是矢量分析的强烈反对者，还是不变性理论和n维几何的先驱。他尤其感兴趣的是，当弯曲的曲面如同地上的影子一样被投影到平坦的欧几里得空间中时有怎样的几何。

20年后的1874年，凯莱的肖像登上了荣誉墙，它至今仍然悬挂在三一学院的餐厅里，紧挨着麦克斯韦的肖像，对面则是牛顿的肖像。（麦克斯韦于1871年回到剑桥大学，成为该校的第一个科学实验室——卡文迪什实验室的第一任主任。）这激发了麦克斯韦的灵感，于是他为凯莱肖像基金委员会写下了另一首著名的诗。他在诗的开头写道：对于那些"被空间限制"的人，你们能向一位思想超越了这些界限的人致以什么样的敬意？在用诗的语言列举了凯莱的成就之后，他希望驻足在二维肖像前的观众能够缅怀那个"灵魂已超越这个庸俗的空间，在n维世界中将不受限制地蓬勃发展"的人。[9]这是一个美妙的宣言，描绘了数学家在想象与我们普通世界无关的空间时所能感受到的自由。

尽管如此，凯莱最终还是选择继续在欧几里得几何的框架内工作，黎曼则选择研究弯曲空间或流形的内蕴几何。用现代术语来说，流形从"局部"上看就像一个平坦的n维欧几里得空间。因此，它是高斯思想的扩展，即如果无限放大，弯曲曲面看起来就是平坦的，而平坦空间可以用学校的几何的简单推广来处理，特别是毕达哥拉斯定理。所以，通过与欧几里得度量进行类比，黎曼定义了一个平坦n维流形的距离度量或"线元素"：

$$ds^2 = dx_1^2 + dx_2^2 + \cdots + dx_n^2$$

事实上，黎曼率先用"平坦"一词来描述这样的表面，其线元素是微分的平方和。

对于平坦的纸，无论其大小，欧几里得度量$ds^2 = dx^2 + dy^2$都成立，在普通的欧几里得空间内，$ds^2 = dx^2 + dy^2 + dz^2$处处成立。然而，黎曼遵循高斯的观点指出，在弯曲的流形上，你只有在关注点周围的平坦"邻域"时，才能将度量写成这样的微分平方和的形式。正如我们之前在高斯的二维度量中看到的那样，曲面内蕴曲率的信息包含在曲面内蕴度量的微分系数中：

$$ds^2 = Edp^2 + 2Fdpdq + Gdq^2$$

一般来说，度量中的系数不仅取决于曲率，还取决于坐标的选择：相同的度量在不同的坐标下看起来会有所不同，就像一个以原点为中心、a为半径的圆在笛卡儿坐标和极坐标下的方程看起来不同一样：$x^2 + y^2 = a^2$和$r = a$。所以，度量中包含系数这一简单事实并不足以告诉你曲面是否弯曲。然而，黎曼认为，有一种方法可以从这些度量系数中解读出流形的曲率，我们稍后会解释他具体的意思。

他在1854年申请成为哥廷根大学的私人讲师时提出了这一理论。私人讲师的报酬由学生支付，而不是由大学支付，如果听课的学生人数不多，讲师的收入情况就会相当窘迫。但这是攀登学术阶梯的第一步。烦琐的申请过程包括"教授资格论文"和演讲。爱因斯坦在1908年获得的第一个学术职位是伯尔尼大学的私人讲师,他在前一年申请资格时提供了1905年的狭义相对论论文,但被拒绝了,因为评审委员会认为它"难以理解"。这从侧面反映出他当时的理论何等超前。黎曼的演讲也超出了大多数听众的理解范围,但77岁高龄的高斯也在听众席上,他肯定能体会其重要意义。高斯向来支持有才华的年轻人,他认为黎曼是一位真正的数学家,"具有辉煌而丰富的原创力"。这确实是很高的赞誉,正如格拉斯曼和其他人发现的那样,高斯并不是一个轻易发出赞美之声的人。高斯的性格令人难以接近,这也许与他深爱的第一任妻子因分娩去世有关,他似乎从未从那场悲剧中恢复过来。[10]

3年后,黎曼成为哥廷根大学的助理教授,并最终成为教授。他对数学做出了许多杰出的贡献,包括他的博士论文,该文为复分析的创立奠定了基础,将复数的概念引入了更深的层次。他还开创了根据"亏格"(现在这样称呼)对曲面进行拓扑分类的方法,亏格本质上就是它上面的"洞"的数量,比如有一个洞的茶杯与没有洞的球体之间的差别。但现在,我们关注的是他在1861年写的一篇论文,它是曲率代数理论和张量概念的核心所在。

黎曼具有里程碑意义的论文:聚焦张量

黎曼为巴黎科学院资助的一次竞赛写了这篇论文,主题是特定类型热分布的热传导。正如我们在格拉斯曼和热尔曼的获奖论文中看到的那样,这样的竞赛是激励前沿研究的重要方式。它如此前沿,以至于其内容很复杂,尤其是黎曼还使用了希腊字母符号。如果你愿意,可以浏览这一部分内容以获取关键的知识点。但请你特别注意,他的希腊符号有不止一个下标,而这正是张量的标志,其中的度量呈"二次微分形式"。此外,符号 Σ 表示求和。

黎曼从约瑟夫·傅里叶于1822年推导出的热方程着手。我在第6章中提到，这个方程展示了当热量通过物体扩散时，温度是如何随时间变化的。举例来说，你可以想象一下当你手握一把金属火钳的一端，另一端被火加热时手的感受。你会逐渐感觉到沿着火钳传递的热量，这说明温度在空间的三个维度上都发生变化。然而，科学院制定的竞赛规则是：随着热量的流动，温度应该只在两个维度上变化。比如，当火钳内部被绝缘时，热量只沿着它的表面传递或穿过表面。黎曼对这个问题的创新方法是，将热方程中的坐标从通常的笛卡儿坐标 $x \equiv x_1$、$y \equiv x_2$、$z \equiv x_3$ 转换成新的坐标 s_1、s_2、s_3，并将这些坐标定义成仅有两个维度的函数，比如 x 和 y，这与高斯在用 p 和 q 写出二维弯曲度量时所用的方法相同。

我在这里和第 9 章讲了很多有关坐标变换的内容，包括当用新坐标表示时，像标量积、矢量积这样的量，以及由欧几里得度量和闵可夫斯基度量给出的距离或间隔是如何保持不变的。黎曼最终得到了以下方程

$$\Sigma a_{\iota,\iota'} dx_\iota dx_{\iota'} = \Sigma \beta_{\iota,\iota'} ds_\iota ds_{\iota'}$$

你可以看到，方程左右两边的表达式具有相同的形式，因此该表达式在黎曼从 x_1、x_2、x_3 到 s_1、s_2、s_3 的坐标变换下是不变的。

黎曼的双下标符号 $a_{\iota,\iota'}$ 与热方程中的导热系数有关，他的 $\beta_{\iota,\iota'}$ 与用新坐标 s_1、s_2、s_3 表示的热方程中的导热系数有关。(他分别将导热系数写成了 $a_{\iota,\iota'}$ 和 $b_{\iota,\iota'}$。) 不过，技术细节[11]并不重要，重要的是黎曼表示导热系数的方式，以及在张量被正式定义的 40 年前，他就凭直觉认识到它们就是我们现在所说的张量的"分量"。

黎曼方程中的 Σ 代表求和。(它是大写的希腊字母西格玛，用作求和符号。) 和式 $\Sigma a_{\iota,\iota'} dx_\iota dx_{\iota'}$ 中的下标 ι、ι' 分别代表空间的三个维度，这三个维度由三个坐标 x_1、x_2、x_3 来表示。在这种情况下，ι、ι' 的所有可能的组合是 (1, 1), (1, 2), (1, 3), (2, 1), (2, 2), (2, 3), (3, 1), (3, 2), (3, 3)。代入和式后，$\Sigma a_{\iota,\iota'} dx_\iota dx_{\iota'}$ 就变成：

第 10 章　弯曲空间与不变距离：走向张量　　　209

$$a_{1,1}\,dx_1dx_1 + a_{1,2}\,dx_1dx_2 + a_{1,3}\,dx_1dx_3 + a_{2,1}\,dx_2dx_1 + \cdots + a_{3,3}\,dx_3dx_3$$

（$\Sigma\beta_{\iota,\iota'}$ 也与此类似。）这看起来与我们一直在讨论的度量有些相似，尽管这种微分形式也因其代数性质而被研究过。黎曼讲的是热传导，而不是度量。微分形式是包含微分 dx_1, dx_2, … 的表达式；而黎曼的表达式是"二次微分形式"，因为它是由两个"微分"的乘积 dx_1dx_1、dx_1dx_2 等组成的，类似于二次方程中的平方。

为了看到黎曼的微分形式与度量的相似性，你只需注意，在欧几里得度量 $dx_1^2 + dx_2^2 + dx_3^2$ 中，类似于黎曼的 $a_{\iota,\iota'}$ 的系数是：

$$a_{11} = a_{22} = a_{33} = 1$$

除此之外，其他的 a_{ij} 都等于零。（今天的张量分量中的下标不再像黎曼的微分形式那样用逗号分隔，因为逗号现在指的是偏导数。我使用了下标 ij，因为黎曼使用的 ι 和 ι' 令人困惑。正如我们在图 9-5 中看到的那样，加撇通常表示变换后的坐标。但我将在本章的其余部分保留黎曼的符号。）黎曼非常清楚它与度量的相似性。尽管他说自己使用的是类似于高斯在曲面研究中使用的方法，但他的重点是分析热方程时产生的代数。

第一个暗示这种代数分析涉及张量的线索，就是他的热方程中的导热系数（$a_{\iota,\iota'}$ 和 $b_{\iota,\iota'}$）的双下标，以及我们在上述二次微分形式中看到的相关系数 $a_{\iota,\iota'}$ 和 $\beta_{\iota,\iota'}$。我曾在第 9 章的最后提到，当麦克斯韦用有两个下标的符号 P_{hk} 表示应力的分量时，他直觉上感知到了张量的概念。在图 9-7 和 9-8 的辅助下，我解释了他为什么需要两个下标，而不是像矢量分量那样只需要一个下标（见图 9-1 的例子）。黎曼没有阐释为什么他在表示导热系数 $a_{\iota,\iota'}$ 时用了两个下标。但是，要将它们可视化，你可以取一小块导热物体（就像在图 9-7 中一样），系数 $a_{\iota,\iota'}$ 的行为就像 P_{hk} 一样，区别仅在于它们测量的是导热性而不是应力。比如，当 $\iota \equiv y$ 且 $\iota' \equiv x$ 时，热传导就像箭头 P_{yx} 一样发生在 y-x 方向上。

黎曼指出，他只考虑了热传导在两个方向上相同的情况。比如，如果从 y 到 x 的传导与从 x 到 y 的传导相同，则 $a_{y,x} = a_{x,y}$，或者 $a_{\iota,\iota'} = a_{\iota',\iota}$。这是不变性的另一个例子：改变 $a_{\iota,\iota'}$ 的下标 ι，ι'，并不会改变导热系数的值。这种不变性也被称为"对称性"，将下标 ι，ι' 变为 ι'，ι，这就像它们被反转了一样，如同你在镜子中的镜像。

但黎曼张量不只是有两个下标。

张量不仅仅是符号表示！

实际上，只有两个下标不一定能够表征张量。比如，在黎曼的论文发表 20 年后，麦克斯韦也用两个下标来表示导电性。他当时用的符号是 K_{pq}，他解释说，传导电流是从点 p 流向点 q，但他也用 C_{pq} 表示沿相同方向流动的电流。[12] 电流确实有方向和大小，但在电路中，它可以像普通数字或标量一样相加，所以它既不是矢量也不是张量。

符号表示很重要，下标符号在进行张量计算时非常有用。但它只是一种表示数学量的方式，而不是张量的定义。重要的是，数学量必须具备哪些性质，才可以被称为矢量和张量。这些性质包括加法和乘法规则，以及表达不变表达式的能力，比如标量积 $\boldsymbol{a} \cdot \boldsymbol{b}$ 和黎曼的 $\Sigma a_{\iota,\iota'} dx_\iota dx_{\iota'}$ = $\Sigma \beta_{\iota,\iota'} ds_\iota ds_{\iota'}$。稍后，我们将更详细地看到定义张量需要什么。但事实证明，黎曼的 $a_{\iota,\iota'}$ 和 $\beta_{\iota,\iota'}$ 是张量分量，导热系数同样如此，尽管黎曼并没有在他的工作中说出这一点。[13] 那时，人们毕竟还没有发明张量！如同麦克斯韦、柯西和汤姆森有关应力的论文一样，黎曼的论文也表明了发明张量的迫切性。

除此之外，因为张量可以有两个以上的下标，而且，在他寻找保持 $\Sigma \beta_{\iota,\iota'} ds_\iota ds_{\iota'}$ 不变的变换（即与 $\Sigma a_{\iota,\iota'} dx_\iota dx_{\iota'}$ 相同的变换）过程中，黎曼也提出了带有 3 个和 4 个下标的量。然后他还做了一些非常特别的事情。首先，他提到，"可以将表达式 $\sqrt{\Sigma \beta_{\iota,\iota'} ds_\iota ds_{\iota'}}$ 视为在超越我们直觉边界的更一

般的 n 维空间内的线元素"。然后，他说：如果你想象这个空间内的一个曲面，则它的带有 3 个和 4 个下标的量是测量曲面曲率的关键因素。它们是由系数 $\beta_{i,k}$ 及其导数的组合而成的，这就是黎曼在他的就职演讲中传达出的意思。当时他提出，有一种方法可以从度量系数中提取曲率信息，无论使用哪种坐标系皆如此。[14]

黎曼没有给这些带有 3 个和 4 个下标的量命名。得益于里奇和列维－齐维塔的工作，我们现在知道，它们本质上就是克里斯托费尔符号和黎曼张量的分量。"克里斯托费尔符号"这个名称表明，这些带有 3 个下标的量不是张量的分量，至少不是单个张量的分量。其中的细节不重要，真正的重点是：某个带有下标的量未必是张量。正如我指出的那样，张量必须具备其他性质，尤其是在线性坐标变换下的不变性。

克里斯托费尔符号是由二次微分形式的系数的导数构成的，而黎曼张量是由克里斯托费尔符号及其导数构建而成的。所以，关键在于，在有度量的空间内，如果黎曼张量等于零，则空间是平坦的。更重要的是，如果空间是平坦的，则黎曼张量等于零。这意味着，黎曼张量就是告诉你空间弯曲还是平坦的量。所以，它通常只被称为"曲率张量"。

由于黎曼张量是由度量的系数构成的，而这些系数是坐标的函数，它在空间的每个点上都有一个值，所以从理论上说，它是一个张量场而不是一个张量，就像电场矢量 ***E*** 和磁场矢量 ***B*** 是矢量场一样。然而，在实践中，研究人员倾向于简单地用张量和矢量定义引力和电磁场。（然而，有些人要求用更精确的数学语言来描述这些概念，但如此严格的定义是在麦克斯韦对法拉第物理场概念的数学发展和黎曼对曲率的开创性工作之后很久才出现的。）

黎曼张量有时也被称为黎曼－克里斯托费尔张量，组成它的符号则被称为克里斯托费尔符号。这是因为令人惊讶的是，黎曼并不是唯一发现这些量的人，埃尔温·克里斯托费尔也发现了。克里斯托费尔在爱因斯坦的母校苏黎世联邦理工学院任数学教授，他于 1869 年发表了这一成果，也就是在爱因斯坦入学的 30 年前。克里斯托费尔可能并不知道黎曼1861年发表的那篇论文，但黎曼1854年的就职演讲启发了他，并引导他探索二次微分形式不变的条件。然而，与黎曼不同的是，克里斯托费尔并没有将他的带有3个和4个下标的符号与曲率联系起来，因为他关注的重点是纯代数。[15]

黎曼未能进一步发展他的曲率理论，之后的工作将由里奇、爱因斯坦和格罗斯曼接棒完成。就像他的英文译者克利福德及麦克斯韦、闵可夫斯基和其他许多人一样，黎曼英年早逝，未能充分发挥他的潜力和创造力。1862年，他患上了结核病。接下来的几年里，他和他的新婚妻子及刚出生的女儿在意大利待了一段时间，寄希望于温暖的气候能让他恢复健康。但在1866年，他和他的母亲及三个姐妹一样，在这种可怕的疾病面前败下阵来，去世时还不到40岁。

* * *

黎曼的就职演讲直至1867年才得以发表。克利福德的英文版《论几何学基础假设》于1873年在《自然》杂志上发表。黎曼关于热的论文只在1876年出版的论文集中发表，该文没有赢得论文竞赛！评委们寻找的是更具体的特例，他们无法领悟黎曼解决热问题的出众且普适的方法，更不用说看清其中孕育的张量分析和曲率理论的种子了。因此，他的论文多年来一直默默无闻、无人赏识。黎曼根本没有机会知道他的论文后来会变得何等重要，他也无从知道自己的名字会因黎曼张量而流传于世，这一切都因为黎曼张量成了广义相对论的基石。

1912年，爱因斯坦和格罗斯曼开始基于黎曼张量构建弯曲时空几何。我们此前看到，爱因斯坦已经确定了他和格罗斯曼需要解决的两个问题：一是如何将物理定律从狭义相对论转移到广义相对论；二是如何在弯曲时空内找到合适的度量。黎曼为他们提供了第二个问题的答案：线元素看起来像黎曼的 $\sqrt{\Sigma \beta_{i,j} ds_i ds_j}$，而系数 $\beta_{i,j}$ 是坐标的函数。它们不像欧几里得度量中的那些1，或者闵可夫斯基度量 $ds^2 = dx^2 + dy^2 + dz^2 - $

c^2dt^2 中的 1、1、1、$-c^2$ 一样，它们不会是常数。

原因在于，如果它们是常数，则它们的导数为零，从而黎曼张量也为零，则时空是平坦的。[16]

然而，要解决第一个问题，爱因斯坦和格罗斯曼需要一个严谨的理论，即我一直在讨论的张量思想。这些思想已蕴含在柯西、克里斯托费尔、麦克斯韦、黎曼等许多数学家经过几十年建立的理论中，下面该轮到格雷戈里奥·里奇登场了！

第 11 章

张量的发明及其重要性

1861年，当时的格雷戈里奥·里奇才8岁，一系列繁杂的政治与军事阴谋最终导致意大利王国宣告成立。这意味着，尽管意大利的大部分州、公国和王国仍然自立，但它们还是心不甘情不愿地在形式上联合起来，变成了一个国家。但是，里奇的童年生活被宗教主宰。他的父亲是一位贵族地主、商人和工程师，也是一名虔诚的罗马天主教徒，他不仅会向教会大量捐款以表达自己的忠诚，还会向饥饿的人提供食物以表达自己的善意。他的母亲时常带着她的4个孩子走上街头去帮助穷人，尤其是穷苦的妇女。她似乎扮演了顾问的角色，倾听妇女的苦痛并安慰她们。他的母亲会认真倾听每一个悲伤的故事。尽管年幼的里奇对总是需要停下来等待母亲感到不耐烦，但她的庄重给他留下了深刻印象。终其一生，他都是一位虔诚的天主教徒。[1]

顺便说一下，里奇的家族姓氏全称为里奇·库尔巴斯特罗，但他在有关张量微积分的里程碑性质的论文中签下的名字是里奇，他今天也以这一名字为世人所知。（与此类似，詹姆斯·克拉克·麦克斯韦的家族姓氏是克拉克·麦克斯韦，但他的朋友都称呼他麦克斯韦。）年轻的里奇是一位对知识如饥似渴的学生，正如他的一位老师所说，他具有不同寻常的"聪明头脑"和"灵活的独创性"。[2] 1869年，他开始在罗马的教皇大学学习数学，但1870年夏天，他因为一场战争而被迫回家。

战争结束后，罗马成为意大利王国的首都，前教皇大学的建筑被国家接管，里奇只好将目光投向离他的家乡罗马涅的卢戈（位于意大利东北部）更近的博洛尼亚大学。他补习了两年才获得入学资格，这些政治动荡让他付出了巨大的代价。但他还是支持统一的，就像他告诉一个朋友的那样，在博洛尼亚意味着"我可以更专心、更热情地关注那些创建了一个统一意大利的同胞将要（在卢戈）进行的政治改革"。[3]

他在博洛尼亚度过了辉煌的一年，微积分、化学和几何考试都得了满分，但他决定再次转学去比萨大学，因为那里的数学教育充满了活力。他于 1875 年获得博士学位，并于次年获得了教师资格证书。但他当时找不到工作，因为大学的教职很少。于是，他作为独立学者留在比萨大学，关注最新的数学和物理前沿进展。像爱因斯坦一样，他发现麦克斯韦的电磁理论时感到特别兴奋。在 1877 年，这确实属于尖端研究，是你在学校里学不到的。麦克斯韦本人那时还在世，要再过 10 年，海因里希·赫兹才会发明无线电，以如此壮观的方式证实麦克斯韦的电磁理论。

在几次申请教书职位失败之后，里奇获得了公共教育部的奖学金，这才有机会在著名的费利克斯·克莱因指导下学习。克莱因当时在慕尼黑大学任教，因为发现不变量理论与坐标变换群之间的关系而闻名。30 年后，亨利·庞加莱和爱因斯坦将会证明洛伦兹变换构成了一个群。就像我们在前文中看到的那样，闵可夫斯基度量和麦克斯韦方程正是在这些坐标交换下保持不变。克莱因还发展了亚瑟·凯莱有关曲面投影的工作。总之，他对数学拥有广泛的兴趣。所以，里奇于 1878 年秋季到达慕尼黑后，便立刻全情投入克莱因安排给他的学习和研究项目中。他发现克莱因是一位"亲切"的导师，在他的学习中给了他"有力的帮助"。[4]

更重要的是，与克莱因一起工作，让里奇对自己的能力更有信心。这是老师赠给学生的一份美妙的礼物。当奇斯霍姆于 19 世纪 90 年代在克莱因那里读博士时，她不仅被他杰出的智慧震撼，也被他鼓励学生"永远不要无聊！"的方式打动。（她于 1895 年获得了博士学位，这是德国官方授予女性的第一个博士学位。她嫁给了她在吉尔顿学院时的导师威廉·杨，所以，她今天更广为人知的名字是格蕾丝·奇斯霍姆·杨。她的博士论文是关于代数群在球面几何中的应用，这是克莱因的专长。)[5]

在与克莱因一起工作了一年后，里奇又花了几年时间寻找全职大学教职，直到1880年冬天他终于被任命为帕多瓦大学的数学物理副教授。伽利略、哥白尼和卡尔达诺是这所古老而进步的学术机构中的三位杰出前辈，而里奇将在这所大学度过45年的光阴。

他作为帕多瓦大学学者发表的前几篇论文是关于电磁学和微分方程的，但他很快就对不变性的数学产生了兴趣。与此同时，他也认为自己是时候该结婚了。他在比萨大学读书时曾第一次坠入爱河，但那个女孩鄙视他笨拙的迷恋行为。然后，他哥哥"不合适"的爱慕对象激起了他保守的天主教父母的怒火。那个女孩来自一个贫穷且非传统的家庭，但真正让老里奇感到不安的是，她和里奇家其实有亲戚关系，老里奇认为上帝不会同意这样的结合。于是，30岁的里奇认定，为避免伤心和父母不满，最好的方法就是向当地的牧师寻求相亲建议。牧师很乐意帮忙，并安排里奇与一位名叫比安卡的活泼、聪明、门当户对的年轻女子见了面。这是一段快乐的求爱之旅，她最后成了里奇的妻子和终身伴侣。[6]

然而，里奇并未沉湎于婚恋。1884年，就在他结婚的这一年，他发表了走上张量分析之路的第一篇论文。因为受到了黎曼和高斯工作的启发，他的论文与"二次微分形式"的变换性质有关，即微分平方或两个不同微分的乘积之和，与我们在基于毕达哥拉斯定理的距离度量中看到的类似。高斯度量也具有这类性质，它在弯曲变换下是不变的，就像卷起的纸展示的圆柱体表面和展开的纸本质上都是平坦的。我们也看到了闵可夫斯基度量的洛伦兹不变性。黎曼在1861年写成的将高斯的工作推广到 n 维的热力学论文于1876年发表，之后一些数学家继承并发展了他的思想。但里奇的目标"不是进行有关多于三维的空间的存在性及其本质的懒惰讨论"，他要超越同行对微分形式之应用的关注，去提供对于数学理论的更清晰的理解。[7]

40年前，我们在汉密尔顿发展矢量代数和矢量微积分规则时看到了这种重视理论的态度。他首先确定并在布鲁姆桥上刻下了 i、j、k 的乘法规则，这使他能够定义新型乘法：四元数、标量积和矢量积。在掌握了这些之后，他创造了矢量微分算子纳布拉——∇。麦克斯韦从泰特那里学到了所有这些规则，并命名了纳布拉算子的梯度、散度和旋度，这使他能够在自己的电磁理论中自如运用矢量微积分。因此，给张量建立类似的规则正是里奇需要做的事。

他并没有称它们为张量，而是简单地称它们为"函数系"。正如我们在第10章中看到的那样，我们现在称黎曼的"线元素"（或度量）$\Sigma \beta_{i,i'} ds_i ds_{i'}$ 中的系数 $\beta_{i,i'}$ 为张量的分量，但它们在曲面上是坐标的函数。所以，它们其实是一组函数（或函数系）。（从理论上说它们是"张量场"，但正如我在上一章中提到的那样，不那么严格地称其为"张量"也可以。）我们以后将会在数学上看到，为什么度量是一个张量，以及为什么黎曼的四指标量也是张量。里奇称带有4个下标的量为"黎曼系"，我们现在则称其为黎曼张量。但里奇没有说到张量微积分，而是将黎曼系的微积分命名为"绝对微分学"。其中"绝对"意味着不变性，因为张量的有趣之处就在于蕴含了不变性这一想法。

然而，在开始介绍里奇的数学之前，我先概述一下张量作为表示和计算信息的一种方式的基本想法。就从张量的现代名称从何而来开始吧。

张量的命名及其表示数据的方式

"张量"这个术语起源于汉密尔顿，哥廷根大学数学教授沃尔德马尔·沃伊特有所助力。但正式确定这个名字的是爱因斯坦，就在他与马塞尔·格罗斯曼理解了里奇的绝对微分学之后。汉密尔顿是在不同的背景下使用这个术语的，他将其作为四元数的大小，通过与复数的模做类比给出了它的定义。它是四元数分量平方和的平方根，就像根据矢量分量的平方和计算矢量的大小一样。沃伊特在其1898年有关晶体学的著作中首次以其现代含义使用了"张量"这个术语。顺便说一下,奇斯霍姆·杨和她的丈夫在《自然》杂志上对这本书的评价颇高。[8]

沃伊特指的是晶体中的应力和张力。"张力"来自拉丁语"tensio",而"tensio"来自"tendere",意思是"拉伸"。但沃伊特说他只是扩展了汉密尔顿对"张量"的使用。比如,矢量积或叉积 $a \times b$ 产生了第三个矢量 c,其大小(或者说汉密尔顿的"张量")与 a 和 b 的大小(张量)相关。换言之,叉积通过两个大小给出了一个新的大小。正如我们即将看到的那样,里奇的张量分析的一个新颖之处是:通过将旧的张量相乘,产生了新的"高阶"张量。

格拉斯曼也曾有过这种想法。正如我们在第5章看到的那样,他没有使用矢量这个词,而是使用了德语单词"*strecke*",我们可以将它翻译为"线"或"拉伸"。他的基本几何对象是可以"拉伸"或"延伸"成平面的"线",就像两个矢量按照平行四边形法则可以形成平面一样。格拉斯曼定义了两个三维矢量的外积,即由这两个矢量界定的平行四边形的有向面积。通常的矢量积或叉积实际上也是这样的,不过仅限于平行四边形,而根据格拉斯曼对外积的定义,你可以添加第三个矢量,将平行四边形扩展成一个立方体。以此类推,你可以添加任意数量的新维度。

吉布斯在19世纪80年代进一步发展了格拉斯曼的想法,与里奇几乎同时创造了类似的张量乘法定义。今天它被称为"张量积",或者按照格拉斯曼的叫法,称其为"外积",但吉布斯和里奇并没有使用这些名称。它将两个张量的信息组合成了一个,就像罗马数字写法的乘法变体一样,你可以通过添加更多的符号来增加数字的大小,比如I、II、III、V、VI、VII、VIII等。这个类比也说明外积一般来说是不交换的:VI与IV代表了不同的罗马数字。

你可以在图11-1中看到张量积或外积的概念,它也进一步说明了为什么矢量和矩阵可以被看作张量。这背后有复杂的数学原因,但目前，你只需知道它们也像张量一样，其分量是用下标表示的便足够了。正如图 11-1 的说明显示的那样，矢量有一个下标，矩阵有两个。当然，张量的标志不只是用下标表示分量这一事实，但当下让我们暂时止步于此。因为张量积是一种产生新张量的方式，有更多的下标，每个下标都告诉你张量分量代表的某些特定信息。

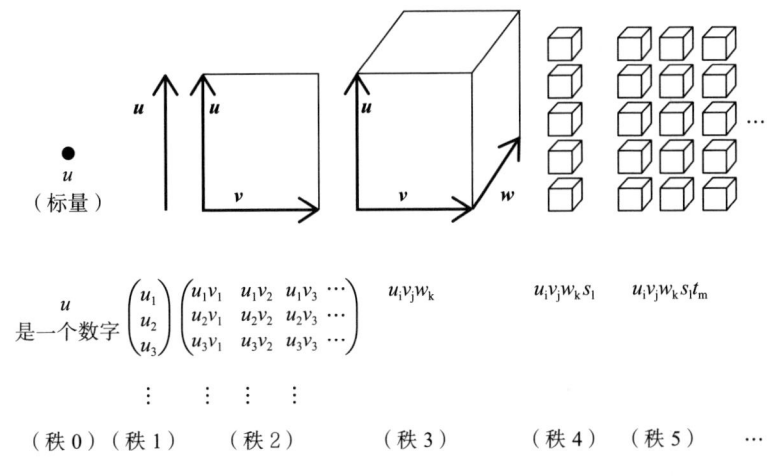

图 11-1　张量积或外积将相乘张量的信息组合在一起。普通数字由一个符号如 a 表示。如果它们代表不依赖于坐标的量，比如温度，则它们是标量。由于标量在坐标变换下保持不变，所以它们是张量。我们将会看到矢量也是张量，它们的分量是用一个下标表示的，代表该分量是在哪个坐标轴上测量的。

　　一个列矢量 u 和一个行矢量 v 的张量积可以表示成一个矩阵。你可能对矩阵中第 i 行第 j 列的元素 a_{ij} 这一符号并不陌生，在这里 $a_{ij} = u_i v_j$。同样，你可以构建更多的张量积。比如，一个带有一个下标的矢量 u 和一个矩阵 A 的张量积，其分量带有 3 个下标。同样，如果两个矩阵 A 和 B 都是由矢量的外积得到的，则它们的张量积的分量为 $c_{ijkl} \equiv u_i v_j w_k s_l$。这不是构建新张量的唯一方式，但请注意，随着张量"秩"的增加，你可以表示的信息也更多。

　　秩也被称为张量的"阶"，里奇引入这个概念时就是这样称呼它的。它与从一个坐标系变换为另一个坐标系所需的变换矩阵的数量有关，但本质上对应于下标的数量，每个下标分别代表不同类型的信息。（如果你熟悉矩阵代数，请注意，对于被视为张量的矩阵，秩在这里的定义与在线性代数中不同。）我们将在下文中看到更多相关内容

张量和数据科学

图11-1也说明了，张量是如何在当今的数据科学中存储与组合数据的。我曾在第4章中概述了矢量和矩阵在机器学习及搜索引擎中的使用，但有了张量之后，你可以添加的不仅是更多的数据，还有不同类型的数据。比如，在搜索引擎中，信息可以存储为一个矩阵，其中行代表关键词，而列代表包含这些关键词的不同文档。张量不仅可以让你添加更多的关键词或更多的文档（这一点你可以通过使矩阵变大做到），而且可以让你添加矩阵无法包含的额外信息。比如，如果你想添加文档的发布日期和作者，你就必须把原来的矩阵扩展到如图11-1所示的四维形状。关键在于，每种类型的信息都有自己的下标。

张量的另一个现代应用是信号处理，比如解释脑电图（EEG）或心电图（ECG）。除了信号的空间分量，你可能还想知道它的时间分量和频率分量。同样，每种类型的信息都有自己的下标。

所以，分量的数量和下标的数量是有区别的。就普通的矢量分析而言，在n维空间（或者更准确地说是在n维矢量空间，即一个带有群结构的n维空间）内，一个矢量有n个分量，每个分量都是在n个坐标轴之一上测得的。特定的轴给出了分量的特定下标，所以矢量有$v_1 \equiv v_x$等分量，直至v_n。换言之，你有n个分量，但每个分量只有一个下标，这个下标取n个值中的一个，即每个维度一个。矩阵的每个分量（或元素）有两个下标：一个定位行，另一个定位列。你需要两个位置坐标来确定某一元素的位置，所以你需要两个下标。同样，我们在图9-8中看到，应力张量的分量也有两个下标，其中一个表示应力作用的曲面，另一个表示力。在三维空间内，每个下标取值从1到3（或者从x到z），所以是$3 \times 3 = 9$个分量，这正是我们在图9-7中看到的。

对于更高阶的张量也是如此。比如，黎曼张量有4个下标。我们可能会认为它之所以需要4个下标，是因为它表示的是四维时空的曲率。我们确实是在探讨四维时空，这仅仅意味着黎曼张量的每个下标可以取

4个值，即每个维度一个。每个下标都代表黎曼张量的不同性质或基本组成。[9] 所以，虽然普通空间内的应力张量有 3×3 = 9 个分量，但在时空中，一个带有 4 个下标的张量会有 4×4×4×4 = 256 个分量，每个下标有 4 种坐标选择。一个张量竟然能包含如此多的信息！你可以继续使用任意维数和阶数的张量。（但是，如果张量具有"对称性"，比如像黎曼张量一样，交换或"反射"两个下标不会改变分量的值，则张量的某些分量是相同的，可以表示的数据量就会减少。）

另举一个数据张量的应用为例。在图像处理中，每个像素的位置都体现在矩阵中。矩阵的行和列代表图片的尺寸，而要表示彩色图像则需要三层矩阵，即红、绿、蓝三色各一层。（三原色源自麦克斯韦发明的彩色摄影：他和他的助手托马斯·萨顿使用红色、绿色和蓝色滤光片拍摄了第一张永久性彩色照片。）[10] 所以，在包含相关像素信息的张量中，第三个下标代表颜色。再比如，如果医学诊断结合了各种不同类型的测试数据，每种都由一个下标表示，诊断就会更准确。这些多下标构造，即张量及其乘积，对于数据科学至关重要，谷歌公司将它的一个机器学习平台命名为"张量流"，还有其他各种程序和工具也如此命名，比如张量实验室和张量学习。

因为张量积如此重要，所以我将在下文中详细说明如何让列矢量 u 与行矢量 v 通过张量积产生矩阵（如图 11-1 所示）。为简洁起见，我以两个二维矢量为例：

$$\begin{pmatrix}u_1\\u_2\end{pmatrix}(v_1 \quad v_2) = \begin{pmatrix}u_1v_1 & u_1v_2\\u_2v_1 & u_2v_2\end{pmatrix}$$

这是将两个矢量的信息结合起来的简洁方法，在这种情况下，它也遵循普通矩阵乘法的规则。但当你尝试用 2×2 矩阵与 u 相乘时，你可以看到矩阵乘法和张量积之间的区别：普通矩阵规则不允许 2×1 矩阵与 2×2 矩阵相乘，而张量积允许。

$$\begin{pmatrix}u_1\\u_2\end{pmatrix}\begin{pmatrix}a_{11} & a_{12}\\a_{21} & a_{22}\end{pmatrix} = \begin{pmatrix}u_1\begin{pmatrix}a_{11} & a_{12}\\a_{21} & a_{22}\end{pmatrix}\\u_2\begin{pmatrix}a_{11} & a_{12}\\a_{21} & a_{22}\end{pmatrix}\end{pmatrix} = \begin{pmatrix}u_1a_{11} & u_1a_{12}\\u_1a_{21} & u_1a_{22}\\u_2a_{11} & u_2a_{12}\\u_2a_{21} & u_2a_{22}\end{pmatrix}$$

因此，张量积可以将两个（或更多）系统或集合中的信息组合为一个大的系统或集合。以自然语言处理（NLP）程序为例，该程序奇迹般地实现了如下技术应用：垃圾邮件过滤器，语言翻译器，语音转文字工具（比如，供听力有问题的人使用），GPS 语音，公司聊天机器人的礼貌文本，网络搜索和应用程序（如电子邮件和照片分享网站 Instagram）中的联想文本，以及像人工智能机器人聊天程序 ChatGPT 生成的极具人类特征的文本等。张量积可以将一组单词与一组语法指令结合起来，把单词在词典中的位置作为矢量，语法也是如此。我在这里补充一点，用于开发复杂的 NLP（特别是大语言模型，也叫 LLM）的许多训练数据，都是未经内容创作者同意就从网络上抓取的人工生成的内容。不过，我很高兴地看到，作家与艺术家正在试图反击这种盗窃行为。[11] 但问题不在张量本身，NLP 和 LLM 程序和应用既有好处也有问题，[12] 因此我将继续探讨张量积的这一出色应用。

为简单起见，假设词典中包含三个单词"猫，喜欢，老鼠"，每个单词分配一个从 1 到 3 的位置编号。这些单词的矢量表示是三维的，所以，如果"猫"在第一个位置上，"喜欢"在第二个位置上，"老鼠"在第三个位置上，则这些单词被表示为矢量(1, 0, 0)、(0, 1, 0)、(0, 0, 1)，我将它们分别标记为 *C*、*L*、*M*。要创建句子"猫喜欢老鼠"，只需令矢量相加：*C* + *L* + *M* = (1, 1, 1)。但这与"老鼠喜欢猫"的矢量表示没有任何区别，当然是不行的。所以，我们可以用张量积来补救。取第二组矢量，分别标记为 *S*、*O*、*V*，代表这几个单词扮演的关键语法角色，即主语、宾语、动词，并分别表示为 (1, 0, 0)、(0, 1, 0)、(0, 0, 1)，则"猫"（列矢量）和"主语"（行矢量）的张量积就是：

$$\begin{pmatrix}1\\0\\0\end{pmatrix}(1\ 0\ 0)=\begin{pmatrix}1&0&0\\0&0&0\\0&0&0\end{pmatrix}$$

我们也可以用类似方法处理"老鼠"与"宾语"的张量积，以及"喜欢"和"动词"的张量积。现在，你可以组成一个无歧义的句子了。

$$C\otimes S+L\otimes V+M\otimes O=\begin{pmatrix}1&0&0\\0&0&1\\0&1&0\end{pmatrix}$$

其中⊗是张量积的符号。该张量积与表示"老鼠喜欢猫"的张量积不同：

$$M\otimes S+L\otimes V+C\otimes O=\begin{pmatrix}0&1&0\\0&0&1\\1&0&0\end{pmatrix}$$

尽管这个句子是错的，但其意义明确。

上例只是张量积在自然语言处理（NLP）中的一种应用方式。[13] 而在量子力学中，张量积的应用方式之一就是表示多个粒子的"量子态"。

我们在序言中看到，电子的自旋方向可以向上，由矢量 (1, 0) 表示，也可以向下，由矢量 (0, 1) 表示。所以，这两种可能性的"叠加"是一个中间状态，其中任何一种结果都是可能的，这种状态即 (α, β)，其中 α 是电子自旋向上状态的权重或概率幅，β 是电子自旋向下状态的概率幅。（概率幅意味着 $|\alpha^2|+|\beta^2|=1$。要使概率可行，α 和 β 应为复数。）我们还看到，自旋可以用来表示量子计算中的 0 和 1，比如用自旋向上状态表示二进制的 0，用自旋向下状态表示 1。为方便起见，我将这些向上和向下的状态写成行矢量，但在量子力学中，状态矢量被写成列矢量，并通常被称为"右矢"。我在第 4 章中提到，单位矢量 i、j、k 是构造矢量 v 的一组"基"；同样，我们可以为电子或量子比特的自旋状态 ψ 选择一组基，令 $\begin{pmatrix}1\\0\end{pmatrix}$ 表示自旋向上，$\begin{pmatrix}0\\1\end{pmatrix}$ 表示自旋向下。如果使用以量子力学先

驱保罗·狄拉克的名字命名的"狄拉克符号",则这些基矢量被表示为右矢$|0\rangle$和$|1\rangle$。所以,量子比特的状态矢量的分量形式为:

$$|\psi\rangle = \alpha|0\rangle + \beta|1\rangle$$

这意味着,在量子比特被实际观测到之前,它处于$|0\rangle$和$|1\rangle$这两种状态的叠加态,α和β分别表示它处于每种状态的概率。当量子比特结合时,张量积就派上用场了,它们必须结合才能制造出可用的量子计算机。我们不妨先从两个量子比特开始,将它们的状态表示为:

$$|\psi_1\rangle = \begin{pmatrix} \alpha \\ \beta \end{pmatrix}, |\psi_2\rangle = \begin{pmatrix} \gamma \\ \delta \end{pmatrix}$$

想要找到这两个系统组合的状态,就要取它们的张量积:

$$|\psi\rangle = |\psi_1\rangle \otimes |\psi_2\rangle = \begin{pmatrix} \alpha\gamma \\ \alpha\delta \\ \beta\gamma \\ \beta\delta \end{pmatrix}$$

这是一个4×1矢量,给出了4种状态的概率幅:两个量子比特都处于向上状态(都表示0),第一个向上而第二个向下,第二个向上而第一个向下,两个都处于向下状态。正是因为每个量子比特可以表示0和1的叠加状态,所以量子计算机的潜能才会如此巨大,能够同时进行多重计算。你可以从如下事实中感受到这种力量:在一个n量子比特的系统中,张量积将有2^n个复数分量。即使只有少量的量子比特,也可以同时处理大批量的0和1。[14]

* * *

量子态的列矢量被称为右矢,用$|A\rangle$表示,行矢量被称为左矢,用$\langle A|$表示。这是因为,当你把一个左矢和一个右矢放在一起,比如当你取

两个状态$|A\rangle$和$|B\rangle$的标量积（或内积）时，括号就完整了：

$$\langle B | A \rangle$$

标量积在状态矢量的"归一化"中是不可或缺的，它保证了像α和β这样的权重确实与测量结果的概率相关。但这里的关键是，列矢量$|B\rangle$的内容现在充当了一个左矢或行矢量$\langle B|$，它作用在右矢$|A\rangle$上，从而给出标量积。这听起来很复杂（技术上讲，一个左矢是一个右矢的"对偶"，并且它们都存在于复矢量空间中），但你可以将这视为普通矢量分析结果的应用，其中矢量能够扮演不同的角色，这取决于你的书写方式。

让我们回到列矢量u和行矢量v。我们在前文中看到，u和v的普通矩阵乘法产生了一个2×2矩阵（在这种情况下也是它们的张量积）。但如果你交换顺序，则v和u的普通矩阵乘法产生的不是一个矩阵，而是一个数，即$v_1 u_1 + v_2 u_2$，它其实是这两个矢量的标量积。（至少在平坦的二维欧几里得空间内，标量积是这样的。正如我在第9章提到的那样，标量积取决于度量。在闵可夫斯基时空中，标量积是：$a \cdot b = a_1 b_1 + a_2 b_2 + a_3 b_3 - a_4 b_4$，或者如果时间分量的下标是0而不是4，则有$a \cdot b = -a_0 b_0 + a_1 b_1 + a_2 b_2 + a_3 b_3$。）

你可以看到，无论将矢量或数据写成行还是列，都会有所不同。这正是数学看起来奇怪和矛盾的地方，但正是这些细节激发了创造性数学家的好奇心。里奇和他的后继者们想出了一个巧妙的方法来解决这个问题。

首先，用不同的符号表示这两种类型的矢量。里奇用上标表示列矢量的分量，即不再将其写为u_1和u_2，而是写成u^1和u^2。（实际上，他将上标放在括号里，这可能是为了清楚地表明它们是标记而不是指数。在爱因斯坦和格罗斯曼等数学家和物理学家能够更熟练地使用指标符号之后，他们便舍弃了括号。）与此同时，继续用下标表示行矢量。这样一来，由列矢量乘行矢量形成的矩阵则可以表示为$u^1 v_1$, $u^1 v_2$, $u^2 v_1$, $u^2 v_2$等。你可以直接通过符号辨识出这表示的是两种不同类型的矢量相乘。几十年后，狄拉克将通过他的左矢和右矢符号应用这一区分。

其次，给这两种类型的矢量取两个不同的名字，以免混淆。今天，这个情况下的矢量指的是列矢量，而行矢量被称为"1-形式"或"对偶矢量"。20世纪初的研究者创造了这些术语，这个想法最初源于格拉斯曼，但他使用的名称是"补矢量"而不是"对偶矢量"。左矢就是1-形式的例子。19世纪80年代，里奇分别称矢量和1-形式为"逆变矢量"和"协变矢量"，这两个名字今天还在使用。

实际上，里奇并没有特别谈论行矢量和列矢量，因为它们只是他的两类张量的例子。正如我们将在下文中看到的那样，里奇做这种区分及为它们选择名字，其背后隐藏了一个超越指标符号和张量积的概念，而这些共同构成了数据科学所需要的张量数学的主要方面。

其实，在数据科学中，指标的位置并不像在数学和物理中那样重要，因为输入数据时通常根本不需要用到抽象符号。相反，许多程序员使用"秩"和"形状"来刻画不同的张量。比如，在张量流图（以及计算机高级编程语言Python的科学计算库Numpy）中，形状指的是维数。一个标量的形状是0，用一个括号表示：[ ]。一个矢量被编程为数字串，每个分量上一个数字；它的形状是分量的数量，所以一个三维矢量的形状是[3]。秩2张量可以表示为矩阵，它们的形状是行数和列数，所以2×2矩阵的形状是[2, 2]。一个秩3张量，比如一个$2 \times 3 \times 5$数组，其形状是[2, 3, 5]，以此类推。

强调形状的优点之一是，程序员可以将"张量流量"所称的"不规则张量"包括进去，即包含不同大小字符串（一串单词或句子）的数组，其中字母或单词的数量与空间的维数无关。在n维空间内，张量的每个指标必须取1到n之间的值，但"不规则张量"可以有不同的大小。这是数据科学家为满足自己的需求而调整数学概念的一个绝佳例子。

所有这些都与张量最初的使用方式相去甚远，但这是无意间造成的，与应力张量和度量张量在数学物理学中的情况相同。然而，这些早期的使用也与信息的表示和处理有关。"处理"是指，知道如何将信息组合成新的张量，以及如何解释和应用结果。因此，要担得起张量这个名字，仅仅将信息列成表或数组是不够的，毕竟这种事情 4 000 多年前的美索不达米亚人就能做到。要成为张量，数组必须遵守某些规则，就像我们在第 4 章中看到的矢量和矩阵一样。我们之前探讨了张量积，当然还有加法规则。我们看到，矢量相加的平行四边形法则如何考虑了它们的大小和方向，但一般来说，矢量和张量的加法及乘法运算必须遵守线性法则。举例来说，这意味着 $(2a) \cdot b = 2(a \cdot b) = a \cdot (2b)$，以及 $a \cdot (u + v) = a \cdot u + a \cdot v$，这类似于算术中的分配律。

但在数学和物理学中，最重要的就是张量能够不变地表示信息，不会因为坐标选择而出现虚假数据。对许多数据科学应用来说，这虽构不成问题，却至关重要，比如神经网络。

不变性和学术丑闻

在旋转、移动或以其他方式改变参考系的情况下保持不变的性质叫作不变性。自 19 世纪 40 年代凯莱和布尔一起工作以来，不变性便一直吸引着数学家。我们在第 9 章中看到了不变性的许多例子，从雪花的形状到标量积 $a \cdot b$ 再到闵可夫斯基度量。

$$ds^2 = dx^2 + dy^2 + dz^2 - (cdt)^2$$

（此处令 $c = 1$。）但正如我们在图 9–1 和 9–5 中看到的那样，每个形状和表达式都只是相对于一组特定的坐标变换保持不变。

在研究不变性时，像黎曼这样的数学家着眼于其物理学应用。他考虑的是曲面的曲率，而包括凯莱和克莱因在内的其他人则对这些坐标变换的纯粹数学结构感兴趣。克莱因曾是《德国数学年刊》的主编，他的导师阿尔弗雷德·克莱布施因白喉骤然离世后，他便接任了这一职务。当尤斯图斯·格拉斯曼于 1869 年到哥廷根大学读书时，他将他父亲的

《线性扩张论》副本送给了克莱布施。克莱布施对这本书印象极深,他不仅推广了格拉斯曼的思想,还与他人一起创办了《德国数学年刊》,作为研究不变性理论的平台。

研究不变性或微分形式的数学家还有许多,包括里奇在比萨大学的数学教授恩里科·贝蒂,贝蒂的成就之一便是将斯托克斯定理推广到了n维。这个定理的原始三维版本首次出现于1854年,即麦克斯韦参加的那次史密斯奖考试。它将一个曲面积分与一个曲线积分联系在一起,关键在于,它依靠的正是不变性。无论你用什么坐标,你都应该得到相同的曲面面积。所以,数学家对坐标变换和不变性感兴趣的原因有多种,贝蒂的工作便是一例。

贝蒂也让我们想起了19世纪欧洲的动荡时局。1848年,他作为学生参加了意大利独立战争的前两次战役,他的论文导师是托斯卡纳大学战斗营的营长。意大利人在对阵奥地利人时战败,但贝蒂幸免于难,并逐步成长为重要的数学家和教师。正是在他的建议下,里奇前往柏林并跟随克莱因学习。[15] 贝蒂还为新创办的意大利纯粹和应用数学杂志《纯粹与应用数学年刊》撰稿。像《纯粹与应用数学年刊》和克莱布施与克莱因的《德国数学年刊》这样的专业杂志是数学家发表成果的重要平台,如果托马斯·哈里奥特的时代也有这样的杂志,他的工作也许就不会失传如此之久了。伦敦皇家学会的《哲学会刊》是世界上最早的现代科学杂志之一,它创刊于17世纪60年代,此时距离哈里奥特去世已过去半个世纪了。

拥有声名卓著的大学、科学学会和期刊的国家,往往处于数学进步的中心阵地。1884年,里奇在《纯粹与应用数学年刊》上发表了他关于不变性的第一批研究结果。当踏上这段研究之旅时,他并不知道黎曼的工作。他最初的灵感来自埃尔温·克里斯托费尔1869年的论文中的纯粹数学方法。我在前文中提到,克里斯托费尔和黎曼各自独立地发现了克里斯托费尔符号和黎曼(或黎曼–克里斯托费尔)张量。黎曼在1861年的论文中证明,该张量给出了判定曲面是否平坦的不变性条件。克里斯托费尔根本没有提到曲率,只是在他论文结尾一条注释中说,黎曼已经在他1854年的资格论文中将二次微分形式应用于线元素。但这对里奇来说已经足够了,于是他开始寻找黎曼的论文。

与此同时,他也在教学。虽然里奇对自己教授的科目充满热情,但对像里奇这样内敛、缺乏自信的人来说,这是一项不太容易的工作。他的讲课风格单调乏味,但内容清晰而严谨。里奇非常注重证明,正如他告诉一位同事的那样,"我并不否认,如果有些学生未曾认真地学习,那么他们(在我的课上)面对我给出的证明会感到有些难以理解"。他补充道,但这不会阻止他以应有的方式表达数学。毕竟,"我认为这些证明是优雅的"。此外,优秀的学生会受到他这种严谨治学精神的启发,他认为其他人也可能会从中受益,因为他们的中学数学基础打得不够牢固。[16] 我相信,今天的许多大学讲师都会对此产生共鸣。

里奇也忙于申请晋升正教授。1884年,他做了第一次尝试,他和他的年轻对手朱塞佩·韦罗内塞输给了一位资历更深的候选人。里奇尊重资历,但韦罗内塞提出了申诉。韦罗内塞还指出,(与里奇不同,)他来自工人家庭,需要更多的薪水来"帮助我贫穷的父母和兄弟"。当局善意地回应了他的请求,给了他一个永久教书职位,薪水也有所增加。里奇并未因此动摇,并满怀希望地于1887年再次申请正教授职位。这时他34岁,发表过很好的文章,但申请同一职位的韦罗内塞同样如此。随后的竞争成为头条新闻,有传言说,院方的阴谋最终让本应晋升的里奇未能得偿所愿。3年后,里奇终于获得了正教授职位。[17]

作为一位杰出的数学家,他除了全身心地投入最终使他名扬千古的工作,还能做些什么呢?

如何处理这些指标

接下来,我将用一些篇幅解释里奇建立两种不同类型的矢量(用现代数术语来说，一种矢量，一种1-形式）的原因，这是因为它们是所有张量的原型。（实际上，他是从一般张量开始的，而将矢量作为例子。这或许是因为矢量分析当时还不像今天这样完善，也因为他的理论主要来自对不变微分形式的研究，而不是矢量分析。）这两种类型的矢量与里奇的指标符号有关，这个例子极好地展示了数学家是如何用符号来揭示数学概念的底层结构的。我们在第1章和第8章中看到了一些。然而，你可能会对这里提及的一些细节和方法不甚熟悉，但你唯一需要的数学工具就是矢量和矩阵的乘法。

如果你只想听我的结论而不愿深究过程，那你可以直接跳过这部分内容。你如果只想看看爱因斯坦和格罗斯曼在搭建广义相对论框架时如何使用张量，不妨直接阅读下一章。里奇会理解你的，他在介绍其开创性的绝对微分学理论时说，学习新技能总是需要努力。[18] 在试图说服人们接受四元数的优势时，泰特也说过类似的话。但像泰特一样，里奇确信在"克服了入门的困难"之后，读者很快就会被这些方法的"优雅和清晰"折服。这些方法依靠正确的符号来表达不变性的概念，你只要掌握了其中的模式，就会发觉它们相当有趣。

*　　*　　*

要用张量为坐标变换下的不变性这一想法编码，里奇就必须找到同一张量在不同参考系中的分量之间的特定关系。图9–1展示了位置矢量的相关情况，我在那里通过几何方式证明，当你旋转坐标轴时，矢量 a 的大小及标量积 $a \cdot b$ 保持不变。我当时没有展示矢量的每个分量是如何变化的，但这正是里奇试图回答的问题。

他首先推广了坐标变换的工作原理。我将从一个具体的例子讲起，即图9–1中的旋转，从通常的 x-y 坐标变换到旋转后的 x'-y' 坐标的变换方程是：

$$x' = x\cos\theta + y\sin\theta, \quad y' = -x\sin\theta + y\cos\theta$$

你可能已经注意到，它们都是线性方程（只包含 x 和 y，没有幂和其他乘积），而且你可以将它们写成矩阵方程：

$$\begin{pmatrix} x' \\ y' \end{pmatrix} = \begin{pmatrix} \cos\theta & \sin\theta \\ -\sin\theta & \cos\theta \end{pmatrix} \begin{pmatrix} x \\ y \end{pmatrix}$$

在数学家想要表示和处理信息时，矢量和矩阵会一再出现。（你可能也注意到了，这里的旋转矩阵与图 4-3 中的相似，但那里我们旋转的是机器人臂，而这里和在图 9-1 中一样，矢量保持不变，而轴在旋转。）

如果令 $X = \begin{pmatrix} x \\ y \end{pmatrix}$，同时令 A 代表变换矩阵，则你可以将这一坐标变换方程更简洁地写成：

$$X' = AX$$

正如我们在第 1 章中看到的那样，一旦代数学家开始使用符号而不是文字或具体的数字，他们便能推广所得的结果。所以，我们可以推广这个方程，其中符号 A 代表任何二维线性齐次坐标变换。[在这里，"齐次"的意思是变换将原点 O 映射到新参考系的原点 O'，你在处理张量时需要用到这一点，因为这可以让诸如 $\boldsymbol{a} \cdot \boldsymbol{b} = 0$ 之类的张量方程（或者说黎曼张量 = 0 这一平坦条件）保持不变。] 根据我们已经看到的矢量和矩阵，这一方程也揭示出，我们可以轻松地从最初的二维旋转推广到任何维数的变换。

不同的作者使用不同的符号，但在梳理和推广坐标变换的行为方式时，我将采用今天在张量分析教科书中广泛使用的符号。它与里奇的符号略有不同，协变矢量分量和坐标都使用上标，而里奇将坐标表示为 x_1，x_2，…。为了进一步探索坐标旋转的结构并弄清坐标变换的工作机制，我先用 x_1、x_2 表示原有的坐标 (x, y)，并用 $x^{1'}$、$x^{2'}$ 表示新的坐标 (x', y')。于是，原来的旋转变换方程 $x' = x\cos\theta + y\sin\theta$ 可以推广为：

$$x^{1'} = A_1^{1'} x^1 + A_2^{1'} x^2$$

而在我们特定旋转的例子中，$A_1^{1'} = \cos\theta$，$A_2^{1'} = \sin\theta$。（对于表示坐标变换的矩阵元素，我使用了像 $A_1^{1'}$ 这样的符号，而不是线性代数中的 a_{ij}。你很快就会看到这是为什么。）同样，变换方程 $y' = -x\sin\theta + y\cos\theta$ 可以推广为：

$$x^{2'} = A_1^{2'} x^1 + A_2^{2'} x^2$$

这里的指标有一个规律：在每一个方程中，带撇的上标都是同一个。这意味着你可以用一个方程来表示这两个方程，其中的上标 μ′ 假定依次取值 1 和 2，因为二维空间内有两个独立坐标，即

$$x^{\mu'} = A_1^{\mu'} x^1 + A_2^{\mu'} x^2$$

同样要注意，对于右侧和式中的每一项，矩阵分量的下标与原始坐标的上标相同。所以，使用希腊字母 σ 和求和符号，你可以将上述表达式简化为：

$$x^{\mu'} = \sum_{\sigma=1}^{2} A_\sigma^{\mu'} x^\sigma$$

爱因斯坦在掌握了这一切之后，就让这一记号变得更简单了。他说，请注意，每当有相同的上下标（在这个例子中，σ 出现了两次），就将所有这些项加起来。而且，既然你知道自己考虑的是哪个维数，就完全可以去掉求和符号，重复的指标会告诉你这是在求和：

$$x^{\mu'} = A_\sigma^{\mu'} x^\sigma$$

今天，人们称这种符号为爱因斯坦求和约定。

我的目的是：当你添加更多的变量，从而处理一个 n 维空间（即黎曼流形）时，你可以使用相同的符号方程，只不过这时指标 μ′ 和 σ 是跑遍 1 到 n，你的和式不是两项而是 n 项。这表示 n 个方程（μ′ 的每个值对

应一个方程），每个方程是 n 项之和（σ 的每个值给出一项），它们全部包含在一个简洁的方程中。

我在此处选择 μ' 和 σ 作为指标，但这两个字母本身并无特殊之处，就像学校代数随机中用字母 x 代表未知数一样（我也曾随机选择了 A_σ^μ 作为变换矩阵的分量）。所以，不要关注这里的字母，而要关注指标的规律。正如我们即将看到的那样，正是这种简洁的符号使以张量形式书写的物理方程如此美观和优雅。

不变性与张量

现在我们来探讨张量与不变性的关系。矢量 a 的分量是从坐标轴上测量的，因此它们将以相同的方式变换，即 $a^{\mu'} = A_\sigma^{\mu'} a^\sigma$。以图 9–1 中的旋转为例，其中分量将像上述方程中的坐标一样变换。所以，在使用里奇的上标表示（逆变）矢量 a 和 b 之后，即可得到：

$$a^{1'} = a^1 \cos\theta + a^2 \sin\theta,\ a^{2'} = -a^1 \sin\theta + a^2 \cos\theta$$

$b^{1'}$ 和 $b^{2'}$ 的情况与此类似。当将这些分量相乘以形成旋转后的参考系中的标量积时，你会发现：

$$a^{1'}b^{1'} + a^{2'}b^{2'} = a^1 b^1 + a^2 b^2$$

你在两个参考系中得到了相同的数字，即相同的标量积，这就是不变性的含义。所以，这是图 9–1 几何证明的代数版本。

那么，我们用大学中的符号书写的标量积 $a_1 b_1 + a_2 b_2$ 又如何呢？

在里奇的符号中，这是协变或行矢量（或 1–形式）的标量积。正如我们稍后将会看到的那样，事实证明，在通常的欧几里得空间和笛卡儿坐标系中，没有必要区分矢量分量的上标和下标。但首先，我们需要清楚地了解下标对于张量意味着什么。

对于坐标和（逆变）矢量变换来说，以 $A_\sigma^{\mu'}$ 为分量的矩阵展示了如何用旧坐标写新坐标或矢量分量。所以，要用新坐标来写原始坐标，就要朝相反的方向进行变换。我们在图 9-5 中看到了如何对洛伦兹变换做到这一点，但只要将一般的变换方程写成 $X' = AX$，即可看到如何对任意坐标变换做到这一点。这时，矩阵代数就会告诉你，如果想朝反方向，你会得到：

$$X' = AX \Rightarrow A^{-1}X' = X$$

比如，旋转矩阵 $\begin{pmatrix} \cos\theta & \sin\theta \\ -\sin\theta & \cos\theta \end{pmatrix}$ 的逆矩阵是 $\begin{pmatrix} \cos\theta & -\sin\theta \\ \sin\theta & \cos\theta \end{pmatrix}$，因为 $AA^{-1} = I$。这表明，原始矩阵的第一列变成了逆矩阵的第一行，第二行同样如此。换言之，带有上标的逆变矢量，即原始矩阵的列，在逆矩阵中变成了行，即带有下标的协变矢量。这意味着，要表示逆矩阵的分量，你只需要交换原始矩阵的指标，即 $A_\sigma^{\mu'} \to A_{\mu'}^{\sigma}$。这就是里奇用下标写协变矢量（1-形式或对偶矢量）的原因，它们的分量变换规则是 $a_{\mu'} = A_{\mu'}^{\sigma} a_\sigma$。运用这个规则，你可以证明 $a_1b^1 + a_2b^2$ 是不变的，同样，$a^1b^1 + a^2b^2$ 也不变。

在将矢量推广到张量时，里奇说，如果一个任意阶的张量的所有分量的指标都是上标，则它被称为逆变张量；它将像逆变矢量分量一样变换，但需要通过适当数量的变换矩阵 $A_\sigma^{\mu'}$（可参阅书末注释[19]）。如果所有分量的指标都是下标，则称之为协变张量。如果一些指标是上标，一些指标是下标，则称之为"混合"张量。比如，如果列矢量乘行矢量的张量积的分量是 $u^1v_1, u^1v_2, u^2v_1, u^2v_2, \cdots$，它们就是混合张量的分量。

这便是里奇说矢量是张量的原因：与高阶张量的分量一样，矢量的分量在坐标变换下以特定的方式变换。标量是张量，因为它们只是数或数值表达式，根本不依赖于坐标，所以它们在坐标变换下自动保持不变。（要注意，并非所有数字都是不变量或标量。比如，我们在下一章讨论多普勒效应时将看到，频率取决于观察者的相对运动。如果盎鲁效应最终被探测到，可能就会证明温度并不完全是独立于坐标的标量，尽管我曾在第 7 章和图 11-1 中声称它们是,以及你必须以接近光速的速度旅行,才能检测到细微的温度变化。)[20]

一个现代观点

指标符号不总是与坐标变换有关,所以在这里,我想对张量的现代理论做一番概述。坐标变换仍然是张量的核心,但现代数学家并不是通过在这些坐标变换下分量如何变化来定义张量的,而是将"全局张量"定义为产生不变量的线性算子。

我们在第 6 章看到,$\frac{d}{dx}$ 是一个算子,它的矢量扩展纳布拉 $\nabla = \frac{\partial}{\partial x}\boldsymbol{i} + \frac{\partial}{\partial y}\boldsymbol{j} + \frac{\partial}{\partial z}\boldsymbol{k}$ 也是一个算子。你必须将一个函数"插入"算子 $\frac{d}{dx}$ 获得它的导数;而将函数 f 插入纳布拉将得到 f 的梯度,它是一个矢量,其分量是函数 f 的偏导数。但张量更像散度算子 $\nabla \cdot$,它作用于一个矢量,得到一个标量。正如我们刚刚看到的那样,标量始终是不变的。比如,在麦克斯韦方程中,$\nabla \cdot$ 作用于电场和磁场矢量,得到一个标量:

$$\nabla \cdot \boldsymbol{E} = 4\pi\rho$$

$$\nabla \cdot \boldsymbol{B} = 0$$

同样,让行矢量(协变矢量,即 1-形式或对偶矢量)与列矢量(逆变矢量)相乘,会得到一个标量,即欧几里得空间内的标量积。所以,你可以将 1-形式视为作用于矢量并得到标量(即一个不变量)的矢量。这个定义直接触及了张量的核心:不是分量和坐标变换本身,而是在这些变换下的不变性。

你可以更进一步地将矩阵视为一个混合的二阶张量,它作用于一个矢量和一个 1-形式,得到一个标量。更具体地说,它作用于一个(列)矢量并得到另一个(列)矢量,就像在变换方程 $\boldsymbol{X'} = \boldsymbol{AX}$ 中旋转矩阵 $\boldsymbol{A}$,

此处，A "作用于" $X = \begin{pmatrix} x \\ y \end{pmatrix}$，得到一个新矢量$\begin{pmatrix} x' \\ y' \end{pmatrix}$。当行矢量（单形式）作用于这个新矢量时，会得到标量积。张量的阶越高，它就必须作用于越多的矢量或1-形式，才能得到标量。

将张量视为算子，这是量子理论中的基础概念，比如，纯数学家将这个想法引入更抽象的多重线性映射领域。关于线性算子和"矢量空间"的概念及其他微妙之处，还有很多可以说的东西，比如矢量和1-形式之间的区别，变换"基"矢量和1-形式而不是矢量和张量分量的重要性等，但这些都超出了本书的写作范围。如果你坚持读到了这里，我希望你已经对数学家如何发展其思想有了一定的认识：他们如何整理出他们的数学结构必须遵守的规则，以及他们如何根据不变性等重要思想来解释这些规则和结构。这些解释随着数学家在前人洞察的基础上不断演变。这是本书的一个关键主题。数学的演变和发展过程一直如此，从楔形文字表格和计算算法到符号代数、矢量和矩阵，从微积分到矢量分析。我们稍后将迈出走向张量微积分的最后一步。

张量符号的惊人算力

在张量方程计算中，张量分量的指标位置起着至关重要的作用。比如，我们看到，在欧几里得空间内，将行（协变）矢量v乘列（逆变）矢量u可以得到它们的标量积。使用里奇的指标符号和爱因斯坦的求和约定，我们得到了一个非常简洁的表达式：

$$v_1 u^1 + v_2 u^2 \equiv v_\mu u^\mu$$

在这里，我选择的字母μ没有什么特殊意义。我也可以选择其他字母，因为关键在于两个指标相同（所以这是一个求和）。[21] 这种表示方法的惊人之处在于：每对上下指标都相同，这实际上告诉我们，这个标量积在适当的坐标变换下是不变的。你可以通过代入变换方程来证明其不变性,一旦你掌握了这一方法,指标记号就为你省去了许多麻烦。[22]

显然,张量符号使事情变得更容易了。然而,你可能还是会抱怨:到目前为止,我们已经看到了三种不同类型的标量积,包括上标、下标,现在又有了混合指标。这是因为在张量分析中有两种类型的矢量,但我很快就会说明,它们如何集中在一个通用表达式中。但现在,我想讨论混合形式的标量积如何只通过符号展示不变性。这也适用于更高阶的张量,每当你看到一个表达式中每个下标都与相同的上标匹配,比如 $T_{\mu\nu}h^{\mu\nu}$,你就知道它是不变的。这确实非常了不起,而且这只是表明里奇的指标表示法如此了不起的一个例子。他说得很对:当初的努力有此成果,值得!

像 $v_\mu u^\mu$ 和 $T_{\mu\nu}h^{\mu\nu}$ 这样的张量表达式是张量运算的一个例子,被称为"缩并",因为当你将一对上下标设为相同时,你便降低或"缩并"了张量的阶。比如,$v_\mu u^\lambda$ 是一个 2 阶混合(双指标)张量的一般分量,但当你令 $\lambda = \mu$ 时,它的秩(或阶)就会降为 0,因为 $v_\mu u^\mu$ 是一个标量(标量积)。

除非你想找到不变量,否则就不必缩并所有指标。比如,$T_{\mu\nu}h^{\lambda\sigma}$ 是一个 4 阶(4 指标)张量的一般分量,但如果令 $\lambda = \mu$,则会得到一个双指标张量,其分量为 $T_{\mu\nu}h^{\mu\sigma}$。这是一个双指标张量,因为你对重复的指标 μ 求和,只留下了 ν 和 σ 这两个自由指标。这就像是通过缩并 μ 指标"消去"了它们一样,就像你在链式法则 $\dfrac{dy}{dx} = \dfrac{dy}{du}\dfrac{du}{dx}$ 中"消"项那样,但你在这种情况下是在求各项之和而不是"删去"它们。

为纪念格拉斯曼,我们把一个特别重要的缩并称为"内积"。正如我们在前文中看到的那样,汉密尔顿的系统已经变成大学水平的矢量分析,它非常适用于解决三维问题——你应该还记得那些让他走上发现四元数之路的三维旋转吧。格拉斯曼的系统更加抽象,虽然它的应用难度更大，但它更适用于黎曼创造的里奇张量可以作用上去的 n 维空间。因此，到了 20 世纪初，格拉斯曼的思想开始跻身主流，为始于汉密尔顿的矢量分析和张量分析提供了更多的实质含义。里奇传承了汉密尔顿的传统，在 1900 年概述自己的微积分思想时，他没有使用"内积"（或"外积"）这个术语。1916 年，当爱因斯坦阐述自己的广义相对论时，他使用的正是格拉斯曼的术语。

那么，内积是什么呢？它是通过缩并两个张量的外积形成的混合张量的一对指标得到的。比如，假定你得到了一个协变张量 T（分量为 $T_{\mu\nu}$）和一个矢量 u（分量为 u^σ）的外积。你得到了一个新的混合张量，其分量为 $T_{\mu\nu}u^\sigma$。现在通过令 $\sigma = \mu$ 来缩并指标，得到 $T_{\mu\nu}u^\mu$，它是 T 和 u 的内积的一般分量。（以分量形式表示即为 $T_{1\nu}u^1 + T_{2\nu}u^2 + \cdots$，其项数取决于空间的维数。）

如果你求这个张量与另一个（逆变）矢量 v 的外积，会发生什么？你会得到一个新的张量，其分量为 $T_{\mu\nu}u^\mu v^\lambda$。（所以，内积会减少或缩并阶，而外积会增加秩。）如果令 $\lambda = \nu$，你会得到另一个新的张量，其分量为 $T_{\mu\nu}u^\mu v^\nu$，它是 $T_{\mu\nu}u^\mu$ 和 v^λ 的内积。像标量积 $v_\mu u^\mu$ 一样，这个张量是一个标量（一个不变的数字或函数），因为每对指标都相同。

从现在开始，我会借鉴爱因斯坦的方式，用 g 表示度量张量，其分量为 $g_{\mu\nu}$。事实上，如果 T 是一个度量张量，则这个特殊的内积就是 u 和 v 的标量积。因为正如我们看到的那样，这个度量实际上定义了标量积。比如，二维欧几里得度量 $ds^2 = dx^2 + dy^2 \equiv (dx^1)^2 + (dx^2)^2$，它的分量为 $g_{11} = g_{22} = 1$，其他分量则为 0。所以，写出由重复指标表示的求和式，在这种情况下标量积是：

$$g_{\mu\nu}u^\mu v^\nu = g_{11}u^1v^1 + g_{12}u^1v^2 + g_{21}u^2v^1 + g_{22}u^2v^2 = u^1v^1 + u^2v^2$$

这确实是通常矢量分析中的标量积 $u \cdot v$，区别只在于它含有里奇的上标，因为这里的两个矢量都是逆变矢量。

对称性一瞥

我们曾在第 4 章看到标量积是交换的（而矢量积不是）。我们刚刚又看到 $u \cdot v = g_{\mu\nu}u^\mu v^\nu$（或者说 $v \cdot u = g_{\nu\mu}v^\nu u^\mu$）。所以，$u \cdot v = v \cdot u$，这种交换性意味着，必定有 $g_{\mu\nu} = g_{\nu\mu}$。因此，度量张量分量的指标如同镜子中的像一样是对称的。这种对称性在线性坐标变换下也是不变的，因为标量积是不变的，所以它们在计算中很有用。一般而言，不变性是一种数学上的对称性，因为如果某物是不变的，则它始终是一样的，就像反射图像的形状或旋转的雪花一样。

我们在第 9 章探讨了欧几里得度量和闵可夫斯基度量，其中微分的系数是常数，这表明它们定义的是平坦空间。我们在第 10 章看到，高斯证明了在一般二维度量中曲面曲率的信息包含在微分系数中，黎曼将其推广到了 n 维弯曲空间。所以，弯曲空间（带有任意坐标 x^μ）内的一个度量可以表示为：

$$ds^2 = g_{\mu\nu}dx^\mu dx^\nu$$

其中现在的系数 $g_{\mu\nu}$ 不是常数，而是坐标的函数。

从重复的指标中你可以直接看出，距离或时空间隔度量 ds^2 是不变的，你可以利用坐标变换方程证明这一点。[23] 这种一般结果的例子是：欧几里得度量在旋转等变换下是不变的，而闵可夫斯基度量在洛伦兹变换下是不变的（图 9-5）。但为什么度量是一个张量呢？原因在于不变性，毕竟，表示不变性是张量的全部意义。

我们在上文中看到，$g_{\mu\nu}u^\mu v^\nu$ 是矢量 u 和 v 的标量积。这表明度量 g 作用在这两个矢量，得到了一个标量，或者说一个不变的标量积。这意味着，根据我前文给出的现代定义，度量就是一个张量。

根据里奇的定义，它也是一个张量，因为我们知道逆变矢量分量 u^μ、v^ν 的变换方程，所以，如果 $g_{\mu\nu}u^\mu v^\nu$ 是一个不变的标量，则 $g_{\mu\nu}$ 的变换方程必定是协变秩 2 张量的变换方程。由此可见，现代的观点更加优雅。

*　　*　　*

在概述里奇的巅峰成就张量导数之前，我想说明最后一件事。我前面谈到 $v_1u_1 + v_2u_2$、$v^1u^1 + v^2u^2$、$v_1u^1 + v_2u^2$ 等不同形式的标量积时，我是假定二维欧氏空间中的度量是 $ds^2 = dx^2 + dy^2$。一般来讲，在一个带有度量（其分量为 $g_{\mu\nu}$）的空间中，两个（逆变）矢量 v 和 u 的标量积是 $g_{\mu\nu}u^\mu v^\nu$。如果交换指标的位置并写成 $g^{\mu\nu}v_\mu u_\nu$，会发生什么呢？它看上去好像两个协变矢量的标量积，但 $g^{\mu\nu}$ 又是什么？根据里奇的定义，$g^{\mu\nu}$ 具有非常特殊的性质，它"升高"了协变张量的指标。我们稍早看到，具有重复（缩并）指标 μ 的 $T_{\mu\sigma}h^{\mu\sigma}$ 是一个双指标张量，就像我们在求和时"消去"了 μ 一样。所以，里奇定义了这种特殊的缩并：

$$g^{\mu\nu}g_{\mu\sigma} = g^\nu_\sigma,\ g^{\lambda\sigma}g^\nu_\sigma = g^{\lambda\nu}$$

（实际上，里奇用的是 a^{rs} 而不是 $g^{\mu\nu}$，除此之外，我使用的都是他的定义。）换言之，$g^{\mu\nu}$ 将 $g_{\mu\sigma}$ 变成了 g^ν_σ，而且 $g^{\mu\nu}g^\lambda_\sigma$ 把 $g_{\mu\sigma}$ 变成了 $g^{\lambda\nu}$。它也可以反过来作用：$g_{\mu\nu}$ 可以降低指标。（这是因为，里奇本质上将度量分量 $g_{\mu\nu}$ 构成的矩阵和 $g^{\mu\nu}$ 构成的矩阵定义为彼此的逆。但关键在于，它们都是定义。）

里奇将其定义为一般性质，以便度量张量可以在与任何张量缩并时升降指标。这对于张量方程至关重要，我们在后文中将看到这一点。但它也以一种非常聪明的方式，将所有不同形式的标量积放在一起。$g_{\mu\nu}v^\mu$ 的缩并降低了矢量的指标，得到 v_ν，这意味着通常来说 $v^\mu u^\nu = v_\nu u^\nu$，与行矢量和列矢量的特殊标量积完全一样！同样，$g^{\mu\nu}v_\mu u_\nu = v^\nu u_\nu$。

但下面才是真正有趣的地方。在欧几里得空间内使用笛卡儿坐标，我们知道度量是 $ds^2 = dx^2 + dy^2$。为简单起见，我仍然考虑二维空间，你当然也可以增加维数。我得出的结果也是一样的，即在这种情况下，无论你用上标或下标来写矢量的指标都无所谓。这是因为（在二维空间内）：

$$v_\nu = g_{\mu\nu}v^\mu = g_{1\nu}v^1 + g_{2\nu}v^2$$

而欧几里得度量的唯一非零分量是 $g_{11} = 1 = g_{22}$，由此得到：

$$v_1 = g_{11}v^1 + g_{21}v^2 = 1 \times v^1 + 0 \times v^2 = v^1$$

同样，$v_2 = g_{12}v^1 + g_{22}v^2 = v^2$。换言之，在使用笛卡儿坐标的欧几里得空间内，矢量的分量和 1-形式（即里奇的逆变矢量和协变矢量）之间没有区别。所以，在大学教授的普通矢量分析中，你没有必要担心这种术语上的区别或指标位置的区别。

极简张量微积分

对里奇而言，最大的问题是：你对张量进行微分，会怎么样？更具体地说，导数是一个张量吗？如果不是，张量在物理学中就没什么用处，因为物理现象通常由微分方程建模，比如牛顿运动定律和麦克斯韦电磁方程。正如我们在第 9 章看到的那样，即使你将参考系从一个变换为另一个，物理方程的形式也必须保持不变，否则，不同的观察者就会推断出不同的物理定律，我们将永远无法就物理现实的本质达成一致。

形式不变的方程叫作协变方程，而里奇称他的不变导数为协变导数。它与普通导数或偏导数不同，因为事实证明，一个矢量分量 u^μ 关于那个参考系的一个坐标，比如 x^λ 的偏导数，通常不会像张量那样变换。通过使用克里斯托费尔发现的一个不变表达式，里奇找到了正确的导数协变形式。我曾在第 10 章中提及，这就相当于在偏导数中加上一个包含克里斯托费尔符号的项。里奇沿用克里斯托费尔的记号，用花括号表示这些符号。但今天，遵循爱因斯坦和其他人的用法，它们通常被表示为 $\Gamma^\mu_{\sigma\lambda}$。（符号 Γ 是大写希腊字母伽马，其中的指标与相关的变换方程相匹配，但今天它们被解释为基矢量导数的系数。比如，在笛卡儿坐标中，

基矢量是 i、j、k。它们是常数，导数为零，因此克里斯托费尔符号在这种情况下也为零。所以，在欧几里得空间内，你只需要偏导数！）

取矢量或张量分量的偏导数，会给它增加一个指标，以显示这个分量关于哪个变量求微分。里奇通过增加另一个指标来表示矢量的偏导数，但今天，这个指标改用逗号表示，表明它是一个导数。所以，u^μ 的偏导数表示为：

$$\frac{\partial u^\mu}{\partial x^\lambda} \equiv u^\mu{}_{,\lambda}$$

而分号通常表示协变导数：

$$u^\mu{}_{;\lambda} = u^\mu{}_{,\lambda} + \Gamma^\mu{}_{\sigma\lambda} u^\sigma$$

我写下这一方程只是为了给你留下视觉印象，所以细节不重要。但必须说明的一点是，它可以扩展到任何张量的协变导数，而不仅仅是矢量。关键在于，它是一个张量，所以其值在相关坐标变换下保持不变。换言之，当你变换到新坐标，并取变换后的分量 $u^{\mu'}$ 关于 $x^{\lambda'}$ 的协变导数时，你会得到相同的结果。

在笛卡儿坐标中，偏导数和协变导数之间的区别在平坦空间和平坦时空中消失了。也就是说，存在于弯曲空间内的重要差别在平坦空间内消失了。因此在大学教授的欧几里得矢量分析中，你没有必要谈论协变导数，就像没有必要担心矢量上的指标位置一样。

无人在意！

一代代数学家对不变性和微分几何进行了多年研究，而里奇将他们的成果整合到张量分析中，形成了他的"绝对微分"。他借鉴了这些早期研究者的一些工作，其中主要是高斯、黎曼和克里斯托费尔的成果；

也包括其他人的工作，比如索福斯·李，他在群论和不变性方面的研究成果至今仍很重要。此外，还有著名微分几何学家尤金尼奥·贝特拉米的工作，他是里奇在博洛尼亚大学学习期间的老师。

19世纪80年代末，里奇提交了有关张量的论文以角逐意大利皇家数学奖，贝特拉米是该奖项的评委之一。他代表评委会发言时，赞赏了里奇的数学才能，但他想知道，为创造这一新微积分所付出的努力是否会得到适当的回报，实现现有方法无法实现的应用。[24] 他似乎对此存疑，就像威廉·汤姆森和亚瑟·凯莱看不到整体矢量分析相较于单独分量计算的优势一样。（就在贝特拉米在意大利发表有关张量的声明的同时，矢量论战在英国拉开帷幕。）但正如麦克斯韦认为整体矢量分析在物理学中的重要性是它提供了深刻的洞察力一样，里奇后来写道，在理解弯曲的 n 维曲面和空间方面，他的微积分理论及其符号"不仅更加优雅，而且可以使论证和结论更加敏锐、清晰"。[25]

尽管学生时代的里奇如此出色，但19世纪80年代，他仍然未能晋升教授。此时的他可能会认为自己永远得不到认可，才华也无从展现。

第 12 章

大结局：张量与广义相对论

里奇是真正的开拓者，他从未怀疑自己创造的张量微积分的重要性。尽管起初不易为人察觉，但形势逐渐开始转变了。第一个征兆出现在 1890 年，一位杰出的学生图利奥·列维-齐维塔注册了里奇的课；同一年，37 岁的里奇终于获得了正教授职位。列维-齐维塔在几乎所有科目上以几乎完美的成绩从中学毕业，并于 1894 年以几近完美的成绩从帕多瓦大学毕业。他的职业生涯的开端也堪称完美：他从里奇的助手做起，29 岁时成为教授。

活泼、不信教的列维-齐维塔与严肃、虔诚的里奇截然不同，然而，这两个人一直是亲密的朋友和同事，直至里奇去世。他们合作撰写了多篇论文，发展了里奇的绝对微分学，推动了张量微积分的第二次改变——费利克斯·克莱因建议两人写一篇概述，向主流科学界介绍张量分析。1900 年，克莱因在他的期刊《德国数学年刊》上发表了这篇开创性论文，12 年后，爱因斯坦和格罗斯曼阅读了这篇论文，备感震撼。[1]

最幸福的想法：爱因斯坦在发现张量之前对引力的思考

我们在第 10 章看到，1912 年秋天，就在爱因斯坦加入瑞士联邦理工学院,成为他的老朋友马塞尔·格罗斯曼的同事后不久,格罗斯曼提出,里奇的绝对微分成功地将物理定律从狭义相对论转移到包括引力的广义相对论中。在此之前,爱因斯坦已经就这个问题进行了长时间的深入思考。

在实现太空旅行之前,建立引力理论的困难在于,引力总是与在地球上的我们形影不离。对于其他力,比如电磁力,你可以根据实验建立一个理论,展示一个带电粒子如何在另一个粒子的场中运动。但你无法轻易地摒除一个物体对另一个物体的引力效应,因为与地球引力场的效应相比,日常物体之间的引力可以忽略不计。相比之下,地球引力场具有一个显著的特性,即当没有空气阻力时,所有物体都以相同的速率垂直下落运动。这当然是伽利略的著名结果,匈牙利男爵罗兰德·冯·厄特沃什在 1909 年以史无前例的精度确认了这一点,2022 年法国人造卫星"显微镜"更是以大约千万亿分之一的惊人观测精度再次予以确认。[2]

基于这一落体运动定律,以及对观察到的月球和行星运动的巧妙推断,牛顿建立了他的引力理论。在太阳系的范围内,该理论非常准确,但在 1907 年爱因斯坦开始思考引力时,却出现了一个众所周知的例外情况。每颗行星都在一个椭圆轨道上绕太阳运行,但由于其他行星的引力作用,这些椭圆轨道会缓慢地进动,就如同一个倾斜的旋转陀螺在地球引力的作用下围绕其旋转轴进动一样。这意味着,行星每公转一次,太阳和近日点(行星轨道上离太阳最近的点)之间的连线都会略微偏移。但对于水星轨道的近日点,牛顿的计算结果为,每个世纪偏移 43 角秒(即弧秒,为 1/3 600 度)。19 世纪的天文学家竟然观测到如此微小的差异,确实非常令人惊讶。[3] 那么,怎样才能建立更准确的引力理论呢?

当爱因斯坦还在专利局工作时,他有了一个奇妙的洞见,并称之为"我一生中最幸福的想法"。[4] 他意识到,通过改变参考系,地球人实际上可以在想象中"消除"地球引力的影响。我们的视角通常基于一个固定在地面上的参考系,但如果正处于自由落体状态呢,比如从屋顶上掉下来的时候？想象一下你处于这种令人眩晕的情况，与此同时你放开了手中的球。一个在地面上观测的人会看到，你和球以相同的速率下落。这就是当我们在地面上观测时看到的下落物体的行为方式。但相对于你，掉落的球是静止的，就像引力作用根本不存在一样。

换言之，从屋顶上掉下来的可怜人是一个自由落体观察者，你可以通过类似方式来"消除"引力场。爱因斯坦当时并不知道，其实我们可以更安全地在太空飞船中"自由落体"！但这还不是全部：爱因斯坦意识到，你可以通过将自己置于一个向上加速运动的参考系（如电梯）内，"制造"一个引力场，我们将在图 12-1 中探讨这个想法。爱因斯坦从他的"最幸福的想法"中得出的结论是，他可以设计一个相对论版本的引力理论，因为我们可以通过改变参考系来制造或消除引力场。（不过我们只能"局部"地这样做。）[5] 这就是 2022 年法国人造卫星"显微镜"的观测结果如此关键的原因：如果一切物体在相同的引力作用下不是以相同的速率下落，那么自由落体观察者就无法"消除"引力，整个广义相对论就会崩塌。

爱因斯坦立刻就看到了引力与加速度之间的等价性，并称之为"等效原理"，它意味着引力必定会使光线弯曲。牛顿也这样表示过，因为他相信光是由物质粒子组成的，物质粒子会受到引力的影响，从而像伽利略和哈里奥特的大炮一样沿抛物线轨迹运动。但爱因斯坦在 1905 年证明了光粒子（即光子）没有静止质量，所以他的论证与牛顿截然不同。你可以在图 12-1 中看到这一点，它阐释了等效原理。而且，光线在沿曲线而非直线路径到达远距离观察者时需要更长的时间，因此引力看上去减缓了光速。这与狭义相对论截然不同，在狭义相对论中光速是恒定的，对所有观察者来说都一样。[在像图 12-1（a）这样的局部惯性参考系中测得的局部真空光速仍然是恒定的 c，但观察者在测量来自远距离光源并沿曲线路径传播的光时，会发现其速度变慢了。]

早在 1911 年爱因斯坦还是布拉格日耳曼大学的教授时，[6] 他发表了一个数学推导，量化了光线在太阳附近弯曲的程度。他还在这篇论文中

第 12 章 大结局：张量与广义相对论 247

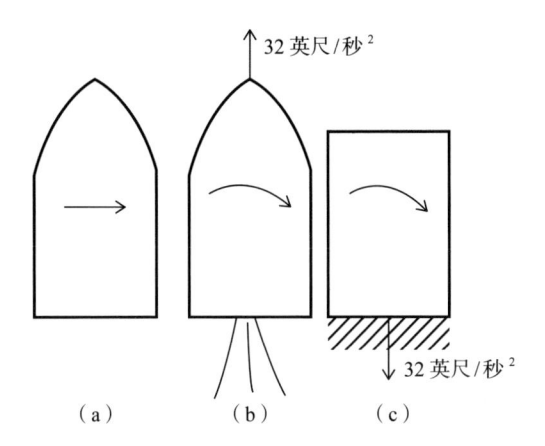

图 12-1 等效原理。图中展示了三个参考系：（a）是一个惯性参考系，比如无重力（自由飘浮）的太空飞船或自由下落的人或电梯；（b）是以 32 英尺/秒^2（或 9.8 米/秒^2）的加速度向上运动的太空飞船或电梯；（c）是地球上的一个房间。在（b）中，由于太空飞船或电梯向上加速时地板对你产生了推动，你会感觉自己和在地球上时［参考系（c）］一样重。地板对我们的向上推动与我们向下的 32 英尺/秒^2（或 9.8 米/秒^2）的引力加速度是一对相反的作用力。（这些值指地表海平面上的引力加速度。当然，如果海拔更高，加速度会根据牛顿的平方反比定律减小。）

在惯性参考系（a）中，在没有外力的情况下，抛射体会以恒定速度做直线运动。这是牛顿第一定律，即惯性定律，惯性参考系也由此得名。在（c）中，如哈里奥特和伽利略的实验所示，抛射体会有一个向下的抛物线运动轨迹。同样的事情也发生在（b）中，它等同于（c）。（当太空飞船向上加速时，地板向抛射体靠近，所以外部观察者看到抛射体在向地板移动。换言之，它的运动轨迹看上去变弯曲了。）同样，从火箭或电梯的一侧发射到另一侧的光线在参考系（a）中是直的，但在（b）中，由于地板将它抬升，从外部观察者的角度看它是弯曲的。由于（b）等同于（c），所以爱因斯坦推断，引力会使光线弯曲

发展了他在 1907 年提出的另一个想法：引力红移，即引力会导致光的频率向光谱中波长较长（即红色）的一端偏移。这类似于多普勒效应，救护车或警车上的警笛发出的幽怨声音就基于此：当车辆加速向你驶来时，音调较高；而当它远离你时，音调较低。这是因为，声波先相对于你被压缩，波长变短，然后随着车辆的驶离而拉伸。光波也是如此。想象从图 12-1（b）中的太空飞船底部向顶部的观察者发送一束光脉冲。

当光向上传播时，观察者与太空飞船一起向上加速并远离光源，这意味着光的波长看起来变长了或颜色变红了。但由于图12-1（b）和（c）是等效的，在（c）中梯子顶部的观察者应该看到来自地面光源的红移光，那里的引力更强。这是存在引力红移的一个简单论证。（然而，等效原理只是局部成立，所以得出的只是一个近似值。爱因斯坦使用的另一个有关引力红移的论证是，光在克服引力场时会失去能量。但爱因斯坦必须用他的最终理论来做出精确的预言。）

如果引力能通过相对论效应使光发生红移，波长变长，它必定也会对其他振动产生这样的影响，包括时钟的嘀嗒声。这意味着，远处的观察者看到，在更强的引力场中的时钟走得更慢（因为嘀嗒声的间隔时间更长）。现在，人们在GPS导航的校准中已经考虑了这一事实，以及洛伦兹变换带来的狭义相对论的时间膨胀。然而，在1911年，爱因斯坦思考的问题可能要在后来技术达到要求时才能证实：他提出了通过红移论证来检验时间变慢的想法，这是他早在1907年就感觉到的。

* * *

1911年，爱因斯坦开始更深入地探索他的想法。他需要将他的直观思想实验转化为可测试的方程。由于引力会减慢光的表观速度，他想知道这种可变的光速是否可以在他的新理论中代表"引力势"。我在第6章提到，约瑟夫–路易·拉格朗日用标量势 V 来表述牛顿的引力平方反比定律。正如你在书末注释中看到的那样，[7]根据牛顿定律可以很容易得出这一点，根据高斯通量定律（类似于麦克斯韦在第6章中对 $\nabla \cdot \boldsymbol{E} = 4\pi\rho$ 的推导）同样如此。这样一来，牛顿引力定律可以表示为：

$$\frac{\partial^2 V}{\partial x^2} + \frac{\partial^2 V}{\partial y^2} + \frac{\partial^2 V}{\partial z^2} = \nabla^2 V = 4\pi G\rho$$

其中 ρ 是产生引力场的物质密度，它类似于麦克斯韦方程中的电荷密度，有相同的限制条件。[8] G是牛顿平方反比定律中的引力常数。

这种表达式的最初优势是，它使用了法拉第-麦克斯韦的语言，将势视为一个连续的标量场，而不是隐含在平方反比定律中的超距作用理论，后者虽然考虑到了引力粒子之间的数值距离，却没有考虑它们之间的整个空间的性质。实际上，由于平方反比定律给出了一个给定质量的物体对周围空间中任意一点处的单位测试质量施加的力，我们可以将其解释为定义了一个矢量场。然而，使用标量势进行计算通常会更简单。所以，爱因斯坦想知道，他的可变光速是否可以在其新理论中扮演类似于势V在牛顿理论中扮演的角色。于是，他创建了一个静态引力理论。静态意味着不随时间发生变化，因此它描述了一颗静止的恒星，或者说地球上大体均匀的弱引力场。但爱因斯坦仍在摸索，并错误地假定在静态引力场中，时空的空间部分是欧几里得空间，就像地球上的日常计算一样。这意味着，虽然闵可夫斯基度量描述了狭义相对论的时空，但描述爱因斯坦的静态引力场的时空的相关度量也几乎是闵可夫斯基度量：

$$ds^2 = dx^2 + dy^2 + dz^2 - [c(x, y, z)]^2 dt^2$$

其中c原来是光速，现在是空间坐标的函数。（但他后来也意识到，这一切都是错的。）与此同时，他在1911年发表了这一静态理论。

总的来说，他待在布拉格的一年多时间里，发表了6篇有关相对论的论文及5篇其他论文。他提出想法，并邀请同行做出反馈，不断加以完善。但是，他从言语尖刻的马克斯·亚伯拉罕那里获得的反馈超出了他的预期。亚伯拉罕是一位电磁学专家，他在德国出版了权威的麦克斯韦理论教科书，还为新发现的电子建立了一个开创性（但现在已过时）的模型。但他坚信亨德里克·洛伦兹和亨利·庞加莱基于以太的电磁学理论，所以，他非常不满爱因斯坦的狭义相对论超越了前者。于是，1911年，亚伯拉罕以他敏锐的头脑与尖锐的笔触，公开批评爱因斯坦对相对论的推广。令人惊讶的是，他不仅是一个吹毛求疵的批评家，而且于1912年年初发表了他自己的相对论引力理论。

尽管爱因斯坦静态理论中的度量几乎就是闵可夫斯基度量，但亚伯拉罕的理论完全与闵可夫斯基一脉相承，最初爱因斯坦也被它深深吸引。（事实上，包括庞加莱和闵可夫斯基在内，已经有其他人尝试将引力纳入狭义相对论。）米歇尔·贝索是爱因斯坦的老朋友，曾是爱因斯坦在瑞士联邦理工学院的同班同学，也是一位富有洞察力的研究伙伴。爱因斯坦是这样对他说的："起初（14天）我也完全被（亚伯拉罕的）公式的美丽和简洁所吸引。"但随后，爱因斯坦从中发现了"一些严重的推理错误……这就是当人们不进行物理思考便进行形式化（数学）运算时会发生的事情！"[9]

接下来的几个月里，他和亚伯拉罕在《物理学年刊》上展开了辩论，这是20年前在《自然》上进行的矢量论战的缩影。亚伯拉罕言辞尖刻，导致他与大多数物理学家关系疏远，但直言不讳的爱因斯坦对亚伯拉罕的口无遮拦予以理解，因为亚伯拉罕的批评确实帮助了他，令他的想法更加清晰。1912年7月，就在他离开布拉格前往苏黎世的瑞士联邦理工学院之前，爱因斯坦发表了一篇论文，尝试将等效原理应用于寻找新的引力方程。他补充说："我希望我的所有同行都来尝试这一重要问题！"但亚伯拉罕刻薄地答道："爱因斯坦为未来的相对论乞求认可，并呼吁同行们为其提供担保。"话已经说到了这个份上，爱因斯坦不想与亚伯拉罕继续辩论下去，但他并未放弃自己对新的相对论引力理论的求索。而且需要强调的是，他仍然尊重亚伯拉罕在物理方面的能力。[10]

* * *

以上就是当爱因斯坦于1912年8月到达苏黎世时，他在广义相对论方面取得的进展。他对等效原理及其对时间测量和光速的影响的直观推导极具启发性，但辉煌的想法是一回事，证明它们则是另外一回事。比如，引力红移的直接实验证明直到1960年才出现，但爱因斯坦已于1955年去世，未能看到这一天。但在1912年，与爱因斯坦寻找完整的完全相对论性质的引力理论的方程的难度相比，证明只是小菜一碟。他的天赋在于物理学思考而非数学运算，尽管他其实是一个不错的数学家，只是在数学方面的知识不够广博，毕竟他逃掉了太多闵可夫斯基的数学课。于是，不久之后，爱因斯坦向他的老同学发出请求："格罗斯曼，你必须帮帮我，否则我会疯掉的！"[11]

图 12-2　阿尔伯特·爱因斯坦，1912 年（图片来源：ETH-Bibliothek Zürich, Bildarchiv/摄影师：Jan. F. Langhans/Portr_05936. 公有版权）

为什么爱因斯坦需要帮助

根据等效原理，在图 12-1（b）和（c）中的观察者无法弄清他们是在平稳加速的电梯里，还是在引力场中的封闭房间里。但根据相对性原理，物理定律对所有观察者应该具有相同的形式。让爱因斯坦头疼的问题是，如何协调等效原理与相对性原理。[12] 他的静态引力理论是等效原理的推论，他从中推导出了光速可变，可变光速扮演了引力势的角色。但这似乎与相对性原理相互矛盾，因为它显然与狭义相对论不符，根据该理论，我们在图 9-5 中见到的洛伦兹变换依赖于光速的恒定。（爱因斯坦的广义相对论必须与狭义相对论相匹配，以包括相对加速度为零的情况。）

更重要的是，在狭义相对论中，任意两个观察者的相对速度是恒定的，牛顿第一定律（惯性定律）对他们都适用。正如我们在第 3 章看到的那样，牛顿根据物体速度的变化来定义力，所以惯性定律表明，在没有作用力的情况下，静止的物体保持静止，以恒定速度运动的物体继续以这一恒定速度运动。我们将此定律应用于狭义相对论：如果一个物体在观察者 A 的参考系中静止，则按照观察者 B 的观点，它以恒定速度运动，反之亦然。无论如何，惯性定律对两个观察者都适用，就像在牛顿物理学中一样，他们的参考系是"惯性的"。不过，一旦相对运动加速，情况就不再是这样了。

这让爱因斯坦意识到，没有任何经验性证据可以将广义相对论与狭义相对论的惯性参考系联系起来。[13] 这就意味着，不再存在像洛伦兹在狭义相对论中那样能让物理定律保持不变的单个有限坐标变换群。相反，自然法则应该在任何光滑的坐标变换下保持不变。[14] 如果没有特殊的坐标变换群，就没有特殊的不变度量。因此，闵可夫斯基度量必须被一个完全一般的度量取代，即

$$\mathrm{d}s^2 = g_{\mu\nu}\mathrm{d}x^\mu \mathrm{d}x^\nu$$

其中，系数 $g_{\mu\nu}$ 通常是坐标的函数。（所以，闵可夫斯基度量只是这个一般度量的一个特例。）

这意味着，一般情况下，由这个度量描述的时空必定是弯曲的，尽管爱因斯坦是在格罗斯曼向他介绍了黎曼几何和曲率条件之后才意识到了这一点（即由 $g_{\mu\nu}$ 的导数构成的黎曼张量不为零）。在布拉格，爱因斯坦已经基于长度收缩的直觉论证得出时空肯定不是欧氏空间。但让他苦

第12章　大结局：张量与广义相对论

恼不已的一件事是，在完全一般的度量中，x^μ可以是任何类型的坐标。这意味着dx^μ并不一定与时间和空间测量直接相关，就像它们在欧几里得度量和闵可夫斯基度量的标准（笛卡儿坐标）形式中那样，其中dx^μ是时间差和空间差，即dt、dx、dy、dz。

爱因斯坦后来回忆道，返回苏黎世之前，他一直对此感到"非常困扰"。[15] 我在第9章中指出，在狭义相对论中，尽管笛卡儿坐标确实与闵可夫斯基时空中的时间和空间相关，但相对运动的观察者无法对实际的时间和距离的测量达成一致（如图9-5中的洛伦兹变换所示）。相反，我们看到的是表达式$x^2 + y^2 + z^2 - (ct)^2$，所以，闵可夫斯基度量$ds^2 = dx^2 + dy^2 + dz^2 - (cdt)^2$是不变的。换言之，两个观察者只对由度量给出的两个事件在时空中的间隔（或距离）ds达成了一致。爱因斯坦没有在他的狭义相对论中使用来自闵可夫斯基和高斯的间隔ds。我们在第10章看到，爱因斯坦是在一段时间过后才对这种几何度量方法产生兴趣的。（在他1905年发表的论文中，他专注于洛伦兹变换的代数结果。）但在离开布拉格之前，他发现了关于ds和等效原理的一个重要事实。

在引力场或加速运动参考系中，当没有其他作用力时，物体和光子必定沿着弯曲的测地线而不像在惯性参考系中那样沿直线运动。这是爱因斯坦严格表达图12-1阐释的等效原理的方式。我们在第10章中看到，两点之间的最短距离是测地线，这是通过最小化（或者更准确地说是极小化）[16] 距离$s = \int ds$得到的。这让爱因斯坦突然意识到，在他的新理论中，具有物理意义的是ds或度量整体，而不是度量中单独的坐标微分。如果它需要有物理意义，那么所有观察者都必须对它达成一致，就像他们对狭义相对论中的闵可夫斯基度量达成一致一样。但是，如果爱因斯坦只有一个一般形式的度量，他如何表达这种不变性呢？这让他十分困惑。

于是，忠诚的格罗斯曼前往图书馆，查阅是否有人发现了能让一般度量和方程保持不变的方法。幸运的是，他和爱因斯坦读到了里奇和列维-齐维塔有关张量分析的具有里程碑意义的论文。

爱因斯坦和格罗斯曼学习张量微积分

格罗斯曼对数学满怀热情,但在他被爱因斯坦描绘的愿景"点燃"之前,他对物理学没有太大的兴趣。[17] 即便这一愿景仅处于起步阶段,它也具有非凡的魅力。我们已经看到了爱因斯坦根据等效原理得出的非凡推论,但爱因斯坦也即将提出一个激进的观点,即引力和几何不可分割地缠绕在一起。这是因为,度量必须同时描述时空的弯曲几何和引力场本身,如果没有引力,就会退回到平坦时空的闵可夫斯基度量,物体将沿直线而不是弯曲的测地线运动。因此,引力影响时空几何,即曲率,而曲率描述了引力。如果爱因斯坦能够找到正确的方程,情况就会如此。

他再次以牛顿的引力方程作为起点,用引力势加以表达:$\nabla^2 V = 4\pi G\rho$。任何新的引力理论都必须能兼容牛顿的引力理论相符,因为后者在地球上及太阳系中远离强引力源的其他地方的相当均匀的弱场中极其适用。爱因斯坦放弃了他有关光速是引力势的早期想法,因为它与狭义相对论不符;但他现在做出了大胆的推断:度量系数 $g_{\mu\nu}$ 本身不仅代表时空的度量性质,也代表牛顿引力势 V 的相对论类比。(这就是他和格罗斯曼使用字母 g 的原因,我借用这个字母来表示弯曲时空的度量系数。)

这种推断在概念上很大胆,正如他后来意识到的那样,它明确了几何和引力之间的联系;它在数学上也很大胆,因为它暗示了数学物理领域前所未见的复杂性。其中部分原因在于,在四维时空中,指标的取值范围为从 1 到 4,双指标张量就有 $4 \times 4 = 16$ 个不同的分量。但对于度量张量,指标应该是对称的,即 $g_{\mu\nu} = g_{\nu\mu}$(正如我们在第 11 章末尾看到的那样,标量积是交换的),这意味着只有 10 个独立的度量系数:

$$g_{11}, g_{12}, g_{13}, g_{14}, g_{22}, g_{23}, g_{24}, g_{33}, g_{34}, g_{44}$$

但这仍然是 10 个引力势,所以将有 10 个引力场方程,而不是单一的牛顿方程 $\nabla^2 V = 4\pi G\rho$。这是一项多么大的挑战啊!该从哪里着手呢?

首先，在牛顿方程中，方程左侧的引力势与ρ有关，而ρ是物质密度，也是方程右侧引力的来源。对正在紧密合作解决这个问题的爱因斯坦和格罗斯曼来说，左侧表达式的明显类比似乎是某种由势$g_{\mu\nu}$的二阶导数构成的某种有10个分量的张量表达式，就像$\nabla^2 V$中的二阶导数一样。

不久后，格罗斯曼发现，"里奇张量"$R_{\mu\nu}$就是他们搜寻的猎物。里奇于1903年发现了这个张量，但没有给它命名。通常来说，后来的研究者会用前辈的名字为这样的数学和科学术语命名，以纪念前辈做出的相关贡献。里奇张量是第10章中提到的四指标黎曼张量的缩并，我们曾在第11章看到，缩并意味着令张量分量的一个上标和一个下标相等并对其求和：$R_{\mu\nu} \equiv R^{\alpha}_{\mu\alpha\nu}$。它看起来乖巧可人，对吧？实际上，由于黎曼张量本身是度量系数的导数和，所以$R_{\mu\nu}$是数百项之和！许多项会相互抵消或本身为零，但广义相对论中通常有大量计算。从20世纪80年代末起，计算机代数软件包日益普及，功能越来越强大，成为研究人员的福音。

顺便说一下，我们很快会看到，张量方程与矢量方程不同，它们最好用一般分量形式来书写，因为张量指标对于计算至关重要，例如给出里奇张量的缩并。所以，从现在起，我会遵循张量的通用写法，比如，用$g_{\mu\nu}$表示度量张量，用$R_{\mu\nu}$表示里奇张量，用$R^{\alpha}_{\mu\beta\nu}$表示黎曼张量等；而不是用更正确的整体张量指标表示，比如**g**、***Ric***、***Riem***等。所以，当你看到一个使用一般指标（如μ、ν等）的方程时，你就会知道它对于指标的所有取值都成立。你也会知道它在坐标变换下形式不变（协变）。相比之下，以特定分量表示的方程则不然，它们带有数字下标，比如R_{12}，或者带有特定的坐标指标，比如速度的x分量v_x或磁场的y分量B_y。

* * *

爱因斯坦和格罗斯曼把里奇张量作为方程左侧的候选对象，他们需要把类似于牛顿质量密度ρ的量放在方程右侧。质量密度是刻画产生引力场的物质分布的一种方式，能量显然也应该包含在内，这要归功于 $E = mc^2$。至于如何将这些变成张量，两位合作者曾经的数学教授闵可夫斯基实际上已经指明了方向，因为他将麦克斯韦方程写成了张量形式。

在麦克斯韦方程的通常矢量形式中，电场矢量 **E** 和磁场矢量 **B** 是交织在一起的：在旋度方程中，方程的一边有 **E**，另一边有 **B**。闵可夫斯基所做的，就是将这些交织在一起的三维场合并成平坦四维时空中的单个张量。我在第 9 章提到，当时张量还没有跻身主流。直到爱因斯坦于 1916 年发表他的广义相对论基础概述，"张量"这个名字才在这一背景下得到了普及。所以，1910 年，当索末菲尔德遵从闵可夫斯基的先例，将电场矢量 **E** 和磁场矢量 **B** 合并成单个量 **F**（通常用其一般坐标 $F^{\mu\nu}$ 表示）时，他使用了"六矢量"而不是张量。这是因为 $F^{\mu\nu}$ 有 6 个独立分量，它只是以另一种方式书写 **E** 和 **B** 的信息，而 **E** 和 **B** 各有 3 个分量，x、y、z 轴上各一个。令人惊讶的是，即使在 1916 年的概述中，爱因斯坦也称 $F^{\mu\nu}$ 为"六矢量"，但他在其他地方使用了"张量"。他确实采用了如今通用的符号，只不过，他使用 ∂ 来表示偏导数，而不是现在我们常用的逗号。下面，我会列出这 6 个电磁张量分量，以便你可以理解这个想法，但请仅将它们当作定义：

$$F^{14} = -E^x, F^{24} = -E^y, F^{34} = -E^z, F^{12} = B^z, F^{31} = B^y, F^{23} = B^x$$

此外，$F^{\mu\nu} = -F^{\nu\mu}$，$F^{\mu\mu} = 0$。

有了这些定义，第 8 章的 4 个优雅的麦克斯韦方程就会变得更加简洁。我在这里向你们展示这些方程，只是为了与矢量版本进行比较，无须赘述细节。此处 j^μ 表示电流密度或电磁场的源：

$$F^{\mu\nu}{}_{,\nu} = 4\pi j^\mu$$

$$F_{\mu\nu, \lambda} + F_{\nu\lambda, \mu} + F_{\lambda\mu, \nu} = 0$$

闵可夫斯基已经检验过，$F^{\mu\nu}$ 就是我们现在所说的张量。[18] 他的证明非常聪明。三维矢量 **E** 和 **B** 并非与参考系无关，比如移动的电荷产生磁

第 12 章 大结局：张量与广义相对论　　257

场，所以在电荷的静止参考系中 B 为零，而在做相对运动的观察者的参考系中不为零。闵可夫斯基将它们转化为四维时空张量 $F^{\mu\nu}$，它与参考系无关，它的分量在洛伦兹变换下会改变，但如果整体张量在一个参考系中为零（或非零），则它在所有参考系中都为零（或非零）。

然而，如果你浏览了第 11 章，你可能会对这一对张量方程中的指标位置感到困惑。但张量指标可以利用度量张量来升降，所以在闵可夫斯基时空中，$F^{\mu\nu}$ 和 $F_{\mu\nu}$ 说的是同一件事。（不过，在第一个方程中，你需要一个上标，以便对重复的指标 ν 求和。）

> 以下内容告诉你，这两个优雅的方程并非对张量之优雅的最后说明，因为在后来的微分几何语言中，麦克斯韦方程变得更加简洁了：
>
> $$d * F = 4\pi * J,\, dF = 0$$
>
> 这里的符号已经从指标形式回到了赫维赛德的形式，即以黑体字符号表示整体矢量，所以 F 是以 $F_{\mu\nu}$ 为分量的张量。d 是梯度算子，类似于上面指标形式方程中表示偏导数的逗号。（星号表示张量的对偶。）
>
> 然而，就像矢量一样，你仍然需要利用分量形式来进行计算！

今天，电磁场张量 $F^{\mu\nu}$ 通常被称为麦克斯韦张量或法拉第张量。[19] 然而，爱因斯坦和格罗斯曼真正需要的是，将产生引力场的物质和能量结合成单一的张量。但我们还没有完成电磁理论的探索。我们在第 9 章看到，闵可夫斯基去世后，他的朋友阿诺德·索末菲尔德发展了他的思想。索末菲尔德与列维–齐维塔、爱因斯坦交好，对张量也很了解，因此，在他 1910 年的论文《论相对论 I：四维矢量代数》中，他遵从闵可夫斯基的先例，将与电磁场相关的基本物理量合成单个的张量 $T_{\mu\nu}$。

当时已经知道，对于由平面电磁波在三维空间内携带的能量，矢量积 $E \times B$ 正比于单位面积的能量流量。能量流量即能量通量（通量是流量的速率，见图 6-2）。而 $E \times B$ 是另一个矢量，它有 3 个分量，索末菲尔德将其分别标记为 T_{41}、T_{42}、T_{43}。随后，他令 T_{44} 等同于电磁场的能量密度（它与携带能量的电磁波振幅的平方成正比），令其余分量等同于他所说的"麦克斯韦应力"。

麦克斯韦将这些电动力、静电应力的效果等同于辐射压力，这是一个了不起的预言，在今天的许多应用中都得到了验证，其中包括我在第 2 章提到的光学镊子。由于压力需要力，而力是动量的变化，这些应力分量等同于动量通量。所以，$T_{\mu\nu}$ 今天通常被称为应力-能量张量或能量-动量张量。与图 9-7 中的麦克斯韦应力类似，指标可以告诉你哪个分量是作用在小体积元的哪个表面上。比如，在笛卡儿坐标系中，T_{32} 是能量-动量的 z 分量，它作用在法线为 y 方向的那个面上（反之亦然，因为已经证明 $T_{\mu\nu} = T_{\nu\mu}$）。[20]

这会将大量信息结合到像这样的单个张量中，其方式令人叹为观止：从 E 和 B 到 $F_{\mu\nu}$，从能量、物质和动量到 $T_{\mu\nu}$，当然还有从引力场到 $g_{\mu\nu}$。这展示了张量在表示数据方面的强大威力。它也是爱因斯坦要求所有观察者得出相同物理结论的关键，因为里奇设计了编码不变性的张量。遗憾的是，要找出能精确描述引力场的正确方程，并使其在坐标系改变的情况下也能保持形式不变，爱因斯坦和格罗斯曼还有一段路要走。

走向广义相对论之路

起初，这两位朋友认为他们需要一个这样的张量方程，即将方程 $\nabla^2 V = 4\pi G \rho$ 左右两边的相对论类似物联系起来。显然，索末菲尔德的电磁张量 $T_{\mu\nu}$ 的引力版本会出现在右边。但爱因斯坦和格罗斯曼对将里奇

第 12 章 大结局：张量与广义相对论

张量放在方程的左边有些犹豫不决。事实上，他们甚至开始怀疑张量也许不是一种正确的工具，因为无论怎么努力，他们都找不到一个适合的且形式不变的方程。

这是因为他们正在处理多种不同的因素，而且所有这些因素都必须融入最终的方程。方程必须在像地球上这样的弱场中退化为牛顿极限，也要在事件的"局部"区域（其中时空是"局部平坦"的）中退化为狭义相对论，其中时空是"局部平坦"的。我们在图 10–2 中看到了局部平坦的概念，如下一个书末注释所示，这一局部区域的大小也会随具体情况而变化。[21] 这些方程还必须产生已知物理定律的类似形式，比如能量守恒与动量守恒，但事实证明这特别困难；即便到了今天，引力能量的概念问题也没有完全解决。这里的关键在于，试图找到一个令人满意的引力相对论实在太复杂了！

1913 年，爱因斯坦和格罗斯曼发表了纲要（"Entwurf"）理论，Entwurf 在德语中是"大纲"的意思，他们的论文标题是《广义相对论和引力理论纲要》，其中包含了广义相对论的基本框架。这是一项了不起的成就，是为期几个月紧锣密鼓工作的结果。这些想法源自爱因斯坦，他负责论文中的物理部分；格罗斯曼拥有渊博的数学专业知识，他负责论文的数学部分。

不幸的是，尽管论文中的方程是张量形式的，但这些张量只在某些受限的坐标变换下能够保持形式不变。然而，广义相对论的核心在于，它应该允许任何参考系，以代表处于各种相对运动中的观察者。这就是格罗斯曼怀疑张量价值的原因：当涉及引力时，广义协变性似乎不可能存在。爱因斯坦的理论没有达到最初的目标，他试图解释其中的原因。他也怀着"沉重的心情"说服自己相信根本不可能找出更一般的理论。[22]

1914 年，爱因斯坦和格罗斯曼联合发表了第二篇论文，以一种更优雅的方式推导了"纲要"引力方程，但这些方程仍然不是完全协变的。尽管如此，爱因斯坦并未放弃尝试。自 1907 年以来，他发表了差不多

12篇有关引力相对论的论文，还有更多的论文即将发表。当一切结束时，他曾对一位朋友开玩笑说："爱因斯坦很轻松啊，每年都会推翻他去年的东西。"到后来，他甚至每周都在撤回或更新自己的理论。到了1914年他还是笑不出来，因为他的同行们对"纲要"中的引力理论的反应并不热烈。他向老朋友米歇尔·贝索抱怨说："绝大多数物理学家都表现得相当消极……亚伯拉罕似乎最能理解我。当然，他强烈反对一切相对论……但他真的理解它。"爱因斯坦接着说，马克斯·普朗克是量子理论的创始人之一，也是爱因斯坦狭义相对论的早期支持者，但他对这种新理论并不接受。爱因斯坦希望索末菲尔德和洛伦兹都能够接受它。[23]

洛伦兹一直对爱因斯坦的理论有兴趣并表示支持，但他从未真正放弃以太的想法。索末菲尔德也是一位值得尊敬的同行，他谨慎地接受了"纲要"方法，后来他甚至建议爱因斯坦确保自己成为公认的新理论的主要作者。但爱因斯坦对他的老朋友有信心，他回答说："格罗斯曼永远不会争夺这一荣誉。"爱因斯坦说，格罗斯曼扮演的角色是"在数学上引导"他。之后，爱因斯坦确实证明了自己能够独树一帜地应用张量数学。[24]

* * *

尽管爱因斯坦努力地钻研他的新引力理论，但他仍会腾出时间指导他的新博士后助理奥托·斯特恩。我们曾在介绍量子自旋的发现时提到他。当斯特恩第一次与爱因斯坦会面讨论合作时，他惊讶地发现"坐在桌子后面的爱因斯坦没有系领带"，看起来更像一名修路工而不是他预期的那种风云人物。但他说，爱因斯坦"非常友好"。[25]

爱因斯坦总会花时间陪伴好友，比如贝索，他曾于1913年6月访问苏黎世。事实证明，这是一次富有成果的访问。爱因斯坦想出了一种检验"纲要"理论的方法，看它是否能解释水星近日点的43角秒进动。贝索参与了他的计算工作，不幸的是，他们只能设法解释18角秒，而不是 43 角秒。但正如我们将会看到的那样，爱因斯坦后来成功地使用了他和贝索设计的方法。他们的原始计算（即爱因斯坦-贝索手稿）在 2022 年的一次拍卖中，以超过 1 500 万美元的价格售出，这或许就是个中原因。

贝索先于爱因斯坦发现了"纲要"理论中的一些问题，不仅仅是因为它没有给出水星近日点进动的正确预言，还因为爱因斯坦还有别的问题需要应付：1914 年，他接受了马克斯在柏林大学提供的教授职位。因为当时长途通信困难重重，这一举动终结了他与格罗斯曼的密切合作。爱因斯坦与米列娃·马里奇的婚姻破裂了，部分原因也在于他的工作。"你看，他有了这样的名望，留给他妻子的时间就所剩无几了。"马里奇在给朋友的信中写道。她接着说，她意识到自己曾"摆出一副傲慢和高人一等的样子"，但她不知道这是因为害羞还是骄傲，她唯一知道的就是"我非常渴望爱"。在快乐的日子里，爱因斯坦可能会尝试透过她勇敢、沉默的外表，看到她的内在，但现在他不再这样做了。相反，他开始与他住在柏林的表妹埃尔莎亲近，两人于 1919 年结婚。[26]

1914—1918 年，第一次世界大战爆发了。作为和平主义者，爱因斯坦希望远离战争。尽管他当时在柏林，但他拒绝签署德国皇帝的《告文明世界书》，该宣言否认了德国对战争的责任。马克斯·普朗克和费利克斯·克莱因等许多受人尊敬的德国科学家都在宣言上签了字，但戴维·希尔伯特拒绝签字。他是闵可夫斯基的老朋友，也是克莱因的学生，当时是哥廷根大学的教授，帮助哥廷根变成了一个充满活力的著名文化中心。希尔伯特是一位喜欢跳舞的数学天才，但也是一个极其大胆的情种，在这一点上有点儿像爱因斯坦。他们俩都坚定地反对战争，相比之下，克莱因因为非常爱国，没有阅读文件就在上面签了名，他后来十分后悔。[27]

战争还打乱了爱因斯坦检验他的理论的另一项计划。他在 1911 年预言了光线经过太阳附近时的偏折，并联系天文学家，问在日食期间能否探测到这种弯曲。当从地球上看时，看似靠近太阳的遥远恒星会在日全食期间变得清晰可见，它们的位置可以被拍摄下来，并与几个月后同一恒星的位置进行比较，那时从地球到这些恒星的视线不会接近太阳。（这些恒星本身非常遥远，在那几个月里，它们相对于地球的实际位置几乎保持不变。）数次规划好的日食探测计划因为战争被迫放弃或受到严重干扰。具有讽刺意味的是，这反而成了爱因斯坦的幸运：就像他最初对水星近日点进动的预言一样，他对光线弯曲的预言将被证明实在太小。

图利奥·列维-齐维塔和戴维·希尔伯特的出场

1914年11月，爱因斯坦发表了一篇论文，进一步发展与厘清了他与格罗斯曼的工作，并立即给他敬重的对手马克斯·亚伯拉罕寄去了一份副本。亚伯拉罕随即写信给他的朋友列维-齐维塔，告诉对方他不理解爱因斯坦的推理，并建议两人一起讨论。他们俩在帕多瓦会面，列维-齐维塔对这次讨论感到非常兴奋，并于1915年年初首次与爱因斯坦取得联系。他想要澄清爱因斯坦在使用张量时犯的一些错误，爱因斯坦感激地回信说："你如此仔细地审查我的论文，这是对我的极大帮助。你可以想象，很少有人会独立且批判性地深入研究这一主题。"[28]

在随后的两个月里，他们互相通信了十几次，此时的爱因斯坦正在努力寻找正确的引力场张量。当意大利对德国宣战时，帕多瓦和柏林之间的通信变得很困难，信件往来也时断时续。[29] 1915年夏天，爱因斯坦在希尔伯特的邀请下前往哥廷根大学，并满怀信心地做了有关引力理论的6场演讲。至此，他对张量的掌握程度已经超过了大多数数学家，因为里奇的工作仍然鲜为人知。

爱因斯坦的自信并非没有道理。他当时36岁，数学界元老克莱因和希尔伯特对他的观点的反应令他感到高兴；克莱因这时快70岁了，希尔伯特53岁。他们都是不变量理论的专家，希尔伯特还开创了一种

第 12 章 大结局：张量与广义相对论

公理化几何的方法（就像朱塞佩·皮亚诺对代数所做的公理化一样）。看来，希尔伯特对爱因斯坦有关引力的几何方法（度量张量）印象尤其深刻，并鼓励他不要放弃对协变引力场方程的探索。

爱因斯坦放弃广义协变性想法的一个原因是，这意味着度量的形式应该在所有坐标变换下都保持不变，但这种普遍性将包括与相对运动无关的变换，比如，当从笛卡儿坐标系转换到极坐标系时，度量的形式就不会保持不变。这类似于分别用笛卡儿和极坐标系表达圆的方程：$x^2 + y^2 = a^2$ 和 $r = a$。两个方程表示的是同一个圆，但从表面上看，这两个方程完全不同。爱因斯坦最终将意识到，即使考虑这些类型的变换，也可以找到广义协变的方程，只要假定这些变换是齐次的即可。（这意味着在某个参考系中为零的张量在所有参考系中都为零，爱因斯坦意识到，这为书写不变张量方程提供了一种方法。）[30]

回到柏林后，爱因斯坦坚持不懈地研究他的方程。我之前提到，他试图将能量-动量张量 $T_{\mu\nu}$ 与由 $g_{\mu\nu}$ 及其二阶导数构成的合适的张量表达式联系起来，就像牛顿方程 $\nabla^2 V = 4\pi G\rho$ 那样。经过几个月的苦思冥想，尝试找到正确的 $g_{\mu\nu}$ 表达式的爱因斯坦突然意识到，他的"纲要"理论走错了方向。当他舍弃了黎曼和里奇张量时，他误解了"纲要"理论的牛顿极限。现在，他重新审视了他和格罗斯曼 3 年前放弃的工作，因为黎曼和里奇张量正是由 $g_{\mu\nu}$ 的导数构成的。就在他研究这一新方法时，他从索末菲尔德那里收到了令人不快的消息：希尔伯特正在他的领地中偷猎（至少爱因斯坦是这样理解的）。

在爱因斯坦访问哥廷根之前，希尔伯特对古斯塔夫·米耶于 1921 年发表的电磁物质的理论很感兴趣。米耶是德国东北部格赖夫斯瓦尔德大学的物理学教授，他在 1908 年发表的关于球形粒子散射时的电磁辐射理论至今仍被广泛引用。他后来又试图找到物质和电磁辐射的统一理论，却没有获得成功。当时希尔伯特对此非常感兴趣，而爱因斯坦对米耶理论中关于引力的分析兴趣不大。听完爱因斯坦在哥廷根大学的演讲，希尔伯特开始尝试将米耶的电磁学方法与爱因斯坦研究引力的几何方法结合起来。与米耶一样，希尔伯特也相信物质的本质是电磁，而且引力是由物质产生的。他还相信自己可以改进米耶统一电磁力和引力的尝试。

爱因斯坦苦心钻研相对论 10 年之久，感到筋疲力尽，但希尔伯特可能会后来居上甚至取而代之的想法激励了他。如果在他下了 10 年苦功并打下了所有基础之后，希尔伯特冲上前去临门一脚取得成功，那将是令爱因斯坦心碎的结局。爱因斯坦在整个 1915 年 11 月都异常努力地工作，与希尔伯特互通消息，这可能是因为他想确定自己依然处于领先位置，但也是为了分享想法和激动人心的进展。（他仿佛嫌自己还不够忙，挤出时间给他的前妻和 11 岁的儿子汉斯·阿尔伯特写信，他的小儿子爱德华当时才 5 岁，还不大会写信，但爱因斯坦希望与他们维系良好的关系。）[31]

爱因斯坦告诉希尔伯特，他将在 11 月 18 日向普鲁士科学院提交一篇论文，并在其中将他最新的方程应用于水星近日点的进动问题。他后来告诉一位朋友，这一次他成功解释了所有的 43 角秒，这一结果让他"兴奋了好几天"。他立即将这个消息告诉了贝索，后者帮助他设计了用来找到这一结果的方法。"水星近日点的进动得到了定量解释。"他得意扬扬地写道。[32] 的确，爱因斯坦在 11 月里撰写了 4 篇论文，逐渐接近了他于 11 月 25 日提交的最终版本的关于广义协变的广义相对论。

你可能已经知道接下来发生了什么，在欣赏爱因斯坦的著名方程之前，让我们先解决优先权问题。在爱因斯坦 1915 年 11 月提交最后一篇论文的 5 天前，希尔伯特将他的论文《物理学基础（第一篇）》提交给哥廷根科学院，其中显然也包含正确的引力场方程。自 20 世纪 20 年代以来，人们对于是否应称爱因斯坦方程为希尔伯特方程，或者是爱因斯坦-希尔伯特方程始终存在争议。这种争议在 20 世纪 90 年代末演变成一场学术论战，当时特拉维夫大学的科学史学家利奥·科里发现，希尔伯特 11 月 20 日提交论文的原始校样上盖有 12 月 6 日的印刷日期章，而爱因斯坦 11 月 25 日提交的论文早在 12 月 2 日就发表了。更重要的是，希尔伯特的论文校样中似乎根本没有包含爱因斯坦方程，而只包含了一

第 12 章 大结局：张量与广义相对论

个在米耶电磁学理论的限制情形下与爱因斯坦方程隐式等价的公式。与爱因斯坦的论文不同，希尔伯特的论文校样中的底层理论并不是广义协变的。再加上明确的场方程确实出现在希尔伯特 11 月 20 日提交的论文中，他也向爱因斯坦 11 月发表的 4 篇论文致谢，这让一些专家得出结论，即希尔伯特的确定形式的方程完全是从爱因斯坦那里学来的。[33]

另一方面，希尔伯特论文校样中的一页缺少了一部分，那部分里可能包含了那个方程。这为阴谋论提供了完美的素材：究竟是谁撕了那一页？辩论双方都不乏激烈的言辞。但据我所知，大多数学者都认为，缺失部分的上下文表明，希尔伯特的方程不曾超越爱因斯坦的方程。此外，人们一致认为，广义相对论属于爱因斯坦，如果没有爱因斯坦打下的坚实基础，就不会有"希尔伯特方程"。[34]

我在书末注释中引用了多篇相关的学术论文，[35]但说到底，两位作者并没有就谁发现了广义相对论的最终方程发生任何真正的争议。是其他人，包括克莱因，在几年后注意到了爱因斯坦和希尔伯特的发现在时间上的巧合。[36]当然，希尔伯特从未声称自己是广义相对论的共同作者，不过，如果爱因斯坦的文章发表时间在他的论文之后，他可能会这样做。[37]事实上，他不仅在最终发表自己论文时引用了爱因斯坦 1915 年 11 月的论文，还经常赞扬爱因斯坦。他曾说："哥廷根大街上的每个男孩都比爱因斯坦更懂四维几何；然而，最终做出重大贡献的是爱因斯坦，而不是数学家。"虽然爱因斯坦最初对希尔伯特偷窃自己的想法感到十分恼火，但在 1915 年年底，他又主动恢复了与希尔伯特的友好关系。[38]

这个故事告诉我们，即使是最伟大的天才，也需要相互碰撞才能激发灵感。爱因斯坦是当时最伟大的物理学家，但他无疑受益于希尔伯特数学上的严谨，而希尔伯特是当时最伟大的数学家，他也肯定受益于爱因斯坦的物理洞察力。但建立广义相对论基础凭借的是爱因斯坦的一己之力，而且最初他是在格罗斯曼的帮助下将张量分析引入了广义相对论。下面就让我告诉你，他最终是如何完成这一工作的。

爱因斯坦的广义相对论终于诞生

我们稍早时看到，继闵可夫斯基之后，索末菲尔德创造了一个单个张量$T_{\mu\nu}$，它包含电磁场携带的能量和动量的所有基本信息。事实证明，$T_{\mu\nu}$的散度具有非常特殊的性质。时空中的散度是通过与普通的矢量微积分运算进行类比而定义的（如图7-1所示），矢量$V = Xi + Yj + Zk$的散度为$\frac{\partial X}{\partial x} + \frac{\partial Y}{\partial y} + \frac{\partial Z}{\partial z}$。这是一个标量，它对所有坐标都保持不变。因此，如果我们使用里奇的记号（$x \equiv x^1$、$X \equiv V^1$）、汉密尔顿的纳布拉算子和爱因斯坦的求和约定，并用逗号表示偏导数，则普通矢量微积分中的散度可以表示为：

$$\nabla \cdot V = V^1_{,1} + V^2_{,2} + V^3_{,3} \equiv V^\nu_{,\nu}$$

将此推广到闵可夫斯基时空，我们可以使用相同的表示法，即$V^\nu_{,\nu}$，其中指标的取值范围为从1到4（如果时间坐标用0表示，则取值范围为从0到3）。[39]这是在闵可夫斯基时空中定义散度的一种方式，是对欧几里得矢量定义的类比。将此类比推广到平坦的闵可夫斯基时空中的张量，并将能量-动量张量的散度定义为$T_{\mu\nu}$。（有了度量，你就可以升降张量的指标，所以$T_{\mu\nu}$和$T^{\mu\nu}$是表示相同信息的不同方式。）不过，事实证明，无论你如何称呼这一散度表达式，当你对电磁现象及其他物理现象进行计算时，总会得到如下方程：

$$T^{\mu\nu}_{,\nu} = 0$$

μ在时空中可以取4个值，所以这一组方程共有4个。同样，当你考虑这4个方程的含义时，你将在μ = 4（或μ = 0）时得到能量守恒定律，以及构成通常的动量守恒定律的3个空间分量方程。换言之，通过能量-动量张量$T_{\mu\nu}$，能量和动量的守恒定律被整合成一个表达形式非常简单的方程。这是张量可以简洁高效地表示信息的又一个例子。

第 12 章 大结局：张量与广义相对论

自 1907 年以来，爱因斯坦一直致力于解决引力能量的守恒问题。问题不在于要把什么代入 $T_{\mu\nu}$，因为那取决于所考虑的物质和能量分布的特征，比如索末菲尔德将电磁场已知的特征代入 $T_{\mu\nu}$；问题的关键在于守恒定律。所以，现在我们可以回答爱因斯坦在与格罗斯曼合作之初提出的问题了，即如何将物理学定律从狭义相对论转移到广义相对论中。

张量守恒方程 $T^{\mu\nu}{}_{,\nu} = 0$ 在狭义相对论中成立，这意味着它对所有做恒定相对运动的观察者都具有相同的形式。换言之，它是洛伦兹变换下的不变形式（协变）。事实证明，要将洛伦兹协变张量方程变为广义协变方程，你只需要将偏导数替换为协变导数即可。在符号力量的绝妙示例中，这个定义意味着，你只需要将上述方程中的所有逗号改为分号（以及以张量 $F^{\mu\nu}$ 形式书写的麦克斯韦方程中的逗号）即可。[40] 因此，在广义相对论中，能量-动量守恒（局部）定律的方程是 $T^{\mu\nu}{}_{;\nu} = 0$。

其实爱因斯坦并不知道这一规则，也没有使用分号，有关张量的许多细节都是日后补充的；但除了符号的使用，$T^{\mu\nu}{}_{;\nu} = 0$ 完全是他的个人成果。（你可以在下文中看到他是如何写出这一方程的。）

爱因斯坦的守恒定律方程的现代形式

在爱因斯坦 1916 年的综述《广义相对论的基础》中，他写下了能量-动量守恒方程的等价形式：

$$\frac{\partial T^{\alpha}_{\sigma}}{\partial x_a} = -\Gamma^{\beta}_{\alpha\sigma} T^{\alpha}_{\beta}$$

他使用 α 而不是 ν 表示求和，但这是一个随机选择，就像他选用 σ 而我选用 μ 来标记 T 一样：我在第 11 章中提到，矢量和张量分量上的指标符号本身也是随意的，就像我们在代数中使用 x 表示未知数一样。然而，爱因斯坦在最终方程中使用了 $T_{\mu\nu}$，因此我选择 μ 和 ν 作为我的指标。

方程右侧的项是里奇为了定义协变导数而添加到普通偏导数中的曲率部分的。（Γ 符号即克里斯托费尔符号。）所以，将这个项加到两边，并使用分号符号来定义协变导数，则爱因斯坦的方程变为：

$$T^{\alpha}_{\sigma;\alpha} = 0$$

我们在第 11 章学到，你可以用度量张量来升降指标，如 $g^{\sigma\gamma}T^{\alpha}_{\sigma;\alpha} = T^{\alpha\gamma}_{;\alpha}$，而且这个张量的指标是对称的，所以爱因斯坦的方程完全等价于其现代表达式：

$$T^{\alpha\gamma}_{;\alpha} = T^{\gamma\alpha}_{;\alpha} = 0 \equiv T^{\mu\nu}_{;\nu} = 0$$

其中，等价符号 ≡ 来自对指标的重新标记。

然而，出于种种复杂的原因，这一守恒律似乎与他的场方程并不吻合。我们通过将它与牛顿引力定律进行类比看到，场方程将左侧的关于 $g_{\mu\nu}$ 的二阶导数表达式与右侧的 $T_{\mu\nu}$ 联系了起来。1915 年 11 月，当爱因斯坦最终把里奇张量放在方程左侧时，他发现仅仅写出 $R_{\mu\nu} = kT_{\mu\nu}$（其中 k 为比例常数）是不够的。这是因为当对两边取散度时，他最终得到的一个方程对引力场施加了不现实的物理限制。我们将在下一章看到更多的相关内容。

最终，爱因斯坦于 1915 年 11 月 25 日发现了正确的引力场方程：

$$R_{\mu\nu} = k(T_{\mu\nu} - \frac{1}{2}g_{\mu\nu}T)$$

其中，$T = T^{\mu}_{\mu}$ 是一个标量（由于上下标相同，表明分量会被求和，从而得出我们在第 11 章中看到的标量），且通过选择单位使 k = 8π。[41] 今天，爱因斯坦的方程通常以等价[42] 形式写作：

$$R_{\mu\nu} - \frac{1}{2}g_{\mu\nu}R = kT_{\mu\nu}$$

这是希尔伯特1916年11月20日论文的发表版本中使用的表达式。[43]

*　*　*

我在本书中介绍了许多优雅的方程，但广义相对论的方程组尤其出类拔萃。我说它是"方程组"，是因为它代表了10个方程（$R_{\mu\nu}$和$T_{\mu\nu}$是对称的，所以有10个独立的分量）。然而，这几个优雅的符号是解锁许多宇宙奥秘的关键，从水星近日点进动到大爆炸奇点；从光线的弯曲到2015年首次探测到的引力波；从重力对时钟和GPS的影响到更奇特的事物，比如引力磁效应、参考系拖曳、黑洞和引力透镜等。光线的弯曲最终在1919年和1922年的日食观测中得到证实，并在2019年通过首张黑洞阴影的直接成像得以验证。迄今为止，这些方程在每一次检验中都被确认无误。[44]当然，这一点可能会在不久的将来发生改变，因为观测技术一直在改进。众所周知，我们还没有建立完整的量子引力理论，所以人们最终还会发展出新的理论。但它必须在当前的精度水平上与广义相对论相吻合，就像爱因斯坦的理论与牛顿的理论吻合一样。

爱因斯坦没有活着看到他的预言——得到证实，但他知道自己发现的东西不同寻常，他对水星近日点进动和光线弯曲的成功计算就是证明。爱因斯坦在多年后深情回忆了他为此付出的巨大努力：

在已有知识的光辉照耀下，这一令人愉快的成就似乎是理所当然的，任何聪明的学生都能够轻松地理解它。但那些在黑暗中求索的岁月，交替出现的强烈渴望、信心十足与疲惫不堪，以及光明最终来临的时刻，所有这些，只有亲身经历过的人才能明白。[45]

*　*　*

爱因斯坦 1916 年就自己的新理论写了一篇概述，他在第一页向对广义相对论有所贡献的数学家致敬：闵可夫斯基的时空概念；里奇和列维–齐维塔的张量微积分；高斯、黎曼和克里斯托费尔在非欧几何方面的开创性工作；还有忠实的格罗斯曼，他不仅紧密追踪并解释了相关论文，"也在寻找引力场方程的过程中帮助了我"。[46]

爱因斯坦的光线弯曲预言在 1919 年的日食观测中得到了证实。世界各地的头条新闻都对此次观测结果进行了报道，广义相对论使爱因斯坦成为超级巨星。"科学的革命，宇宙的新理论：牛顿的思想被推翻"，《伦敦时报》在 1919 年 11 月 7 日这样报道。11 月 10 日，《纽约时报》使用诗一般的语言，报道了恒星发出的光经过弯曲的路径改变了其在天空中的表观位置，这篇报道的标题为"天际星光尽偏斜，科学家为之激动，日食观测结果印证爱因斯坦理论大获全胜"。

爱因斯坦的成功也悄然地令里奇在数学物理界成为不朽的人物。像贝特拉米这样的批评者曾抱怨张量分析与现有方法相比没有实际好处，但爱因斯坦和格罗斯曼改变了这一切。正如里奇的好友列维–齐维塔所说的那样，张量在广义相对论中的本质作用也让里奇"公正地得到了他应有的那份荣耀"，他的"伟大贡献"终于得到了正式认可。[47]

第 13 章

后面发生了什么

我们从爱因斯坦有关下落的观察者和加速电梯的思想实验中看到，在寻找自然法则方面，直觉发挥着令人吃惊的作用。光有逻辑本身是不够的。即使一个理论的方程完美适用，通常也需要有人来加强它的数学基础，或者更仔细地审视它的理论假设。因此，戴维·希尔伯特和费利克斯·克莱因需要艾米·诺特的帮助。

诺特于 1915 年来到哥廷根大学。她是不变量理论方面的专家，于 1907 年在埃朗根获得博士学位。克莱因之前曾在那里任教，因此克莱因和希尔伯特邀请她来哥廷根大学，希望她能帮助他们解决关于广义相对论和能量的问题。她确实帮助了他们，1917 年克莱因告诉希尔伯特："如你所知，诺特小姐一直就我的工作提出有效的建议，正是因为她我才理解了这些方程。"[1]

如果你写出了一个张量方程，而且它在变换到另一组坐标系时仍能保持相同的形式，则它具有数学协变性。尽管爱因斯坦具有超乎常人的直觉，但他在试图解释一对关系时遇到了困难，即数学协变性与相对论及等效原理之间的关系，后者是他建立广义相对论的关键。他的努力帮助后来的数学家明确了坐标变换、参考系、点或事件之间的区别，相对论作为一种不变性与对称群理论和作为一种协变理论的区别。但是，即使你被这些微妙之处弄糊涂了，也无须担心，因为这些区别至今仍在讨论中。[2] 真正重要的是，爱因斯坦的张量方程提供了一个关于引力的极其准确的描述，并准确预言了许多非凡的结果。而我在这里关注的是诺特帮助爱因斯坦解决的问题，其中包括爱因斯坦 1915 年年底发表广义相对论后，以及他 1916 年发表的长篇综述《广义相对论的基础》所引发的论战中的问题。

顺便说一下，爱因斯坦 1916 年的这篇论文堪称介绍里奇张量微积分的经典文章。因为这种数学语言对大多数物理学家和数学家来说都是新的，爱因斯坦非常仔细地以简明而清晰的方式阐述了我们在第 11 章中看到的张量规则。

1915 年 11 月，爱因斯坦最终得到了能量−动量守恒方程 $T^{\mu\nu}_{;\nu} = 0$，为此他使用了与希尔伯特不同的方法。他在 1916 年 5 月询问希尔伯特，是否认为他们这两种独立方法背后有更深层次的原理。希尔伯特回答说可能有，并且他已经邀请"诺特小姐"研究这个问题了。希尔伯特、克莱因和爱因斯坦等科学家都对诺特非常尊敬，她的存在如此独特，以至于他们称其为"小姐"，而不是"博士"。他们也许认为，这比仅仅称呼她的姓氏更有礼貌，他们之间也经常这样称呼彼此。

克莱因和希尔伯特试图解决的问题，涉及广义相对论中的能量−动量守恒定律的物理与数学意义。在普通力学中，人们通常通过变分法推导守恒方程。这涉及最小化"作用量"即"拉格朗日量"L 的积分，而 L 是位置和速度的函数。欧拉和拉格朗日创造了这种方法，矢量先驱汉密尔顿则引入了一个有效的替代方法，即以动量而非速度表示 L（它是一个新函数，现在被称为汉密尔顿量，用 H 表示）。有时使用动量而非速度更容易处理，但无论如何，当以动能和势能表示 L 和 H 时，通过最小化积分得到的运动方程有一个解，这个解给出了通常的能量守恒方程。这种方法的细节在这里不做赘述：对于单个粒子，以这种方式得到的运动方程等价于牛顿运动第二定律，我们将很快看到它是如何推导出守恒方程的。

与此同时，为了找到能量−动量守恒方程，希尔伯特使用了优雅的拉格朗日方法，爱因斯坦则混合使用了张量和汉密尔顿量。他们正在开辟新的领域，因为他们必须先弄清楚如何定义引力能量，以及如何选择正确的 L 或 H 来表示这种新的能量。在这一切完成后，还有一个问题悬而未决：得到的方程 $T^{\mu\nu}{}_{;\nu}=0$ 如何与传统的能量-动量守恒定律相吻合？

艾米·诺特和能量-动量守恒

1916—1917 年，爱因斯坦、希尔伯特、克莱因和诺特就这个全新的引力能量问题不停地交换想法。每个人都为论战注入了新见解，另有几个人也加入了讨论，比如克莱因和希尔伯特曾经的学生赫尔曼·外尔。但正是诺特将这一切联系起来，并于 1918 年以《不变变分问题》[3] 为题发表了论文，证明了著名的"诺特定理"。至此，这两个定理将守恒律与对称性联系了起来。对称性与不变性有关，即在你改变参考系时某些事物保持不变。我们也在图 9-1 和 9-5 中看到了这种不变性，它是张量方程的决定性特征。不变性与事物保持不变有关，所以它也与守恒有关。因为如果一个物理量保持不变，它就是"守恒的"。

普通力学研究的是物体在力的作用下的运动方式，自拉格朗日以来，这种联系就已经为人所知。比如，引力 F 可以用势 V 表示，即 $F = \nabla V$。但是，由于牛顿第二定律指出了作用在物体上的力等于物体动量矢量 p 的变化率，我们从中得到：

$$F = \frac{dp}{dt} = \nabla V \equiv \frac{\partial V}{\partial x}\boldsymbol{i} + \frac{\partial V}{\partial y}\boldsymbol{j} + \frac{\partial V}{\partial z}\boldsymbol{k}$$

如果以分量的形式表示，则这个方程给出了 $\frac{dp_x}{dt} = \frac{\partial V}{\partial x}$，对 y 和 z 分量也是类似。现在让我们考虑不变性，并考虑"沿 x 方向平移"这些坐标变换构成的群。如果势在这些变换下保持不变，那它就是不变的，因为它在点 (x, y, z) 处的值与在点 $(x + a, y, z)$ 处的值相同。所以，对于任何 a 值，下式都成立：

$$V(x+a, y, z) = V(x, y, z)$$

由于此处 x 取什么值无关紧要，V 必定与 x 无关，即 $\frac{\partial V}{\partial x} = 0$。这意味着 $\frac{dp_x}{dt} = \frac{\partial V}{\partial x} = 0 \Rightarrow p_x = C$，此处 C 为积分常数。

也就是说，动量的 x 分量恒定，即守恒。

使用拉格朗日方法或汉密尔顿方法可以得到同样的运动方程，以及同样的守恒定律。对于这样简单的情况，这就如同杀鸡用牛刀，但这些方法可以使你更轻松地处理多粒子的复杂情况。

在其定理的最简单层面上，诺特证明这是一个一般的结果：当一个函数独立于某个特定变量时，就表明某个量是守恒的。比如，在广义相对论中，我们在图 12-1 中看到，自由下落的物体沿测地线运动，而不是沿欧几里得几何中的直线运动。因此，运动方程是有关测地线的方程，而测地线依赖于描述弯曲时空的度量。爱因斯坦选择度量的分量来扮演势的角色，类似于 V。所以，如果某个参考系中的度量张量 $g_{\mu\nu}$ 独立于某个特定的时空坐标，则动量的这一分量便在粒子的这一路径上守恒。在时空中，动量是一个四维矢量：它的空间分量是普通的空间动量分量，而它的时间分量则被定义为能量。[4]

我讨论的是单个运动物体的能量和动量，而不是用于描述引力场携带的能量和动量的能量-动量张量。将粒子动量的时间分量标记为"能量"，这类似于我们在第 12 章中看到的时间分量 $T41$、$T42$、$T43$、$T44$。因此，这里需要探讨两个守恒问题：运动物体在引力场中的能量和动量的守恒，以及引力场本身的能量和动量的守恒。前一个问题与势 V 和 $g_{\mu\nu}$ 的对称性（或不变性或坐标独立性）有关，即 $T^{\mu\nu}{}_{;\nu} = 0$。诺特率先用数学方法证明了我们实际上是在谈论不同类型的守恒定律。

我在书末注释中概述了诺特是如何从本质上做到这一点的。[5] 总之，在经典力学和狭义相对论中产生的守恒定律是明确的物理定律，它们源于如牛顿定律所描述的那种物理条件。我们在第 12 章看到的电磁方程涉及散度，[6] 方程 $T^{\mu\nu}{}_{;\nu} = 0$ 似乎也涉及散度，但诺特证明了它不是一个物理散度，而是一个数学类比。

这并不是说在广义相对论中 $T^{\mu\nu}$ 没有物理意义。在定义局部能量密度时的确存在一些问题，除非时空中有某些对称性，否则就不存在整体守恒定律。但是，一个观察者可以定义一个点处的能量密度，可以定义一个系统的总引力能量，可以定义由引力波携带的能量通量。[7] 因此，$T^{\mu\nu}$ 在宇宙学和引力辐射的研究中扮演着至关重要的角色。而且，不管你如何称呼它，方程 $T^{\mu\nu}{}_{;\nu} = 0$ 都是我们在寻找能量-物质源与时空曲率之间关系时所需的。[8]

图 13-1　艾米·诺特，约 1900 年（摄影师未知，Wikimedia Commons，公有版权）

用张量就简单多了

我们在第 12 章看到，引力场方程是：

$$R_{\mu\nu} - \frac{1}{2}g_{\mu\nu}R = kT_{\mu\nu}$$

我们在第 11 章见到了协变导数,并且知道我们可以升降张量指标而不改变它们的本质内容。[9] 下面,我会用上标书写引力场方程,然后对方程两边取协变导数:

$$(R^{\mu\nu} - \frac{1}{2}g^{\mu\nu}R)_{;\nu} = kT^{\mu\nu}_{\ ;\nu}$$

爱因斯坦和希尔伯特都发现,能量-动量守恒意味着方程右边必须为零,这意味着左边也必须是零。爱因斯坦、希尔伯特、克莱因和诺特都不知道,左边为零是完全独立于守恒方程的。其中的原因在于"缩并的比安奇恒等式组":

$$(R^{\mu\nu} - \frac{1}{2}g^{\mu\nu}R)_{;\nu} = 0$$

(之所以称其为"恒等式组",是因为它实际上代表了 4 个方程,每个分量 μ 即一个方程。重复的指标 ν 表示这是一个求和。)数学上的恒等式是一个永远成立的方程,因为根据定义它必须成立。里奇在 19 世纪 80 年代就知道,完整的比安奇恒等式组可以从黎曼张量的定义直接得出,但这些恒等式组是他的对手路易吉·比安奇于 1902 年重新发现并首先发表的。(比安奇赢得了里奇在 19 世纪 90 年代参加的意大利皇家数学奖,而当 1901 年里奇再次参赛时,比安奇变成了一个对他不太友好的评委。)我们在第 12 章看到,里奇张量是由黎曼张量缩并而成的,"缩并"的比安奇恒等式组就是这样产生了上述方程。[10]

诺特阐述了守恒与对称之间的关系,并详细证明了 $T^{\mu\nu}_{\ ;\nu} = 0$ 为什么只是传统守恒定律的数学类比,但希尔伯特和克莱因假定这个守恒方程迫使 $(R^{\mu\nu} - \frac{1}{2}g^{\mu\nu}R)_{;\nu} = 0$ 成立。因此,他们认为后一个方程是变分法(拉格朗日和汉密尔顿方法)的结果。实际上,正如图利奥·莱维-齐维塔在 1917 年指出的那样,反过来论证要简单得多,因为守恒方程可以通过张量版本的比安奇恒等式组直接从场方程得到![11]

顺便说一句,爱因斯坦最初尝试用 $R^{\mu\nu} = kT^{\mu\nu}$ 作为他的场方程。如果你对这个方程的两边求导，就会得到 $R^{\mu\nu}{}_{;\nu} = kT^{\mu\nu}{}_{;\nu}$。但爱因斯坦做出了正确的决定，没有采用这种做法，因为它在物理学上是不可接受的。[12] 而比安奇恒等式组可以直接证明这个方程是错误的，因为要保持能量–动量守恒，就必须令 $T^{\mu\nu}{}_{;\nu} = 0$。如果爱因斯坦知道这组恒等式，那他可以省去很多麻烦！

* * *

诺特定理当然比我在这里讲述的要复杂得多。它被忽视了几十年，因为它十分复杂，而且其重要性只体现在推广了大量已知的守恒结果。这些已知结果是人们在几个世纪内分别独立且逐步建立的，物理学家在相当长的一段时间后才意识到她的发现的重要性，即利用一个基本原则，将数学对称性和物理守恒定律统一起来。这一原则的一般性使她的定理比广义相对论的适用范围更广。比如，人们最近在量子力学、弹性力学、流体力学等领域内应用了诺特定理，在纯数学和数值分析领域同样如此。然而，早在 1918 年，人们甚至无法完全理解它与广义相对论之间的联系。

实际上，直到 1924 年扬·舒滕和德克·斯特罗伊克才强调了诺特的拉格朗日恒等式与优美的张量恒等式 $(R^{\mu\nu} - \frac{1}{2}g^{\mu\nu}R)_{;\nu} = 0$ 之间的联系。诺特利用了拉格朗日的对称性，而比安奇恒等式组则依赖于黎曼张量的对称性。[13]

斯特罗伊克在莱顿大学学习时，爱因斯坦在那里做过讲座，这使他对相对论产生了兴趣。斯特罗伊克的教授是爱因斯坦的密友保罗·埃伦费斯特，埃伦费斯特曾在哥廷根大学与克莱因共事。半个世纪后，斯特罗伊克仍然记得埃伦费斯特令人激动的讲座，这让他觉得科学是"活的"。他沉浸在当代著名科学家和数学家之间的"冲突和论战"中，比如克莱因、亚伯拉罕和爱因斯坦。[14]

如果斯特罗伊克使用的词组"冲突和论战"让你想到了马克思主义

辩证法，那你是对的。斯特罗伊克后来成为科学史学家，并于1936年与他人共同创办了马克思主义杂志《科学与社会》，该杂志至今仍在出版。他受到一种思想上的激励：科学既塑造了社会，也受到社会的影响，科学家对他们的工作既负有社会责任，也负有科学责任。这一思想最终被引入了科学课程和伦理委员会。

对诺特的艰难认可

1924—1925年，斯特罗伊克和他的新婚妻子、数学家露丝·拉姆勒博士在哥廷根度过了一年。"你必须脸皮厚才能生存"，他回忆说，因为"哥廷根数学家以讽刺幽默而闻名"。爱因斯坦认同这一点："哥廷根数学家有时会给我这样一种印象，不是想帮助我们清楚地阐述一些东西，而是想向我们展示他们要比物理学家聪明得多。"斯特罗伊克注意到，诺特"羞涩且不善言辞，经常成为一些人取笑的对象"。这不仅仅是因为性别歧视，斯特罗伊克补充说，"善良的埃里希·贝塞尔-哈根"也受到了同等的"幽默"对待。[15]

性别歧视的确是诺特学术生涯中的绊脚石。1915年，在克莱因和希尔伯特的支持下，她申请了私人导师资格证。我在前文中提到，当爱因斯坦在他的学术阶梯上迈出第一步时，他的狭义相对论论文被拒，因为人们认为它"难以理解"。但诺特是因为身为女性而被拒绝的。在哥廷根大学，数学是哲学系的一部分，所以大多数成员根本不知道诺特的数学才华。他们只看到她是一个女人，并认为允许女人教学是不可想象的。"我们的士兵回到大学里来，发现他们将受教于一个女人，这时他们会怎么想？"对此，希帕蒂亚有绝对的发言权！事实上，希尔伯特回应说，他认为"候选人的性别"不是一个问题，毕竟大学"不是澡堂"。[16]

1918年5月，爱因斯坦研读了诺特的一篇有关不变量的论文后，写信告诉希尔伯特，他深感诺特方法的普遍性之强。他补充说："让哥廷根的老卫队在诺特小姐手下回炉再造，这对他们有好处。她真的很懂数学！"那年晚些时候，他又研读了诺特刚刚发表的守恒定理，这给他留下了极其深刻的印象。于是，他写信告诉克莱因："我再次感到，不让她教学实在太不公平了。"他还提出，如果克莱因太忙，他愿意自己去找相关部门争取。幸运的是，战争最终结束了，德国有了一个民主的新政府，1919年6月，诺特终于获准成为私人导师。[17]

她的教授资格论文正是她1918年提出的守恒定理，但在她的一生中，她后来在抽象代数方面的工作更为出名。她的研究成果稳居前沿，并因此被人们称为"现代代数之母"。[18]她也是第一位在相对论中发挥了重要作用的女性，激励了许多后来对数学感兴趣的年轻女性。我还记得我第一次参加国际广义相对论会议的时候，当时与会者大约有400名男性和10名女性，其中包括巴黎大学的女教授伊冯·舒凯特·布鲁哈特，她从20世纪50年代开始证明广义相对论中的一些具有里程碑性质的定理，是一位仍在世的传奇人物。这样的女性虽然是少数，但情况一直在改善，女性科学家越发受到关注。比如，2022年，澳大利亚国立大学的苏珊·斯科特教授因其在引力方面的工作（包括她在2015年引力波探测中发挥的作用），获得了欧洲科学院的布莱斯·帕斯卡奖章。凯蒂·布曼作为哈佛大学的女性博士后研究员，在2019年首次黑洞直接成像的算法设计方面发挥了关键作用。

黑洞和引力波是广义相对论的预言之一，尽管爱因斯坦本人对它们是否真的存在持保留态度。不过，这并不重要，所有这些都蕴含在非凡的张量方程中：

$$R_{\mu\nu} - \frac{1}{2}g_{\mu\nu}R = kT_{\mu\nu}$$

至少对那些知道如何解这些方程的人来说如此，今天，这一工作通常需要用到数值算法和计算机算力。像里奇张量和度量张量这样的张量处于其核心，尽管不一定是数值方法的核心。但对我们这些研究精确解的人来说,张量指标及其对称性质有助于减轻我们的计算任务。

"平行"的含义

继广义相对论之后,另一个有趣的张量问题也得到了解决。我们在图 3-1 中看到,在矢量加法的平行四边形法则中,矢量 *A*、*B* 相加是通过平移或"移动" *A* 与 *B* 的末端对齐实现的,在此过程中保持与自身平行。或者,你可以移动 *B*,同时保持 *B* 与自身平行。但在像地球这样的曲面上,你无法这样移动矢量。正如我提到的那样,在赤道上平行的经线到了极点就不再平行。显然,通常的平行概念仅在曲线近似于直线的局部有意义。

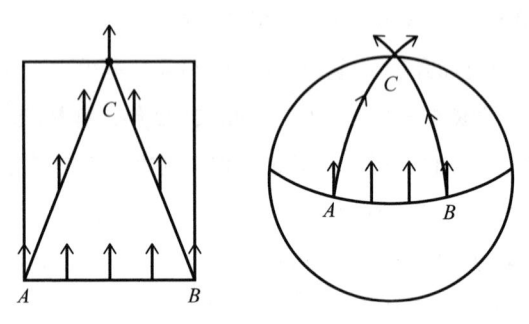

图 13-2 在平坦空间内,平行移动一个始于点 *A* 的垂直矢量是没有歧义的,但在曲面上,这一概念必须仔细定义

列维-齐维塔于 1917 年发现了如何在曲面上"平行移动"矢量,他是用张量做到这一点的。他的平行移动方程有助于证明,曲率导致两条最初平行的测地线彼此偏离的程度,正如球面上收束于极点的经线一样。在一个极度弯曲的时空中,比如黑洞周围,测地线的收束如此迅速与剧烈,如果靠得太近,你就会被压碎。(平方反比定律表明,你可能也会四分五裂,因为就在你的头和脚之间的这段距离上,引力的变化竟会如此之大!)

平行移动作为刻画曲率的方法

为了理解列维-齐维塔的平行移动的想法与曲率之间的关系,最简单的方法就是从平坦空间开始。如图 13-2 所示,想象在一张平坦的纸上画着一个三角形。你在点 A 处放一支垂直于 AB 边的铅笔。接着,在让它与自身保持平行的情况下将其移动到点 C。然后,以另一种路线进行同样的操作,即沿 AB 边将铅笔从点 A 移动到点 B,再向上移动到点 C。毫无意外,铅笔始终保持竖直向上。如果你以一只蚂蚁的内蕴视角观察,并使你的矢量保留在纸的二维平面内,情况也是如此,比如,你可以一开始取一个与 AC 边相切的矢量,这时,无论你用哪种方法将其从点 A 移动到点 C,它都会一直与自身平行。

现在,想象在一个球或橘子的"赤道"上的某点 A 放置一支垂直于 AB 边的铅笔。在这一垂直位置上,铅笔在点 A 与球面相切并指向上方。保持铅笔与球面相切并确保不扭曲它,同时把它移动到极点 C。然后,以另一种方式进行平行移动,即沿着从点 A 到点 B 的曲线平行移动铅笔,再向上移动到点 C。这次的铅笔(或矢量)最终与直接从点 A 移动到点 C 的矢量成 90 度角。这就是非交换性在起作用。

数学运算并不总是交换的,汉密尔顿也一定会惊讶于他这一概念竟然有如此多的应用,而这次的应用是曲率的度量。我们的二维蚂蚁外星人只需沿着曲面爬行并注意铅笔在 C 点的方向变化,就能发现球面的内蕴曲率。

微积分同样如此

直观地说,当在普通矢量分析中对矢量求导时,你可以比较

> 两个临近点处的矢量然后除以它们之间的距离。你假定，当你先后计算矢量在这两点的值时，矢量是平行的。因此，如果我们要理解弯曲空间中如何定义导数（即里奇所说的协变导数），矢量必须能以某种平行的方式沿曲线移动或"传运"。由此可见，列维–齐维塔的平行移动想法能将协变导数和曲率联系起来，就不足为奇了。
>
> 事实证明，沿着切矢量为 U 的曲线对矢量 V 进行平行移动的定义是：$U^\mu V^\nu_{;\mu} = 0$。（其中，分号表示协变导数。）

正如在科学和数学领域中经常发生的那样，有人大约在同一时间独立地产生了与列维–齐维塔相同的想法，但他并未发表其结果。这个人就是扬·舒滕，他的同事德克·斯特罗伊克回忆了舒滕拿着列维–齐维塔的论文冲进他办公室的情景。"他也有我的测地移动的系统，"舒滕告诉斯特罗伊克，"只不过他称其为平行移动。"斯特罗伊克说，列维–齐维塔的方法比舒滕的更简单。他沉思道："很少有人意识到，舒滕丧失了一项重大发现的优先权，而这是自里奇发明张量微积分以来最重要的发现。"[19]

斯特罗伊克在1923年与列维–齐维塔合作过，他形容列维–齐维塔活泼、温和、迷人。知名的苏格兰代数几何学家威廉·霍奇写道，列维–齐维塔是他那个时代最知名和最受欢迎的数学家之一。[20] 同斯特罗伊克一样，列维–齐维塔与他曾经的学生利比里亚·特雷维萨尼结为夫妇。特雷维萨尼本想讲授数学，但最终决定与丈夫一起周游世界，列维–齐维塔的巡回演讲非常受欢迎。可悲的是，这一切在20世纪30年代发生了变化，法西斯和纳粹开始迫害犹太人，列维–齐维塔、爱因斯坦、诺特和其他许多犹太学者尽管没有因此丧失生命，却失去了学术职位。

索末菲尔德和希尔伯特等人对自己的国家在两次世界大战中采取的

立场感到震惊。第一次世界大战结束后不久,1919 年英国日食观测队证实了爱因斯坦的光弯曲预言,队长亚瑟·爱丁顿认为,英国团队证实了德国科学家的理论,这一点具有某种象征意义,并从中看到了和平的希望。但是,曾经敌对的国家之间的敌意仍在酝酿。当意大利数学家于 1928 年组织了第一次战后数学大会时,他们向德国同行发出了诚挚的邀请。许多德国数学家拒绝前往,但当希尔伯特带领他的同胞代表团出现在开幕式上,他们获得了热烈的掌声欢迎。希尔伯特在大会上的讲话肯定会让爱丁顿感到高兴。他说,数学没有界限,包括国界。"根据种族对人类加以区分,这是对科学的根本误解……对数学来说,整个世界就是一个国家。"[21] 这是一种高尚的情操,国际合作在数学的前进之路上始终非常重要。事实上,数学现在就是一种国际语言。但战争改变了一切。数学家对此展开了辩论。一些人像希尔伯特一样,认为不应该有种族歧视,而另一些人认为,学术制裁传达了组织和个人对战争的责任的信息(就像希尔伯特和爱因斯坦在第一次世界大战期间拒绝签署德国皇帝的责任豁免书那样)。[22]

*　*　*

对张量的数学来说,列维-齐维塔有关平行的不变张量定义非常重要,它对我们理解协变微分的概念尤其如此。但在 1929 年,爱因斯坦开始与法国数学家埃利·卡坦通信,讨论带有广义平行概念的空间的可能性。卡坦整合前人的想法,并将其归结到里奇张量微积分的现代微分形式中,包括长期被忽视的格拉斯曼方法,而卡坦曾对后者进行过深入研究。比如,卡坦澄清了第 11 章简要提到的以 1-形式作为矢量对偶的想法。

卡坦和爱因斯坦的通信内容与卡坦的绝对平行的概念有关,该概念允许扭曲平行矢量。我在图 13-2 中提到,矢量扭曲在列维-齐维塔的平行移动定义中是不被允许的,因此广义相对论没有采用它(非扭曲的平行移动与爱因斯坦方程中的协变导数有关）。爱因斯坦曾认为，引入挠率可能是统一电磁学和引力的一种方式，但同希尔伯特和古斯塔夫·米耶一样，他的尝试也没有成功。人们今天仍在探索像爱因斯坦-卡坦理论中那样具有扭率的时空，比如，将它作为避免大爆炸奇点的一种可能方式，或者用它解释物质的内蕴自旋。

尽管爱因斯坦与卡坦通信的具体内容超出了本书的讨论范围，但粗略地一瞥可以发现，他们使用的数学语言正是张量。来往信件还表明了两人彼此间的尊重。1929 年，50 岁的爱因斯坦写道："我为有你这位合作者深感幸运，因为你弥补了我缺乏的东西，那就是令人羡慕的数学能力……你为这个问题付出了诸多努力，令我既感动又高兴。" 60 岁的卡坦写道："我的信件能让你感到有趣，我为此感到自豪……并视之为一种荣耀。"他补充道："因为你愿意为我抽出宝贵的时间。"[23]

爱因斯坦在 1931 年 6 月 13 日写下的信尤为感人。他告诉卡坦，他的老朋友马塞尔·格罗斯曼发表了一篇批评绝对平行概念的论文，但他想让卡坦知道，格罗斯曼患有晚期多发性硬化，而且病情严重。"我告诉你这一切，是为了敦请你不要公开回复他。"爱因斯坦诚恳地补充说，格罗斯曼病得太重了，他们应该原谅他批评中的不愉快语气和错误的内容。5 年后，格罗斯曼去世，爱因斯坦写信给他的遗孀，深情地告诉她，马塞尔曾是他十分珍视的朋友。[24]

格罗斯曼或许从未意识到，他在推广张量方面扮演了何等关键的角色。自 1975 年以来，人们都会举办马塞尔·格罗斯曼会议，以纪念他在广义相对论中留给世人的宝贵遗产。每隔三四年，来自世界各地的研究人员都会齐聚一堂，讨论最新的研究进展。在纪念格罗斯曼的同时，这些会议也低调地纪念了颇具数学才华的里奇和列维-齐维塔，以及天赋异禀的爱因斯坦。

— 跋 —

随着广义相对论的成功,尤其是在1919年日食探测之后,张量进入了主流学术界。比如,保罗·狄拉克在他的量子电动力学(QED)方程中使用了张量及矢量和矩阵。在他1927年提出的这一理论中,狄拉克将麦克斯韦的电磁理论、电子的量子力学(由狄拉克方程描述)和狭义相对论统一起来。这是一项伟大的成就,当时狄拉克才25岁。

狄拉克的QED帮助启动了量子场论(因为QED可用于处理带电粒子和电磁场之间的相互作用)。这正是分析粒子加速器中的粒子所需要的量子理论,这些粒子被加速到如此高的速度,从而使相对论效应变得非常显著。欧洲核子研究组织(CERN)拥有著名的大型强子对撞机,这类粒子加速器旨在寻找不同理论所预言的各种新粒子,2012年希格斯玻色子的发现成为轰动一时的爆炸性新闻。而如今,一些物理学家开始质疑,如此之高的花费是否物有所值。[1] 1929年年底,狄拉克用他的理论预言了反物质这一奇异现象,尤其是正电子的存在,它们是带负电荷的电子的镜像。3年后,正电子通过云室实验被发现,今天它们已经被常规应用。比如,在PET(正电子发射断层成像)等医学成像中就使用了正电子。[2]

狄拉克方程描述了单个电子的行为,1936年,吉尔顿学院的毕业生、杰出的数学物理学家伯莎·斯威尔斯将狄拉克的相对论量子分析扩展到了两个电子,包括它们的自旋相互作用。[3] 同诺特和奇斯霍姆·杨一样，斯威尔斯在哥廷根大学度过了一段时间，与量子理论的两位先驱马克斯·玻恩和维尔纳·海森堡一起工作。1940年，她嫁给了剑桥大学地球物理学家哈罗德·杰弗里斯，并与他合著了一本数学物理教科书。她也没有停止自己的量子理论研究，发表了多篇论文，并在她的母校吉尔顿学院担任数学讲师。

今天，相对论量子力学（包括QED）在其他许多领域也发挥着重要作用，包括量子化学、材料科学和纳米技术应用。我们看到，电子自旋应用广泛，从MRI到量子计算机中的量子比特。至于张量和量子力学，我们在第11章看到，矢量积和张量积在确定一组粒子或量子比特的量子状态时起到了重要作用。张量积也被用于证明不可能复制一个量子比特（量子不可克隆定理），还被用于分析量子隐形传态和量子纠缠等。

爱因斯坦在完成广义相对论后不久又开创了相对论宇宙学。张量，尤其是度量及爱因斯坦方程中的其他张量是其关键所在。我们在前文中看到，爱因斯坦创造了一个静态时空，它或许能够描述像地球或静止恒星这样的引力场不随时间变化的天体周围的时空。1917年，他开始以类似的方式描述宇宙。

宇宙学的基本想法是，对物质在宇宙中的空间分布做出假设，这些假设将给出必须反映在时空度量中的宇宙基本特征。爱因斯坦假设宇宙度量与时间无关，同当时的几乎所有人一样，他也认为宇宙是静态的。至少就天文学家所知，太阳一直在燃烧，恒星会保持它们在天空中的通常位置和路径。爱因斯坦还假设宇宙是球对称的，因为总的来说，恒星和星系看起来呈对称分布。但问题是，重力使物质相互吸引。你或许会认为，这意味着所有的恒星和星系会不断地被吸引到一处，最终发生合并。但这种情况并未发生，而且宇宙中的一切都待在它们正确的位置。于是，爱因斯坦在场方程中增加了一个新项，即声名狼藉的"宇宙常数"，以抵消重力的自然吸引倾向。

爱因斯坦的静态模型是宇宙的第一个相对论模型。然而，令他非常恼火的是，20世纪20年代，亚历山大·弗里德曼等数学家发现，按照广义相对论的预言，宇宙应该处于膨胀（或收缩）状态。1929 年，埃德温·哈勃发现了宇宙确实在膨胀的确切证据，这让爱因斯坦最终放弃了静态宇宙理论，他也放弃了宇宙常数。他曾公开声称这个常数是他此生犯下的最大错误，但今天他得到了平反：宇宙常数又回来了，至少是暂时回来了。由于它被设计为能够"抵消"重力，所以它也是一种理想的工具，可用于寻找导致宇宙加速膨胀的神秘暗能量。

* * *

我还可以继续说下去，但现在到了我必须停下的时候了！你只要知道这一点就足够了：在今天的数学物理中，矢量和张量至关重要。我们在第 11 章看到了张量的现代解释，以及卡坦对现代微分几何的发展，它们目前仍在发展。而且，矢量与张量不仅仅在数学和物理中大有作为。它们在工程和化学中也很重要，比如从模拟涡轮机和飞机引擎叶片上的气流到晶体学。它们在数字技术中也很重要，比如机器学习、搜索引擎、计算机视觉和自然语言处理，以及神经网络。

张量之所以在所有这些领域中都很重要，主要有两个原因：一是解决涉及不变性的问题，比如在广义相对论、量子力学和神经网络中；二是表示和处理数据。当古代美索不达米亚人将数据表刻在泥板上时，他们肯定没有想到，今天张量在数据科学中竟然需要处理如此海量的数据。当古代中国数学家用类似矩阵的数组求解线性方程组时，他们不会想到，这些方程组在今天竟然会如此复杂与多样化，比如优化商业成本、制定游戏策略、构建薛定谔的波动方程和谷歌页面排名算法等。

在诸如此类的复杂问题中，以及在物理和数学中，每当方程难以精确求解，或者你想要模拟某物（如两个黑洞合并或未来的气候变化）时，人们通常需要使用数值方法。在最简单的层面上，你可以先猜测一个解，然后用算法不断微调这个解，得出越来越精确的近似值。牛顿是发明这种方法的先驱之一，但今天有一个领域完全致力于研究复杂的计算数学，包括数值线性代数（NLA）。在这些计算方法中，张量或基于张量思想的算法正以多种方式解决令人眼花缭乱的问题。[4]

在这些现代应用中，人们不仅以里奇的传统微积分方式使用张量思想，而且以巧妙的新方式加以调整。比如，我们在第 11 章中看到了数据科学中"不规则张量"的概念。这种调整的另一个例子是狄拉克的杰出见解，他的张量方程只有在系数是矩阵而不是像度量张量的分量 $g_{\mu\nu}$ 这样的普通函数时才有意义。在这个故事中，我们一次又一次地看到了这种思想的演变：从数字演变到矢量，从古代的表格演变到矩阵，又从矢量和矩阵演变到张量；代数发展成函数微积分，随后发展成矢量和张量的微积分；代数变换方程则发展成张量算子。

再举一个对张量思想进行调整的例子：张量网络（TN）利用了张量作为多重线性映射的现代观念，我在第 11 章谈到现代张量定义时曾指出这一点，即张量作用于矢量和 1-形式，并得到一个标量。人们大量应用张量网络，比如，映射与标记图像分类的像素数组，我们也看到了张量指标对不同特征的标记作用。为了处理海量数据，张量网络还使用矩阵方法对张量做出调整，比如我在第 4 章提及的分解。

奇妙的感受

事实上，我们在这个故事中提及的所有数学工具（代数、微积分、虚数、矢量、四元数、矩阵和张量）在今天都是不可或缺的。它们驱动的技术令我们的生活更加舒适和有趣，我不想失去它们。当然，同许多人一样，我也希望它们能得到更好的监管，因为一旦技术被滥用或不考虑人与地球，就会显露其阴暗面。

想要有意义地生活，我们不仅需要高科技带来的舒适感，还需要一种奇妙的感受。我们的祖先凝视夜空 10 万年，他们在优美的风景中寻求慰藉，学会了如何与地球共存并在这个世界上生活。他们也充满好奇，试图理解自然的秘密，以及如何利用这些秘密，让自己的生活更轻松。所有这些让我们成为人类。但我们也非常心痛地认识到，在这一过程中，科学知识及对"舒适感"不断增长的欲望，破坏了自然的微妙平衡。我们对森林过度砍伐，污染了大面积的河流，燃烧了太多的化石燃料，以至于我们正在逐渐失去这个星球上许多美丽与奇妙的东西。我们正在失去人性中某些宝贵的部分。

自然既可怖，也美丽，正是科学帮助我们理解并减少了自然可怖的东西。比如，它解释了曾经被视为神的恶意征兆的日食，并提供了天气预报，帮助我们为天灾做好准备，甚至利用电力保护我们免受黑暗和寒冷的侵扰。尽管电力的生产使自然变得更加可怕，但科学与技术已经成为对抗灾难性气候变化的关键武器，将一个令人兴奋的绿意盎然的未来呈现在前方。这样的未来当然不可能完全依赖于技术，我们也不能放弃与自然之间的古老联系。然而，这些新技术充满了人类的奇妙智慧，也连接着我们的过去。

事实上，在数学和数学科学的知识创造中充满了奇迹。这本书的目的就是同你分享这些想法，并告诉你，在五千年间跨文化的非凡旅程中，这些数学概念是如何通过人类的非凡想象力不断演变成今天的样子的。这样的艰苦征程将我们与先驱联系在一起，就像仰望令人惊叹的星空一样。

当爱因斯坦最终发现了他的场方程时，他告诉一个朋友，在他看来，它们"无与伦比地优雅"。[5] 在这个故事中，我们看到了一些优雅方程的诞生。爱因斯坦的场方程代表着里奇张量分析走向了巅峰。我们也看到了麦克斯韦方程是如何演变成优美的矢量与张量形式的。我们还看到了汉密尔顿在布鲁姆桥上刻下的极其简洁的四元数规则，而欧拉方程本身就是优雅和简洁的代名词，还有牛顿定律令人惊叹的简洁有力，等等。我认为，能够欣赏这种知识之美非常重要，就如同欣赏音乐和艺术之美一样。

我们也遇到了一些充满魅力与敬业精神的人。一方面，其中一些人主要是出于解决实际问题的目的。尽管我们的技术过度扩张，但我想要在这个故事中强调的是数学思想与这些实际需求携手发展的过程。另一方面，许多先驱主要是出于了解和理解的目的，或者是为了追踪一个有趣的模式或证明。这个故事表明，我们需要这两类思想家。正是因为有了这些人，人类不仅可以安全、舒适、有趣地生活，还可以对广阔浩瀚的宇宙有如此深刻的理解。这就是数学的力量！

时间线

公元前 3000 年前后，美索不达米亚和埃及：制作了已知最早的楔形文字和象形文字数据表。

公元前 2000 年前后，美索不达米亚：楔形文字乘法表和资料展示了对农业土地面积的计算，使用配平方的几何方法求解二次方程。

公元前 1700 年前后，美索不达米亚：普林顿 322 号泥板证明，人类早在毕达哥拉斯之前就已知道毕达哥拉斯定理（勾股定理）。

公元前 1650 年前后，埃及：阿默士莎草纸书中包含计算圆的近似周长和面积的方法。

公元前 300 年前后，埃及/希腊：欧几里得的《几何原本》给出了主宰平坦（欧几里得）空间的几何规则。

公元前 250 年前后，中国：《九章算术》中记载了今天被称为高斯消元法的算法。

公元前 200 年前后，西西里/希腊：阿基米德离微积分的概念更近了一步。

150 年前后，埃及/希腊：托勒密借鉴了目前作品已经失传的先驱，尤其是埃拉托色尼和阿利斯塔克的工作，撰写了《天文学大成》和《地理学》。这两部著作成为关于数学天文学、三角学及坐标使用（天体和地球的纬度和经度）的重要汇编。三角学和坐标将为矢量的诞生奠定基础。

400 年前后，埃及/希腊：希帕蒂亚撰写了对《天文学大成》和其他作品的学术评论；415 年，希帕蒂亚被狂热分子残忍杀害。

7 世纪，印度：数学蓬勃发展；婆罗摩笈多同时考虑了正数和负数。

9 世纪：阿拉伯数学家不断涌现，包括穆罕默德·伊本–穆萨·阿尔–花剌子米；大约公元 830 年，阿尔–花剌子米撰写了教科书《代数学》（后来的"代数"

这一名称由此衍生）。但代数仍然使用文字表示，代数符号直到 17 世纪才诞生。

1200 年前后，中东（现代的伊朗）：萨拉夫·阿尔–迪恩·阿尔–图西在求解三次方程方面做出了开创性贡献。

1540 年，意大利：杰罗拉莫·卡尔达诺在《大术》一书中首次记载了求解三次方程的算法。他对某些解中出现的虚数感到困惑。

1572 年，意大利：拉斐尔·邦贝利的《代数学》开创了复数的数学，复数将对发现四元数和矢量起到关键作用。

1619 年，英国：托马斯·哈里奥特有关碰撞力学的工作预示了矢量概念的诞生，而且他正确地使用了平行四边形法则。

1631 年，英国：托马斯·哈里奥特的《使用分析学》在其去世后出版。这是人类历史上的第一本完全用符号书写方程的代数教科书，且基本上都用现代符号。

1637 年，法国：勒内·笛卡儿在《方法论》中引入了代数符号 x 和 y，并开创了"笛卡儿坐标系"。

17 世纪 70 年代，英国/德国：艾萨克·牛顿和戈特弗里德·莱布尼茨各自独立地创建了一般的算法性质的微分与积分。

1687 年，英国：牛顿出版了《自然哲学的数学原理》；其中包括他的一般微积分算法和引力理论，而且在物理中引入了力和速度是矢量的想法。然而，他的大部分证明用的都是几何方法，因为他（正确地）感觉微积分方法还不够严格。（要到 19 世纪才会出现极限和连续的定义。）

18 世纪初，瑞士：约翰·伯努利在微积分优先权争议中为莱布尼茨辩护，后来他将牛顿《原理》中的证明翻译成（莱布尼茨的）代数微积分形式。

1759 年，法国：由埃米莉·杜·夏特莱翻译的法文版《原理》出版。这是该书在英国以外的第一个译本，至今仍是权威的法文版本。它包含一个技术性附录，夏特莱在其中开了用现代（莱布尼茨）微积分书写牛顿几何证明的先河。

1785 年，法国：查尔斯·库仑证明，静态电荷力遵从平方反比定律，就像牛顿的引力定律。

18 世纪 80 年代，法国：约瑟夫–路易·拉格朗日用引力"势"重新表述了牛顿引力定律。爱因斯坦将在他的引力理论（广义相对论）中使用这一想法。

1788 年，法国：拉格朗日出版了《分析力学》，这在很大程度上是对牛顿力学的升级，并将其用现代微积分进行表达。半个世纪后，赫尔曼·格拉斯曼将受到这本书的启发而踏上他独自发现矢量分析的旅程。

1799 年，法国：皮埃尔-西蒙·拉普拉斯出版了他的《天体力学论》第一卷。这本书也启发了格拉斯曼，并对汉密尔顿同期发展的矢量分析产生了影响。它还将启发自学成才的玛丽·萨默维尔，她对拉普拉斯著作的前两卷进行阐释、扩展而成的《天空的机制》于 1831 年出版。

18 世纪 90 年代，法国：拉格朗日和拉普拉斯成为引入公制系统的计量委员会的成员。

1800 年，意大利：亚历山德罗·伏打发明了世界上第一个电池，开创了人类产生电流的新纪元。

1801 年，英国：托马斯·杨的双缝实验显示了光的波性质。

19 世纪初，欧洲：阿甘（法国）、高斯（德国）、韦塞尔（挪威）和沃伦（英国）各自独立地发现了在平面上表示复数的方法。很快，乘上虚数单位 i 就被解释为在平面上旋转 90°。

19 世纪初，法国：索菲·热尔曼与卡尔·高斯通信；1816 年，热尔曼以一篇开创性地研究振动曲面的数学论文，赢得了法国科学院颁发的著名数学奖项。

1820 年，丹麦：汉斯·奥斯特发现变化的电流会影响磁铁。

1821 年，法国：基于奥斯特的发现，安德烈-马里·安培发明了第一个电报系统。后来，他又为电磁理论及相关实验做出了重大贡献。

1821 年，英国：基于奥斯特的发现，迈克尔·法拉第发明了第一个电动机原型。

1822 年，法国：约瑟夫·傅里叶推导出热方程，他在 1827 年的一篇论文中应用了这个方程，开创了气候科学。

1828 年，德国：卡尔·弗里德里希·高斯发展了非欧几何。（匈牙利的亚诺什·博伊和俄国的尼古拉·洛巴切夫斯基也在研究这一数学分支。）高斯定义了曲面的内蕴几何、曲面上的距离度量（线元素或度量），以及曲面的内蕴曲率。

1831 年，英国：迈克尔·法拉第发现移动的磁铁可以产生电力，由此发明了发电机原型。法拉第和奥斯特的发现标志着一种电磁学的发现。随后，法拉第构想出电场和磁场的概念。

1831 年，苏格兰/英国：玛丽·萨默维尔的天文学教科书《天空的机制》受到了科学界先驱的热烈推崇，她在书中使用了莱布尼茨微积分。

1832 年，爱尔兰：威廉·罗文·汉密尔顿使用微积分预言了锥形折射，这是人类首次用数学预言一个前所未知的物理现象。

1833 年与 1840 年，英国：威廉·惠威尔分别创造了"科学家"和"物理学家"这两个术语。

1837 年，爱尔兰：汉密尔顿被任命为爱尔兰皇家科学院院长，他希望文学也能和科学一样被纳入科学院，于是向受人尊敬的作家玛丽亚·埃奇沃斯寻找建议。他采纳了她的大部分建议，但未采纳让女性参加科学院会议的建议。

1843 年，爱尔兰：汉密尔顿发明了四元数和矢量，1843 年 10 月 16 日，他在布鲁姆桥上刻下了它们的基本规则。一个月后，他在爱尔兰皇家科学院会议上宣读的一篇论文中正式宣布了他的发现。

1843 年，英国：威廉·华兹华斯被封为桂冠诗人，他与汉密尔顿交好，汉密尔顿也热爱创作诗歌。

1844 年，德国：赫尔曼·格拉斯曼出版了有关矢量和矢量空间的《线性扩张论》。

19 世纪 40 年代初，英国：亚瑟·凯莱与乔治·布尔就不变量理论进行通信，凯莱对两人无法见面（第一条铁路仍在铺设中）感到遗憾。

1845 年，美国：作家亨利·大卫·梭罗在瓦尔登湖的树林中过着避世的生活。他的《瓦尔登湖》将开创环保运动的先河，并展示个人可以如何节约资源。

19 世纪 50 年代，美国/爱尔兰：尤妮斯·牛顿·富特和约翰·廷德尔各自独立创建了二氧化碳加热（温室）效应的科学理论。

1855 年，苏格兰/英国：詹姆斯·克拉克·麦克斯韦发表了关于法拉第电场和磁场概念的第一篇论文。他和威廉·汤姆森（麦克斯韦借鉴了他的论文）是唯一努力尝试用数学（矢量）语言表达法拉第的电场和磁场概念的人。

1857 年，苏格兰/爱尔兰：彼得·格思里·泰特（麦克斯韦的儿时伙伴）开始应用汉密尔顿的矢量微积分算子∇，并（在助手的帮助下）将其命名为"纳布拉"。之后，他与汉密尔顿开始通信。

1858 年，英国：亚瑟·凯莱将矩阵代数形式化，他受到了汉密尔顿的非交换四元数代数的启发。

19 世纪 50 年代末，苏格兰/英国：威廉·汤姆森（未来的开尔文勋爵，麦克斯韦和泰特的朋友）帮助铺设了第一条跨大西洋海底的电报电缆。他是北大西洋电报公司的董事和科学顾问。

1854 年与 1861 年，德国：伯恩哈德·黎曼将他曾经的教授高斯对曲率的分析应用于任意维数的空间，超越了我们习惯的三维空间。他发现，识别曲率的条件是以黎曼张量表达的。（如果曲面是平坦的，黎曼张量为零，反之亦然。）

1865 年 1 月，英国：麦克斯韦于 1864 年年底提交的有关电磁场理论的论文得到发表。电磁场理论具有矢量性,但方程以分量形式呈现,而不是完整的整体矢量微积分形式。根据他的方程,麦克斯韦推断出光是一种电磁波,并暗示可能存在其他电磁辐射。

1867 年,苏格兰/英国:汤姆森和泰特出版了轰动一时的物理教科书《自然哲学论》(俗称 T 和 T'),这本书中不包括四元数,因为汤姆森认为四元数和整体矢量是无用的,只有用分量才能进行计算。同一年,泰特出版了《四元数基础论》,进一步发展了汉密尔顿的矢量微积分。

1870 年,苏格兰:麦克斯韦创造了矢量微积分的相关术语:散度、梯度,旋度。

1873 年,英国:麦克斯韦的《电磁通论》出版,该书第二卷包含他的整体矢量形式的电磁方程(用四元数表示),还定义了应力张量。柯西和汤姆森也做了类似的事情,但麦克斯韦赋予应力张量双指标符号,后来成为标准的符号。

19 世纪 70 年代,英国:在对汉密尔顿和格拉斯曼创建的矢量进行整合的基础上,威廉·金登·克利福德创建了几何代数。他与泰特、麦克斯韦及著名小说家乔治·艾略特交好。(艾略特的杰作《米德尔马契》于 1871—1872 年出版。)

19 世纪 80 年代,英国/美国:奥利弗·赫维赛德和乔赛亚·吉布斯各自独立地创建了现代矢量分析。他们的灵感首先来自麦克斯韦在《电磁通论》中对电磁现象的矢量描述,然后来自汉密尔顿和泰特关于四元数的著作(他们从麦克斯韦列出的参考文献中找到了这些作品)。

19 世纪 80 年代,意大利:格雷戈里奥·里奇发展了他的绝对微分,今天被称为张量微积分。与整体矢量一样,主流数学家只看到了张量的优雅,却没有看到它的实用价值。

1888 年,德国/英国:海因里希·赫兹和奥利弗·洛奇各自宣布首次人工制造了无线电波,从而证实了麦克斯韦对无线电波存在的数学预言。

1888 年,意大利:朱塞佩·皮亚诺给出了矢量空间的现代公理化定义。

19 世纪 80 年代末至 20 世纪初,英国、美国、澳大利亚:矢量论战发生了。赫维赛德和吉布斯支持矢量分析,泰特、亚历山大·麦考利等人支持四元数,凯莱和汤姆森倾向于支持分量而不是整体矢量和四元数。最后,整体矢量分析胜出(直至 20 世纪末四元数再次登场)。

19 世纪 90 年代末,瑞士:阿尔伯特·爱因斯坦和他的同学米列娃·马里奇相恋。马里奇及其同学马塞尔·格罗斯曼是最早发现爱因斯坦的超凡天赋并支持他的人。格罗斯曼后来成为一位成功的数学教授,但马里奇作为班上唯一的女生，未能成功毕业，她的第二次尝试也失败了，成为科学家的梦想就此破灭。

1895 年，德国：格蕾丝·奇斯霍姆在剑桥大学获得了非官方学位，之后在哥廷根师从费利克斯·克莱因攻读数学博士，并成为德国第一位获得官方博士学位的女性，也是世界上最早的女博士之一。牛津大学直到 1920 年才授予女性官方学位，剑桥大学则是从 1948 年开始。

1900 年，意大利/德国：应费利克斯·克莱因的请求，格雷戈里奥·里奇和他曾经的学生图利奥·列维–齐维塔写了一篇关于里奇的绝对微分的综述文章，克莱因曾经是里奇的导师，也是《德国数学年刊》的编辑，里奇和列维–齐维塔的这篇论文就发表在《德国数学年刊》上。12 年后，它将启发爱因斯坦和格罗斯曼寻找广义相对论的数学基础。

1905 年，瑞士：作为一名专利审查员，爱因斯坦发表了 5 篇开创性论文，包括《论运动物体的电动力学》，正是这篇文章创立了更广为人知的狭义相对论。亨德里克·洛伦兹（1904 年）和亨利·庞加莱（1905 年）也提出了类似的理论，但这些理论都基于以太，不具备完全的相对论性质。洛伦兹使用了整体矢量符号，庞加莱和爱因斯坦则使用了分量。

1907 年，德国：爱因斯坦曾经的数学教授赫尔曼·闵可夫斯基利用狭义相对论创建了时空的概念。

1908—1910 年，德国：闵可夫斯基着手以张量形式书写麦克斯韦方程。在他骤然离世后，他的朋友阿诺德·索末菲尔德接手了这项工作。他们创造了能量–动量张量的概念，这是广义相对论的关键所在。

1912 年，瑞士：爱因斯坦和他的老朋友格罗斯曼共事于他们的母校瑞士联邦理工学院。他们共同发现了里奇的张量微积分，并合作建立了广义相对论的数学基础。

1914—1918 年，第一次世界大战：除了带来恐怖，战争还导致食物短缺，以及科学交流中断（其中包括爱因斯坦和列维–齐维塔关于张量理论的交流）。

1914 年，德国：爱因斯坦在柏林大学担任教授。爱因斯坦与马里奇的婚姻关系破裂。爱因斯坦一直在努力地发展广义相对论。他也在追求他的表妹埃尔莎。

1915 年，德国：在完成广义相对论的最后阶段，希尔伯特和爱因斯坦展开了合作，但最终两人还是形成了竞争关系。这项合作于 11 月结束。虽然有了小摩擦，但两人仍然是友好的同行。爱因斯坦创造了用于表示引力效应的时空曲率概念，并在格罗斯曼的帮助下运用张量做到了这一点。时至今日，广义相对论仍然是人类智慧创造的奇迹之一。

1916—1918 年，德国：艾米·诺特与克莱因、希尔伯特一起工作（他们与爱因斯坦都保持着联系），进一步探索广义相对论中有关能量守恒的解释。诺特在她 1918 年提出的两项定理（现在被称为"诺特定理"）中找到了问题的关键，这两项定理展示了数学对称和物理守恒定律之间的联系。

1917 年，意大利：通过缩并的比安奇恒等式组，列维-齐维塔证明了广义相对论和能量-动量守恒之间的张量联系。他还使用张量定义了在弯曲曲面上取导数时的"平行"概念。

1919 年，英国：亚瑟·爱丁顿及其同事宣布他们发现了光线弯曲现象，这需要在日全食期间进行仔细的探测。这是人类对广义相对论进行的第一次成功检验，爱因斯坦由此成为超级明星。他的成功使张量进入了主流科学界。

20 世纪 20 年代，德国、荷兰、英国；1975 年，澳大利亚：1922 年，奥托·斯特恩和沃尔特·格拉赫发现电子的磁偏转角动量是量子化的。不久后，乔治·乌伦贝克和塞缪尔·戈德斯密特通过实验证明，斯特恩和格拉赫测量的是自旋角动量，而不是电子围绕原子核的轨道角动量。20 世纪 20 年代中期，保罗·狄拉克用他的量子力学电子行为的相对论为自旋提供了理论支持。他使用泡利的自旋矩阵来描述电子旋转，此前泡利已经证明，上述矩阵数学与汉密尔顿四元数旋转有完全相同的结构。1975 年，托尼·克莱因和杰夫·奥帕特证明，自旋不仅仅是一种数学类比，它是客观存在的。

1924 年，荷兰：扬·舒滕和德克·斯特罗伊克强调了诺特定理与张量形式的比安奇恒等式组之间的关系，后者对于广义相对论至关重要。

20 世纪 20 年代，法国：埃利·卡坦发展了现代微分几何。卡坦和其他人开展的这项工作给出了张量（和矢量）作为算子和线性映射的现代形式，无须再用到里奇的关于分量如何在这些映射和坐标变换下变换的规则。

1960 年，美国：哈佛大学的罗伯特·庞德和格伦·雷布卡通过实验检测到爱因斯坦预言的引力红移现象。（早在 1954 年丹尼尔·波普尔就发现了来自天文学光谱的不太确定的证据。）

20 世纪六七十年代，美国：在杰瑞·萨尔顿的引领下，矢量和矩阵被用于编程搜索引擎。

1981 年，美国：美国航空航天局开始常规使用四元数来为航天器导航。

20 世纪 90 年代末，美国：拉里·佩奇和谢尔盖·布林在谷歌网页排名算法中使用了矢量和矩阵。

21 世纪初,美国:四元数被用于机器人技术、计算机生成图像、分子动力学、手机屏幕旋转和航天器控制等领域。

2011 年,美国:美国航空航天局宣布,其引力波探测器 B 的探测结果证实了爱因斯坦对时空弯曲(测地线效应)和参考系拖曳(自转物体牵引时空的程度)的预言。

2015 年,美国激光干涉引力波天文台科学合作组织:首次探测到广义相对论预言的引力波,随后几年又陆续有新的探测结果公布。

2017 年,国际天文学联合会将 86 个原住民星名纳入新的恒星命名体系,以此认可古代文明的天文成就。

2018 年,法国:改进后的测试确认了引力红移(等效原理)的存在。

2019 年,国际合作计划(事件视界望远镜):首次直接拍摄到黑洞(阴影)的照片。

2020 年,英国/瑞典:罗杰·彭罗斯因证明了为什么广义相对论预言了黑洞的存在而与其他两位物理学家分享了诺贝尔物理学奖。

正在进行:越来越严格的测试证实了(张量)广义相对论。比如,2019 年,使用激光相对论卫星和激光地球动力学卫星的团队以更高的精度确认了广义相对论对参考系拖曳的预言。2021 年,一个团队使用美国航空航天局的核光谱望远镜阵列和欧洲航天局的 X 射线多镜任务牛顿望远镜,观测到来自黑洞背面的 X 射线(对爱因斯坦的光线弯曲预言的又一项测试)。2022 年,显微镜合作项目宣布等效原理的新精度。2022 年,事件视界望远镜拍摄了我们银河系中心超大质量黑洞的第一张照片。2023 年,阿塔卡马宇宙学望远镜(ACT)利用引力透镜绘制了暗物质分布图,帕克斯射电望远镜发现了引力波的新证据……

今天,全世界:四元数、矢量和张量成为物理、工程、信息技术(包括人工智能、计算机生成图像和搜索引擎)等各种应用的基础。实际上,它们几乎是一切需要精确定位空间内对象,以及表示与处理信息的领域的基础。

致谢

我首先要向布努隆人①致谢,也向他们过去和现在的长老们致敬,因为布努隆人曾是我生活和工作的这块土地的守护者。

本书的构思归功于芝加哥大学出版社的乔·卡拉米亚无与伦比的洞察力和无比热情的鼓励。我对乔感激不尽,不仅因为他对于撰写矢量和张量的故事这一大胆而富有创意的建议,还因为他一以贯之的编辑技巧和不懈的支持。与他合作绝对是一种乐趣。

与出版社团队的其他成员合作也很有意思,他们的工作都十分专业。这些成员有马特·朗、尼古拉斯·莉莉和卡特琳娜·麦克莱恩。尤其要感谢苏珊·奥林,她对细节一丝不苟,让我的语句顺畅,让这个故事清晰明了。她十分耐心,善于鼓励他人,幽默感十足,让本书艰难的校对阶段比我预期的更加愉快。我也非常感谢匿名审稿人,他们对改进故事情节的历史方法和技术细节提出了亲切与宝贵的建议。感谢托比亚斯·沃尔德隆,他热爱数学并承担了编制索引的任务。

非常感谢那些慷慨允许我在本书中使用照片的人和组织。"陌生人的善意"确实提振了我的精神,我非常感谢剑桥大学三一学院图书馆的史蒂文·阿切尔提供了麦克斯韦年轻时的资料;感谢佩特沃斯庄园的

---

① 布努隆人是在澳大利亚维多利亚州生活的库林族的一个原住民群体,他们曾经拥有从维利比河到威尔逊角的土地,包括今天墨尔本的一部分。

马克斯·埃格蒙特勋爵和西萨塞克斯档案馆的管理员阿比盖尔·哈特利提供了哈里奥特的手稿；感谢都柏林高级研究所的米歇尔·托宾和梅努特大学汉密尔顿研究所的戴维·马龙帮助我寻找汉密尔顿和他儿子的资料，感谢爱尔兰皇家科学院的米亚布·墨菲提供的照片；感谢乔·卡拉米亚提供的麦克斯韦的雕像照片；感谢詹姆斯·克拉克·麦克斯韦基金会（JCMF）的凯瑟琳·布斯，她在网站管理员和JCMF负责人的帮助下最后一刻介入，为我提供了泰特的照片，这是对麦克斯韦好善乐施光荣传统的发扬光大。（我强烈推荐参观位于爱丁堡印第安街麦克斯韦出生地的JCMF博物馆。）我也要感谢剑桥彼得豪斯学院的贾斯汀·肯特的慷慨帮助，以及苏黎世联邦理工学院图书馆的海克·哈特曼，她帮助我找到了爱因斯坦、马里奇、格罗斯曼和闵可夫斯基的照片。我也非常感谢自己工作的莫纳什大学数学学院以及莫纳什大学令人惊叹的图书馆。

我还要感谢所有喜欢我的书的读者，特别是多年来给我写信的那些善良的陌生人。对一个孤独的作家来说，成为一个遥远社区的一部分，让我感到谦卑与奇妙。对于那些更亲近的人，我要特别感谢我的朋友吉娜·沃德和伊卡·威利斯，他们对本书前面章节的支持和有洞察力的反馈恰逢其时——吉娜，我们长久的友谊和持续的文学兴趣从一开始就支持着我。我还要特别感谢乌苏拉·泰内特和维尔纳·泰内特，感谢你们特别的友谊和对我工作的宝贵支持。

还要感谢乔·马祖尔、卡罗琳·兰登、谢丽尔·亨格利、伊丽莎白·芬克尔、埃丽卡·乔利、玛格丽特·哈里斯、维拉·雷（已故）、彭尼·安戈、莫莉·安戈、贝特·西布利、凯瑟琳·沃森、菲尔·亨肖、安妮·登普斯特、菲尔·登普斯特、彼得·比拉姆、安妮-玛丽·比拉姆、约翰·穆特萨尔斯、玛丽·穆特萨尔斯、莉安·阿诺、马特·斯通、约翰·莱恩、海伦·莱恩、安妮·班恩、卡琳·墨菲-埃利斯、约翰·迪·斯特法诺、伊丽莎白·弗雷泽、伊恩·弗雷泽、英格马尔·奎斯特、特里西亚·西罗姆、桑德拉·肖特兰德、苏珊·霍索恩、哈里·弗里曼、吉尔·希尔、迈克尔·博克斯、盖尔·博克斯、玛格丽特·皮特，以及约翰·斯内尔和彼得·斯内尔。多年来，你们每个人都以某种特别的方式支持我的工作。你们或者给予我支持，在我需要的时候真正对我写的东西感兴趣，或者阅读（甚至购买）我的书并提供慷慨的反馈，或者对我暂时退出社交活动的行为给予莫大的理解，因为我正忙着写一本书或在截止日期前交稿。

最后，衷心感谢你，我亲爱的摩根，你的支持和鼓励是我的宝贵财富。我将这本书献给你。

注释

序言

1. P. G. Tait, *An Elementary Treatise on Quaternions* (Cambridge: Cambridge University Press, 1890)。

2. 虽然麦克斯韦并未使用"矢量场"这个术语,但他创造了它,因为他在几年后(1873 年)出版的《电磁通论》中对其做了清楚的阐释。我将在后面几章里探讨它的意义,以及它将如何影响后来的物理学家。

3. 古代的列表数学可参考如下著作:Eleanor Robson, "Mathematical Cuneiform Tablets in the Ashmolean Museum, Oxford," *SCIAMVS* 5 (2004): 2–65; Duncan J. Melville, "Computation in Early Mesopotamia," in *Computations and Computing Devices in Mathematics Education before the Advent of Electronic Calculators*, ed. A. Volkov and V. Freiman (Switzerland: Springer Nature, 2018), 25–47。梅尔维尔强调了翻译这类古代文献及应用时可能遇到的困难;罗伯特·米德克-康林则指出,有关某些米索不达米亚数学泥板实用性的辩论仍在持续,详见 "The Mathematics of Canal Construction in the Kingdoms of Larsa and Babylon," *Water History* 12 (2020): 105–28。丹尼尔·曼斯菲尔德于 2021 年的研究让一部分翻译变得清晰多了,见其论文 "Plimpton 322: A Study of Rectangles," *Foundations of Science* 26 (2021): 977–1005。

4. 有关米索不达米亚人的土地使用与测量的信息及普林顿泥板扮演的角色,可参考曼斯菲尔德的解读。曼斯菲尔德发现了 Si. 427 号泥板本质上就是毕达哥拉斯定理,并对普林顿 322 号泥板与米索不达米亚人的乘法表的细节有了新的洞见。然而,他对于米索不达米亚人有关三角学方面的断言尚有他人论述,可参阅 Evelyn Lamb, "Don't Fall for Babylonian Trigonometry Hype," *Scientific American* (blog), August 29, 2017。

5. Duane Hamacher, "Stories from the Sky: Astronomy in Indigenous Knowledge," *The Conversation*, December 1, 2014; Ray P. Norris, Cilla Norris, Duane W. Hamacher, and Reg Abrahams, "Wurdi Youang: An Australian Aboriginal Stone Arrangement with Possible Solar Indications," *Rock Art Research* 30, no. 1 (2013): 55–65.

6. 托勒密还有一些有价值的资料,但现在大部分都已失传,其来源包括:尼多斯的欧多克斯,他可能是第一个在天文学中建立几何模型的人,也是我们将在第 2 章中遇到的穷竭法的先驱；昔兰尼的埃拉托色尼显然掌握了基本的纬度和经度，他只用圭表和简易测杆，便非常准确地推断出地球的大小；尼西亚的希帕恰斯是第一个系统地使用360度的圆来使行星运动的几何表示变得精确的人，而且他的数学与天文学造诣极高，甚至发现了昼夜平分点的岁差；帕加马的阿波罗尼奥斯在对锥形曲线的数学分析中使用了一种类似坐标系的工具，托勒密后来的理论就是直接建立在他的本轮和偏心行星运动模型的基础之上。

7. 比如，如果你正以每小时35英里的速度向东北方向运动，你的矢量将与两个坐标轴成45°的夹角，但其分量满足，当你用毕达哥拉斯定理可以算出矢量的大小时，仍然是35。于是，这一矢量可以表示为$(35/\sqrt{2}, 35/\sqrt{2})$。

你可以在图0-2中找到矢量$(35/\sqrt{2}, 35/\sqrt{2})$，并发现当你计算分量时需要用到$\sin 45° = \cos 45° = 1/\sqrt{2}$。如果你不熟悉三角学，你可以提前看看图3-4，弄清楚为什么计算竖直分量与水平分量时需要用到$\sin 45°$和$\cos 45°$。然后，利用毕达哥拉斯定理，你会发现$(35/\sqrt{2})^2 + (35/\sqrt{2})^2 = 35^2$，所以矢量是$(35/\sqrt{2}, 35/\sqrt{2})$，其大小为35。

8. 四维速度的分量与普通速度的分量类似，即（时空）坐标关于（固有）时间的导数。固有时间指可直接测量的时钟时间，即相对于观察者静止的时钟显示的时间。

9. 疯帽猜想指的是一种新的乘法（即我们在第1章与第4章中看到的非交换乘法）的结果，这一猜想是由维多利亚文学家梅拉妮·贝利（Melanie Bayley）提出的。

第1章

1. 汉密尔顿在他的《四元数讲义》的前言中说，他之所以找到了四元数，是因为他想要"将计算与几何联系起来"，并将这些计算"从平面转移到空间中"。后来他证明了如何进行三维旋转，详见 *Lectures on Quaternions* (Dublin: Hodges and Smith, London: Whittaker, and Cambridge: Macmillan, 1853), 269 (art. 282)。

2. 梅拉妮·贝利（"Alice's Adventures in Algebra"）指出的这一点以及其他例子都证明卡罗尔在取笑汉密尔顿。但另一种可能是，卡罗尔只是在区分逻辑规则与汉密尔顿的代数规则。

3. 汉密尔顿的电路类比来自他给他儿子阿奇博尔德写的一封信，被引用于Michael J. Crowe, *A History of Vector Analysis* (Notre Dame, IN: University of Notre Dame Press, 1967), 29–30。

4. 当访问都柏林圣三一学院的老图书馆时，阿姆斯特朗在汉密尔顿的一座雕像前停了下来，向他的导游解释了四元数是如何帮助宇宙飞船导航的: Estelle Gittins, July 19, 2019, https://www.tcd.ie/library/manuscripts/blog/tag/moon-landing/。

5. 我改编了可能源自毕达哥拉斯的一张图，该图来自T. L. Heath, *Translation of Euclid's Elements* (Cambridge: Cambridge University Press, 1925)，再次发表于John Stillwell, *Mathematics and Its History* (New York: Springer-Verlag, 1989), 7。有关欧几里得更复杂的证明，详见Carl Boyer, *A History of Mathematics*, rev. Uta Merzbach (New York: John Wiley and Sons, 1991), 108。

6. 不同的版本可以参阅以下来源: Library of Congress, https://www.loc.gov/item/2021666184/。

7. 现代数学家通常更喜欢将i定义为方程$x^2 + 1 = 0$的主解，而不是指定它为

$\sqrt{-1}$；换言之，i 通常是以其平方 $i^2 = -1$ 定义的，而不是作为一个平方根定义的。这是因为后者会导致以下矛盾：

$$-1 = i \times i = \sqrt{-1} \times \sqrt{-1} = \sqrt{(-1) \times (-1)} = \sqrt{1} = \pm 1$$

如果取结果中的 +1，则会得到 −1 = 1，这当然是错误的！

8. Brian E. Blank, "Book Review: An Imaginary Tale by Paul Nahin," *Notices of the AMS* (November 1999): 1233.

9. Al-Khwārizmī quoted in Boyer, *History of Mathematics*, 229; his geometrical way of completing the square, 231. Translation of *Al-jabr*..., and geometric example: Raymond Flood and Robin Wilson, *The Great Mathematicians* (London: Arcturus, 2011), 46–47.

10. 有关哈里奥特不平凡一生及其工作的进一步材料，参见 *Thomas Harriot: A Life in Science* (New York: Oxford University Press, 2019)，以及书中的参考资料。请注意，他死后出版的著作《使用分析学》是由他的朋友们整理汇编的，但显然他们并没有他本人一样优秀。而他的论文要比他们出版的这本书更精彩，其中包括了虚数的使用。

11. 有关代数符号的迷人演化历史，参见 Joseph Mazur, *Enlightening Symbols: A Short History of Mathematical Notation and Its Hidden Powers* (Princeton, NJ: Princeton University Press, 2014)。

12. 除了关于狭义相对论和 $E = mc^2$ 的论文，爱因斯坦在 1905 年还发表了另外两篇有关布朗运动和分子大小的重要论文，以及一篇有关光的量子理论的开创性论文。

13. 这一问题来自 CBS 43 泥板，为便于说明问题，我将问题的右边改为 21，而泥板上的数字是 41。泥板上的符号并不十分清楚，即使能够破译，也无法得到当时使用的简单整数解或两位数解（60 进制系统）。

14. *Canals, etc.*: Robert Middeke-Conlin, "The Mathematics of Canal Construction in the Kingdoms of Larsa and Babyon," *Water History* 12 (2020): 105–28.

15. 注意，早期的数学家（包括 12 世纪初的传奇波斯诗人、数学家奥马尔·海亚姆）已经发现了利用两条相交曲线解一些有正根的三次方程的纯几何方法：Boyer, *History of Mathematics*, 241; Flood and Wilson, *The Great Mathematicians*, 49。

16. 卡尔达诺求解方程 $x^3 = cx + d$ 的基本方法是：选择新变量 u、v，并令 $x = u + v$，$uv = c/3$。将以上两式代入方程，则有 $u^3 + v^3 = d$；通过 $uv = c/3$ 消去 v，则得到一个以 u^3 为新未知数的二次方程，可以用二次方程的公式求解。将 u^3 的解带入方程 $u^3 + v^3 = d$，求得 v^3。取 u^3 与 v^3 的立方根，求出 u、v，从而得出 $x = u + v$。这是一种很有创意的解法，而且没有使用现代符号，更容易记录思维过程。我给出的例子，$x^3 = 6x + 40$、卡尔达诺的算法及他的几何配立方，都出现在《大术》(*Ars Magna*) 的第 12 章，重新发表于 R. Laubenbacher and D. Pengelley, "Algebra: The Search for an Elusive Formula," in *Mathematical Expeditions, Undergraduate Texts in Mathematics* (New York: Springer, 1999), 230; https://doi.org/10.1007/978-1-4612-0523-4_5。

17. 比如，描述了光子、电子和其他亚原子粒子这类基本粒子的动力学的薛定谔方程中含有 i。使用复数形式也让人们更容易从数学上处理电磁波，因此，所有现代科技背后都有 i 的存在。

18. Jacqueline Stedall, "Rob'd of Glories: The Posthumous Misfortunes of Thomas Harriot and His Algebra," *Archive for History of Exact Sciences* 54, no. 6 (June 2000): 490.

伟大的数学家拉格朗日最早发现了这一点,见 Seltman, "Harriot's Algebra: Reputation and Reality," in *Thomas Harriot,* vol. 1, *An Elizabethan Man of Science,* ed. Robert Fox (Aldershot: Ashgate, 2000), 185。

19. 一个二次方程有 2 个解,一个四次方程有 4 个解,以此类推。日耳曼数学家彼得·罗特(Peter Roth)也在几乎同一时间指出了这种方程的次数与解数量之间的联系(1608, *Arithmetica Philosophica*),但他没有用符号写下方程,也没有探讨复数解。对于代数基本定理的严格证明,是在 200 年后由哈里奥特的因式构造给出的,尽管哈里奥特本人并没有这样说。他使用因子和符号得到复数解的一个例子,参见 British Library Manuscript 6783, fols. 157, 156。

20. 按照欧拉的方法或图 3–4、图 3–6 及第 3 章的有关讨论,你可以将一个复数 $a+ib$ 写成 $r(\cos\theta+i\sin\theta)=re^{i\theta}$ 的形式,其中 $r=\sqrt{a^2+b^2}$,θ 可以通过 $\cos^{-1}$ 和 $\sin^{-1}$ 函数求得。根据棣莫弗定理(或指数法则),这个数字的立方根为 $\sqrt[3]{(re^{i\theta})}=r^{1/3}e^{\frac{i(\theta+2k\pi)}{3}}$,当 k 分别等于 0、1、2 时,可以得到 3 个不同的根。将它们应用于 $\sqrt[3]{(2+11i)}+\sqrt[3]{(2-11i)}=r^{1/3}e^{\frac{i(\theta+2k\pi)}{3}}+r^{1/3}e^{\frac{i(-\theta-2k\pi)}{3}}=2r^{1/3}\cos\frac{(\theta+2k\pi)}{3}$,你就可以得到卡尔达诺方程的三个解,即 $x=4$,$x=-2+\sqrt{3}$,$x=-2-\sqrt{3}$。这种做法有些啰唆,但所有步骤都为高中或大学一年级的数学水平。

21. 哈里奥特的引言:British Library Additional Manuscript 6783 fol. 186。亦可参阅 Jacqueline Stedall, "Notes Made by Thomas Harriot on the Treatises of François Viète," *Archive for Exact Sciences* 62, no. 2 (March 2008): 179–200。

22. 塞尔特曼的引言见 "Harriot's Algebra," in *Thomas Harriot,* vol. 1, *An Elizabethan Man of Science,* ed. Robert Fox (Aldershot: Ashgate, 2000), 184。就哈里奥特对于复数解与负数解的使用,塞尔特曼分析了哈里奥特的手稿相较于他去世后出版的《使用分析学》(*Artis Analyticae Praxis*)的优点。

第 2 章

1. 声波反映了空气压力的变化,鹅卵石的冲击波在池塘的水中传播,但太阳光通过空旷的空间传播。那么,在光波中可能会有什么样的波纹呢?长期以来,人们一直假设存在无法检测的神秘物质以太,但麦克斯韦最终给出了答案(见第 6 章),参见玛丽·萨默维尔的回忆录:*Personal Recollections from Early Life to Old Age of Mary Somerville,* edited by her daughter Martha Charters Somerville(London: John Murray, 1873), 132。

2. 光学镊子利用激光束的辐射压力移动微小粒子,这是数学预言的另一个例子:麦克斯韦从数学上预言了辐射压力的存在,这一点在 30 年后的 1901 年通过实验得到了证实。*Maxwell on radiation pressure: Treatise on Electricity and Magnetism* (Oxford: Clarendon Press, 1873, 3rd edition (1891) reprinted in 1954 by Dover), 2:440–41 (arts. 792–93)。

3. 收藏家于 19 世纪 50 年代在埃及买下了阿默士当年的作品,它被称为莱因德莎草纸书,原件现存于大英博物馆。

4. 有关牛顿的描述,参见 Richard S. Westfall, *Never at Rest: A Biography of Isaac Newton* (Cambridge: Cambridge University Press, 1980)。韦斯特福尔也为《不列颠百科

全书》撰写了有关牛顿的条目。

5. 有关莱布尼茨的描述，参见 Philip P. Wiener, ed., *Leibniz Selections* (New York: Charles Scribner's Sons, 1951) 前言第一页。

6. 莱布尼茨指出，"微分小于任何给定的量"，而且，"如果某人不愿意接受无穷小量，则可以假定它们的值小到他认为必要的程度，从而不存在可比性，产生的误差也不会有任何后果，或者小于任何给定的大小"。牛顿表示："量及它们之间的比率在任何有限的时间内趋于相等，而且，在此时间结束之前比任何给定的差更接近彼此，最后趋于相等。"

其现代定义是，假设在合适的区间内有意义的任何 $f(x)$，如果对于任何大于零的数字 ε，都能找到另一个同样大于零的数字 δ，使 $f(x)$ 在 $a - \delta < x < a + \delta$ 时满足 $L - \varepsilon < f(x) < L + \varepsilon$，则 $\lim_{x \to a} f(x) = L$。对于 $f(x)$ 在 x 趋于无穷大时的极限，如果我们能找到一个数字 M，使当 $n > M$ 时，$f(x)$ 满足 $L - \varepsilon < f(x) < L + \varepsilon$，则有 $\lim_{x \to \infty} f(x) = L$。这一定义是在牛顿尝试定义极限的两个世纪后才由柯西和威尔斯特拉斯确定的。

7. 沃利斯在他的《无穷算术》一书中感谢了哈里奥特（以及奥特雷德和笛卡儿），参见 Boyer, *The History of Calculus and Its Conceptual Development* (New York: Dover, 1959), 170。有关沃利斯对哈里奥特的感激与钦佩的具体细节，参见 Stedall, "Rob'd of Glories," 481–90。牛顿第一次发表微积分，参见《原理》第二卷。尽管他在该书中的大部分证明均采用几何方法，但有时也会以代数符号形式给出微积分算法，比如第二卷第二部分的引理 2。

8. 沃利斯对抗费马等人，参见 Jacqueline Stedall, "John Wallis and the French: His Quarrels with Fermat, Pascal, Dulaurens, and Descartes," *Historia Mathematica* 39 (2012): 265–79。虽然沃利斯的观点有些夸张，但它们并非由笛卡儿首创，笛卡儿在撰写他著名的《几何学》之前是否曾经读过哈里奥特的《使用分析学》尚不清楚。当然，科学家各自独立做出某个发现并不罕见，而且笛卡儿在这方面的发展远超哈里奥特。但笛卡儿有时给出的资料来源确实不清楚，就连其法国同胞、韦达的编辑让·博朗格也指出了笛卡儿与哈里奥特二人工作中的相似之处。参见 Stedall, "Rob'd of Glories," 488–89, and Jacqueline Stedall, "Reconstructing Thomas Harriot's Treatise on Equations," in *Thomas Harriot*, vol. 2, *Mathematics, Exploration, and Natural Philosophy in Early Modern England*, ed. Robert Fox (Farnham, Surrey: Ashgate, 2012), 62, and also Carl Boyer, *The Rainbow: From Myth to Mathematics* (Princeton, NJ: Princeton University Press, 1987), 203, 211。

9. Excerpt from his biography in John Stillwell, *Mathematics and Its History* (New York: Springer-Verlag, 1989), 110–12.

10. See the Bodleian Library's description of J. Wallis, *A Collection of Letters and Other Papers*, MS e Mus. 203, at https://archives.bodleian.ox.ac.uk/repositories/2/resources/5805; and J. J. O'Connor and E. F. Robertson, https://mathshistory.st-andrews.ac.uk/Biographies/Wallis/.

11. 爱因斯坦对牛顿的评价来自 *Ideas and Opinions* (1954; New York: Three Rivers Press, 1982), 254–55。

12. 胡克对于行星运动的研究，参见 Michael Nauenberg, "Robert Hooke's Seminal Contributions to Orbital Dynamics," *Physics in Perspective* 7 (2005): 1–31。给予胡克应有

的尊重是很重要的，尽管我倾向于认为诺伯格夸大了胡克的数学能力，因为胡克的论点建立在一个单一结构的基础之上，而该结构很可能是在他读过牛顿的《论物体的运动》论文初稿之后于1685年提出的。胡克通过一种随距离直接变化的力来构建轨道，他使用了一种新颖的方法，但与《原理》中针对各种力和运动的数百种计算相比，这不过是一种计算而已。

13. 参见 letter to Halley quoted in Nauenberg, "Robert Hooke," 7。诺伯格称之为一种"谩骂"，但依我看，他在为胡克辩护时有点儿过激。关于现代数学、计算与创造性对比，帕特里克·班格特异想天开的报告［发表于 Australian Mathematical Society's *Gazette* 32, no. 3 (July 2005)］表明，许多数学家都认为他们的课题与模式、语言、艺术或逻辑之间的关系大于应用。同样，2021年7月，奥利·瓦尔纳报道了学会成员对澳大利亚数学课程修订建议的反馈，他们批评其过于功利的做法。充分运用数学当然是令人兴奋的，对于社会也至关重要，但瓦尔纳对此表示哀叹，该建议"并未做出足够的努力来传达数学的内在美，以及人们可以从学习与理解新的数学概念中获得的乐趣"。

14. 在蒸发过程中，热量提高了水分子的动能，使其能够逃脱将水分子结合成液体的电子键。紫色布料将较冷的紫色光反射到我们的眼中，同时吸收了热量，因此干得最快。

15. 牛顿想计算在向心力作用下下落物体的速度，并将力定义为同速度增量（I）与时间增量的商成正比，即 dv/dt 的一种几何/微分版本；但他也以现代方式找到了 v^2 的导数，通过 $[(v+I)^2 - v^2]/\Delta y$ 得到 $2vdv/dy$（他之所以使用 v^2，实际上是为了证明动能是力所做的功）。

16. 更多资料参考 *Seduced by Logic: Émilie du Châtelet, Mary Somerville and the Newtonian Revolution* (New York: Oxford University Press, 2012)。

第3章

1. 国际单位制的通用简写为SI。

2. 参见 David Marshall Miller, "The Parallelogram Rule from Pseudo-Aristotle to Newton," *Archive for History of Exact Sciences* 71 (2017): 157–91, esp. 161–66。按照现代标准，《力学问题》中仅包含一个初级的平行四边形法则，但很少有人理解其重要意义。

3. 45°假定你从正面射击，而不是有一定高度。参见 Michael Brooks, *The Art of More* (Melbourne: Scribe, 2021), 94。此段和下一段，要感谢布鲁克斯，同时也感谢 J. J. 奥康纳和 E. F. 罗伯逊撰写的关于塔尔塔里亚的文章（发表在圣安德鲁斯大学的 Mac Tutor 数学史档案网站上），见 https://mathshistory.st-andrews.ac.uk/Biographies/Tartaglia/#:~:text=Quick%20Info&text=Tartaglia%20was%20an%20Italian%20mathematician,published%20in%20Cardan%27s%20Ars%20Magna。

4. Miller, "Parallelogram Rule," 164.

5. Marlowe's Military Mathematics in Marlowe's 'Tamburlaine I and II,'" *Cahiers Élizabéthain* 95, no. 1 (2018): 19–39.

6. 伽利略和哈里奥特对落体运动与水平投射物的分析是正确的，但他们将抛射体的运动视为单一的减速运动，而不是各自独立的运动分量，参见 Matthias Schemmel, "Thomas Harriot as an English Galileo: The Force of Shared Knowledge in Early Modern Mechanics," in *Thomas Harriot*, vol. 2, *Mathematics, Exploration and Natural*

Philosophy in Early Modern England, ed. Robert Fox (Farnham, Surrey: Ashgate, 2012), 89–111, esp. 95, 97。

7. 伽利略、斯泰芬、笛卡儿与平行四边形法则，参见Miller, "Parallelogram Rule," 166, 167, 170, 183, 186。

8. 左侧的实心圆a和A代表两个球的起点。它们在中间发生碰撞并反弹到点状圆所示位置。图下方的计算考虑了球的速度和质量，哈里奥特研究的是在给定时间间隔x内发生的情况，因此速度以球之间线条的方向和长度来表示，类似于我们今天使用的矢量表示方法。

哈里奥特详细解释了他是如何运用平行四边形法则的。比如，他说如果没有碰撞，则在第二个时间间隔x内，球a将以相同的速度沿相同的路线ab继续运动，因此他在直觉上理解了牛顿第一定律。然而，碰撞后，这种运动被"转换"到平行线fc上。他强调，这并非实际的转换，而是为了"组合成明显的运动"。第二个球同样如此，AB的运动被转换到FC上。

通过组合每个球在碰撞前后的运动可以找到点f和F的位置。比如，对于第一个球，bf等于我们所说的两个矢量之和，即球的初始运动的垂直分量bd加上由大球的动量产生的额外运动的垂直分量。

利用动量守恒和动能守恒法则可以更容易地完成这一计算，但哈里奥特不知道这些概念。他的图示的对称性表明，他假定"冲量"是守恒的。注意，他在这里犯了一个小错误，参见Johannes Lohne, "Essays on Thomas Harriot," *Archive for History of Exact Sciences* 20, nos. 3/4 (1979): 189–312, and Jon V. Pepper, "Harriot's Manuscript on the Theory of Impacts," *Annals of Science* 33, no. 2 (1976): 131–51, DOI: 10.1080/00033797600200191。

9. Lohne, "Essays on Thomas Harriot," for an English translation from the original Latin.

10. Jacqueline Stedall, "Rob'd of Glories: The Posthumous Misfortunes of Thomas Harriot and His Algebra," *Archive for History of Exact Sciences* 54, no. 6 (June 2000): 483. *Wallis and Fermat*: Miller, "Parallelogram Rule," 171–72, 186–87.

11. 沃利斯试图找到形如$x^2 + 2bx + c^2 = 0$的二次方程复数解的求解方法。如果你还记得可以通过配平方法推导出二次方程的求根公式，你就会知道$x = -b \pm \sqrt{b^2 - c^2}$。当$b \geqslant c$时，沃利斯找到了一种利用实数数轴上的点表示两个解的方法。于是，他尝试用一种类似的方法处理当$b < c$时的复数解。他避免直接处理虚数单位i，而是使用笨重的三角形作图表示这些解。

12. 欧拉对e的定义的现代版本是$\lim_{x \to \infty}(1 + \frac{1}{n})^n$。虽然这一想法最早是由雅各布·伯努利在研究复利时提出的，但欧拉认识到了这个数字的威力，并让人们注意到它的存在。他也曾将其写成泰勒级数的形式，人们正是通过这一级数来计算e的多位小数近似值的，比如计算器上显示的2.718 281 828。

13. 有关欧拉及其方程，参见Ed Sandifer, "How Euler Did It," *MAA Online*, August 2007。亦可参阅 Carl Boyer, *History of Mathematics*, rev. Uta Merzbach (New York: John Wiley and Sons, 1991), 443–44 (and 441–42 on Euler and college math). *De Moivre and Newton: Orlando Merlino*, "A Short History of Complex Numbers," University of Rhode Island, January 2006。

14. 关于欧拉和费马大定理,后来的数学家发现费马在他的证明中未曾证明其中一步,但它是正确的。有关这一点,以及欧拉在证明中使用复数的事实,参见 Harold M. Edwards, "Fermat's Last Theorem," *Scientific American* 239, no. 4 (October 1978): 104–23。

15. 索菲·热尔曼没有发表她有关费马大定理的工作,但拉格朗日将他证明 $n = 5$ 时的一个结果归功于她。

16. 关于汉密尔顿的苹果和橘子,参见 Karen Hunger Parshall, "The Development of Abstract Algebra," in *The Princeton Companion to Mathematics*, ed. Timothy Gowers et al. (Princeton, NJ: Princeton University Press, 2010), 95–106, esp. 105。

17. Gauss quoted by Christian Gérini, "Argand's Geometric Representation of Imaginary Numbers," University of Toulon, January 2009, English trans. Helen Tomlinson, April 2017, online at http://www.bibnum.education.fr/sites/default/files/21-argand-analysis.pdf. See this also for Argand's "directed lines." *De Morgan quoted* in Raymond Flood and Robin Wilson, *The Great Mathematicians* (London: Arcturus, 2011), 143. *For more context on De Morgan*: Morris Kline, *Mathematics: The Loss of Certainty* (New York: Oxford University Press 1982), 155–56.

18. Babbage quoted in Dirk Struik, *A Concise History of Mathematics* (New York: Dover, 1967), 168.

19. Hamilton quoted in Janet Folina, "Newton and Hamilton: In Defense of Truth in Algebra," *Southern Journal of Philosophy* 50, no. 3 (2012): 515.

20. 汉密尔顿从负数/时间的科学到复数再到四元数的发展过程,参见 Explanation in the Historiography of Mathematics: The Case of Hamilton's Quaternions, *Studies in History and Philosophy of Science Part A* 26, no. 4 (1995): 593–616。

21. 关于德摩根论及汉密尔顿的数对,参见 Diana Willment, Complex Numbers from 1600 to 1840 (master's thesis, Middlesex University, 1985), 102. *Hamilton, symbolism, De Morgan*: Koetsier, "Explanation," 610。

22. Michael J. Crowe, *A History of Vector Analysis* (Notre Dame, IN: University of Notre Dame Press, 1967), 22; and Daniel Brown, *The Poetry of Victorian Scientists: Style, Science and Nonsense* (Cambridge: Cambridge University Press, 2013), 1. *Maria Edgeworth on Hamilton*: "Miss Edgeworth Advises," Royal Irish Academy (RIA) (blog), June 24, 2018, https://www.ria.ie/news/library-library-blog/miss-edgeworth-advises.

23. *Seduced by Logic: Émilie du Châtelet, Mary Somerville and the Newtonian Revolution* (New York: Oxford University Press, 2012), 195, 197–98.

24. RIA (blog), "Miss Edgeworth Advises," and Clare O'Halloran, "'Better without the Ladies': The Royal Irish Academy and the Admission of Women Members," *18th–19th Century Social Perspectives* (*History Ireland*) 19, no. 6 (November/December 2011): 42–46.

25. *Lectures on Quaternions*, 35.

第 4 章

1. Hamilton's letter to Archibald, 1865, in Robert P. Graves, *Life of Sir William Rowan Hamilton*, 3 vols. (Dublin: Hodges, Figgis, 1882, 1885, 1889), 2:434–35, widely quoted, e.g., in Michael J. Crowe, *A History of Vector Analysis* (Notre Dame, IN: University of Notre

Dame Press, 1967), 29. *Explaining to "my boys"*: letter to De Morgan, 1852, Graves, *Life of Hamilton* (1889), 3: #59, 307–8.

2. 关于代数／算术定律，比如，(3 + 2) + 5 = 5 + 5 = 10，在这种情况下，括号放在哪里无所谓，因为 3 + (2 + 5) = 3 + 7 也会得到 10。这叫作加法结合律，乘法也有类似的结合律。同样，2 × 3 = 3 × 2, 2 + 3 = 3 + 2。这就是著名的乘法交换律和加法交换律。皮科克也引入了乘法分配律，即 $a(b + c) = ab + ac$。

3. 对于一个普通的复数 $z = x + iy$，汉密尔顿证明可以取 $(x + iy)(x - iy) = x^2 + y^2$ 的平方根，以此定义这个数的"模"，即其大小或"绝对值"。此处等式左边的第二个因子是第一个因子的"共轭"，早在欧拉时代可能就有这种叫法。同样，两个复数的乘积的模等于两个模的乘积，这就是汉密尔顿所说的"模数定律"，在今天的教科书中用符号表示为 $|zw| = |z| \, |w|$。

比如，令 $z = x + iy, w = a + ib$，则有

$$|zw| = |(x + iy)(a + ib)| = |(xa - yb) + i(xb + ya)| = \sqrt{(xa - yb)^2 + (xb + ya)^2}$$

$$|z| \, |w| = \sqrt{(x^2 + y^2)(a^2 + b^2)} = \sqrt{(xa - yb)^2 + (xb + ya)^2}$$

所以，$|zw| = |z| \, |w|$。因此模数定律在二维空间中有效。

然而，在 $x + iy + jz$ 和 $a + ib + jc$ 的情况下，想让模数定律成立，就必须对 x、y、a、b 之间的关系做出简化，或者对 i、j、ij、ji 之间的关系做出简化。汉密尔顿正是这样尝试的，却导致模数定律崩溃了。

4. 汉密尔顿在他的《四元数讲义》的前言中解释了这一过程。

5. Augustus De Morgan, *Essays on the Life and Work of Newton*, edited, with notes and appendices, by Philip Jourdain (Chicago: Open Court, 1914). *Biographical notes on De Morgan*: Leslie Stephen, *Dictionary of National Biography* 14 (1885–1900), s.v. De Morgan; incidentally, Stephen was the father of the famous novelist Virginia Woolf. Also see, e.g., Carl Boyer, *History of Mathematics*, rev. Uta Merzbach (New York: John Wiley and Sons, 1991), 581.

6. Alexander MacFarlane, *Lectures on Ten British Mathematicians* (London: Chapman and Hall, 1916), chap. 3 (from a lecture delivered in 1901).

7. 学术界最近追溯了有关汉密尔顿的风言风语的演变，并将其置于当时女性的角色与社会约束的背景下进行考虑，从而描绘了他与海伦的生活中更为积极的画面，参见 Anne van Weerden and Stephen Wepster, "A Most Gossiped about Genius: Sir William Rowan Hamilton," *BSHM Bulletin* 33, no. 1 (2018): 2–20。

8. Christopher Hollings, Ursula Martin, and Adrian Rice: "The Early Mathematical Education of Ada Lovelace," *BHSM Bulletin* 32, no. 3 (2017): 221–34, and "Lovelace-De Morgan Correspondence: A Critical Re-appraisal," *Historia Mathematica* 44 (2017): 202–31. 注意巴贝奇的"引擎"遥遥领先于他的时代，所以从未投入生产。

9. De Morgan quoted in Janet Folina, "Newton and Hamilton: In Defense of Truth in Algebra," *Southern Journal of Philosophy* 50, no. 3 (2012): 511. 注意汉密尔顿和德摩根采用了不同的代数基础方法 (511–12)。

10. *Hamilton to De Morgan, 1841*, quoted, e.g., Michael J. Crowe, *A History of Vector Analysis* (Notre Dame, IN: University of Notre Dame Press, 1967), 27.

11. 对于三元组 $a + ib + jc$ 和 $x + iy + jz$，模数定律规定 $|(a + ib + jc)(x + iy + jz)| = |a + ib + jc||x + iy + jz|$。

等式的右边（RHS）刚好是 $(a^2 + b^2 + c^2)(x^2 + y^2 + z^2)$。现在处理左边（LHS），假定 $ij = -ji$，并在展开括号后考虑 LHS：

$$|ax - by - cz + i(ay + bx) + j(az + cx) + ij(bz - cy)| =$$
$$(ax - by - cz)^2 + (ay + bx)^2 + (az + cx)^2 + (bz - cy)^2$$

其中，最后一项必须与 RHS 平衡，但你只有通过将 $ij\,(bz - cy)$ 的共轭复数纳入模的定义才能得到最后一项，就像 ij 也和 i 和 j 一样是复数。这让汉密尔顿假定，为了解决三元数乘法问题，必须引入第三个虚数矢量 $k = ij$。

12. De Morgan quoted in Folina, "Newton and Hamilton," 505. Wordsworth on Hamilton's mediocre poetry: Daniel Brown, *The Poetry of Victorian Scientists: Style, Science and Nonsense* (Cambridge: Cambridge University Press, 2013), 1–2. Schrödinger: Crowe, *History of Vector Analysis*, 17. Schrödinger was referring to what is now called Hamiltonian dynamics, an alternative, coordinate-free form of the laws of motion, equivalent to Newton's approach but more flexible.

13. 关于汉密尔顿的涂鸦，仅在你假定可以在数字串的开头或结尾处消项，而且数对的乘积是反交换的情况下才能奏效。所以，为了从 $j^2 = ijk$ 得出 j，必须将其重写为 $j^2 = -jik$，然后两边消去 j，即可得到 $j = -ik = ki$。

14. 标量积仅仅是将分量相乘，所以 $\boldsymbol{p} \cdot \boldsymbol{q} = p_1q_1 + p_2q_2 + p_3q_3$ 表示一个数字或标量，而不是矢量。（在汉密尔顿的完整四元数乘积中，$\boldsymbol{p} \cdot \boldsymbol{q}$ 前面有一个负号，这一点后来颇具争议，我们将在第 7 章中看到。）

矢量积是矢量，记忆与计算 $\boldsymbol{p} \times \boldsymbol{q}$ 的分量形式的最容易方法就是通过行列式

$$\begin{vmatrix} i & j & k \\ p_1 & p_2 & p_3 \\ q_1 & q_2 & q_3 \end{vmatrix}$$。

15. Crowe, *History of Vector Analysis*, 35. *Cayley's life*: Tony Crilly, "Arthur Cayley: The Road Not Taken," *Mathematical Intelligencer* 20, no. 4 (1998): 49–53; Crilly also wrote the *Britannica* entry on Cayley.

16. 高斯消元法的计算机算法可以在多处找到，比如，Erwin Kreyszig, *Advanced Engineering Mathematics* (New York: Wiley, 1993), 976。

17. Crilly, "Arthur Cayley: The Road Not Taken," 51.

18. Tony Crilly, "The Rise of Cayley's Invariant Theory," *Historia Mathematica* 13 (1986): 241–54.

19. Eunice Foote, "Circumstances Affecting the Heat of the Sun's Rays," *American Journal of Science and Arts* (1856): 382–83. Roland Jackson, "John Tyndall: The Forgotten Cofounder of Climate Science," *The Conversation*, July 31, 2020.

20. 关于搜索引擎，两个矢量 $\boldsymbol{a}$ 与 $\boldsymbol{b}$ 之间的夹角的标量积形式是 $\boldsymbol{a} \cdot \boldsymbol{b} = |\boldsymbol{a}|\,|\boldsymbol{b}|\cos\theta$。我在相关描述中引用了兰维尔的精彩介绍，参见 "The Linear Algebra behind Search Engines: Focus on the Vector Space Model," *Convergence, Mathematical Association of America* (December 2006); https://www.maa.org /press/periodicals/loci/joma/the-linear-

algebra-behind-search-engines -focus-on-the-vector-space-model。

21. 关于谷歌网页排名算法，参见http://pi.math.cornell.edu/~mec/Winter2009/RalucaRemus/Lec ture3/lecture3.html。

22. 对人工智能、社交媒体和搜索算法的批评，可从许多著作或论文中看到。比如，Cathy O'Neill, *Weapons of Math Destruction: How Big Data Increases Inequality and Threatens Democracy* (New York: Crown Publishing, 2017); Safiyah Umoja Noble, *Algorithms of Oppression* (New York: NYU Press, 2018); Shoshana Zuboff, *The Age of Surveillance Capitalism: The Fight for a Human Future at the New Frontier of Power* (London: Profile Books, 2019)。

23. 弗拉纳里的算法未能获得安全协议的许可，但研究人员相信，事实将会证明非交换乘法是一种很有价值的加密工具。

24. 关于四元数旋转，在《四元数讲义》一书中，汉密尔顿简要描述了如下方法：

举一个简单的例子，要围绕 i 轴旋转矢量 p，你可以选择单位四元数 $U = \cos\theta + i\sin\theta$。然后，运用欧拉定理，你可以得到 $U = e^{i\theta}$。这种形式使乘法运算变得更容易，因为指数法则将乘法转换为加法，而且清楚地显示了它们与旋转之间的关系，如图3-8所示。

这样一来，就形成了一个新矢量：

$$a = UpU^{-1} = e^{i\theta} p\, e^{-i\theta} = e^{i\theta}(ix + jy + kz)e^{-i\theta}$$

如果你用汉密尔顿定义的 ij 替换 k，就会得到

$$a = e^{i\theta}(ix + jy + kz)e^{-i\theta}$$
$$= e^{i\theta}[ix + (y + iz)j]e^{-i\theta}$$
$$= e^{i\theta}(ix)e^{-i\theta} + e^{i\theta}(y + iz)je^{-i\theta}$$

下面是其中的高光部分。你还记得 $e^{-i\theta} = \cos\theta - i\sin\theta$ 吧，它让上式最后面的 $je^{-i\theta}$ 变为：

$$j(\cos\theta - i\sin\theta) = j\cos\theta - ji\sin\theta$$

根据汉密尔顿的定义，$ij = k = -ji$，从而得到：

$$j\cos\theta - ji\sin\theta = j\cos\theta + ij\sin\theta = (\cos\theta)j + (i\sin\theta)j = (\cos\theta + i\sin\theta)j = e^{i\theta}j$$

最后，运用指数定律和汉密尔顿有关 i、j、k 的乘法规则，得到矢量 p 在旋转之后的形式：

$$a = xi + e^{i2\theta}(y + zi)j = xi + e^{i2\theta}(yj + zk)$$

这看上去是正确的，p 是围绕 i 轴旋转的，它的分量 i 保持不变，因为它只在 j-k 平面上运动。因子 $e^{i2\theta}$ 表明，p 的分量 j 和 k 确实在 j-k 平面上发生了 2θ 度的旋转。（所以，如果你想让它旋转 θ 度，则令单位四元数为 $U = e^{i\theta/2}$。）

25. Justin Wyss-Gallifent's MATH431 lecture "Gimbal Lock," November 3, 2021: http://www.math.umd .edu/~immortal/MATH431/book/ch_gimballock.pdf.

26. 如果一个原子吸收了能量，它的电子就会跃迁到更高的能态。而当它们回到更稳定的初始状态时，原子就会释放出光子，并以彩色光谱线的形式出现。颜色与发射光的波长有关，波长又与能量变化的大小和原子的构成有关。女性天文学家安妮·坎农从1896年起就一直在哈佛大学天文台工作，不辞劳苦地对恒星光谱进行分类，以确定它们的化学成分，直至她1941年去世。

27. 实际上，与斯特恩–格拉赫实验的联系是后来建立的。乌伦贝克和戈德斯密特的值为±h/4π；符号取决于自旋轴与磁场一致还是相反，而大小是"归一化"后的普朗克常数h/2π的一半。这就是为什么现在说电子的自旋为1/2。

28. https://www.lorentz.leidenuniv.nl/history/spin/goudsmit.html.

29. 泡利矩阵与四元数之间的关系还表明，可以有一个实际上是矩阵的矢量空间。关键在于矢量的规则，如果某种事物具有等同于矢量的行为，即可将其作为矢量处理。

30. 狄拉克的新理论证明，电子、质子和中子所有这些构建物质的单元都有1/2奇数倍的自旋，它们因此被称为费米子（光子和其他被称为玻色子的粒子的自旋为整数。）

正是因为这个1/2，使你需要进行两次360°的旋转才能让一个费米子回归初始状态。这一发现来自你需要旋转一个量子粒子的自旋轴，与四元数表现出的数学性质类似。

31. 克莱因和奥帕特使用的是中子而不是电子，因为实验中的外磁场会对电子所带电荷产生过于强烈的干扰。他们用铁磁晶体将一束作为物质波传播的中子衍射成两部分，其中一部分与外磁场相互作用。（在量子力学中，"物质波"或"波函数"描述了粒子在特定时间与位置被检测到的概率。）他们发现，当一束波（或者说波的一部分）被旋转了360°或2π弧度的奇数倍（当然也包括2π本身）时，它将与未旋转的另一半波发生破坏性干涉，产生一种独特的干涉图样。而当进行2π的偶数倍旋转时，则不会发生破坏性干涉。因此，在进行2π奇数倍旋转的情况下，你需要再次推动自旋，使其总共经历2π偶数倍的自旋，比如4π，才能使干涉图样恢复正常。参见A. G. Klein and G. I. Opat, "Observation of 2π Rotations by Fresnel Diffraction of Neutrons," *Physical Review Letters* 37, no. 5 (August 2, 1976): 238–40。

32. http://www.europhysicsnews.org or http://dx.doi.org/10.1051/epn/2009802.

33. Brown, *Poetry of Victorian Scientists*, 7–9.

34. 想要了解目前的研究概况，参见Peter Rowlands and Sydney Rowlands, "Are Octonions Necessary to the Standard Model?," *Journal of Physics: Conference Series* 1251, 012044 (2019), DOI 10.1088/1742-6596/1251/1/012044. 其中一位研究人员是年轻的加拿大女性——科尔·富雷，另一位是加州大学的数学家约翰·贝兹。在2021年，贝兹做了一次更新，见https://math.ucr.edu/home/baez/standard/。

第5章

1. Robert P. Graves, *The Life of Sir William Rowan Hamilton*, 3 vols. (Dublin: Hodges, Figgis, 1882, 1885, 1889), 2:585–86.

2. Graves, *Life of Hamilton*, 2:586.

3. Michael J. Crowe, *History of Vector Analysis* (Notre Dame, IN: University of Notre Dame Press, 1967), chap. 3 (for more detail see Hans-Joachim Petsche, *Hermann Grassmann* [Basel: Birkhäuser, 2009]); Hamilton and Grassmann, Jean-Luc Dorier, "A General Outline of the Genesis of Vector Space Theory," *Historia Mathematica* 22 (1995): 227–61.

4. 1847 letter to Saint-Venant, quoted in Crowe, *History of Vector Analysis*, 56.

5. Crowe, *History of Vector Analysis*, 70–72.

6. 狂热的新政府曾对拉格朗日犹豫不决，但因为开创性化学家安托万·拉瓦锡等人的努力，他得以留下。

7. 一些文献显示还有两个孩子存活了下来，但无论如何，这都很可悲。难怪拉格朗日没有儿女。

8. 如果你将表示平行四边形的两条对边的两个矢量相乘，就会得到另一个矢量。（这让矢量积是"封闭的"。）矢量乘垂直于两个原始矢量所在的平面。但如果你通过格拉斯曼的外积让平行四边形的两条边相乘，则你得到的不是另一条"线"（因为格拉斯曼没有使用"矢量"这一术语），而是一个有向面积。所以，外积与矢量积的定义是有差别的。然而，它们的等价之处在于，你通过两条边的矢量积得到的矢量与格拉斯曼的有向面积的方向相同，大小也相同。

9. Hamilton's letter to Mortimer O'Sullivan was published in Graves, Life of Hamilton, 2:683.

10. *Herschel to Hamilton*, quoted in Graves, *Life of Hamilton*, 3:121.

11. Möbius, Apelt, Baltzer, quoted in Crowe, *History of Vector Analysis*, 78–80.

12. Möbius, Apelt, Baltzer, quoted in Crowe, *History of Vector Analysis*, 78–80.

13. Möbius, Apelt, Baltzer, quoted in Crowe, *History of Vector Analysis*, 78–80.

14. 关于安培与格拉斯曼之争，当时有一个颇具判断力的评价，参见Maxwell, *Treatise on Electricity and Magnetism*, 1891 (3rd edition of the 1873 original, Clarendon Press or Dover reprint), arts. 482, 509–510, 526。

最近人们通过实验方法与理论方法尝试做出判断，参见Christine Blondel and Bertrand Wolff, trans. Andrew Butricia, "Ampère's Force Law: An Obsolete Formula?" *Histoire de l'Électricité et du Magnetisme* (May 2009; trans. 2013, rev. 2021), http://www.ampere.cnrs.fr/histoire/parcours-histo rique/lois-courants/force-obsolete/eng。

上文是对最近的研究做出的一个客观综述。更详尽且最终支持安培的论述参见A. K. T. Assis and J. P. M. C. Chaib, *Ampère's Electrodynamics* (Apeiron, 2015), chaps. 14, 16.4, and conclusion, 491。另可参见Equivalence between Ampère and Grassmann's Forces, *IEEE Transactions on Magnetics* 32, no. 2 (March 1996): 431–36。

请注意，一些现代作者试图利用安培与格拉斯曼之争来质疑场论方法。

15. Joseph Kouneiher, "Broken Symmetry, Pointless Space and Leibniz's Legacy: The Origin of Physics," *Advanced Studies in Theoretical Physics* (September 2015), accessed from ResearchGate, https://www.researchgate.net/publication/281526332_Broken_symmetry_Point less_Space_and_Leibniz%27s_Legacy_the_origin_of_physics.

16. Graves, *Life of Hamilton*, 3:424.

17. Graves, *Life of Hamilton*, 3:441–42.

18. William Rowan Hamilton, *Lectures on Quaternions* (London: Whittaker, and Cambridge: Macmillan, 1853), e.g., 59, for multiplication by j and changing the orientation of a telescope.

19. 克罗进行了令人信服的论证，证明矢量分析起源于汉密尔顿及其继承者，而非格拉斯曼。

第 6 章

1. 关于麦克斯韦的生平与工作的通俗易懂的叙述，参见 *Einstein's Heroes: Imagining the World through the Language of Mathematics* (St. Lucia: University of Queensland Press, 2003; New York: Oxford University Press, 2005)。

2. Cargill Gilston Knott, *The Life and Scientific Work of P. G. Tait* (London: Cambridge University Press, 1911), 9. D. O. Forfar, "What Became of the Senior Wranglers?" *Mathematical Spectrum* 29, no. 1 (1996); available at www.clerkmaxwellfoundation.org.

3. Lewis Campbell and William Garnett, *The Life of James Clerk Maxwell* (London: Macmillan, 1882), 94–95. (There is a 1997 digital edition by Sonnet Software.)

4. 麦克斯韦的诗的完整标题是 "A Vision of a Wrangler, of a University, of Pedantry, and of Philosophy"。

5. Campbell and Garnett, *Life of Maxwell*, 175.

6. Obituary, *Proceedings of the Royal Society of Edinburgh* 10 (1878–80): 331–39. *His father's letter to Maxwell*: Campbell and Garnett, *Life of Maxwell*, 109. *His old teacher*: David O. Forfar and Chris Pritchard, "The Remarkable Story of Maxwell and Tait," *James Clerk Maxwell Commemorative Booklet* (Edinburgh, 1999), 3.

7. 关于斯托克斯定理，麦克斯韦将该定理的证明归功于汤姆森和泰特。汤姆森很可能是这个定理的创始人，因为他 1850 年就在给斯托克斯的一封信中提到了这个定理。维克多·J. 卡兹认为赫尔曼·汉克尔率先发表了该定理的证明（1861 年），但不如汤姆森的证明那样适用范围广。

8. 想象在一个圆周之内存在一个微小表面元素 dS，我们考虑在整个表面上对 dS 进行积分以计算面积。这里的 x 轴和 y 轴代表定义表面的两个维度，所以你可以认为，沿每个方向都有微小线段 dx 和 dy，它们是表面上的一个矩形元素的边。所以在曲面积分中，你是在对 dS = dxdy 进行积分。（因为表面是平面，这实际上只是一个双重积分而不是表面积分，其中 dS 比 dxdy 更复杂，因为它需要利用矢量确定表面的法线。）将其转换成极坐标（如图 2–3a 所示），并且不要忘记通过雅可比因子，可以得到 dS = dx dy = rdr dθ。对半径为 R 的圆的面积进行积分：

$$\text{面积} = \int_0^{2\pi} \int_0^R r\, dr\, d\theta = \int_0^{2\pi} \frac{1}{2} R^2\, d\theta = \pi R^2$$

如果你不熟悉雅可比因子，则对于极坐标，你可以想象一个角度为 dθ、半径为 r 的微小扇形，扇形的弧长 s 是 rdθ，径向元素的长度是 dr，所以面积元素为 rdr dθ。

9. 在很大程度上，庄园的幸存与修复要归功于庄园现任主人邓肯·弗格森的努力。我很高兴能与弗格森会面；有关他和格伦莱尔基金为麦克斯韦所做的工作，参见 http://www.glenlair.org.uk。

10. *Maxwell at British Association meeting*, recollected by William Swan, in Campbell and Garnett, *Life of Maxwell*, 236.

11. 静止的引力？太阳与行星当然在运转，但在轨道上的任意时刻，它们相对于彼此是静止的，并且有确定的距离。牛顿定律处理的正是这两个天体在这一距离上产生的力。

12. 有关拉格朗日势的简化数学公式为：功＝力×距离。因此，如果物体沿着垂直方向移动（如 y 轴方向），则 $W = fy$。如果力是恒定的，则这一公式没有问题，但对引力等随距离变化的力来说,你就需要使用积分方法,在力移动物体的所有点上使力乘上距离的增量并"求和"。

根据对力曲线下面积的计算,牛顿给出了一个几何积分定义,但按照莱布尼茨符号法,我们由 $W = \int_a^b f \, dy$,得出了 $F(b) - F(a)$,其中 F 是 f 的不定积分。(实际上,这一点只对包括引力在内的"保守力"有效,它们只取决于积分的端点;对于非保守力,比如摩擦力,你需要使用曲线积分。)

拉格朗日实际上证明的是 $f = \dfrac{dF}{dy}$,即在微积分入门课上教授的微积分基本定理,但拉格朗日将其推广到三维空间,允许力和距离沿任意方向运动,而非只能向上或向下。他由此发现力有3个分量:$\dfrac{\partial F}{\partial x}, \dfrac{\partial F}{\partial y}, \dfrac{\partial F}{\partial z}$。同牛顿一样,拉格朗日也认为力是一个矢量。但同汉密尔顿与格拉斯曼之前的所有人一样,他只研究分量,而非全局矢量。根据功与势之间的关系,F 被称为与力 f 相关的势,用符号 V 所示。1828年,乔治·格林率先使用了势这一术语。

13. 在使用 $\dfrac{\partial F}{\partial x}$ 这一偏导符号时,F 只对 x 求导,因此计算结果表明当 y 与 z 固定时 F 在 x 方向上的变化状况,其他两个符号的情况与此类似。

14. Maxwell, *Treatise on Electricity and Magnetism*, 2:175.

15. 这类只依赖于端点而与它们之间路径的性质无关的力叫作保守力,因为它们令能量守恒。比如,对牛顿引力来说,运动是径向的,因此平方反比定律可以写成 $m\ddot{r} = -\dfrac{GmM}{r^2}$,将其中的 $\ddot{r}$ 写成 $\ddot{r} = \dot{r} d\dot{r}/dr$ 并积分,即可求得当力将某物从点1移动至点2时所做的功:

$$m \int_{r_1}^{r_2} \dot{r} \, d\dot{r} = -GMm \int_{r_1}^{r_2} \dfrac{1}{r^2} \, dr \Longrightarrow \dfrac{1}{2} m \dot{r}^2 - \dfrac{GmM}{r}$$

结果是一个常数,这意味着,动能与势能之和守恒。该常数可以通过端点之间的定积分求得。

16. Maxwell, *Lecture on Faraday's Lines of Force*, a talk he presented in 1873, in his collected works, *The Scientific Letters and Papers of James Clerk Maxwell*, ed. P. M. Harman, 2 vols. (Cambridge: Cambridge University Press, 1990, 1995), 803.

17. 关于汤姆森与法拉第的场概念,参见 Ernan McMullin, "The Origins of the Field Concept in Physics," *Physics in Perspective* 4 (2002): 13–39 (esp. 14),这篇文章综述了麦克斯韦建立完整场论之前的场概念。

18. "James Clerk Maxwell's Scottish Chair," *Philosophical Transactions of the Royal Society A* (2008), 366, 1661–84, DOI:10.1098/rsta.2007.2177. Crilly, "Arthur Cayley: The Road Not Taken," 52.

19. 有关语言的选择,麦克斯韦在他1865年的论文开头解释了这一点,参见 J. Clerk Maxwell, "A Dynamical Theory of the Electromagnetic Field," *Philosophical Transactions of the Royal Society London* 155 [1865]: 459–512。他后来又完整地做出了解释,参见 *Treatise on Electricity and Magnetism*, 1:98–99 (art. 95), and vol. 2 (3rd ed.), 176–77 (art. 529)。他说,普通积分和有限空间内的曲线积分和曲面积分适用于远距离

作用的情况，而偏微分方程和在整个空间内的体积积分则是场的自然语言。

20. 麦克斯韦定义了两种类型的电流：一种是传统导体中的电流，比如线圈中的电流，它是电流密度的通量；另一种是电容器中的有效电流，他称之为位移电流，它与电容器板之间的电磁力变化通量成正比。

21. 积分学第一基本定理将积分与导数联系了起来：

$$\int_a^b f(x)\mathrm{d}x = F(b) - F(a)$$

其中，$F(x)$是$f(x)$的不定积分。换言之，假定函数可以积分与求导，则$f(x) = \mathrm{d}F(x)/\mathrm{d}x$。这意味着，你可以通过积分将$f(x)$转换为$F(x)$，或者通过求导将$F(x)$转换为$f(x)$。斯托克斯定理是这一想法的推广，你可以运用它将（单一）曲线积分变为（双重）曲面积分，反之亦然。同样，你可以运用散度定理，将曲面积分变为体积（三重）积分。麦克斯韦就是这样推导出高斯静电定律和磁性定律的微分形式的，参见 *Treatise on Electricity and Magnetism*, 1:68, 79, 98–99。

根据实验结果，我们可以将一个已知体积内包含的电荷e写成电荷密度ρ的体积积分：

$$e = \iiint \rho \, \mathrm{d}x \, \mathrm{d}y \, \mathrm{d}z \cdots \tag{1}$$

根据库仑定律，一个单位测试电荷作用于电荷e上的力为$R = e/r^2$，通过一个封闭表面的电通量为：

$$\iint R \cos \varepsilon \, \mathrm{d}S = 4\pi e, \cdots \tag{2}$$

此处，ε为力的方向角。麦克斯韦采纳了法拉第的说法，称$R \cos \varepsilon \, \mathrm{d}S$为通过封闭表面的电通量。他将$R$的分量标记为$X$、$Y$、$Z$，并将其与散度定理联系起来：

$$\iint R \cos \varepsilon \, \mathrm{d}S = \iiint \left(\frac{\mathrm{d}X}{\mathrm{d}x} + \frac{\mathrm{d}Y}{\mathrm{d}y} + \frac{\mathrm{d}Z}{\mathrm{d}z} \right) \mathrm{d}x \, \mathrm{d}y \, \mathrm{d}z \cdots \tag{3}$$

麦克斯韦将（1）乘4π，并令其等于（2），可得到：

$$\iint R \cos \varepsilon \, \mathrm{d}S = 4\pi \iiint \rho \, \mathrm{d}x \, \mathrm{d}y \, \mathrm{d}z \cdots \tag{4}$$

最后，令（3）=（4），并将（3）中的封闭表面视为（4）中体积的一个单元，可得到：

$$\frac{\mathrm{d}X}{\mathrm{d}x} + \frac{\mathrm{d}Y}{\mathrm{d}y} + \frac{\mathrm{d}Z}{\mathrm{d}z} = 4\pi\rho \cdots \tag{5}$$

如果你熟悉矢量运算，就会认出方程左边是R的散度。

正如麦克斯韦当时解释的那样，如果你可以用势能V来表示电场力，则式（5）即为拉普拉斯方程的泊松扩展。式（5）的矢量形式正是在麦克斯韦方程组中库仑定律的表现方式。

22. Albert Einstein, *Ideas and Opinions* (1954; New York: Three Rivers Press, 1982), 327.

23. 这是因为普通的波动方程是微分形式的，但为了推导出电磁波动方程，你也需要麦克斯韦对安培定律所做的理论上的改变，即加入位移电流。

24. Quotes are from Anne van Weerden, *A Victorian Marriage: Sir William Rowan*

Hamilton (Stedum, Netherlands: J. Fransje van Weerden, 2017), 10, 56, 326.

25. Van Weerden, *A Victorian Marriage*, 326.

26. Forfar and Pritchard, "Remarkable Story." *Quote from Barrie*: Raymond Flood, "Thomson and Tait: The Treatise on Natural Philosophy," in Raymond Flood, Mark McCartney, and Andrew Whitaker, *Kelvin: Life, Labours and Legacy*, Oxford Scholarship Online (May 2008): DOI: 10.1093/acprof:oso/9780199231256.001.0001. *Gill on Maxwell's teaching*: Reid, "Maxwell's Scottish Chair," 1673.

第 7 章

1. The Treatise on Natural Philosophy," in Raymond Flood, Mark McCartney, and Andrew Whitaker, *Kelvin: Life, Labours and Legacy* (Oxford: Oxford University Press, 2008) and Scholarship Online (2021), 176. DOI: 10.1093/acprof:oso/9780199231 256.003.0011.

2. Cargill Gilston Knott, *The Life and Scientific Work of P. G. Tait* (London: Cambridge University Press, 1911), 33, 43.

3. The equation appears in section 162 of Tait's *Sketch of Thermodynamics* (Edinburgh: Edmonston and Douglas, 1868). See also M. J. Klein, "Maxwell, His Demon, and the Second Law of Thermodynamics," *in Maxwell's Demon: Entropy, Information, Computing*, ed. Harvey Leff and Andrew Rex (Princeton, NJ: Princeton University Press, 1990), 85–86.

4. 有关麦克斯韦的综述，参见 *Scientific Papers of James Clerk Maxwell*, ed. W. D. Niven (Cambridge: Cambridge University Press, 1890), 326–27. 麦克斯韦致泰特，见 December 21, 1871, Knott, *Life of Tait*, 150。

5. *Maxwell to Tait* (with my emphasis), November 14, 1870, in Michael J. Crowe, *A History of Vector Analysis* (Notre Dame, IN: University of Notre Dame Press, 1967), 132; Maxwell to Campbell, October 19, 1872, in Lewis Campbell and William Garnett, *The Life of James Clerk Maxwell* (London: Macmillan, 1882), 186. Maxwell's "Classification" paper was published in *Proceedings of the London Mathematical Society* (March 9, 1871): 224–33.

6. November 7, 1870, quoted in Knott, *Life of Tait*, 167.

7. 麦克斯韦定义了发散的对立概念——"收敛"，参见 *Treatise on Electricity and Magnetism* (Oxford: Clarendon Press, 1873), 1:28 (art. 25)。麦克斯韦在他对 $\mathfrak{D}$ 的定义中使用了一个比例常数K，但他指出，对于空气，K = 1。因此，为了突出矢量的概念，我通常会使用他的方程，同时令各种电与磁的比例常数等于1。$\mathfrak{D}$ 是电位移，麦克斯韦在正文中给出的定义适用于各向同性物质。

8. Maxwell to Tait (with my emphasis), November 2, 1871, in Crowe, History of Vectors, 133.

9. 在电磁学中，与广义相对论相似的方程包括比安奇恒等式组，我们将在第13章略加探讨，参见 R. Arianrhod, A. W.-C. Lun, C. B. G. McIntosh, and Z. Perjés, "Magnetic Curvatures," *Classical and Quantum Gravity* 11 (1994): 2331–34。

10. Bruce Hunt (*The Maxwellians* [Ithaca, NY: Cornell University Press, 1991], 245).

11. 麦克斯韦定义了矢量势，使 *A* 的曲线积分（通过斯托克斯定理）等于磁场 ***B***（它是矢量势 *A* 的旋度）的曲面积分。他也用磁矩和电磁动量给了它一个物理解释，尽管这是通过数学类比进行的。比如，他选择了"电磁动量"这个术语，因为它在数学上的意义是一个力对时间的积分。也就是说，它对时间的导数是一个力，与普通的牛顿动量一样。

12. *Treatise on Electricity and Magnetism*, vol. 2 (3rd ed.), 258 (component form, 233, 248). Luciano Maiani and Omar Benhar, *Relativistic Quantum Mechanics* (Boca Raton, FL: CRC Press, 2016), 56; Ray D'Inverno, *Introducing Einstein's Relativity* (Oxford: Clarendon Press, 1992), 160; Walter Strauss, *Partial Differential Equations* (New York: Wiley, 1992), 342; Bernard Schutz, *A First Course in General Relativity* (Cambridge: Cambridge University Press, 1985), 211.

13. Campbell and Garnett, *Life of Maxwell*, 186.

14. 关于麦克斯韦的瓦特演讲，参见 *The Scientific Letters and Papers of James Clerk Maxwell*, ed. P. M. Harman, 2 vols. (Cambridge: Cambridge University Press, 1990, 1995), 791。

15. Tait's book, *Introduction to Quaternions*, was coauthored with his former teacher Philip Kelland. *Maxwell's review* (with my emphasis): *Nature* 9 (1873): 137–38; Crowe, *History of Vectors*, 133. *Newton*: letter to Halley, in, e.g., Nicolae Sfetcu, "Isaac Newton vs Robert Hooke on the Law of Universal Gravitation," SetThings (January 14, 2019), MultiMedia Publishing, DOI:10.13140/RG.2.2.19370.26567, Creative Commons.

16. Knott, *Life of Tait*, 149–50. *Kovalevsky*: Sophie Kowalevski, "Sur le problème de la rotation d'un corps solide autour d'un point fixe," *Acta Mathematica* 12 (January 1889): 177–232. It won the Prix Bordin in 1888.

17. 关于麦克斯韦的"物理推理"，参见 *Treatise on Electricity and Magnetism* 1:9 (art. 11)。

18. *Thomson to R. B. Hayward*, 1892, in Crowe, *History of Vectors*, 120.

19. Alexander MacFarlane, *Lectures on Ten British Mathematicians* (1916), chap. 5. Carl Boyer, *A History of Mathematics*, rev. Uta Merzbach (New York: John Wiley and Sons, 1991), 592; see also Monty Chisholm, "Science and Literature Linked: The Story of William and Lucy Clifford," *Advances in Applied Clifford Algebras* 19 (2009): 657–71.

20. Sally Shuttleworth, "Science and Periodicals: Animal Instinct and Whispering Machines," in Juliet John, ed., *The Oxford Handbook of Victorian Literary Culture* (2016), DOI: 10.1093./oxfordhb/9780199593736 .013.31.

21. Knott, *Life of Tait*, 270–72.

22. 四元数 q 的逆是 $q^{-1} = q^*/qq^*$，此处 q^* 是 q 的共轭复数。如果将 q 与 q^{-1} 相乘，你会发现结果确实等于 1。

23. 美国数学家戴维·赫斯特内斯于 20 世纪 60 年代率先认识到克利福德和格拉斯曼的张量分析对几何代数的重要性，从那时起，赫斯特内斯与其他人一起进一步发展了这一学科。

24. Knott, *Life of Tait*, 155.

25. 关于自由实用主义，参见 David Weinstein, "Herbert Spencer," in Edward Zalta, ed., *Stanford Encyclopedia of Philosophy* (Fall 2019), plato.stanford.edu。

26. Elfed Huw Price, "George Henry Lewes (1817–1878): Embodied Cognition, Vitalism, and the Evolution of Symbolic Perception," in *Brain, Mind and Consciousness in the History of Neuroscience*, ed. Chris Smith and Harry Whitaker (New York: Springer,

2014), 105–23. Gordon Haight, ed., *The George Eliot Letters* (New Haven, CT: Yale University Press, 1955), 5:401, 417, and 9n181.

27. "British Association, 1874" was published in the December 1874 issue of *Blackwood's*: Campbell and Garnett: *Life of Maxwell*, 8 (poem reprinted, 326).

28. Martin Goldman, *The Demon in the Aether* (Edinburgh: Paul Harris Publishing, 1983), 105.

29. 关于麦克斯韦的诗及相关变量，参见Raymond Flood, Mark McCartney, and Andrew Whitaker, *James Clerk Maxwell: Perspectives on His Life and Work* (Oxford: Oxford University Press, 2014)。

30. Campbell and Garnett, *Life of Maxwell*, 202.

31. Knott, *Life of Tait*, 261.

32. *Shaw to Lucy*: quoted in Chisholm, "Science and Literature Linked," 668.

第8章

1. Bruce Hunt coined the term "Maxwellians," in his *The Maxwellians* (Ithaca, NY: Cornell University Press, 1991). James Rautio, "Twenty-three Years: Acceptance of Maxwell's Theory," *Applied Computational Electromagnetics Society Journal* 25, no. 12 (December 2010), 998–1006.

2. Here and in the following paragraphs I've drawn on Bruce Hunt, "Oliver Heaviside: A First-Rate Oddity," *Physics Today* 65, no. 11 (2012): 48–54, DOI: 10.1063/PT.3.1788; Jed Buchwald, "Oliver Heaviside, Maxwell's Apostle and Maxwellian Apostate," *Centaurus* 28 (1985): 288–330; I. Yavetz, *From Obscurity to Enigma: The Work of Oliver Heaviside, 1872–1889* (Basel: Springer, 2011); and Heaviside's papers, which I'll generally cite as I go.

3. *Maxwell's Reference to Heaviside* was added to his list of errata (p. 2) for vol. 1, with reference to p. 404. *Heaviside on Maxwell's Treatise*: Rautio, "Twenty-three Years."

4. Oliver Heaviside, *Electromagnetic Theory* (London, 1893; New York: Chelsea Publishing, 1971), 1:14.

5. Heaviside, *Electromagnetic Theory*, 1:136.

6. Heaviside, *Electromagnetic Theory*, 1:137, 139.

7. *Electromagnetic Theory*, 1:137, 142, 149. *His drollery*: *Electromagnetic Theory*, 1:135.

8. *Engineering* 46 (1888): 352; cited in Hunt, "Oliver Heaviside," 52–53.

9. Heaviside, *Electromagnetic Theory*, 1:203; *Murdering potentials*: letter to FitzGerald, quoted in Rautio, "Twenty-three Years," 1004.

10. 在大多数本科教材中，麦克斯韦的方程都是用 E 和 B 书写的，但赫维赛德用的是 E 和 H，这一点很特殊。麦克斯韦曾区分了磁感应或磁场 B（一个通量）和磁力 H。如果磁场完全是由磁力诱导产生的，则 $B = \mu H$，此处 μ 是磁介电常数的系数。这是赫维赛德使用的定义，所以，在使用他的方程时可以直接将 H 改为 B。他也曾用过以力 E 表示的麦克斯韦电位移 D 的定义，即 $D = cE/4\pi$。

今天有些人仍会使用 H，但 B 令赫维赛德的方程更对称。有些人在散度方程中也同麦克斯韦与赫维赛德一样使用 D 而非 E。

11. 对局域能量来说，势不是物理的，有关这一点的详细解释参见Buchwald, Oliver Heaviside, 293。关于麦克斯韦的波动方程，参见 *Treatise* 2, 434。关于用磁场表示的麦克斯韦方程，参见 A Note on the Electromagnetic Theory of Light, *Philosophical Transactions of the Royal Society* 158 (1868): 643–57, esp. 655。在这篇 1868 年的论文中，麦克斯韦的 4 个场方程与现代形式还有较大的差别，但他从中推导出了磁场的波动方程。而这正是赫维赛德在"抹杀"势的时候想要做的事。可惜的是，麦克斯韦没有在这条路上继续走下去。但正如赫维赛德指出的那样，麦克斯韦在他的论文中没有正确评价他自己的理论，而是对当时电磁学方面的研究进展做出了出色的综述。麦克斯韦说明了他是如何从过去已知的工作中发展自己的理论的，以及他这样做的原因，并且比较了他与其他人的远距离作用模式的差别，但他确实不善于推销自己。

12. 这 4 个方程在不同的文章中看上去略有不同，主要取决于电常数与磁常数的选择。尤其是，光速 c 时常被设为 1。

13. 赫维赛德对麦克斯韦方程组中电场和磁场之间的对称性如此着迷，以至于在方程 $\nabla \cdot \boldsymbol{B} = 0$ 中加入了一个虚构的"磁电荷"（从而假定存在磁单极子，这与狄拉克在近半个世纪后的行为颇为相似），在 $\nabla \times \boldsymbol{E}$ 方程中加入了一个"磁电流"。但它们目前还没有已知的物理基础（除了人为产生的短暂存在的量子单极子），因此它们通常被排除在现代电磁方程之外。这意味着，除了矢量形式之外，现代电磁方程确实是麦克斯韦方程。

14. 在《电磁通论》中，麦克斯韦给出了定义 $\boldsymbol{A} = \int \boldsymbol{E} \, dt$（它等价于 $\boldsymbol{E} = -d\boldsymbol{A}/dt$）。对该方程两边取旋度，并引用麦克斯韦的定义 $\boldsymbol{B} = \nabla \times \boldsymbol{A}$，同时注意互换导数的次序，可以得到：

$$\nabla \times \boldsymbol{E} = -\frac{d}{dt}(\nabla \times \boldsymbol{A}) = -\frac{d\boldsymbol{B}}{dt}$$

或者列出我在正文中给出的麦克斯韦方程：

$$\boldsymbol{E} = \boldsymbol{v} \times \boldsymbol{B} - \frac{d\boldsymbol{A}}{dt} - \nabla \phi$$

然后，对方程两边取旋度。利用恒等式 $\nabla \phi = 0$，去掉最后一项。如果不存在运动电荷，则电场仅仅是由随时间变化的磁场诱导产生的，由此可得 $\boldsymbol{v} = 0$，以及 $\nabla \times \boldsymbol{E} = -\frac{d}{dt}(\nabla \times \boldsymbol{A}) = -\frac{d\boldsymbol{B}}{dt}$。

15. 关于麦克斯韦的 5 个矢量（四元数）方程，参见 *Treatise* 2:258–59。赫维赛德认为，按照他的形式写出的方程仍然应该叫作麦克斯韦方程，参见 *Electromagnetic Theory*, vol. 1, preface (fifth page), and 69。赫兹表示赞同：Rautio, "Twenty-three Years," 1005。

16. Heaviside, *Electromagnetic Theory*, 1:297.

17. 吉布斯先受到了麦克斯韦的启发，走出了自己的道路，而且是独立于格拉斯曼的道路。我们是从他写给维克托·施莱格尔的信中知道这一点的，这封信后来得以发表，被收入吉布斯的学生林德·费尔普斯·惠勒的书中，参见 *Josiah Willard Gibbs: The History of a Great Mind* (New Haven, CT: Yale University Press, 1952)。

18. "On the Role of Quaternions in the Algebra of Vectors," *Nature* 43 (April 2, 1891):

511–13. *Heaviside* (incl. "hermaphrodite monster" quote and citation): *Electromagnetic Theory*, 1:137–38, 301.

19. Peter Guthrie Tait, "The Role of Quaternions in the Algebra of Vectors," *Nature* 43 (April 30, 1891): 608. For a detailed analysis of the vector wars on which I've gratefully drawn, see Michael J. Crowe, *A History of Vector Analysis* (Notre Dame, IN: University of Notre Dame Press, 1967), chap. 6.

20. Cargill Gilston Knott, *The Life and Scientific Work of P. G. Tait* (London: Cambridge University Press, 1911), 185.

21. Knott, *Life of Tait*, 185; Alexander Macfarlane, "Principles of the Algebra of Vectors," *Proceedings of the American Association for the Advancement of Science* 40 (1891, published 1892): 65–117; Alexander McAulay, "Quaternions {379} as a Practical Instrument of Physical Research," *Philosophical Magazine*, 5th ser., 33 (June 1892): 477–95; Crowe, *History of Vectors*, 189–97.

22. 关于马丁·里斯为解决这些问题提出的建议，参见 *If Science Is to Save Us* (Cambridge: Polity Press, 2022)。

23. McAulay quoted in Crowe, *History of Vectors*, 195. *Ida McAulay*: Bruce Scott, "McAulay, Alexander," *Australian Dictionary of Biography*, adb.anu.edu.au.

24. *Tait's review of McAulay*: *Nature* 49 (December 28, 1893): 193–94.

25. Heaviside, "Vectors versus Quaternions," *Nature* (April 6, 1893): quoted in Crowe, *History of Vectors*, 200. *Hydroelectricity*: Scott, "McAulay, Alexander"；Carol Raabus and Leon Compton, "The Engineering Feats of Tasmania's Hydroelectric System," ABC Radio, July 29, 2013.

26. Gibbs, "Quaternions and the Algebra of Vectors," *Nature* 47 (March 16, 1893): 463–64.

第 9 章

1. I. Grattan-Guinness, "A Mathematical Union: William Henry and Grace Chisholm Young," *Annals of Science* 29, no. 2 (August 1972): 117–18.

2. 关于纽纳姆的历史，参见 https://newn.cam.ac.uk/about/history/history-of-newnham/。女性直至 1920 年才被允许在牛津大学得到正式学位，而在剑桥大学还要等到 1948 年。

3. Cayley and Tait's letters are in Cargill Gilston Knott, The Life and Scientific Work of P. G. Tait (London: Cambridge University Press, 1911), 154–96.

4. 截至本书写作之时，这些机器做出的许多预言尚有待实验证实，但它们仍可以为基因组学研究指出方向。

5. 一元二次方程 $ax^2 + bx + c = 0$ 有两个解：$x = (-b \pm \sqrt{b^2 - 4ac})/2a$。如果我们将 x 变换为 $x' = x + h$，则二次方程变为 $ax'^2 + bx' + c = 0$，其解为 $x' = (-b \pm \sqrt{b^2 - 4ac})/2a$。由此可见，判别式保持不变，仍为 $b^2 - 4ac$。但原方程的解有所改变，因为平移之后方程的解是 $x' = x + h = (-b \pm \sqrt{b^2 - 4ac})/2a$，这意味着 $x = (-b - 2ah \pm \sqrt{b^2 - 4ac})/2a$，与原来的解 $x = (-b \pm \sqrt{b^2 - 4ac})/2a$ 不相等。

6. Michael J. Crowe, *A History of Vector Analysis* (Notre Dame, IN: University of

Notre Dame Press, 1967), 212, 214. *Grace Chisholm on Cayley*: Grattan-Guinness, "A Mathematical Union," 117.

7. Crowe, *History of Vectors*, 214. {378}

8. Crowe, *History of Vectors*, 217.

9. He mentioned anti-Semitism in connection with his job-hunting in a letter to Mileva Marić on March 27, 1901: *Collected Papers of Albert Einstein*, vol. 1, ed. John Stachel, David C. Cassidy, and Robert Schulmann (Princeton, NJ: Princeton University Press, 1987; English Supplement translated by Anna Beck), document 94, https://einsteinpapers.press.princeton.edu/vol1-trans/182.

10. 在正文中提及的 1901 年 3 月 27 日的信中（参见https:// einsteinpapers.press.princeton.edu/vol1-trans/182），爱因斯坦期待着"我们一起将我们俩的相对运动研究推向成功的结论"的那一天。一些学者引用这句话，作为爱因斯坦和马里奇共同研究相对论的证据，尽管上下文及"成功的结论"等词也暗示这可能是对他们婚姻计划（因亲戚的反对、米列娃拿不到毕业证及爱因斯坦处于失业状态而搁置）的隐喻。据我所知，在现存爱因斯坦写给米列娃的信中，提及相对论的有几封信，其中包括 1899 年 9 月 10 日的一封信（参见 *Collected Papers of Albert* Einstein, vol. 1, document 54），他在这封信中告诉米列娃，他有了一个关于以太的相对运动如何影响光速的想法，并补充说，"说到这里就可以了"（因为她正在努力准备毕业考试）。而他在 1899 年 9 月 10 日的信中未曾提到"我们"的理论，1901 年 12 月 17 日的信也没有。显然，从他们俩的信件来看，马里奇从未就此话题发表过评论，相反，她主要谈论与她的考试相关的主题。如果我们能知道他们在一起时发生什么就好了！爱因斯坦畅想了两人共同进行科学研究的早期梦想，他告诉马里奇，和她分离的日子里，他缺乏自信和工作乐趣。马里奇在这段时间的信件保存至今的很少，仅有的几封也只专注于她的梦想，即结婚、通过毕业考试和攻读博士学位（她的毕业论文是关于热量和能量的，与相对论无关）等。至于她"为爱因斯坦做数学计算"这一点，他们在 1900 年的考试成绩表明，爱因斯坦的数学成绩优异，而马里奇不及格。考试成绩当然不能说明一切，但断言爱因斯坦不胜任数学计算的说法可以休矣。我认为，为了更公正地对待马里奇作为女性科学先锋的地位，我们可以从审视那些破坏她职业生涯的偏见入手，而不是传播没有明确证据的谣言。

11. 麦克斯韦的想法可见他为第 9 版《不列颠百科全书》(1878, 8:568–72) 撰写的条目"以太"，更详细的表达可见他写给戴维·佩克·托德的信（1879 年 3 月 19 日），几个月后他就去世了。托德意识到这一想法的重要性，便将信件转寄给斯托克斯，后者又将它递交给皇家学会并发表在学会纪要中："'On a possible method of detecting the motion of the solar system through the luminiferous ether' by the late Professor J. Clerk Maxwell," *Proceedings of the Royal Society*, January 22, 1880, 108–10。迈克尔逊研究过这封信，因为他当时在托德的办公室工作，参见 Robert Shankland, "Michelson and His Interferometer," *Physics Today* 27, no. 4 (1974): 37, DOI: 10.1063/1.3128534。在他们报告结果的论文中，迈克尔逊和莫雷提到，考虑到证伪结果，未来可能需要进行木星卫星实验，但他们没有引用麦克斯韦的观点，或许他们不知道他的信已经发表，参见 Albert A. Michelson and Edward W. Morley, "On the Relative Motion of the Earth and the Luminiferous Ether," *American Journal of Science*, ser. 3, 34, no. 203 (November 1887): 345。

12. 麦克斯韦假定电荷是连续分布的，因此在他的方程中有电荷密度 ρ 和电流密

度 *J*。劳伦兹证明了这些密度是电荷（点）分布的近似值或者平均值，麦克斯韦方程在这些点上是奇异的，但在其他区域都成立。

13. 爱因斯坦于1905年6月5日向科学院提交了关于这篇论文的初步"说明"，并在几年前写下了一些相关想法。有关爱因斯坦1905年的论文的英文译文，参见 A. Einstein, "On the Electrodynamics of Moving Bodies," in H. A. Lorentz et al., *The Principle of Relativity* (New York: Dover, 1952), 37–65。

14. 从1910年起，费利克斯·克莱因就一直在研究作为爱因斯坦狭义相对论基础的劳伦兹群。他声称："如果真要这样做，可以用'有关群的相对论'这个术语代替'有关变换群的不变性理论'。"对此，马丁·里斯建议，如果用"不变性理论"代替"相对论"，则可避免"在人类语境中与相对主义的误导性类比"。

15. Grattan-Guinness, "A Mathematical Union," 128–29.

16. 对这些有关四维空间的努力及其背景的精彩描述（包括布尔和超平方类比），参见 Nicholas Mee, Celestial Tapestry: *The Warp and Weft of Art and Mathematics* (Oxford: Oxford University Press, 2020)。

17. 关于狭义可对论中（双）四元数的现代分析，参见 Joachim Lambek, "In Praise of Quaternions," *Comptes Rendues Mathematical Reports*, Academy of Sciences, Canada, 35, no. 4 (2013): 121–36; https://www.math.mcgill.ca/barr/lambek/pdffiles/Quater2013.pdf。汉密尔顿本人研究过双四元数，它们带有附属系数。

18. Michael White and John Gribbin, *Einstein: A Life in Science* (London: Simon and Schuster, 1993), 39. *Minkowski on quaternions*: Scott Walter, "Breaking in the 4-vectors: The Four-dimensional Movement in Gravitation, 1905–1910," in *The Genesis of General Relativity*, ed. Jürgen Renn (Dordrecht: Springer, 2007), 3:212.

19. Minkowski quoted in Constance Reid, *Hilbert* (Berlin: Springer-Verlag, 1970), 105, 112.

20. 这一间隔告诉你，应该如何考虑在两个地点和时间的两个事件之间的距离：

$$\sqrt{(x_2-x_1)^2 + (y_2-y_1)^2 + (z_2-z_1)^2 - [c(t_2-t_1)]^2}$$

如果你在空间内的同一点上先后观察到两个事件，则这一间隔表示这两个事件在你自己的时钟中相隔的时间（因为 x_2-x_1, y_2-y_1, z_2-z_1 全都为零）。这叫作"原时"。同样，如果你在同一时刻测量两个事件，则度量会告诉你它们之间的"原距"（因为现在 t_2-t_1 为零）。但正如劳伦兹变换显示的那样，一个相对运动的观察者对这些时间和距离并无认同，因为你们都只认同这一间隔作为整体的不变性。

顺便说一下，为了将这个二次间隔度量的"签名"（人们这样称呼它）变为++++而非+++−，闵可夫斯基将时间变成了虚数。

21. H. Minkowski, "Space and Time," 1908, English translation in H. A. Lorentz et al., *Principle of Relativity*, 75–91. Turning red: Reid, *Hilbert*, 92. On the 1907 lecture: Walter, "Breaking in the 4-vectors," 219.

22. Reid, *Hilbert*, 115.

23. Crowe, *History of Vectors*, 92.

24. 速度等于距离除以时间，所以在三维空间内，可以用毕达哥拉斯的距离定理将光速定义为：

$$c^2 = (x^2 + y^2 + z^2)/t^2$$

当然，这一等式还有另一种形式：

$$x^2 + y^2 + z^2 - (ct)^2 = 0$$

等式左边的表达式在洛伦兹变换下是不变的，这意味着，当坐标 (x, y, z, t) 与 (x', y', z', t') 因为劳伦兹变换而产生联系时，你可以得到 $x^2 + y^2 + z^2 - (ct)^2 = x'^2 + y'^2 + z'^2 - (ct')^2$，所以，在 (x', y', z', t') 参考系内光速仍然为 c。

25. William Thomson, "Elements of a Mathematical Theory of Elasticity," *Philosophical Transactions of the Royal Society of London* 146 (1856): 481–98; Augustin Cauchy, "Sur les equations qui experiment les conditions d'équilibre ou les lois du mouvement intérieur d'un corps solide, élastique ou nonélastique," *Exercises de Mathématiques* 3 (1828): 160–87.

26. Maxwell, *Treatise on Electricity and Magnetism* (Oxford: Clarendon Press, 1873), 2:278–81.

27. 闵可夫斯基曾称这些特定的双指标量为"第二类矢量"，索末菲尔德则称其为"六矢量"。我们今天简单地称其为张量，在这种情况下则称其为二阶反对称张量或二阶张量，"阶"在这里指其分量的指标数量。（如果这些张量是通过空间而不是在一点上定义的，则它们实际上是张量场。）

第 10 章

1. Banesh Hoffmann, *Einstein* (Frogmore: Paladin, 1975), 55. *Grossmann seeing Einstein's greatness*: see my *Young Einstein* and references therein.

2. Albert Einstein, *Ideas and Opinions* (1954; New York: Three Rivers Press, 1982), 289.

3. Judith Goodstein, *Einstein's Italian Mathematicians* (Providence, RI: American Mathematical Society, 2018), 95.

4. 关于高斯、测绘与最小二乘法，参见 Martin Vermeer and Antti Rasilia, *Map of the World: An Introduction to Mathematical Geodesy* (Milton Park, UK: Taylor and Francis, 2019), 181; Frank Reid, "The Mathematician on the Bank Note: Carl Friedrich Gauss," *Parabola* 36, no. 2 (2000). 尽管高斯从 1825 年开始不再参与实地测绘，但他仍然领导这项工作，直至它于 1844 年完成。

5. 实际上，闵可夫斯基和爱因斯坦书写的这一度量的正负号是颠倒的：$ds^2 = -dx^2 - dy^2 - dz^2 + c^2t^2$，或者 $ds^2 = c^2t^2 - dx^2 - dy^2 - dz^2$。人们将对符号的选择称为"签名"，而对我们来说，关键在于时间导数与空间导数的符号相反。

6. The page numbers here (and elsewhere) refer to the English version of Gauss's 1828 paper, *General Investigations of Curved Surfaces of 1827 and 1825*, by Karl Friedrich Gauss, translated by James Morehead and Adam Hiltebeitel, Project Gutenberg, 2011 (from the 1902 edition, Princeton: Princeton University Library); https://www.gutenberg.org/files/36856/36856-pdf.pdf.

针对二维表面，高斯将他的 3 个坐标 x、y、z 变换为两个新变量的函数，并称这两个新变量为 p、q。所以，你可以将这一（线性）坐标变换写成：

$$x = f(p, q), y = g(p, q), z = h(p, q)$$

根据链式法则，可以得到高斯符号形式的表达式：

$$dx = \frac{\partial f}{\partial p} dp + \frac{\partial f}{\partial q} dp = a\, dp + a'\, dp$$

（遗憾的是，高斯也和黎曼一样，使用了带撇号的相同字母而非不同的字母。）

同样，$dy = bdp + b'dq$, $dz = cdp + c'dq$。如果你求这些表达式的平方并让它们相加，则可以得到：

$$dx^2 + dy^2 + dz^2 = (a^2 + b^2 + c^2)dp^2 + 2(aa' + bb' + cc')dpdq +$$
$$(a'^2 + b'^2 + c'^2)dq^2 = Edp^2 + 2Fdpdq + Gdq^2$$

此处，高斯使用了 E、F、G 来简化表达式。令人神往的是，你可以根据标量积的代数定义看到，E、F、G 正是我们现在所说的矢量标量积：

$$\boldsymbol{v} = a\boldsymbol{i} + b\boldsymbol{j} + c\boldsymbol{k}, \boldsymbol{v}' = a'\boldsymbol{i} + b'\boldsymbol{j} + c'\boldsymbol{k}$$

换言之，

$$E = \boldsymbol{v} \cdot \boldsymbol{v}, F = \boldsymbol{v} \cdot \boldsymbol{v}', G = \boldsymbol{v}' \cdot \boldsymbol{v}'$$

这两个矢量是坐标轴 p、q 上的单位切线矢量，为看到这一点，可以利用括号符号表示矢量的方法，考虑无穷小的位移矢量：

$$d\boldsymbol{r} = (dx, dy, dz) = (a, b, c)\, dp + (a', b', c')\, dq = \boldsymbol{v}dp + \boldsymbol{v}'dq$$

切线矢量可以用上式对两个坐标求导得到，与我们对一个普通函数求导以获得其切线斜率的方法相同：

$$\frac{d\boldsymbol{r}}{dp} = \boldsymbol{v}, \frac{d\boldsymbol{r}}{dq} = \boldsymbol{v}'$$

这两个矢量的标量积的几何定义是 $\boldsymbol{a} \cdot \boldsymbol{b} = |\boldsymbol{a}||\boldsymbol{b}| \cos \theta$，因为 $|\boldsymbol{a}| = \sqrt{\boldsymbol{a} \cdot \boldsymbol{a}}$，所以这两条切线矢量之间的夹角是：

$$\cos \theta = \frac{\boldsymbol{v} \cdot \boldsymbol{v}'}{\sqrt{(\boldsymbol{v} \cdot \boldsymbol{v})(\boldsymbol{v}' \cdot \boldsymbol{v}')}} = \frac{F}{\sqrt{EG}}$$

后来的数学家将该式推广到任意度量与任意维数，并将度量系数写作 g_{ij}。在二维情况下，则有

$$\cos \theta = \frac{g_{12}}{\sqrt{g_{11}g_{22}}}$$

为求曲面的曲率，将这些公式应用于各边由坐标轴围成的三角形（见图 10–5），三角形的内角和便可以给出曲率的性质。

如果你熟悉双重积分，则我在正文中叙述的面积积分的表达式 $\sqrt{EG - F^2}$ 即为雅可

比行列式。这是度量的系数矩阵的行列式，如果像在广义相对论中那样以普通度量表示，则可写作 $\sqrt{-g}$。

7. 霍金于1972年发表了关于黑洞视界的预言，参见 S. W. Hawking and G. F. R. Ellis, *The Large Scale Structure of Space-time* (Cambridge: Cambridge University Press, 1973), 335–37. 关于霍金证明的简单描绘及曲率的简要历史，参见 Greg Galloway, "From the Shape of the Earth to the Shape of Black Holes: Aristotle to Hawking and Beyond," *Miami University's Mathematics Department, Arts and Sciences Cooper Lecture*, November 2017。有些研究人员认为，事件视界望远镜（EHT）直接拍摄的第一张黑洞照片可能是一个引力磁单极而不是一个黑洞；他们通过计算得出了一些参数，可用于在未来得到更准确的EHT观察结果后区分这两种可能性，参见 M. Ghasemi-Noedi et al., "Investigating the Existence of Gravitomagnetic Monopole in M87*," *European Physics Journal C* 81, no. 939 (2021); https://doi.org/10.1140/epjc/s10052-021-09696-3.

8. 关于高斯曲率在研究材料褶皱方式中所起作用的解释，以及以创造性方式利用这些褶皱的可能性，参见 Stephen Ornes, "The New Math of Wrinkling," Quanta magazine (September 22, 2022); https:// www.quantamagazine.org/the-new-math-of-wrinkling-patterns-20220922/。

9. Lewis Campbell and William Garnett, *The Life of James Clerk Maxwell* (London: Macmillan, 1882), 324–25.

10. Hoffmann, *Einstein*, 86–87. *Gauss on Riemann*: Raymond Flood and Robin Wilson, *The Great Mathematicians* (London: Arcturus, 2011), 160. *Seventy-seven-year-old Gauss*: Goodstein, *Einstein's Italian Mathematicians*, 31. *Gauss devastated*: Stillwell, *Mathematics and Its History*, 253–54.

11. 关于黎曼工作的更专业且精彩的叙述，参见 Ruth Farwell and Christopher Knee, "The Missing Link: Riemann's 'Commentatio,' Differential Geometry and Tensor Analysis," *Historia Mathematica* 17 (1990): 223–55。

12. 请注意，汤姆森和泰特也同黎曼一样，用成对的字母表征弹性系数，这与麦克斯韦用的指标不同。

13. 正如黎曼假定的那样，如果物质是各向异性的，则其中的传导率是一个双指标张量。对于各向同性物质，热在其中向各个方向扩散，因此不需要担心与方向有关的变化，可以用标量表示。

14. Bernhard Riemann, translated into English by William Kingdon Clifford, "On the Hypotheses Which Lie at the Bases of Geometry," *Nature* 8, no. 183 (1873): 14–17, and no. 184, 36–37.

15. 关于黎曼1854年与1871年的论文，以及包括克里斯托费尔等追随者工作的详细分析，参见 Olivier Darrigol, "The Mystery of Riemann's Curvature," *Historia Mathematica* 42 (2015): 47–83. 关于克里斯托费尔1869年论文的英文译文，参见 chap. 8 of Bas Fagginger Auer's "Christoffel Revisited" (master's thesis, Mathematical Institute, University of Utrecht, 2009)。

16. 如果通过单位选择令 $c = 1$，则系数为 1、1、1、−1。黎曼证明，如果度量具有常数系数，则坐标可以缩放，令度量中所有系数都为1（闵可夫斯基后来证明，也可以令所有系数都为−1）。

第 11 章

1. 关于里奇的生平细节，包括政治背景，参见 Judith Goodstein, *Einstein's Italian Mathematicians* (Providence, RI: American Mathematical Society, 2018)。

2. Goodstein, *Einstein's Italian Mathematicians*, 2.

3. *Ricci to Antonio Manzoni*, November 24, 1872, quoted in Goodstein, *Einstein's Italian Mathematicians*, 6.

4. Goodstein, *Einstein's Italian Mathematicians*, 16.

5. quoted in Goodstein, *Einstein's Italian Mathematicians*, 16, 17. NB: Sophie Kovalevsky's Göttingen doctorate in 1874 was "unofficial," like Chisholm's Cambridge degree.

6. 古德斯坦引用了里奇与比安卡之间的信件，为他们的爱情勾勒出一幅温馨的画面。

7. Goodstein, *Einstein's Italian Mathematicians*, 32.

8. W. H. and G. Chisholm Young, *Nature* 58, no. 1492 (June 2, 1898): 99–100.

9. 大体而言，因为黎曼张量是由双指标矩阵分量的二阶导数构成的，它的 4 个指标与哪个度量分量相对于哪一对坐标求导有关。黎曼张量是由度量分量的导数之和构成的，所以情况还要更复杂一些，这里只给出了一个概要。

10. 麦克斯韦使用的是"加性"方法，即将三种滤光片的光相加，并将图像投影到屏幕上。它今天应用于幻灯片、电视和数字图像。印刷图像使用了"减性"方法（在麦克斯韦为其铺平了道路之后），三种颜色由纸张上的颜料反射出来，而不是通过像素层/滤光片传输到屏幕上。减性方法的三原色是麦克斯韦三原色的"对立面"，分别是青色、品红色和黄色。

11. 关于训练人工智能时可能存在的数据盗窃问题，参见 Nick Vincent and Hanlin Li, "ChatGPT Stole Your Work. So What Are You Going to Do?," *Wired* (January 28, 2023), https://www.wired.com/story/chatgpt-generative-artificial-intelligence-regulation/. 有关作家们的反击，可见 Vanessa Thorpe, "'ChatGPT Said I Did Not Exist': How Writers and Artists Are Fighting Back against AI," *The Guardian*, March 19, 2023。

12. 包括 LLM 在内的 NLP 的好处与问题，在本书出版期间发生了许多变化，比如人工智能的发展速度，参见 Samantha Spengler, "For Some Autistic People, ChatGPT Is a Lifeline," *Wired*, May 30, 2023; https://www.wired.com/story/for-some-autistic-people-chatgpt-is-a-lifeline/#。除了盗窃训练数据，人们对 ChatGPT 的有些不可靠的结果也多有论述，所以对其在教育方面扮演的角色尚无定论，参见 Hayden Horner, "ChatGPT: Brilliance or a Bother for Education," Engineering Institute of Technology's news website, March 13, 2023, https://www.eit.edu.au/chatgpt-brilliance-or-a-bother-for-education/。同样，人工智能显然也会引发社会问题，比如欺骗与制造假新闻，参见 Grace Browne, "AI Is Steeped in Big Tech's 'Digital Colonialism,'" *Wired UK* (May 25, 2023); https://www.wired.co.uk/article/abeba-birhane-ai-datasets。公众针对科学与技术发展的利弊展开辩论，这一点比以往更加重要！

13. 当然，NLP 和 LLM 除了张量积之外，还涉及其他大量内容及应用，参见 Qiuyuan Huang, Paul Smolensky, Xiaodong He, Li Deng, Dapeng Wu, "Tensor Product Generation Networks for Deep NLP Modeling," *Proceedings of NAACL-HLT 2018* (New Orleans): 1263–73; Lipeng Ahang et al., "A Generalized Language Model in Tensor Space," 33rd Annual Conference of the AAAI (2019); and Matthew Kramer, "Word Embeddings,"

Medium.com, August 31, 2021。

14. Charles Q. Choi, "How Many Qubits Are Needed for Quantum Supremacy?" *IEEE News*, May 21, 2020; https://spectrum.ieee.org/qubit-supremacy#:~:text =Superposition%20 lets%20one%20qubit%20perform,eight%20calcu lations%3B%20and%20so%20on.

15. Stokes's theorem in n-D: Victor Katz, "The History of Differential Forms from Clairaut to Poincaré," *Historia Mathematica* 8 (1981): 161– 88, esp. 175. Betti as soldier, contributor to journal: Goodstein, Einstein's Italian Mathematicians, 7. *Betti and Ricci's papers*: Goodstein, Einstein's Italian Mathematicians, 148.

16. Goodstein, *Einstein's Italian Mathematicians*, 9–10.

17. Goodstein, *Einstein's Italian Mathematicians*, 35–43, 59–61.

18. G. Ricci and T. Levi-Civita, "Méthodes de calcul différential absolu et leurs applications," Mathematische Annalen 54 (1900): 125–201。

19. 如果按照图 11-1 所示的方法，你就可以利用逆变矢量 a 和 b 的张量积（或外积）构成一个二阶张量 T，从而得到变换规则：

$$T^{\mu'\nu'} \equiv a^{\mu'}b^{\nu'} = (A_\sigma^{\mu'} a^\sigma)(A_\lambda^{\nu'} a^\lambda) = A_\sigma^{\mu'} A_\lambda^{\nu'} a^\sigma a^\lambda \equiv A_\sigma^{\mu'} A_\lambda^{\nu'} T^{\sigma\lambda}$$

不要忘记，用于张量、变换矩阵系数和指标的字母是任意的，比如代数中的未知量 x。但它们赋予你很大的灵活性，你可以轻易地改用其他变换符号，在任何张量上运用这一规则！

20. 1976 年，加拿大物理学家威廉·盎鲁借助量子理论发现，根据广义相对论的预言，温度并非与坐标完全无关的标量。实际上，一个加速观察者与一个静止观察者测量的时空温度会略有不同。这种盎鲁效应至今尚未被观测到，因为你需要以接近光速运动，才能探测到一点点的温度变化。2022 年，由詹姆斯·夸奇领导的阿德莱德大学研究团队发明了一种量子温度计，它可能很快就会证明盎鲁效应和广义相对论预言的正确性。

21. 注意，与上文中的旋转例子不同，我们在此讨论的是单一框架中的矢量，这一求和与框架之间的变换无关。

22. 关于 n 维坐标变换下标量积不变性的证明，这一点通过利用变换方程中矩阵系数的微分形式不难看出。比如，二维旋转变换方程中的第一个是 $x' = x \cos\theta + y \sin\theta$。利用偏导数，这一方程的微分形式是：

$$dx' = \frac{\partial x'}{\partial x} dx + \frac{\partial x'}{\partial y} dy$$

你可以由此看到 $\frac{\partial x'}{\partial x} = \cos\theta$，其他导数也可同理推出。你会得到的列矢量与行矢量的标量积或内积（使用链式规则得到最后一项）为：

$$u^{\mu'} v_{\mu'} = A_\sigma^{\mu'} A_{\mu'}^\lambda u^\sigma v_\lambda \equiv \frac{\partial x^{\mu'}}{\partial x^\sigma} \frac{\partial x^\lambda}{\partial x^{\mu'}} u^\sigma v_\lambda = \frac{\partial x^\lambda}{\partial x^\sigma} u^\sigma v_\lambda$$

重复的指标意味着右边的分量表达式是：

$$\frac{\partial x^\lambda}{\partial x^1} u^1 v_\lambda + \frac{\partial x^\lambda}{\partial x^2} u^2 v_\lambda + \cdots + \frac{\partial x^\lambda}{\partial x^n} u^n v_\lambda$$

这些导数是对独立坐标求导得到的，所以只有 $\frac{\partial x^\lambda}{\partial x^\lambda} = 1$ 是有意义的导数。σ在以上表达式右边唯一可能的值是λ，由此得到：

$$u^{\mu'} v_{\mu'} = u^\lambda v_\lambda$$

在变换坐标系中，这一表达式等同于原始坐标中的表达式。(我在重复的指标中使用哪个字母无关紧要，因为它们只是告诉你求和的占位符。因此我可以用λ代替μ。) 换言之，这一标量积在这种坐标变换下保持不变。

23. 逆变张量与协变张量的坐标变换矩阵互为逆矩阵，即 $A^\mu_\sigma \rightarrow A^\sigma_{\mu'}$（或者用导数符号表示矩阵分量，则 $\frac{\partial x^{\mu'}}{\partial x^\sigma} \rightarrow \frac{\partial x^\sigma}{\partial x^{\mu'}}$）。所以，"消去"逆矩阵后可以得到：

$$ds^2 = g_{\mu'\nu'} dx^{\mu'} dx^{\nu'} = A^\sigma_{\mu'} A^\lambda_{\nu'} A^{\mu'}_\sigma A^{\nu'}_\lambda g_{\sigma\lambda} dx^\sigma dx^\lambda = g_{\sigma\lambda} dx^\sigma dx^\lambda$$

距离度量 ds^2 在每个参考系中都有相同的形式和相等的数值。(记住，重要的是指标的模式，而不是字母的选择。)

24. Goodstein, *Einstein's Italian Mathematicians*, 49.

25. Ricci and Levi-Civita, "Méthodes de calcul différential absolu," 128.

第 12 章

1. G. Ricci and T. Levi-Civita, "Méthodes de calcul différential absolu et leurs applications," *Mathematische Annalen* 54 (1900): 125–201.

2. R. H. 迪克指出，我们不知道当爱因斯坦最初考虑引力时是否知道厄特沃什的研究结果，但如果这一实验证明伽利略的定律是错误的，那他应该听说过。有关2022年的测试，参见 Pierre Touboul et al., "MICROSCOPE Mission: Final Results of the Test of the Equivalence Principle," *Physical Review Letters* 129 (2022): 121102.1–121102.8.

3. 乌尔班·勒威耶是第一个计算这一偏差的人，他的方法给出了大约43角秒的结果。

4. Quoted in Abraham Pais, *Subtle Is the Lord* (Oxford: Oxford University Press, 1982), 178. Some translate "happiest" as "most fortunate."

5. 下落的观测者离地球中心越近，地球引力的强度就越大，所以下落的观测者和做匀加速运动的观测者之间存在着可测量的不同引力强度。同样，海洋潮汐的形成是因为地球的一侧离月球更近，受到月球的引力也更强。

6. Banesh Hoffmann, *Einstein* (Frogmore: Paladin, 1975), 94. In 1882, the University of Prague, known as Charles University, had split into a Czech and a German part in the wake of Czech nationalism and ethnic disputes: https://cuni.cz/UKEN-298.html.

7. 牛顿引力的势形式来自牛顿定律 $F = ma = \frac{GmM}{r^2} \Rightarrow a = \frac{GM}{r^2}$。笛卡儿坐标系用 X、Y、Z 标记引力加速度 a 的分量，并指出矢量 a 与两个物体之间的距离 r 具有相同的方向。将其中一个物体 m 放置于原点，r 是第二个物体 M 的位置矢量，所以 M 位于点 (x, y, z)。a 的水平分量可以通过 $a \cdot i = a \cos\theta = \frac{ax}{r} = \frac{GMx}{r^3}$ 求得，同理可以求出其他分量。对这些分量求导（利用 $r = \sqrt{x^2+y^2+z^2}$）并加总，可以得到 $\frac{\partial X}{\partial x} + \frac{\partial Y}{\partial y} + \frac{\partial Z}{\partial z} = 0$。因为加速度与这一保守力成正比，我们可以将其分量写成势 V 的导数：$X = \frac{\partial V}{\partial x}$, $Y = \frac{\partial V}{\partial y}$, $Z = \frac{\partial V}{\partial z}$。于是，上式就变成了拉普拉斯方程：$\frac{\partial^2 V}{\partial x^2} + \frac{\partial^2 V}{\partial y^2} + \frac{\partial^2 V}{\partial z^2} = 0$。如果物质以密度 ρ 连续分布，则应以泊松方程取代拉普拉斯方程，方程右边为 $4\pi G\rho$。

8. 想要说明电荷密度与质量密度，需要在电磁学中区分电荷密度和点电荷。在有引力的情况下，牛顿理论和爱因斯坦理论之间的区别在于，在整个太阳系、星云或星系中均匀分布的物质与像单颗恒星或行星这样的点源之间的电荷密度不同。（牛顿证明了球形物体的行为就像它们所有的质量都集中在一个点上，即物体的中心。）这意味着方程在一点上是奇异的，也就是说它们在那一点上不成立，而在这个点源之外它们是有效的。于是，它们在这个点上被称为"真空方程"。而对于以密度 ρ 连续分布的物质，它们是没有问题的。更多的讨论参见 Peter Gabriel Bergmann, *Introduction to the Theory of Relativity* (New York: Dover, 1976), 175–77。

9. Einstein to Besso, quoted in Hanoch Gutfreund and Jürgen Renn, *The Road to Relativity: The History and Meaning of Einstein's "The Foundation of General Relativity"* (Princeton, NJ: Princeton University Press, 2015), 9. "Serious mistakes" quoted in Judith Goodstein, *Einstein's Italian Mathematicians* (Providence, RI: American Mathematical Society, 2018), 102–3.

10. Quoted in Goodstein, *Einstein's Italian Mathematicians*, 104. I'm also indebted to Goodstein for my summary of Abraham and Einstein's relationship.

11. Quoted in N. Straumann, "Einstein's 'Zürich Notebook' and His Journey to General Relativity," *Annals of Physics* (Berlin) 523, no. 6 (2011): 488–500, esp. 490.

12. 在他 1916 年的论文中，爱因斯坦以这种方式定义了广义相对论："物理定律必须有这样的性质，即它们适用于以任何方式运动的参考系。"换言之，这些定律必定对（在一切参考系内的）任何观察者来说都具有相同的形式，这意味着它们必须以张量的形式表达。

13. Albert Einstein, *Ideas and Opinions* (1954; New York: Three Rivers Press, 1982), 309.

14. 任何坐标变换？爱因斯坦需要厘清许多令人困惑的问题。如果坐标变换不改变点的位置，比如从笛卡儿坐标变换到极坐标内，会怎么样？爱因斯坦意识到了这个问题，并为此纠结于广义协方差的想法，参见 John D. Norton, "General Covariance and the Foundations of General Relativity: Eight Decades of Dispute," *Reports on Progress in Physics* 56 (1993): 791–858, esp. 833–34。而且，在一个流形中，这些变换会出现在某些点上，而不是在整个空间内。关于这类情况的具体分析，参见 Norton, "General Covariance," 804; and John Earman and Clark Glymour, "Lost in the Tensors: Einstein's Struggle with Covariance Principles 1912–1916," *Studies in History and Philosophy of Science* 9 (1978): 4, 251–78, esp. 254。

15. Einstein, *Ideas and Opinions*, 288.

16. 我使用了"最小化"这个词，但从学术意义上说，我的意思是对积分"取极值"，因为在类时间测地线上的路径是最长的（时间在膨胀，而不是空间在收缩），但我们在这里不需要考虑这一点。

17. Einstein's recollection, quoted in Straumann, "Einstein's 'Zürich Notebook,'" 490.

18. $F^{\mu\nu}$ 是张量吗？是的，因为它是这样变换的：

$$F^{\mu'\nu'} = A^{\mu'}_\sigma A^{\nu'}_\lambda F^{\sigma\lambda}$$

在闵可夫斯基时空中，变换矩阵 A 代表洛伦兹变换。然而，在洛伦兹变换下，当时间坐标和空间坐标结合在一起时，分量为空间与时间函数的矢量（如速度或电场与磁场矢量）的变换不像我们在第 11 章中看到的那么简单。

19. 不同的作者喜欢不同的名字，但因为在微分几何中用星号表示对偶张量，所以两个名字都在使用。

20. 通过考虑一种物质元素，或者通过考虑当你降低指标数量时会发生什么，都可以确保不变性：$g_{\mu\nu}T^\mu_\sigma = T_{\nu\sigma}$，$g_{\nu\mu}T^\mu_\sigma = T_{\sigma\nu}$。这些方程的左边相同，因为 $g_{\mu\nu} = g_{\nu\mu}$，因此 $T_{\nu\sigma} = T_{\sigma\nu}$。

21. 爱因斯坦的质能守恒定律为 $T^{\mu\nu}_{;\nu} = 0$，但它是一个局域守恒定律。全局引力能量守恒的概念尤其成问题，但即便是像引力场的能量密度这样的局域概念，也难以从物理学上定义它，这是因为 $T^{\mu\nu}_{;\nu} = 0$ 是一种数学类比。

在地球上，"局域"必须足够小，从而令表面曲率无法测量；否则，根据平方反比定律，引力会因地而异，伽利略的恒定引力加速度 32 英尺/秒² 将不再适用。而在太阳系中，"局域"可以很大，只要来自太阳和行星的引力场大致恒定即可。在宇宙中更遥远的地方，"局域"可以覆盖一个巨大的区域，或许是两颗恒星之间距离的一半。关于爱因斯坦在能量守恒和协变方面的艰苦工作的详细讨论，参见 Straumann, "Einstein's 'Zürich Notebook'"; Earman and Glymour, "Lost in the Tensors"; and Galina Weinstein, "Why Did Einstein Reject the November Tensor in 1912–1913, Only to Come Back to It in November 1915?," *Studies in History and Philosophy of Modern Physics* 62 (2018): 98–122。

关于爱因斯坦尝试解释纲要理论中未提及的广义协变问题及其今天的哲学意义，参见 John D. Norton, "The Hole Argument," *Stanford Encyclopedia of Philosophy*, online, updated 2019; https://plato.stanford.edu/entries/spacetime-holearg/。

22. Quoted in Earman and Glymour, "Lost in the Tensors," 258–59. Einstein's *"heavy heart"*: quoted in Straumann, "Einstein's 'Zürich Notebook,'" 489.

23. *Einstein to Ehrenfest*, document 173, in *Collected Papers of Albert Einstein*, vol. 8, ed. Robert Schulman, A, J. Knox, Michel Janssen, and Jósef Illy; English translation by Ann M. Hentschel (Princeton, NJ: Princeton University Press, 1998); available online thanks to the Press and the Einstein Papers Project, https://einsteinpapers.press.princeton.edu/vol8-trans/195. Einstein to Besso, quoted in Goodstein, *Einstein's Italian Mathematicians*, 105–6. See also Earman and Glymour, "Lost in the Tensors," 264ff., for discussion of why Einstein's colleagues rejected *Entwurf*.

24. Quoted in Earman and Glymour, "Lost in the Tensors," 260.

25. Stern quoted in Hanoch Gutfreund, "Otto Stern—with Einstein in Prague and in Zürich," Springer Link, June 20, 2021, open access, https://link.springer.com/chapter/10.1007/978-3-030-63963-1_6?error=cookies_not_supported&code=bb7fb68a-a41c-4c71-ace0-33a64d5f7756.

26. Quoted in Roger Highfield and Paul Carter, *The Private Lives of Albert Einstein* (London: Faber and Faber, 1993), 128. Einstein's acrimonious demands on Mileva are painfully outlined in letters of July 1914, e.g., document 22, *Collected Papers of Albert Einstein*, vol. 8, *https://einstein* papers.press.princeton.edu/vol8-trans/60.

27. Constance Reid, *Hilbert* (Berlin: Springer-Verlag, 1970), 137–38.

28. Einstein to Levi-Civita, document 60, *Collected Papers of Albert Einstein*, vol. 8, https://einsteinpapers.press.princeton.edu/vol8-trans/99.

29. David E. Rowe, "Einstein Meets Hilbert: At the Crossroads of Physics and Mathematics," *Physics in Perspective* 3 (2001): 379–424, esp. 393–96.

30. 齐次坐标变换让 $\boldsymbol{a} \cdot \boldsymbol{b} = 0$ 这类方程保持不变。同样，爱因斯坦在他1916年的论文中声称，"如果一项自然定律被表达为令一个张量的所有分量皆为零，则它通常是协变的"。相关的讨论参见Norton,"General Covariance,"833–34。诺顿指出，度量的协变比张量分析通常的变换受到的限制更大。

31. 爱因斯坦于1915年致其家人的信件，参见*Collected Papers of Albert Einstein*, vol. 8, e.g., documents 142–43, https://einsteinpapers.press.princeton.edu/vol8-trans/174, document 150, https://einsteinpapers.press.princeton.edu/vol8-trans/177。1915年11月5日，马里奇主动表示希望爱因斯坦能经常与儿子们见面。爱因斯坦与他的次子爱德华的关系一直不好，爱德华虽然天赋极高，但性格极其敏感，后来罹患了精神分裂症，爱因斯坦出钱为其医治，马里奇为此承受了很大的压力。

32. 请注意，爱因斯坦此时尚未得到完整的场方程，但他已经得到了正确的真空方程，并用它来计算水星测地线的路径，从而得到了水星近日点的进动值，参见Ray d'Inverno, *Introducing Einstein's Relativity* (Oxford: Clarendon Press, 1992), 195–198（其中比较了近日点进动的观测值和利用广义相对论得出的计算结果）。

33. Vladimir P. Vizgin, "On the Discovery of the Gravitational Field Equations by Einstein and Hilbert: New Materials," *Physics-Uspekhi* 44, no. 12 (2001): 1289; Gutfreund and Renn, *Road to Relativity*, 33; Jürgen Renn and John Stachel, "Hilbert's Foundation of Physics: From a Theory of Everything to a Constituent of General Relativity," in *The Genesis of General Relativity*, ed. Jürgen Renn (Dordrecht: Springer, 2007), 4:858–59.

34. 与米耶一样，希尔伯特使用了与爱因斯坦截然不同的方法——一种优雅的拉格朗日（变分）方法，但爱因斯坦在他的1914年的论文中已经尝试了这种方法，而希尔伯特也读过这篇论文。爱因斯坦在他1916年的概述文章中也使用了变分法讨论守恒定律，但他用的是汉密尔顿变分法而非拉格朗日变分法。关于这两种方法的讨论，参见Rowe, "Einstein Meets Hilbert," 414–15。

35. 关于爱因斯坦与希尔伯特的优先权之争，参见Tilman Sauer, "Einstein Equations and Hilbert Action: What Is Missing on Page 8 of the Proofs for Hilbert's First Communication on the Foundations of Physics?," *Archives for History of Exact Sciences* 59 (2005): 577–90. Vizgin, "On the Discovery of the Gravitational Field Equations," 1283–98. Leo Corry, Jürgen Renn, and John Stachel, "Belated Decision," 1270–73. F. Winterberg, "On 'Belated Decision in the Hilbert-Einstein Priority Dispute,' Published by L. Corry, J. Renn and J. Stachel," *Z. Naturforsch* 59a (2004): 715–19. John Earman and Clark Glymour, "Einstein and Hilbert: Two Months in the History of General Relativity," *Archives for History of Exact Sciences* 19 (1978): 291–308. Renn and Stachel, "Hilbert's Foundation of

Physics," 4:857–973。请注意，关于优先权问题，网上有许多错误信息，比如，V. A. 彼得罗夫声称爱因斯坦不可能像他说的那样得到了水星近日点进动的正确结果，因为他当时尚未得到正确的方程。

36. 罗指出，希尔伯特应该在他发表的文章中改变论文的提交日期，这在当时是标准做法。

37. Renn and Stachel, "Hilbert's Foundation of Physics," shows in detail the ways that Hilbert modified his published paper after reading Einstein's and notes the ways he'd originally tried to present essential Einstein contributions as his own (see, e.g., 920–21).

38. Hilbert quoted in Reid, *Hilbert*, 142. Einstein's poignant reconciliation letter is quoted in, e.g., Vizgin, "On the Discovery of the Gravitational Field Equations," 1289.

39. 在闵可夫斯基时空中，标量积（以及散度和）的时间分量出现了符号变化。所以，只要一直关注散度项的指标模式即可。

40. 这是因为总能在一点上找到一个局域惯性（"自由落体"）的参考系，使狭义相对论在其中有效（而克里斯托费尔符号仅适用于协变导数为零时的情况）。根据张量分析的规则，张量方程的形式在任何参考系中都保持不变，只要你用的是（无转矩的）协变而非偏导数来处理时空中的曲率。这一规则也假定我们可以用广义的弯曲度量代替闵可夫斯基的平坦度量。

41. 但在"非相对论"单位中 $k = 8\pi G/c^4$，此处 G 为牛顿引力定律中的比例常数。这强调了一个事实，即爱因斯坦是通过与牛顿定律的类比得到他的方程的，从而保证它们可以在如地球引力场这类弱引力场中被还原为牛顿定律。

42. 这两个方程是等价的，因为在限制了爱因斯坦原来的方程并注意到 $g_\mu^\mu = 4$ 后，你将得到 $R_\mu^\mu = -kT_\mu^\mu \equiv R = -kT$。

43. 爱因斯坦较早的方程为 $R_{\mu\nu} = kT_{\mu\nu}$，这两个方程之间的关键差别在于标量 T，即与其等价的希尔伯特的标量 R。究竟是爱因斯坦还是希尔伯特率先意识到这一点，构成了"优先权之争"的核心。但在希尔伯特 1915 年 11 月的论文中，这一点还很模糊。因为爱因斯坦和希尔伯特审读了彼此的论文，当然会互相影响。不过事情可能是，他们各自独立地迈出了最后的一步，因为他们采取了不同的途径。今天，人们广泛采用希尔伯特的途径，并把他与爱因斯坦-希尔伯特作用中的拉格朗日量联系在一起。

44. See, e.g., Pierre Touboul et al., "MICROSCOPE Mission: Final Results of the Test of the Equivalence Principle," *Physical Review Letters* 129, no. 21102 (September 14, 2022); Ignazio Ciufolini et al., "An Improved Test of the General Relativistic Effect of Frame-Dragging Using the LARES and LAGEOS Satellites," *European Physical Journal C* 79, article no. 872 (2019); Gemma Conroy, "Albert Einstein Was Right (Again): Astronomers Have Detected Light from Behind a Supermassive Black Hole," ABC News, July 29, 2021, https://www.abc.net.au/news/science/2021-07-29/albert-einstein-astronomers-detect-light-behind-black-hole/100333436; Geraint Lewis, "Astronomers See Ancient Galaxies Flickering in Slow Motion Due to Expanding Space" (a test of Einstein's predictions about time slowing down), *The Conversation*, July 4, 2023; Jet Propulsion Laboratory blog (August 24, 2022), "NASA Scientists Help Probe Dark Energy by Testing Gravity"—they found that Einstein's equations hold firm. (Pavel Kroupa, University of Bonn, disagrees, in "Dark Matter Doesn't Exist," *IAE News*, July 12, 2022. But a new study used general relativity's prediction of gravitational lensing to map dark matter: Robert Lea, "New Dark Matter Map

Created with 'Cosmic Fossil' Shows Einstein Was Right (Again)," *Space* [April 18, 2023].) *On precession of black holes*: Brandon Specktor, "One of the Most Extreme Black Hole Collisions in the Universe Just Proved Einstein Right," *LiveScience*, October 13, 2022. *On frame dragging*: See, e.g., Charles Q. Choi, "Spacetime Is Swirling around a Dead Star, Proving Einstein Right Again," *Space.com*, January 31, 2020. And much more!

45. Einstein, *Ideas and Opinions*, 289–90.

46. 英译本中没有出现爱因斯坦的封面页,但最近艾丽西亚·迪肯斯坦找到了这一页,并承认了爱因斯坦的贡献,参见 "About the Cover: A Hidden Praise of Mathematics," *Bulletin of the American Mathematical Society*, n.s., 46, no. 1 (January 2009): 125–29。

47. Levi-Civita quoted in Goodstein, *Einstein's Italian Mathematicians*, 151, 155.

第 13 章

1. Quoted in Yvette Kosmann-Schwarzbach, translated by Bertram E. Schwarzbach, *The Noether Theorems: Invariance and Conservation Laws in the Twentieth Century* (New York: Springer, 2011), 45, 66.

2. 在约翰·诺顿 1993 年的论文("General Covariance and the Foundations of General Relativity")中,他做出了迷人的阐述,其中不仅有爱因斯坦的艰辛努力,也说到了其他人对他的协方差、相对性和等效原理的回应或重新解释。他用 20 世纪教科书描述的演变方式来说明这一点,并指出了仍然存在的争议或混乱之处。

3. An English translation of Noether's paper is given in Kosmann-Schwarzbach, Noether Theorems, 3–22.

4. 事实证明,在一个像地球那样的弱引力场中,动量的时间分量确实是粒子的静止质量、引力势能及其动能之和,参见 Bernard Schutz, *A First Course in General Relativity* (Cambridge: Cambridge University Press, 1985), 190。

5. 要想弄清楚诺特定理的本质,我们应该回过头看平移。任取 a 的值,它们从 x 到 $x + a$ 的平移形成了一个群。与不变性有关的群叫作对称群,这里的对称性是由 V 独立于 x 这一事实表征的不变性。如果相同的对称性适用于一切方向,则 p 的所有分量都守恒,这就是动量守恒定律。诺特给出的经典力学和狭义相对论中的对称群是有限的,但广义相对论中的对称群是无限的,因为广义相对论允许一切坐标轴,从而允许一切可能的点变换。这就意味着,引力场的能量-动量守恒定律确实跟力学与狭义相对论中的守恒定律有所不同。

6. Peter Gabriel Bergmann, *Introduction to the Theory of Relativity* (New York: Dover, 1976), 194–97. *On divergence in Noether's theorems*: Kosmann-Schwarzbach, *Noether Theorems*, e.g., 6–10.

7. Robert M. Wald, *General Relativity* (Chicago: University of Chicago Press, 1984), 84, 286, and for Noether's theorem, 457; S. W. Hawking and G. F. R. Ellis, *The Large-Scale Structure of Space-time* (1973; Cambridge: Cambridge University Press, 1991), 61–62, 73–74, 88–96. *On Noether's theorems*: Kosmann-Schwarzbach, *Noether Theorems*; for a simpler overview, see David E. Rowe, "On Emmy Noether's Role in the Relativity Revolution," *Mathematical Intelligencer* 41, no. 2 (2019): 65–72.

8. 爱因斯坦曾经确信,真正的广义相对论应该对任何坐标都有效,这就是他的不变性原理，但我们看到，这将允许同一点有不同的坐标。这意味着，我们可以得到代表同一时空的不同度量形式，就像我们在笛卡儿坐标和极坐标中看到的圆的方程那样。为了缓和这种局面，我们用4个能量守恒方程对坐标的选择设定了附加的限制条件。

9. 第12章中的 $T_\mu^{\ \nu}$ 与 $T_{\mu\nu}$ 涉及相同的内容，因为其中的指标通过闵可夫斯基度量进行了提升。在广义相对论中，当指标被提升时，张量从度量中选项，但因为这种情况出现在一个张量方程的两边，所以方程的核心内容保持不变。

10. 这4个缩并的比安奇恒等式组给出了有关里奇张量的额外信息，这意味着，在10个爱因斯坦方程中只有6个是独立的。这给了你任意选择4个坐标（参考系）的自由，以确保每个观察者都能推导出相同的物理定律。

11. T. Levi-Civita (1917), translated by S. Antoci and A. Loinger, "On the Analystic Expression That Must Be Given to the Gravitational Tensor in Einstein's Theory," https://arxiv.org/pdf/physics/9906004.pdf. *On Hilbert's convoluted derivation via a variational approach*, see p. 59 of David E. Rowe, "Einstein's Gravitational Field Equations and the Bianchi Identities," *Mathematical Intelligencer* 24, no. 4 (2002): 57–66; Ivan T. Todorov, "Einstein and Hilbert: The Creation of General Relativity," arXiv:physics/0504179v1; David E. Rowe, "Emmy Noether on Energy Conservation in General Relativity," December 4, 2019, preprint online at https://arxiv.org/pdf/1912.03269.pdf, 21n32; Carlo Cattani and Michelangelo De Maria, "Conservation Laws and Gravitational Waves," in *The Attraction of Gravitation: New Studies in the History of General Relativity*, ed. John Earman, Michel Janssen, and John D. Norton (Boston: Birkhäuser, 1993), 67.

12. 这意味着，标量 R 与 T 在整个宇宙内为常数。它们反映了曲率与质量－能量分布，所以真空之中的 T 应该与物质之中的 T 有所不同。

13. David E. Rowe, "Einstein's Gravitational Field Equations and the Bianchi Identities," *Mathematical Intelligencer* 24, no. 4 (2002): 57–66; *Struik and Schouten*: Rowe, "Einstein's Gravitational Field Equations," 66; Kosmann-Schwarzbach, *Noether Theorems*, 43.

14. Here and in the following paragraphs I'm indebted to David E. Rowe, "Interview with Dirk Jan Struik," *Mathematical Intelligencer* 11, no. 1 (1989): 14–26. The interview also discusses how Struik's Marxist ideas led to his suffering under McCarthyism. Struik was evidently remarkable, and, equally remarkably, he lived to be 106 years old (he died in 2000).

15. Struik quoted in Rowe, "Interview with Struik," 19. Einstein quotes in Constance Reid, *Hilbert* (Berlin: Springer-Verlag, 1970), 142.

16. Quoted in Reid, *Hilbert*, 143.

17. Quoted in Kosmann-Schwarzbach, *Noether Theorems*, 72. *Weimar*: Rowe, "Noether's Role in Relativity," 66.

18. Norbert Schappacher and Cordula Tollmien, "Emmy Noether, Hermann Weyl, and the Göttingen Academy: A Marginal Note," *Historia Mathematica* 43 (2016): 194–97.

19. Struik quoted in Rowe, "Interview with Struik," 16.

20. Rowe, "Interview with Struik," 17. *Hodge*: quoted in Judith Goodstein, *Einstein's Italian Mathematicians* (Providence, RI: American Mathematical Society, 2018), 165.

21. *1928 congress and Hilbert's stirring speech*: Reid, *Hilbert*, 188.

22. See the Australian Mathematical Society's *Gazette* 49, nos. 1 (Ole Warnaar's

President's column) and 2 (Letters, from Aerwm Pulemotov).

23. 爱因斯坦与卡坦分别引用了 1929 年 12 月 8 日和 1930 年 2 月 17 日的信件，参见 *Elie Cartan–Albert Einstein: Letters on Absolute Parallelism* 1929–1930, ed. Robert Debever (Princeton, NJ: Princeton University Press, 1979)。

24. *Elie Cartan-Albert Einstein*, ed. Debever, 203; *Einstein to Mrs. Grossmann*: in Banesh Hoffmann, *Einstein* (Frogmore: Paladin, 1975, 36.

跋

1. 粒子对撞机使物理学家能够建立描述物质及其与各种力的相互作用的标准模型，欧洲核子研究中心指出，这不仅对科学有好处，对社会同样如此，参见 https://home.cern/news/news/cern/society-benefits-investing-particle-physics。然而，粒子物理学家扎比内·霍森菲尔德对其在科学上的好处持怀疑态度，参见 https://back reaction.blogspot.com/2022/04/did-w-boson-just-break-standard-model .html。

2. 实际上，狄拉克使用了 $E = mc^2$ 的平方，并得出了正负两个解。其中正值解就是针对普通物质的爱因斯坦方程，而负值解 $E = -mc^2$ 针对反物质。狄拉克在 1933 年诺贝尔奖获奖演讲中对此做了介绍，参见 *The World Treasury of Physics, Astronomy and Mathematics*, ed. Timothy Ferris (Boston: Little, Brown, 1993), 80–85。关于这两个解的现代分析，参见 Luciano Maiani and Omar Benhar, *Relativistic Quantum Mechanics* (Boca Raton, FL: CRC Press, 2016), 113–16。

3. Bertha Swirles, "The Relativistic Interaction of Two Electrons in the Self-Consistent Field Method," *Proceedings of the Royal Society A* 157, no. 892 (December 2, 1936): 680–96.

4. Lek-Heng Lim, "Tensors in Computation," *Acta Numerica* (2021): 555–764, DOI:10.1017/S09622 492921000076.

5. 爱因斯坦写给海因里希·赞格尔的信，参见 document 152, *Collected Papers of Albert Einstein*, https://einsteinpapers.press.princeton.edu/vol8-trans/179。这封信表明，爱因斯坦对他的前妻阻挠他与儿子汉斯·阿尔伯特和解深感痛心。